双偏振雷达气象学

Weather Radar Polarimetry

[美]Guifu Zhang（张贵付） 著

闵锦忠　戚友存　王世璋 等　译

戚友存　曹志斌　张　哲 等　校译

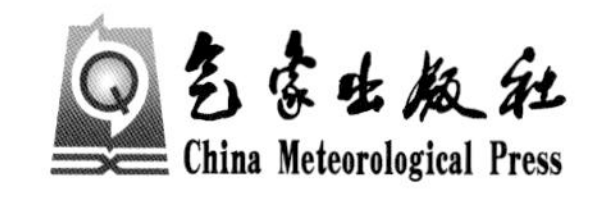

Weather Radar Polarimetry 1st Edition / by Guifu Zhang / ISBN: 978-1-4398-6958-1

图书在版编目(CIP)数据

双偏振雷达气象学 / (美) 张贵付著 ; 闵锦忠, 戚友存, 王世璋译. — 北京 : 气象出版社, 2018. 10 (2022. 8重印)
ISBN 978-7-5029-6834-2

Ⅰ. ①双… Ⅱ. ①张… ②闵… ③戚… ④王… Ⅲ. ①偏振-雷达气象学 Ⅳ. ①P406

中国版本图书馆 CIP 数据核字(2018)第 228360 号

北京版权局著作权合同登记:图字 01-2018-3983

SHUANGPIANZHENG LEIDA QIXIANGXUE

双偏振雷达气象学

出版发行: 气象出版社
地　　址: 北京市海淀区中关村南大街 46 号　　**邮政编码:** 100081
电　　话: 010-68407112(总编室)　010-68408042(发行部)
网　　址: http://www.qxcbs.com　　**E-mail:** qxcbs@cma.gov.cn
责任编辑: 蔺学东　　**终　　审:** 吴晓鹏
责任校对: 张硕杰　　**责任技编:** 赵相宁
封面设计: 博雅思
印　　刷: 北京地大彩印有限公司
开　　本: 710 mm×1000 mm　1/16　　**印　　张:** 19
字　　数: 320 千字
版　　次: 2018 年 10 月第 1 版　　**印　　次:** 2022 年 8 月第 2 次印刷
定　　价: 128.00 元

本书如存在文字不清、漏印以及缺页、倒页、脱页等,请与本社发行部联系调换。

中文版序

中国是当今世界上拥有天气业务雷达最多的国家之一。很高兴看到《双偏振雷达气象学》的中文版在中国适时出版发行。中国的天气雷达双偏振升级已列入“十三五”规划，相应的工作也已经展开。中国的双偏振雷达研究和应用正在如火如荼地进行中。其中，广东省已有5部S波段业务雷达升级成双偏振；其他省份的雷达也在升级计划中。对这些已升级或将被升级的双偏振雷达的有效应用将是我们雷达气象工作者直接面对的问题和挑战。

本书系统地介绍了云雾物理基础、双偏振雷达原理与技术、偏振数据的信息量及误差特征，以及偏振数据在气象观测、定量估测和天气预报中的应用。此外，还介绍了该领域的最新研究进展：偏振数据的优化应用和相控阵天气雷达偏振技术。非常感谢南京信息工程大学闵锦忠教授牵头，中国科学院地理科学与资源研究所戚友存教授组织，将该书翻译成中文并引荐给中国读者。参加本书翻译和校译工作的有沈菲菲博士、许冬梅博士、王世璋博士、黄兴友教授、曹庆博士、楚志刚博士、张哲博士、曹志斌高工，在此一并表示感谢。

希望读者通过对本书的阅读和练习能够系统地掌握雷达偏振技术和方法，有效地利用偏振数据，为更好地检测和预报天气、减少天气灾害做出贡献。

张贵付

2018年1月

序

尽管天气雷达已经业务运行了超过半个世纪，多普勒天气雷达也已经应用了几十年，但是偏振天气雷达也只是最近才在美国实现业务运行。尽管如此，偏振技术极大地提升了我们对云雾物理的认识、对定量降水估计的精度、对散射目标的辨别。实际上，同多普勒雷达相比，偏振雷达对天气现象的定性理解和定量测量的改进将产生巨大的影响。偏振雷达的使用者需要明白偏振雷达的基本原理，这样他们才能更好地诠释该设备所测量的数据。虽然有几本书已经描述了包括多普勒雷达在内的天气雷达的理论和应用，但着重讲述偏振雷达的相对较少。在俄克拉荷马大学，张贵付教授创立了一门课程，其中包含了偏振技术的原理和应用，用来解释各种类型的降水以及生物散射的偏振雷达回波。《双偏振雷达气象学》正是为气象学院、电气工程和计算机工程学院的学生们开设的课程。因此，这本书的完成得益于张教授与这些学生的互动，以及他与美国国家大气研究中心、国家海洋和大气管理局国家强风暴实验室的研究人员合作。在《双偏振雷达气象学》中，张教授用了一种独特的方法来教授气象回波处理、偏振理论及其在偏振天气雷达观测中的应用。书中的作业和实际个例为使用者提供了亲身体验的机会，并使这一难题变得不再神秘。只要肯花时间，无论是偏振雷达的研发者，还是偏振数据的使用者，在学完该书后即可为进入这个领域打下坚实的基础。

Richard J. Doviak
Dusan S. Zrnić
国家强风暴实验室
美国国家海洋和大气管理局

前　　言

事实证明，雷达是天气研究中不可或缺的观测工具。雷达反射率和多普勒观测显示了它们在气象观测、量化和预报中的价值。现在，我们又有了另一套能更好地进行天气观测的偏振雷达数据（PRD）。经过数十年的研究和发展，天气雷达偏振技术日渐成熟，美国国家新一代天气雷达（WSR-88D）网已全面升级成为双偏振雷达。此外，其他国家的天气雷达网也同样可以提供多参数的偏振雷达数据。我对天气雷达偏振学的拙见如下：

雷达革新有偏振，
气象观测更灵准。
相态分类显神通，
降水估计得改进。
多参测量信息丰，
云雾奥秘揭示深。
模式初时参数化，
天气预报大前景！

虽然偏振雷达技术已经成熟，偏振雷达数据可以在全美甚至全世界范围内获取，但雷达偏振技术的业务应用仍处在初始阶段。如今，这个领域中仍有很大的研发空间，尤其在用偏振雷达数据进行天气灾害预警和预报方面。众所周知，偏振雷达数据的估计和改进原理很重要，同时对信息内容以及误差特性的理解也不可忽略。现在，我们日渐需要这么一本书，可以供大气专业的学生、专家学者使用来获取相应知识。基于作者在俄克拉荷马大学教授的“天气雷达偏振学”课程，本书的目的是为了给读者提供基本的知识和有效且优化使用偏振数据的工具。想找到相关数据和完成作业的工具，请打开网站：http://weather. ou. edu/～guzhang/page/book. html.

MATLAB® 是 The MathWorks 公司的注册商标。更多产品信息，请联系：

The MathWorks,Inc.

3 Apple Hill Drive

Natick,MA 01760-2098 USA

电话:508 647 7000

传真:508-647-7001

电子邮箱:info@mathworks. com

网站:www. mathworks. com

目　录

第1章 绪 论

雷达是有效的遥感系统，它能测量目标介质的四维信息且具有良好的分辨率。它在天气观测、灾害性天气的探测、降水的分类和量化以及预报过程中起着关键作用。偏振雷达提供的多参数测量具有史无前例的高质量和丰富信息量。本章我们简要总结了天气雷达偏振技术的历史演变，同时提供了编纂此书的动力和章节安排。

1.1 历史演变

天气雷达的发展史及其应用被收录在由 Atlas 编著的《气象雷达》的前 18 章。在此，我们简要概括其早期的发展和背景，以便于进一步了解天气雷达的偏振技术和方法。

雷达(Radar)是无线电目标探测和测距(radio detection and ranging)的缩写，是一种通过发射和接收电磁波来探测和定位目标的遥感系统。雷达应用可更早追溯于通过无线电波来获取目标信息，但是直到第二次世界大战期间雷达才受到推崇，当时，为了满足探测飞机的需求，雷达技术发展迅速。根据诺贝尔奖得主 Rabi 所述，相比于原子弹，雷达对二战同盟国的胜利起着更重要的作用。

1930 年以前，由于微波功率的限制，最高的无线电波频率小于 400 MHz。空腔谐振磁控管的发明实现了微波频率(10 cm 和 3 cm 波段)的雷达探测，并且很好地改善了探测精度和可信度。一旦微波雷达应用于实际操作，天气与雷达之间的结合自然就出现了。有降水时，我们立即就在雷达显示屏上观测到了杂乱的降水回波，这些回波噪声有时模糊了飞机的踪迹。早期面临的一个挑战就是消除天气、地面和海洋的杂波。但是，除了对飞机的探测以外，对天气的探测也引起了人们的关注和兴趣。

那时，大多数雷达系统发展都是由麻省理工学院(MIT)的辐射实验室研制开发的。由于对天气状况下的实际雷达作业知识的迫切需求，1946 年

MIT 的气象学院发起了天气雷达的研究项目。两台雷达(10 cm 波长(S 波段)的SCT-615和 3 cm 波长(X 波段)的 AN/TSP-10)被用于云观测,并将观测结果与带有测量仪器的飞机带回的水汽凝结物的实地观测结果做对比。一年之后,第一届雷达气象学会议在 MIT 召开,Atlas 是 90 个与会者之一。Atlas 与 Battan 一起参加了 Harvard-MIT 雷达学习班。之后,他在空军剑桥研究实验室工作,在 20 世纪 50 年代,那里云集了最初的一批从事系统的天气雷达研究的科学家和工程师。Atlas 在 1964 年的著作《雷达气象进展》中总结了这些早期的发展。Battan 在芝加哥大学开展了雷暴研究项目,并且在 1953 年完成了他的题为《对流云中降水生成的观测》博士论文。在他博士论文的基础上,1959 年 Battan 撰写了这个领域的第一本教科书《雷达气象学》,并在 1973 年出版了修订版。Battan 在当时就意识到冰态的水汽凝结物不是球形的,会造成不同偏振状态波散射的差异。他在书中强调了这一点,并在书的封面上画出了偏振矢量。

为了解决对流天气条件下的航空问题,以及提供对灾害性风暴的实时探测和预警,美国气象局建立了 10 cm 波长的国家天气监测雷达网(WSR-57s)。其中一个 WSR-57s 雷达部署在俄克拉荷马州(Oklahoma)的诺曼市(Norman),用于支持项目研究,以便于更好地了解雷暴机理及其对飞行安全的影响。当国家强风暴实验室(The National Severe Storms Laboratory,NSSL)于 1962 年在 Norman 正式成立时,其目标之一就是发展雷达技术,用于灾害性风暴的观测。NSSL 研发了第一个用于研究的 10 cm 波长的多普勒天气雷达,以此支持了美国国家气象局,并且后来用于偏振多普勒雷达的研究。由此发展起来的多普勒雷达技术被运用于 WSR-88D 国家雷达网,并在 2013 年更新升级具有了双偏振功能。

NSSL 的气象学家和工程师与俄克拉荷马大学环境工程学院的 Walker 教授和气象学院的 Sasaki 教授的早期合作对 OU-NSSL 之间的关系起着重要的作用,其合作延续至今。他们合作开设了雷达气象学的课程,Doviak 和Zrnić合作编纂教科书《多普勒雷达和气象观测》,在 1984 年首次出版,并在 1990 年发行了第二版,其中加入了对雷达偏振技术的讨论。在 1990 年,Rinehart 编写和出版了本科生教科书的《气象学之雷达》。当多普勒技术成为天气观测的一大突破时,雷达偏振技术则是进一步的提升:偏振雷达数据(polarimetric radar data,PRD)及多普勒风场大大改进了云水的微物理和动力过程的认知。

天气雷达偏振技术是通过雷达偏振分集观测获取天气信息。这本教材《双偏振雷达气象学》目的就是阐述这种技术的原理和应用。各种形状的水汽凝结物主次长度一般分别是水平和垂直取向的，这些不同长度使不同偏振的波散射产生了差异。早在1800年，杨(Young)和菲涅尔(Fresnel)就提出电磁波的偏振方向是由电场横向振动决定的。尽管在1861年的麦克斯韦方程中就记录了偏振，但是天气雷达偏振技术直到1970年后才引起关注。大量工作展现并计算了波的偏振和传播，比如庞加莱球(Poincare，1892)和斯托克斯参数(Stokes，1852a，1852b)。波散射的理论基础包括瑞利近似(Rayleigh，1871)、米散射理论(Mie，1908)和甘斯理论(Gans，1912)。Van De Hulst 的《小粒子的光散射》全面地记录了这些理论基础。Ryde 第一个计算了水汽凝结物的散射并用它来解释雷达回波的衰减。Newell 和Geotis(1995)总结了不同偏振进行气象测量的早期研究。这些将天气雷达偏振引进到雷达气象领域的研究主要致力于圆偏振和线性偏振回波的相消比，以及交叉偏振和共偏振之比，称之为线退偏比(linear depolarization ratio，LDR)。Oguchi(1960，1964，1983)和 Waterman(1965，1969)成功地实现了非球形雨滴的波散射数值计算，为解释偏振雷达数据提供了理论依据。Doviak 和Sirmans(1973)注意到了偏振分集提供的其他信息。McCormick 和Hendry(1974)研究了波在降水中传播的通信链路上的偏振特性，以及用偏振分集雷达的圆偏振(McCormick 和 Hendry，1976)研究降水中的信号强度和相关系数等特性。Seliga 和 Bringi(1976)提出了通过测量水平和垂直偏振差分反射率(Z_{DR})来改善降水的预估，这个方案受到了气象领域的广泛重视。在1977年夏天，使用 CHILL 雷达首次用“慢一切换”模式成功测量到降水差分反射率，后来由 Seliga(1979)等进行了报道。1978年 Hall 等在英国使用 RAL S 波段雷达第一次得到了“快一切换”Z_{DR}数据。

1980年，主要由于快一切换 Z_{DR}的测量(Hall et al，1980)，美国气象领域对雷达偏振技术进行了广泛的研究和实施。为了实现快一切换 Z_{DR}的测量(Seliga et al，1982)，CHILL 雷达被改进。差分反射率测量误差的统计分析由 Bringi(1983)等完成。同时，差分反射率测量技术由国家大气研究中心(NCAR)在 CP-2 雷达上实施，以此成功测量到差分反射率并且用于冰雹的探测(Bringi et al，1984)。

Mueller(1984)提供了一套计算用快一切换偏振雷达得到的差分相位的概念公式。同时，NSSL 更新了他们的锡马龙(Cimarron)雷达使之具有双偏振功能，并且用时间序列数据演示了如何用可切换偏振雷达同时得到多普勒和偏振量数据(Sachidananda et al，1985)。另外，NSSL 科学家和工程师提出了差分相位(ϕ_{DP})的测量和共偏相关系数(ρ_{hv})(Sachidananda et al，1986，1989）。另一大进展是在包括 LDR 的多参数雷达测量的实现并用于霰融化和冰雹的探测研究（Bringi et al，1986a，1986b）。Bringi 和 Hendry（1990）以及 Seliga（1990）等人对这些早期研究进行了汇总。

在 20 世纪 90 年代，天气雷达偏振技术的研究延伸到对多参数天气偏振雷达的性能实现。Bringi 等（1990）探究了雷达反射率测量的传播效应。Zahrai 和Zrnić（1993）第一次阐述了完整的偏振雷达参量的实时观测，包括差分相位、共偏相关系数以及共一交偏振相关系数（ρ_h 和 ρ_v）。在那时，由 Φ_{DP} 衍生出的差分相移率（K_{DP}）受到大量关注，因为它与降水率大致呈线性相关，不受部分波束阻挡和功率定标误差的影响（Balakrishnan et al，1990；Ryzhkov et al，1996）。大量偏振雷达定量降水估计的发展都是基于模拟或观测到的雨滴尺度分布（DSDs，也叫“雨滴谱”）的研究（Ryzhkov et al，1995；Sachidananda et al，1987；Seliga et al，1986）。结合实际数据实现了定量降水估计（quantitative precipitation estimation，QPE）的改善（Brandes et al，2002；Giangrande et al，2008；Ryzhkov et al，2005a，2005b）。

偏振雷达数据（PRD）在云和降水微物理研究中的应用受到了成功使用模糊逻辑方法进行雷达回波分类的推动（Straka et al，2000；Vivekanandan et al，1990；Zrnić et al，2001）。大量使用 S 波段偏振雷达的野外观测项目启动，包括在堪萨斯州的 CASES-91，佛罗里达州的 PRECIP98（Brandes et al，2002），以及科罗拉多州的 STEPS-00。这些项目得到的数据和结果以及来自 CSU-CHILL 雷达，NSSL 的 Cimarron 和 KOUN 雷达（NSSL 研发的 WSR-88D 已经更新至有偏振功能）进一步证明多参数 PRD 在天气服务和 WSR-88D 国家雷达网的双偏振升级的需求和价值（Doviak et al，2000）。

为了改善模式的微物理参数化和天气预报，由偏振雷达数据来反演雨滴谱引起多方重视（Brandes et al，2004a；Bringi et al，2002；Cao et al，2008，2010；Zhang et al，2001）。一种更加有效的使用 PRD 来反演微物理状态并且改进定量降水预报（quantitative precipitation forecast，QPF）的方式是通过资料同化（Jung et al，2008a，2008b）将它们与数值天气预报（numerical weather prediction，NWP）模式结合起来。Jung 等（2008a，2008b）演示了 PRD（Z_{DR} 或 K_{DP}）的增加对决定状态变量具有积极的影响。灾害性风暴的偏振雷达典型特征也能由数值模式模拟得到的（Jung et al，2010a，2010b；Xue et al，2010）。雷达偏振技术的最大潜能在于其精确反演模式状态和微物理参数的能力，这种能力可以用来改善天气预报。这本书致力于为有效合理地使用偏振技术进行天气测量和预报奠定基础。

1.2　本书目的和章节安排

本书通过探索云和降水条件下的波散射和传播提供了天气雷达偏振技术的基础概念和理论。图 1.1 阐述了本书的目的及意向。本书建立了物理状态参数与雷达观测量之间的关系，以便于读者理解特定天气条件下雷达偏振量的典型特征。同时本书简要地讨论了先进的信息处理和反演方法来帮助读者更好地理解 PRD。另外，本书提供了数据分析工具和方法，以便于读者能够得到亲自处理实际数据的体验。

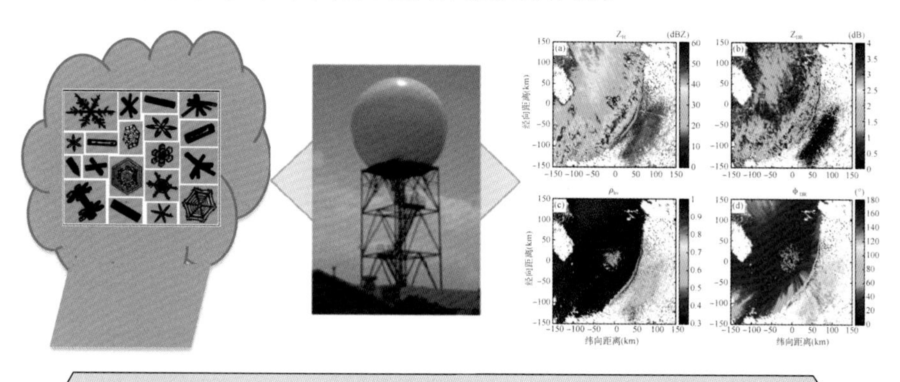

- 美国下一代天气雷达(WSR-88D)网已经全部升级成双偏振雷达，并且双偏振雷达数据(PRD)已经可用。
- 本书建立了物理状态和雷达观测之间的关系，并且提供了基本原理、工具及经验去高效和最优地使用双偏振雷达数据(PRD)。

图 1.1　本书目的及意向概略图

本书第 2 章首先介绍了水汽凝结物的形态特征，描述了雨滴、雪花、冰雹和云粒子的物理、统计和电磁性质；给出了粒子的大小分布、形状及密度和组成成分；其中包括了用 Debye 模型计算水和冰，Maxwell-Garnett 和 Polder-van Santern 混合公式计算空气、冰及水混合物的介电常数。

第 3 章提供了单个粒子电磁波散射理论和计算方法，包括雨滴、雪花、冰雹或者云颗粒物。介绍了瑞利散射近似和米散射理论。另外，本章还提供了 T 矩阵方法和用其得到的水汽凝结物散射计算结果。

第 4 章描述了随机分布粒子组成的云和降水中波散射和传播，解释了相干散射和不相干散射以及它们的应用。诠释了波场的统计特征：均值、协方差、概率密度函数以及它们与偏振雷达变量的联系。另外，还包括了衰减、差分衰减、传播相位和差分相位的传播效应。

第5章讲述了获取和改进偏振雷达的信号处理方法以及误差估计，同时介绍了改进数据质量的先进信号处理，包括多节（M-lag）相关处理、双偏振和双扫描杂波检测和减轻。

第6章讲述了天气雷达偏振技术的常规应用，并且演示了如何定性、定量地研究云和降水的微物理特征和过程。也进一步给出典型天气事件的偏振量特征。用于水汽凝结物分类的模糊逻辑法也在此进行了描述，同时讨论了定量降水估计和雨滴谱反演以及衰减订正方法。

第7章介绍了优化利用偏振数据来得到定量降水估计和预报的前沿方法。此章节描述了同步衰减订正和雨滴谱反演，雨滴谱的统计反演、变分分析，以及将偏振数据同化到数值预报模式来改善天气预报。

第8章讨论了正在研发中的相控阵偏振天气雷达。包括相控阵雷达偏振技术的基础理论和问题、挑战，以及提出了在设计和研发用于未来快速扫描和天气测量的相控阵偏振雷达过程中可能的解决方法。

第 2 章 水凝物的表征

偏振天气雷达的回波特性不仅取决于天线主瓣和副瓣构成的照射体积内水凝物粒子(雨滴、雪花、雹、云滴和冰晶)的物理特征(如粒子大小、形状和取向)、统计特征(如粒子大小和取向的分布)和电磁特征(如影响电磁波散射的介电常数和电导率),也取决于其他目标物(气溶胶、昆虫、飞鸟、地物等)的特征。为了正确建立双偏振雷达回波特性与照射体积内水凝物粒子特征的关系,必须了解云/降水物理知识和偏振雷达的回波参量。本章着重描述雨滴、雪花、冰雹和云粒子的物理、统计及电特征。

2.1 物理和统计特征

水凝物有多种形态,呈现为悬浮于云层和降水云体中的液态水滴、固态冰晶或冰—水混合物粒子。云是由水汽凝结而成的各类水凝物(液态水滴、固态冰粒子或混合态粒子)所构成的。云和降水的微物理状态及演变过程如图 2.1 所示。云粒子经由云核/冰核、水汽/液态水的凝结/沉积过程而增长形成,云粒子之间的碰并增长、聚合增长使得一些云粒子进一步长大,可能形成雨、雪或雹/霰等形式的降水而降落到地面。雷达波束路径上、照射体积内水凝物粒子的物理特征(如粒子大小、粒子组成、密度、形状和取向)决定了回波的偏振参量特性。

利用飞机携带的粒子探测仪进行飞行测量或地基雨滴谱仪的地面测量,可以得到水凝物粒子与云粒子的物理特征和统计特征。通用的粒子探测仪是 PMS(粒子测量系统)系列探头,包括探测直径介于 2～47 μm 的前向散射式云粒子谱探头、二维光学阵列式(2D-OAP)云粒子探头(2D-C,可探测直径范围 25～800 μm)和降水粒子探头(2D-P,可探测直径范围 200～6400 μm)。SPEC 公司最新研发的云粒子成像仪(CPI,可探测直径范围 10～300 μm)可以给出高质量的云粒子图像。图 2.2 展示了云成像仪(左上图)得到的云粒子二维图像和其中一些云粒子的实物照片。

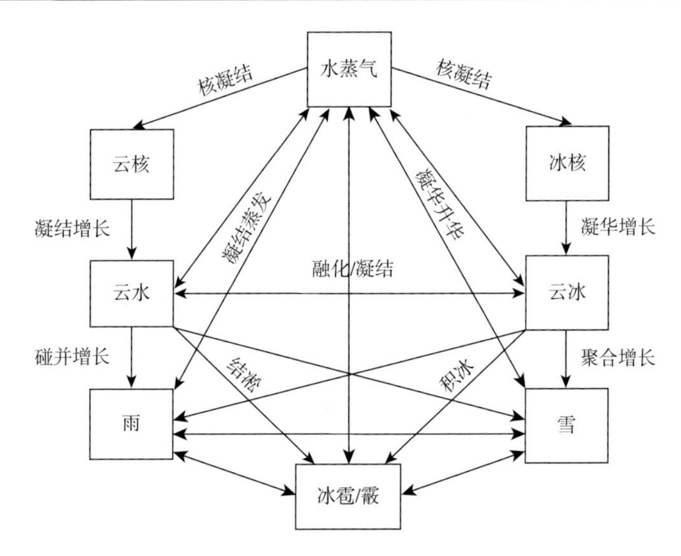

图 2.1 云及降水的微物理相态和变化过程示意图

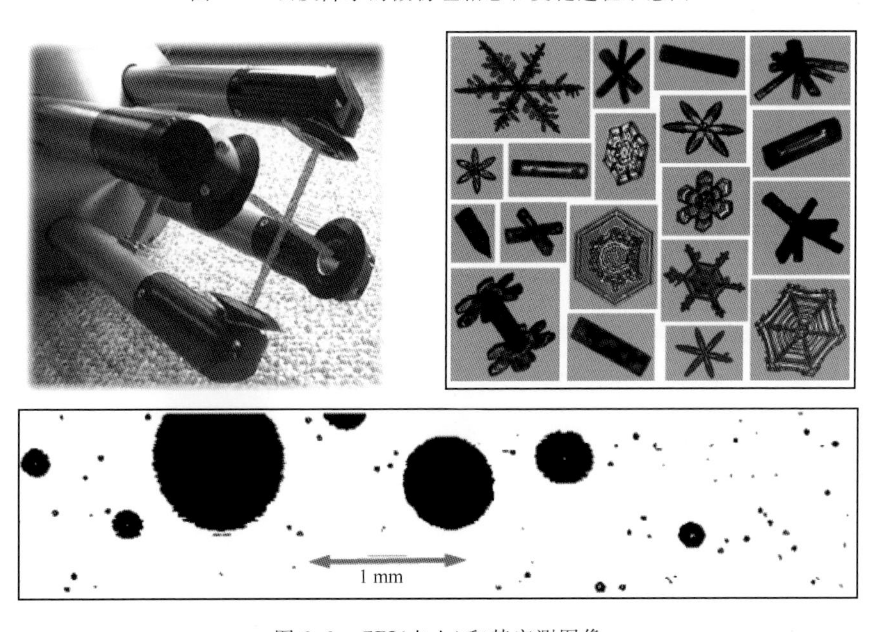

图 2.2 CPI(左上)和其实测图像

(照片和图像由 Paul Lawson 博士提供,参见 SPEC 公司网址 http://www.specinc.com)

降落到近地面的降水粒子通常用雨滴谱仪进行观测(如撞击式滴谱仪(Joss et al,1969)、PARSIVEL 光学滴谱仪(Löffler-Mang,2000)、二维视频滴谱仪或二维滴谱仪(Schönhuber,1997;Kruger et al,2002))。在这些滴谱仪器中，二维滴谱仪（2DVD）测量的雨滴谱数据最准确，因此，本书使用的雨滴谱数据来源于俄克拉荷马大学（OU）和美国国家大气研究中心（NCAR）的二维滴谱仪观测数据。

根据实测的数据，表 2.1 总结了水凝物粒子的典型微物理特征数据。如表中所示，不同种类粒子的微物理特征数据差别很大。云粒子的大小一般是几微米，而冰雹的大小则是几厘米。粒子数密度（即 1 m^3 大气中的粒子总数）变化更大：云粒子的浓度大约是 10^9 个，而冰雹的浓度仅仅是几个。水凝物粒子的其他物理参数，如密度、形状和空间取向，不同类别粒子之间也有差异。即使同一类别粒子，其典型参数也有变化，例如，云粒子的大小差异可超过两个数量级，而雨滴的粒子数密度差异更大，在对流降雨系统前沿的雨滴数密度仅仅是几个，而中心区域的数密度可能超过 10000 个。因此，知道并准确掌握每种水凝物粒子的上述物理参数和统计特征量，对于正确诠释雷达的观测数据十分重要，后面的章节将讲述相关内容。

表 2.1　云及降水粒子的一些典型特性

	云滴	冰晶	雨滴	雪花	雹/霰
尺度（mm）	0.001～0.1	0.1～1.0	0.1～8.0	1.0～30	1.0～100
密度（$g \cdot cm^{-3}$）	1.0	0.92	1.0	～0.1	0.5～0.92
形状	球体	多变	扁球形	不规则	不规则
方向	N/A	多变	水平	随机 $\sigma=20°$	随机 $\sigma=60°(1-0.8f_w)$
数密度（个 • m^{-3}）	10^6～10^9	10^4～10^6	10～10^4	10～10^3	1～100
速度（$m \cdot s^{-1}$）	<0.1	<0.1	0.2～10	～1.0	1.0～100

注：σ 是粒子方向分布的标准偏差；f_w 是水所占的比率。

2.1.1　雨

雨是最常见的降水形式，也是最早从雷达回波中被识别出来的降水形态（Bent et al，1943）。量化的地面降雨强度就是降雨率，表示单位时间内地面雨水的累积深度。降水强度分为小雨（<2.5 mm • h^{-1}）、中雨（2.5～7.6 mm • h^{-1}）和大雨（>7.6 mm • h^{-1}）*。降雨率估计是天气雷达的主要应用之一，

---

* 译者注：此为美国降水强度分级，我国气象上按照《降水量等级》（GB/T 28592—2012），将降雨分为微量降雨（零星小雨）（24 h 降雨量<0.1 mm）、小雨（0.1～9.9 mm）、中雨（10.0～24.9 mm）、大雨（25.0～49.9 mm）、暴雨（50.0～99.9 mm）、大暴雨（100.0～249.9 mm）、特大暴雨（≥250.0 mm）共 7 个等级。

偏振雷达具有估测降雨率方面的优势。

降雨的特性可用类型和降雨强度来描述。根据空间结构(雨区的尺度和形状)的不同,降雨通常分为对流性降雨或层状云降雨。对流性降雨是指小尺度局地对流产生的降水,其水平尺度约为数十千米。当潮湿的空气上升并达到过饱状态时,水汽将凝结形成云滴,成为积云。当云滴变大后,它们开始降落,并通过碰并过程进一步增长,碰并增长和碰撞破碎是影响雨滴微物理特性的主要物理过程(如雨滴大小和数密度)。层状云降雨是由于缓慢上升的暖空气导致层状云的冰晶融化而形成的,这种降雨具有范围大、降雨率分布均匀的特点。层状云降雨的一个重要标志是在雷达反射率图像上的融化层高度处出现所谓"亮带"的较强回波。

2.1.1.1 雨滴谱

降雨率既不能完整地反映雨滴的微物理特征,也无法提供可用于雷达数据分析的足够信息。虽然 10 个小雨滴可能与 1 个大雨滴具有相同的降雨率,反之亦然,但两种情况下的雷达回波却相差很大。描述降雨的一个重要参量是雨滴谱(raindrop size distribution,DSD)。雨滴谱定义为单位体积内、单位粒径范围内的雨滴数量,雨滴谱是雨滴直径的函数,用 $N(D)$(个 · m^{-3} · mm^{-1})表示。雨滴谱与雨滴形状、取向以及下落末速度这些信息一起,可提供降雨的较完整信息,并可用于计算雨滴的散射和偏振雷达参量。

雨滴谱是由雨滴谱仪观测得到的。图 2.3 展示了由俄克拉荷马大学的二维滴谱仪(OU 2DVD)测得的雨滴谱,此外,图中还有该雨滴谱仪的室外部分(即雨滴感应模块,见图 2.3a)、显示部分(图 2.3b)、雨滴谱直方图(图 2.3c)和根据各粒径的雨滴数量计算得到的雨滴谱(图 2.3d)。二维滴谱仪由两个水平指向的线扫描相机组成,两者的光束垂直间距约 7 mm。这个距离除以雨滴经过两束光的时间差就得到雨滴下落末速度的估测值。两个相机的共同观测区域为 $10\times10\ cm^2$。对每个雨滴,记录信息包括两个相机在正交方向感应的雨滴图像以及等效体积直径、扁平率和下落速度 v 的估计值。观察到的雨滴按直径大小被划分为 41 个档中,每档间距 $\Delta D=0.2$ mm,因此测量的雨滴直径为 0.1~8.1 mm;将每个档的雨滴数进行累加,并考虑到实际取样空间大小 $Av_l\Delta t$ 以及粒径间距 ΔD,就可以得到规一化的雨滴谱,即

$$N(D)=\sum_{l=1}^{L}\frac{1}{Av_l\Delta t\Delta D} \tag{2.1}$$

图 2.4 展示了 2005 年 5 月 13 日利用安装在凯瑟勒(Kessler)农场(俄

克拉荷马州华盛顿郡）美国国家大气研究中心的二维滴谱仪收集的飑线及后续层状云降雨的雨滴谱序列资料。雨滴数量和大小的变化反映了降雨的微物理特性及其随时间的演变情况。强对流降雨中既有大雨滴也有小雨滴，滴谱较宽，在强对流系统后期的降雨中，小雨滴占绝大多数。层状云降雨的雨滴相对较大，但雨滴数密度低于同等降雨强度下对流型降雨的数密度。

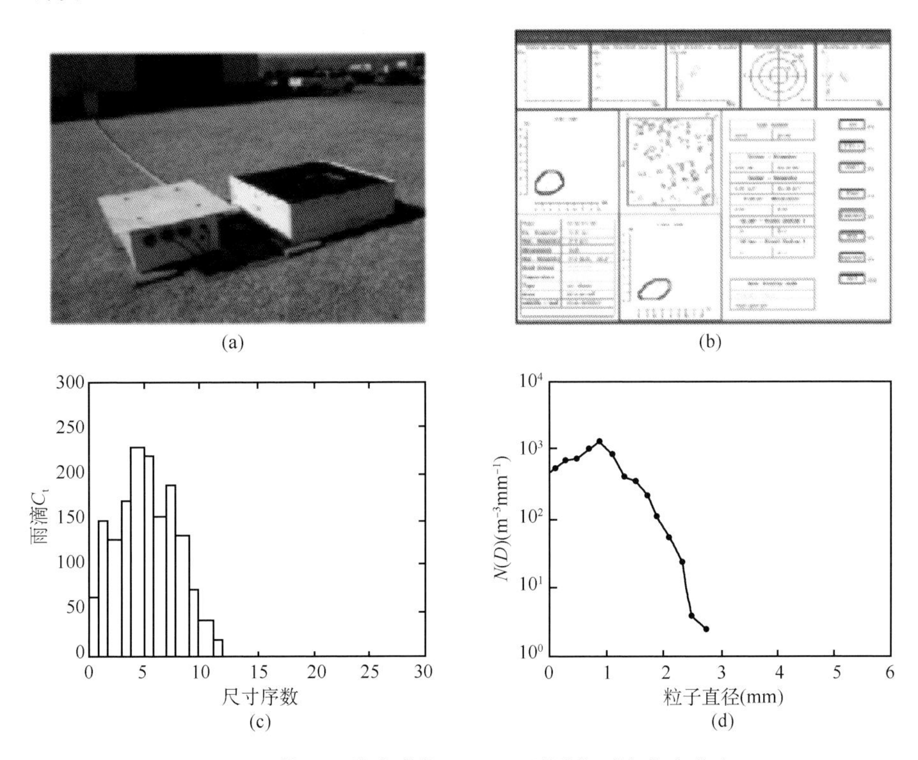

图 2.3　使用二维滴谱仪(2DVD)观测的雨滴大小分布

(a)OU-2DVD 滴谱仪；(b)2DVD 对雨滴信息的处理；(c)在 1 min 期间特定直径范围内观察到的雨滴数密度；(d)处理得到的雨滴谱。图(b)中包含同一个雨滴通过正交扫描方向形成的两个影像

图 2.4b 还给出了雨滴谱的 3D 图像(2.4b1)、雨滴质量谱(2.4b2)及偏振雷达参量谱（反射率 Z_H 和差分反射率 Z_{DR}）(2.4b3，b4)。质量谱定义为单位体积内单位直径间距的所有雨滴总质量 $m(D)=\frac{\pi}{6}\rho_w D^3 N(D)$。虽然数密度谱(图 2.4b1)反映小雨滴占比最大，但质量谱的峰值出现在中等大小的直径处（同衰减率和相移率相似），反射率因子和差分反射率的峰值出现在大

雨滴直径处。这表明当存在大雨滴时，雷达的测量对小雨滴不敏感。偏振参量的定义和解释参见第 4 章。如果知道了雨滴谱，则降雨的积分物理参量如雨滴数密度 N_t、雨的含水量 W 和雨强 R 都可以计算。计算式如下：

$$N_t = \int_0^{D_{max}} N(D)\mathrm{d}D \qquad [\mathrm{m}^{-3}] \tag{2.2}$$

$$W = \frac{\pi}{6}\rho_w \int_0^{D_{max}} D^3 N(D)\mathrm{d}D = \frac{\pi}{6} \times 10^{-3} \int_0^{D_{max}} D^3 N(D)\mathrm{d}D \qquad [\mathrm{g} \cdot \mathrm{m}^{-3}] \tag{2.3}$$

$$\begin{aligned} R &= \frac{\pi}{6} \int_0^{D_{max}} D^3[\mathrm{mm}^3]v(D)[\mathrm{m} \cdot \mathrm{s}^{-1}]N[\mathrm{m}^{-3} \cdot \mathrm{mm}^{-1}]\mathrm{d}D[\mathrm{mm}] \\ &= 6\pi \times 10^{-4} \int_0^{D_{max}} D^3 v(D) N(D)\mathrm{d}D \qquad [\mathrm{mm} \cdot \mathrm{h}^{-1}] \end{aligned} \tag{2.4}$$

雨滴谱的 n 阶矩，即 D 的 n 次方和 $N(D)$ 乘积的积分，由下式表示：

$$M_n = \int_0^{D_{max}} D^n N(D)\mathrm{d}D \tag{2.5}$$

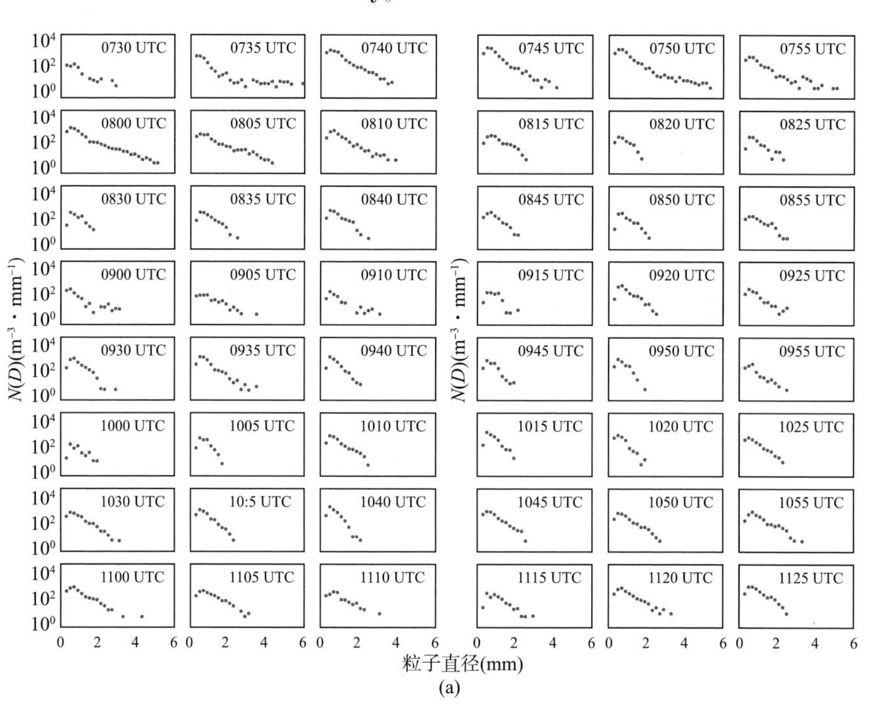

图 2.4　2005 年 5 月 13 日，飑线过后、层状云降水的雨滴大小分布时间序列示例。数据由位于 Kessler 农场的美国国家大气研究中心外场实验室的 2DVD 测量所得。(a)二维图；(b)三维图，第一行为 DSD；其他几行的数据已在书中讨论

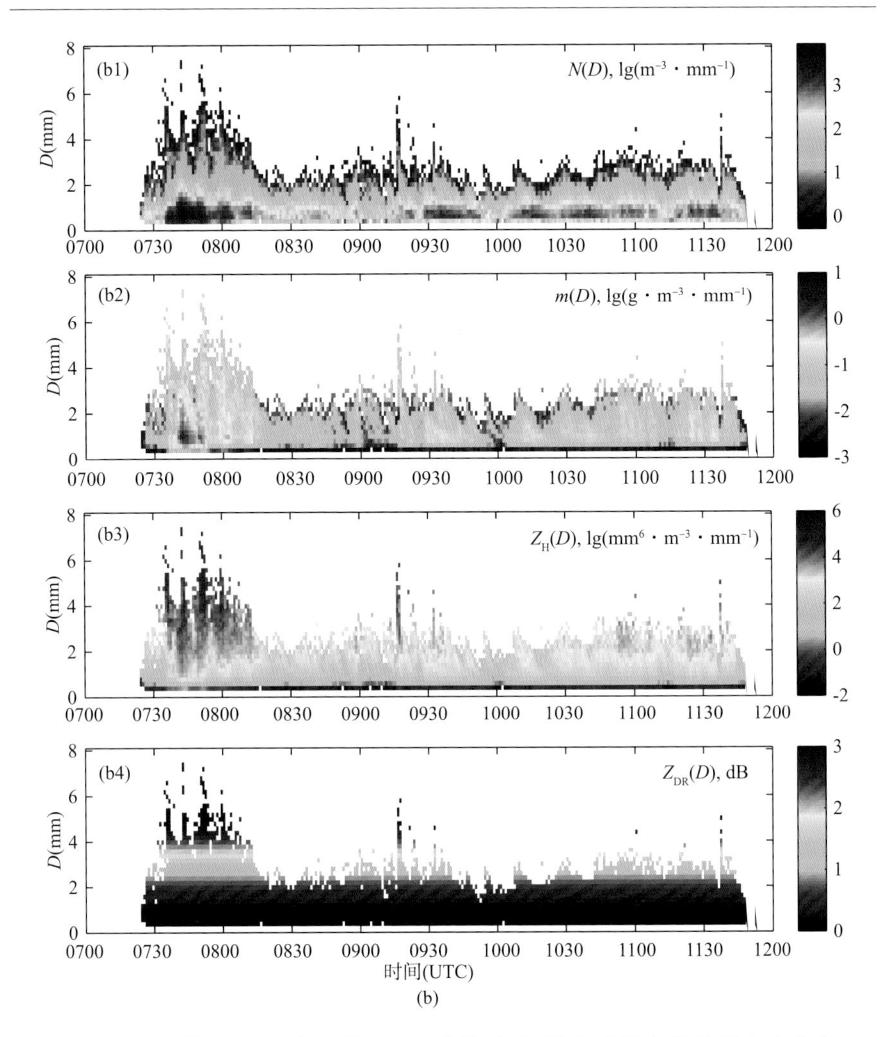

图 2.4(续)　2005 年 5 月 13 日，飑线过后、层状云降水的雨滴大小分布时间序列示例。数据由位于 Kessler 农场的美国国家大气研究中心外场实验室的 2DVD 测量所得。(a)二维图；(b)三维图，第一行为 DSD；其他几行的数据已在书中讨论

值得注意的是，雨滴谱的阶矩和概率密度的矩相差一个 N_t，因为雨滴谱的积分是雨滴数量 N_t，而概率密度函数 $p(D)=\dfrac{N(D)}{N_t}$ 的积分是 1。

雨滴谱的特征尺度通常用中值体积直径(D_0)来表示：

$$\int_0^{D_0} D^3 N(D)\,\mathrm{d}D = \int_{D_0}^{D_{\max}} D^3 N(D)\,\mathrm{d}D \tag{2.6}$$

这意味着直径小于 D_0 的所有雨滴总体积等于直径大于等于 D_0 的所有雨滴

的总体积。

平均直径$\langle D\rangle$和质量/体积加权直径 D_m 也是常用的特征直径，用阶矩表示为：

$$\langle D\rangle=M_1/M_0, \qquad D_m=M_4/M_3 \tag{2.7}$$

为了便于遥感方面的应用，引入有效直径（EFD 或 D_{eff}）和雷达估测直径（RES）。在光学遥感中，粒子的测量值与其几何截面相关，几何截面与二阶矩成比例。因此，EFD 被定义为三阶矩与二阶矩的比值：

$$D_{eff}=M_3/M_2 \tag{2.8}$$

双频雷达可测量雨滴群的反射率（$\sim M_6$）和衰减（$\sim M_3$）；双偏振雷达测量的水平偏振反射率与 M_6 相近，垂直偏振反射率与 $M_{5.4}$ 相近（Zhang et al，2001）。双频雷达（D_{df}）和双偏振雷达（D_{dp}）估测的雨滴直径 RES 分别为：

$$D_{df}=(M_6/M_3)^{1/3}, \qquad D_{dp}=(M_6/M_{5.4})^{1/0.6} \tag{2.9}$$

雨滴典型直径的一般表达式为：

$$D_{mn}=(M_m/M_n)^{1/(m-n)} \tag{2.10}$$

式中：针对不同的应用或数据需要，选择不同的 m 和 n。

为了方便应用，雨滴谱通常使用函数分布模型表示，如指数分布、伽玛（Gamma）分布和对数正态分布模型。滴谱模型通常包含一些易于确定或计算的自由参数，并且能够反映主要物理过程和属性。包含两个自由参数的指数分布是最常用的滴谱模型，由下式给出：

$$N(D)=N_0\exp(-\Lambda D) \tag{2.11}$$

式中：N_0（$m^{-3}\cdot mm^{-1}$）为截距参数，Λ（mm^{-1}）为斜率参数。这两个参数可以通过滴谱的两个不同阶矩或两组雷达观测值来确定。附录 2B 中给出了具体的拟合过程。

在一些情况下，通过模式输出（如总体微物理方案只预报一个矩）或雷达的一个观测量只能得到滴谱的一个矩量。因此，要么假定截距参数 N_0，要么假定斜率 Λ，那么其他参数 Λ（或 N_0）就与含水量 W（$g\cdot m^{-3}$）之间具有唯一确定的关系，而含水量 W（$g\cdot m^{-3}$）又与滴谱的三阶矩线性相关。N_0 值设定为 8000 $m^{-3}\cdot mm^{-1}=8\times10^6\ m^{-4}$ 的 Marshall-Palmer（M-P；Marshall et al，1948）指数滴谱模型，被广泛地用于表示雨（Kessler，1969）及冰（Lin et al，1983）的微物理特性。

近年来，三参数伽玛分布已被广泛用于表征雨滴谱（Ulbrich，1983）：

$$N(D)=N_0D^{\mu}\exp(-\Lambda D) \tag{2.12}$$

式中：N_0（$mm^{-\mu-1}\cdot m^{-3}$）是数密度参数，μ 是分布形状参数，Λ（mm^{-1}）是斜率项。该分布的三个控制参数可由测量的滴谱二阶矩、四阶矩和六阶矩来确定。还可用其他阶矩和阶矩的组合来拟合伽玛滴谱模型(Cao et al, 2009)(见附录2C)。虽然阶矩方法并不一定是最优的求解雨滴谱参数的方法,但在雷达气象学中仍然广泛使用该方法,因为雷达观测值与滴谱的矩量相似,都是滴谱的加权积分量。

图2.5给出了滴谱观测值以及基于观测值而拟合得到的单参数M-P分布模型、双参数指数分布模型和三参数伽玛分布模型。因为伽玛模型包含三个自由参数,因此它对数据点的拟合度最高。

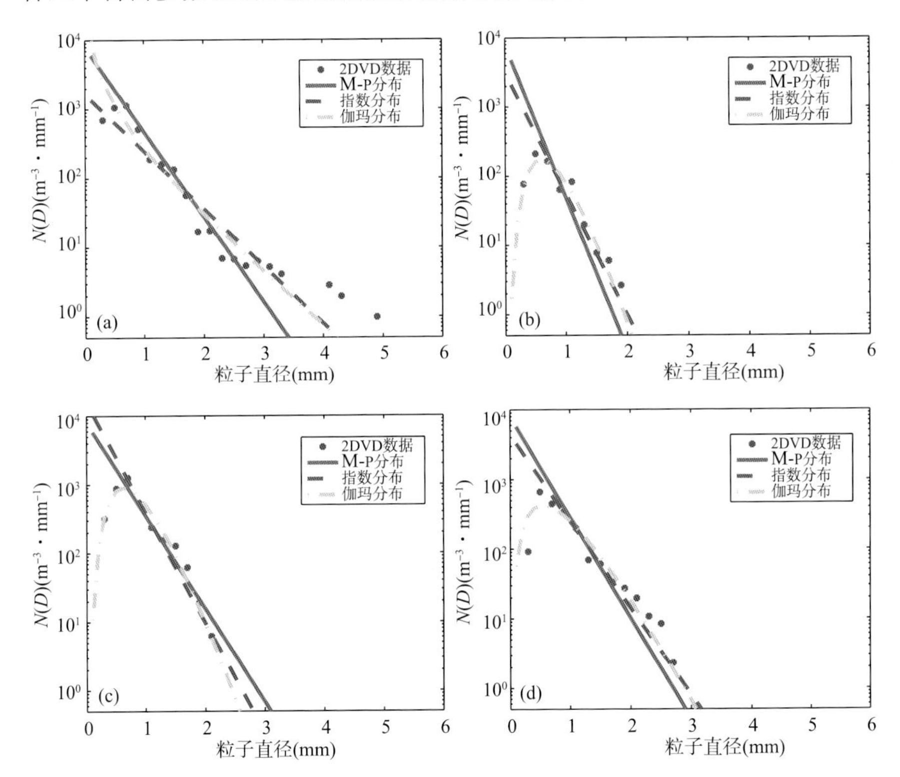

图2.5 观测的雨滴大小分布及利用雨滴谱数据拟合的Marshall-Palmer分布、指数分布和伽玛分布曲线。(a)0755 UTC时刻的强对流雨滴谱,(b)0830 UTC时刻的弱对流雨滴谱,(c)0930 UTC时刻层状云降雨的雨滴谱和(d)1030 UTC时刻层状降雨的雨滴谱,其中点号(.)表示雨滴谱仪观测的雨滴谱。图中实线表示拟合的Marshall-Palmer分布曲线;虚线表示拟合的指数分布曲线;点划线表示使用二阶矩、四阶矩和六阶矩而拟合的伽玛分布曲线

2.1.1.2 雨滴形状

到目前为止,我们以等效直径 D_{eq} 表示雨滴大小。换句话说,我们是在

使用与雨滴具有相同体积的球体直径表示雨滴大小。事实上，下落的雨滴的形状不是球形；相反，随着雨滴增大，雨滴将变得更加扁平。正是这种非球形的雨滴性质促进了天气雷达偏振技术的发展，目的是提高雷达估测降雨的精度(Seliga et al,1976)。使用正确的雨滴形状模型进行雨滴的偏振雷达参量模拟，并辅助偏振雷达数据分析，仍然是目前重要的研究工作。

雨滴的形状已经通过影像得到证实(Jones,1959)。Pruppacher 和 Beard (1970)对悬浮在垂直风洞气流中的水滴进行了细致的观测，图 2.6 给出了他们观测的结果。从图中可以看到雨滴具有扁平的底部，这一点在较大的雨滴上最为明显。除了 Pruppacher 和 Beard 的观测外，还有关于雨滴在静止空气中下落足够距离(>10 m)并达到下落末速度之后的照片。Thurai 和 Bringi(2005)曾通过在桥下放置二维滴谱仪进行这方面的观测。所有这些观测表明，粒径大于 1 mm 的雨滴都是非球形的，可以近似为扁球体。

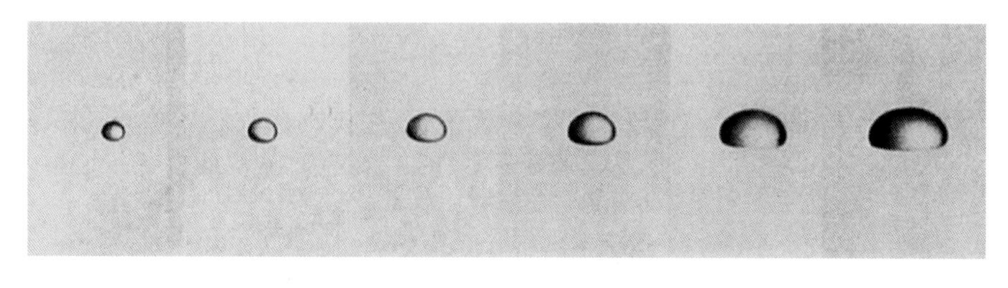

图 2.6　雨滴在空气中达到下落末速度时的照片。它们的等效体积直径分别为 2.7,3.45,5.3,5.8,7.75 和 8.0 mm(引自 Pruppacher 等(1996))

假设扁球体的半长轴为 a，半短轴为 b，它的体积 V 如下：

$$V=\frac{4\pi}{3}a^2b\equiv\frac{\pi}{6}D^3 \tag{2.13}$$

式中：D 是等效直径，也称为 D_{eq}(为简单起见，在本书中省略了下标“eq”)，是具有与扁球体等效体积的球体的直径。用图 2.3 中雨滴的两个方向上的图像得到的两个半长轴进行几何平均，其结果可作为二维滴谱仪(图 2.3)资料得到的雨滴半长轴大小，即 $a=\sqrt{a_1a_2}$。

半短轴和半长轴的比率：$\gamma=b/a$，称为轴比(或纵横比)，表示扁平率，即雨滴的形状。Pruppacher 和 Beard(1970)引入了一个线性形式的经验关系：

$$\gamma=\begin{cases}1.0 & (D<0.48\ \text{mm})\\ 1.03-0.062D & (D\geqslant 0.48\ \text{mm})\end{cases} \tag{2.14}$$

这个经验关系式定量地表达了雨滴形状和等效直径 D 之间的函数关系。

雨滴的非球形形状是水滴在空气中下落时各种作用力平衡的结果。

这些力包括：①使水滴保持球形的表面张力；②水滴在空气中下落产生的空气压力，导致水滴的扁平状底部；③流体静压梯度力；④水滴内部环绕力。Pruppacher 和 Pitter(1971)提出了静态平衡的问题，在这一问题中，水滴表面任何微小位移所导致的净能量变化应该为零。这样就能够对方程进行求解并得到雨滴的形状，如图 2.7 中的虚线所示。

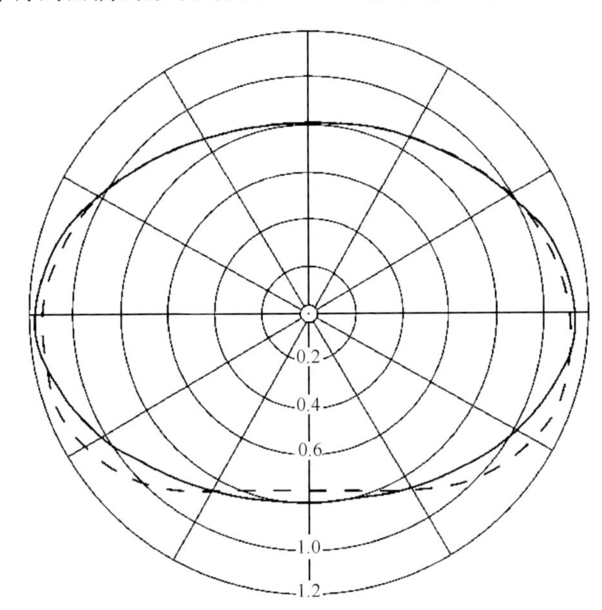

图 2.7　由平衡模型计算出的等效直径为 5 mm 的雨滴的形状：虚线是 Pruppacher 和 Pitter(1971)计算的更准确的形状，实线是 Green(1975)计算的形状

Green(1975)在球体的大圆上应用平衡方程并忽略其中空气动力和流体静压力，得到简化方程：

$$D^2 = 4[\sigma/(g\rho_w)](\gamma^{-2} - 2\gamma^{-1/3} + 1)\gamma^{-1/3} \quad (2.15)$$

式中：表面张力 $\sigma = 72.75\ g \cdot s^{-2}$，$g = 9800\ mm \cdot s^{-2}$ 是重力加速度，$\rho_w = 1.0 \times 10^{-3}\ g \cdot mm^{-3}$ 是水的密度。虽然式(2.14)中的经验关系提供了雨滴形状特征的合理描述，但是人们仍然关注自然界中雨滴的真实形状，可能影响雨滴形状并进而影响偏振参数计算的因素包括涡旋分离、碰撞、湍流和风切变等。Beard 和 Chuang(1987)研究了“平衡”形状，即在只受重力和水滴—空气界面平衡力的情况下下落雨滴的平均形状。其他研究也揭示了自然环境因素对雨滴形状的重要影响(Beard 和 Jameson，1983；Beard et al，1983，1991；Pruppacher et al，1971)，它们使自由大气中的水滴呈轴对称和横向模式振荡，并使雨滴的形状不同于“平衡”形状。更接近球形平均形状的论证也得到飞机(Bringi et al,1998;Chandrasekar et al,1988)和实验室实验(Andsager et al,1999)做出的下落雨滴观测实验的支持。

因此，综合 Pruppacher 和 Pitter(1971)、Chandrasekar 等(1988)、Beard 和 Kubesh(1991)以及 Andsager 等(1999)的观测结果可以得出(Brandes et al,2002)：

$$\gamma = 0.9951 + 0.0251D - 0.03644D^2 + 0.005303D^3 - 0.0002492D^4 \tag{2.16}$$

观测和实验结果如图 2.8 所示，包括经验线性关系(式(2.14))和 Green 关系(式(2.15))。式(2.16)计算的轴比明显比 Pruppacher 和 Beard(1970)得到的轴比以及 Green(1975)的理论轴比更圆，特别是直径在 1～4 mm 的雨滴。它与 Andsager 等(1999,方程 1)的结果相当一致，除了大雨滴($D>5$ mm)。大雨滴的轴比研究结果与 Pruppacher 和 Pitter(1971)的观测结果不一致。无论怎样，式(2.16)在当今的雷达气象学界得到了广泛应用。

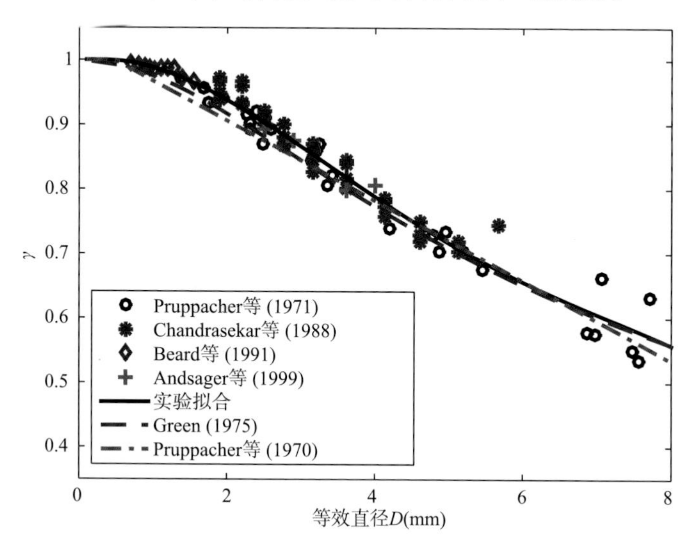

图 2.8 轴比 γ 和等效直径 D 之间函数关系的理论值、观测值和实验值的比较(点划线是式(2.14)中的经验关系；虚线是式(2.15)的结果；实线是实验拟合的结果(式(2.16)))

2.1.1.3 下落末速度

如式(2.4)所示，降雨率与水滴的下落末速度成正比。在近地面，垂直方向的风速通常可忽略，因此，在这一高度上，雨滴质量通量与下落末速度成正比，虽然方向向下，但雨滴质量通量是正值。下落末速度是作用在雨滴上的力平衡时的速度。忽略空气漂浮力(Pruppacher et al,1996)、浮力、气压梯度力和惯性力，下落末速度(v)是拖曳力和重力的平衡的结果(Rogers et al,1989)：

$$\frac{\pi}{4}D^2\ \frac{1}{2}\rho v^2 C_D = \frac{\pi}{6}D^3\rho_w g \tag{2.17}$$

式中：ρ 是空气密度，ρ_w 是雨水密度，g 是重力加速度，C_D 是拖曳系数。使用 $C_D=0.45$ 和海平面标准大气的空气密度 ρ_0，可以获得直径 $D>1$ mm 雨滴的下落末速度：

$$v = 4.92\left(\frac{\rho_0}{\rho}\right)^{1/2}\sqrt{D} \tag{2.18}$$

式中：D 是以 mm 为单位的雨滴直径，v 是以 $\mathrm{m\cdot s^{-1}}$ 为单位的下落末速度。

然而，对于直径 $D<60\ \mu$m 的雨滴，气压梯度力和惯性力这两个力与粘性力相比是可忽略的，其末速度与直径的平方相关，而对于 $60\ \mu\mathrm{m}<D<1$ mm的雨滴，下落末速度与雨滴直径存在线性相关(Rogers et al,1989)。

应当注意的是，式(2.18)是在假设球形雨滴的拖曳系数为常数的情况下推导得出的。由于其具有简单的形式，这一方程已被用于模式参数化方案中(Kessler,1969;Lin et al,1983)。然而在实际中，大雨滴会出现变得扁平并且拖曳系数增加的情况，其末速度比式(2.18)计算的末速度小。因此，雷达气象学界应用了其他公式用于计算海平面高度的下落末速度。这些公式如下。

(1)Atlas 和 Ulbrich(1977)提出的经验幂函数关系：

$$v = 3.78D^{0.67} \tag{2.19}$$

(2)Atlas 等(1973)提出的指数形式关系：

$$v = 9.65 - 10.3\exp(-0.6D) \tag{2.20}$$

(3)Brandes 等(2002)推导出的多项式关系：

$$v = \begin{cases} -0.1021 + 4.932D - 0.9551D^2 + \\ 0.07934D^3 - 0.0023626D^4 & (D < 6\ \mathrm{mm}) \\ 9.17 & (D \geqslant 6\ \mathrm{mm}) \end{cases} \tag{2.21}$$

上述三个下落末速度的经验关系与 Gunn 和 Kinzer(1949)早期的测量结果一起绘制在图 2.9 中。

指数关系式和多项式关系式与观测值拟合度较好，当 $D>4.0$ mm 时，幂函数关系式的结果开始与观测值有明显差别。

2.1.2　雪

雪在冬季降水中很常见，降雪强度大时会引起严重灾害(Brandes et al,

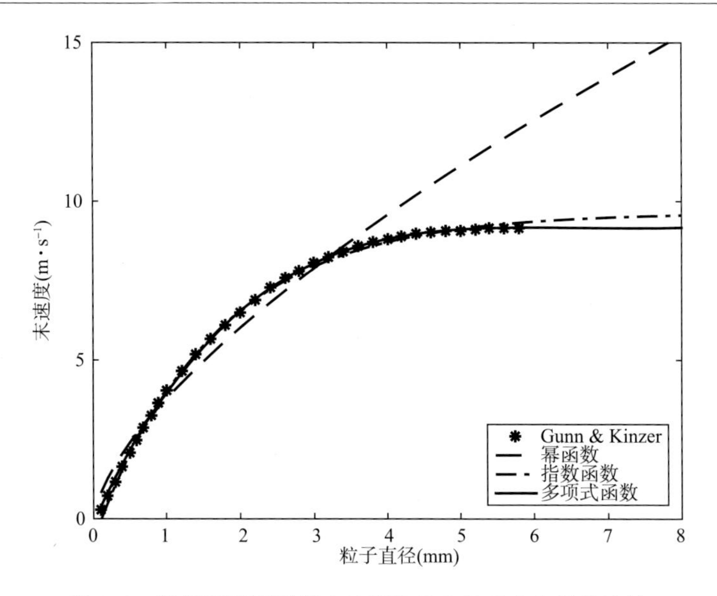

图 2.9 海平面雨滴下落末速度的经验关系式之间的比较

2007;Martner et al,1992;Zhang et al,2011b)。降雪的常见描述是雪水当量,定义为:

$$S = 6\pi \times 10^{-4} \int_0^{D_{\max}} \left(\frac{\rho_s}{\rho_w}\right) D^3 v(D) N(D) \mathrm{d}D \qquad [\mathrm{mm} \cdot \mathrm{h}^{-1}] \quad (2.22)$$

式中:ρ_s是雪密度。虽然雪水当量 S 给出了降雪对应的降水量,但更重要的是表征雪的微物理特征,这样才能将雪的状态参数与偏振雷达观测关联起来。和雨滴谱类似,雪粒子的尺寸分布(PSD)、形状和下落末速度是其在微物理上的基本特征量。此外,与恒定密度的雨滴不同,雪的密度因降雪类型和气候位置而存在显著差异。这些微物理性质将在下面的小节中进行讨论。

2.1.2.1 雪花尺寸分布

图 2.10 给出了 4 个雪花的二维滴谱仪观测示例。它们的大小(从图 2.10d 中的～2.5 mm 到图 2.10b 中的～1.5 cm)、形状和密度存在较大差异。其等效体直径可通过二维滴谱仪观测的二维图像的最大宽度($2a_1$ 和 $2a_2$)和高度($2b$)估算:$D=2\ (a_1 a_2 b)^{1/3}$。此外,雪花的扁圆度和下落末速度也是从二维滴谱仪图像中估算的。虽然雪花的形状是不规则的,但是它们也可以被建模为扁球体,通常假设恒定的轴比 $\gamma=0.75$*。因为雪花在下落时主轴与水平方向基本齐平,所以通常可以假设雪聚合体的平均倾斜角为

---

* γ 可介于 0.65 到 0.75 之间。

0°,并且倾斜角的标准偏差假设为 20°。

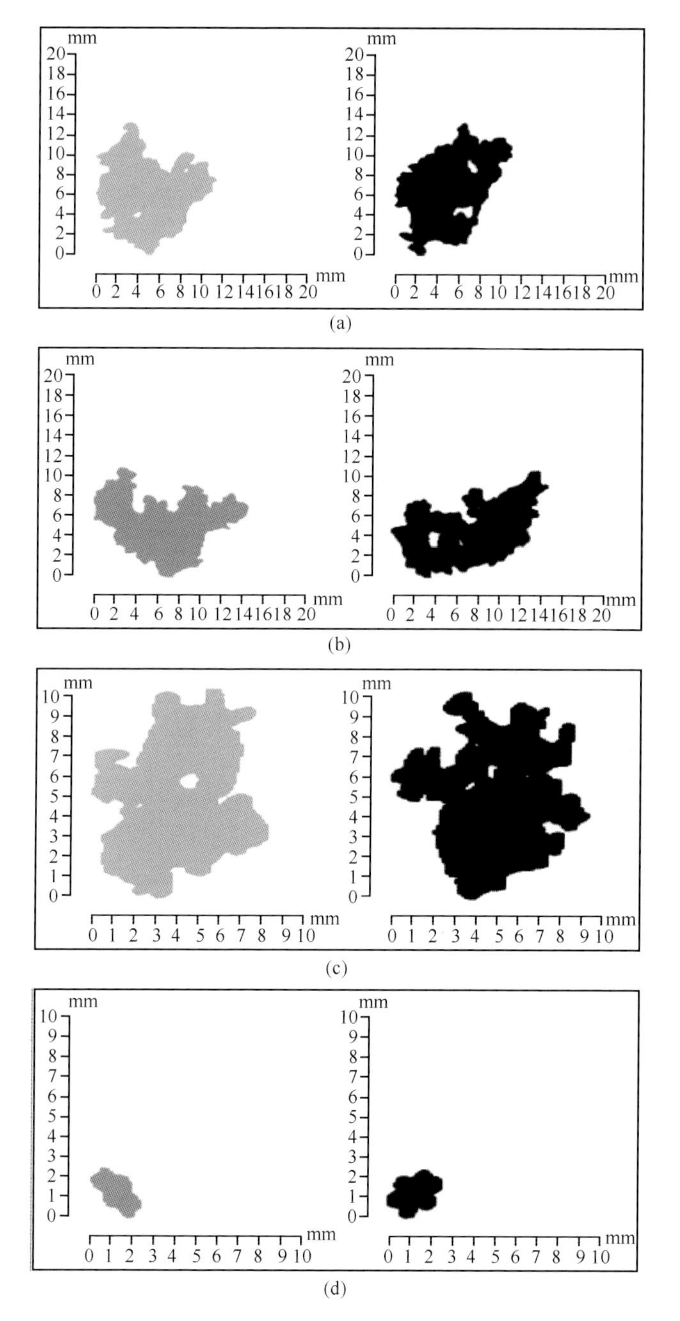

图 2.10　雪花的视频粒谱仪采样的样本,包括雪花正面(灰色)和侧面(黑色)轮廓。尺寸增量为 2 mm(a,b)和 1 mm(c,d)(引自 Brandes 等(2007))

通过将二维滴谱仪观测的雪花进行大小分级来获得雪的粒子谱(雪花谱)。因为雪花的下落速度往往比雨滴慢,所以使用 5 min 的数据段来计算雪花谱。图 2.11 给出了 2006 年 11 月 30 日由俄克拉荷马大学二维滴谱仪在俄克拉荷马州收集的雪花谱。与图 2.3 所示的雨滴谱相比,雪花谱中包含尺寸更大(最大达 1.5 cm)的水凝物,并且具有较低的数密度,典型值为每立方米数百个雪花。这与层状云降水中雨滴谱的量级大致相同。

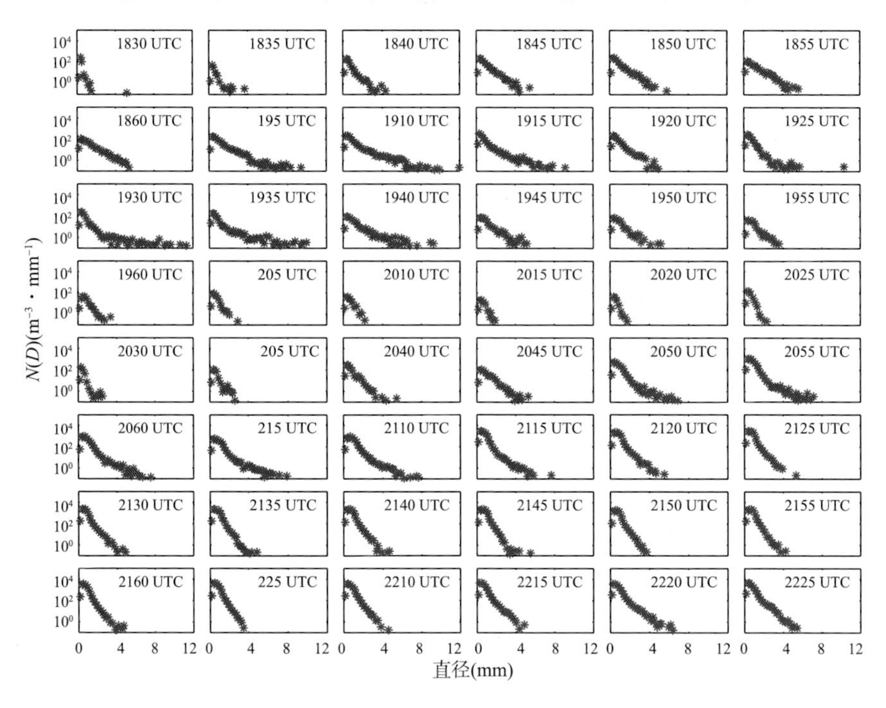

图 2.11　2006 年 11 月 30 日在俄克拉荷马州通过 OU 2DVD 观测到的雪花粒径分布

2.1.2.2　雪花的密度

正如前面所提到的,尽管大多数数值预报模式的参数化方案使用 $0.1\ \mathrm{g\cdot cm^{-3}}$的常值密度(Lin et al,1983),但是雪花密度的变化范围很大。在估计雪水当量和建立雪花微物理特性与偏振雷达观测值之间的联系方面,雪密度是至关重要的参数。确定雪密度的方法是将二维滴谱仪每 5 min 内收集的所有雪花的体积相加并求出总体积,而雪水量可以利用雪量计获得。通过在科罗拉多州收集的数据(Brandes et al,2007),可以用下述方式确定雪的密度:

$$\rho_s = 0.178D^{-0.922} \tag{2.23}$$

式中：D 单位为 mm，ρ_s 单位为 $g \cdot cm^{-3}$。这个表达式非常类似于 Holroyd(1972)在北美五大湖地区一些雪暴个例中总结的逆线性关系 $\rho_s = 0.17D^{-1}$，也与 Fabry 和 Szyrmer(1999)从文献中归纳出的中间关系 $\rho_s = 0.15D^{-1}$ 类似。需要注意的是，这些表达式代表的是平均关系，并且雪密度在不同的个例之间有明显区别，这取决于降雪的类型。

另一个需要注意的是，式(2.23)也是一个通过科罗拉多州冬季降雪的滴谱仪和雪量计观测数据获得的平均关系。通过观察其他地区的雪花滴谱仪资料，如俄克拉荷马州，可以发现式(2.23)中的密度关系式并不适用于描述这些降雪的雪花密度。影响雪花密度的因素还有不少，因此无法用一个简单的大小—密度关系式表述，比如云内过程可以影响雪花的形成与增长，而云下过程影响雪花在下落至地面过程中的演变(Roebber et al，2003)。

图 2.12 给出了冬季降水粒子的下落速度，所需数据于 2006 年 11 月 30 日观测得到。图中包含经验获得的雨滴下落速度(式(2.21))，下方的曲线则代表经验获得的雪花的下落末速度(Brandes et al，2007)：

$$v = 0.768D^{0.142} \tag{2.24}$$

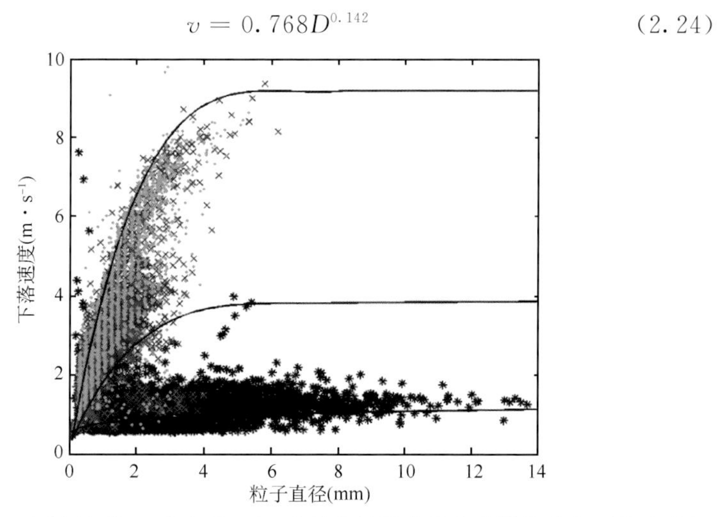

图 2.12　2006 年 11 月 30 日在 Kessler 农场的外场实验室观测的雪花下落速度与雪花粒子直径的关系。冻雨时段(0000—0800 UTC)的 OU 2DVD 数据用点表示，混合相降水时段(0800—1600 UTC)的数据用乘号表示，固态降水(降雪)时段(1600—0000 UTC)的数据用星号表示。同时给出了与式(2.21)对应的雨滴下落末速度、与式(2.24)对应的雪花末速度，以及用于区分雨和雪 PSDs 的速度函数(引自 Zhang 等(2011b))

图中间的曲线用于区分液相和冰相粒子，它是式(2.21)和(2.24)的几何平均(Zhang et al，2011b)。图中的重点是星号的分布，这些星号表示降水个例中与降雪有关的粒子。大多数俄克拉荷马的雪花下落末速度高于用 Brandes 密度关系式得到的雪花降落速度，Brandes 密度关系式是利用科罗拉多降雪资料确定的。因此，这些粒子的密度应该大于通过公式(2.23)的固定关系得到的数值。

为了获得更真实的密度值，加入了末速度的密度修正，这个修正是由式(2.17)得到的末速度而导出的。将式(2.23)获得的密度作为基准密度 ρ_{sb}，实测速度用 v_m 表示，并根据基准速度 v_{sb}（式(2.24)）得到雪花密度 ρ_s 的估计值，代替雪花密度：

$$\rho_s = \alpha\rho_{sb} \tag{2.25}$$

其中，

$$\alpha = \left(\frac{v_m}{v_{sb}}\right)^2 \frac{\rho_{aO}}{\rho_{aC}} \tag{2.26}$$

在该方程中，α 表示调整量，用来估计因各种因素导致的密度变化，而不是一种因素造成的变化。在图 2.13 所示的例子中，空气密度（ρ_{aC} 和 ρ_{aO}）的值是通过海拔 1742 m 的科罗拉多州马歇尔（Marshall）站的气压值和海拔 344 m 的俄克拉荷马州 Kessler 农场外场实验室的华盛顿中尺度观测站气压值估算的。对于 11 月 30 日的降雪，图 2.13 显示调整后的密度是雪花粒子大小的函数。根据这次降雪数据，利用式(2.24)、(2.25)及(2.26)重新计算了相关数据，用于确定调整后的密度对偏振雷达参量的影响。可以用同样的方法来计算其他地区降雪的密度调整对偏振雷达参量的影响。

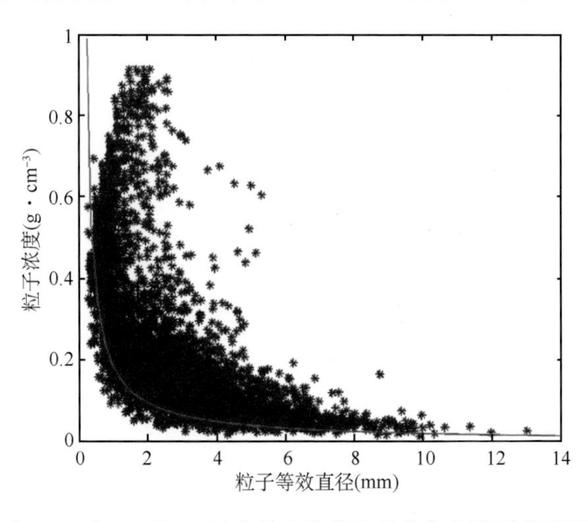

图 2.13 由 2006 年 11 月 30 日在俄克拉荷马州收集的降雪数据得到的基于下落速度调整的密度与雪花粒子直径的关系

（图中曲线为基准密度曲线（式(2.23)，引自 Zhang 等(2011b)）

2.1.2.3　融化模型

为了从雪花谱中推导出雨滴谱，以便和雨滴谱进行比较，因而发展了几种简单的融化模型，并应用到由二维滴谱仪观测的雪花谱资料中(Zhang et al,2011a)。雪的密度和降落速度由幂函数关系计算，雨滴的速度也是用幂函数公式计算的。两个模型均假设粒子的质量守恒，其中一个模型假设降水粒子数密度守恒，因此，总液水含量也守恒，这个模型被称为质量守恒(MC)模型。另一个模型假设粒子数量通量(单位：个 · m^{-2} · s^{-1})保持不变，被称为通量守恒(FC)模型。公式构造如下。

根据粒子质量守恒，得到：

$$\rho_s D_s^3 = \rho_r D_r^3 \tag{2.27}$$

假设 $\rho_s = aD^{-b}$，$\rho_r = 1$，则：

$$D_s = a^{-\frac{1}{3-b}} D_r^{\frac{3}{3-b}} \tag{2.28}$$

$$D_r = a^{\frac{1}{3}} D_s^{\frac{3-b}{3}} \tag{2.29}$$

将方程(2.29)对 D_r 进行微分，得到：

$$\frac{dD_s}{dD_r} = \frac{3}{3-b} a^{\frac{-1}{3-b}} D_r^{\frac{b}{3-b}} \tag{2.30}$$

(1)MC 模型

在 MC 模型中，每个粒子的质量和粒子数密度均守恒，也意味着液水含量守恒：

$$N_r(D_r)dD_r = N_s(D_s)dD_s \tag{2.31}$$

整理得到：

$$N_r(D_r) = N_s(D_s)\frac{dD_s}{dD_r} \tag{2.32}$$

将方程(2.28)和(2.30)代入方程(2.32)中，得到：

$$N_r(D_r) = N_s(D_s)\frac{3}{3-b} a^{\frac{-1}{3-b}} D_r^{\frac{b}{3-b}} \tag{2.33}$$

在雪融化后，不再应用雨滴谱仪设定的单一直径分档，而需要计算新的粒子直径分档，整理方程(2.30)并使用 $\Delta D_s = 0.2$ mm 得：

$$\Delta D_r = \frac{3-b}{15} a^{\frac{1}{3-b}} D_r^{\frac{-b}{3-b}} \tag{2.34}$$

式中：ΔD_s 和 D_r 的单位为 mm。

(2)FC 模型

FC 模型同样假设粒子质量守恒，但该模型假设粒子数通量守恒而不是数密度守恒。和 MC 模型不同，该模型水含量不守恒，但雪水当量和降雨率

相等。通过与 MC 模型类似的方法,可以根据雪花谱而得到雨滴谱,但由于

$$N_r(D_r)v_r(D_r)\mathrm{d}D_r = N_s(D_s)v_s(D_s)\mathrm{d}D_s \tag{2.35}$$

整理得到:

$$N_r(D_r) = N_s(D_s)\frac{v_s(D_s)}{v_r(D_r)}\frac{\mathrm{d}D_s}{\mathrm{d}D_r} \tag{2.36}$$

假设雪的下落速度满足幂函数关系 $v_s = \alpha e D_s^g$,其中 α 是基于密度的速度调节因子;雨的下落速度也假设符合幂函数关系(方程(2.19))为 $v_r = cD_r^d$。使用幂函数关系,再将方程(2.29)和(2.30)代入方程(2.35)得:

$$N_r(D_r) = N_s(D_s)\frac{3e\alpha}{c(3-b)}a^{-\frac{g+1}{3-b}}D_r^{\frac{3g+b}{3-b}-d} \tag{2.37}$$

新的粒子直径分档大小见方程(2.34)。

图 2.14 给出了四个雪花谱和融化对应的雨滴谱的例子,雨滴谱是分别用 MC 模型和 FC 模型计算得到的。数据使用的是 2006 年 11 月 30 日和 2007 年 6 月 27 日发生在俄克拉荷马州中部的降雪事件中降雪最强的阶段,保证了观测的粒子分布中有充足的雪花数量。图中的雪花谱和雨滴谱以拟合的伽玛分布曲线形式给出,其中矩估计使用附录 2C 所示的二阶矩、四阶矩和六阶矩。从图中可以看出,雪花谱和雨滴谱与伽玛分布有很好的对应关系。

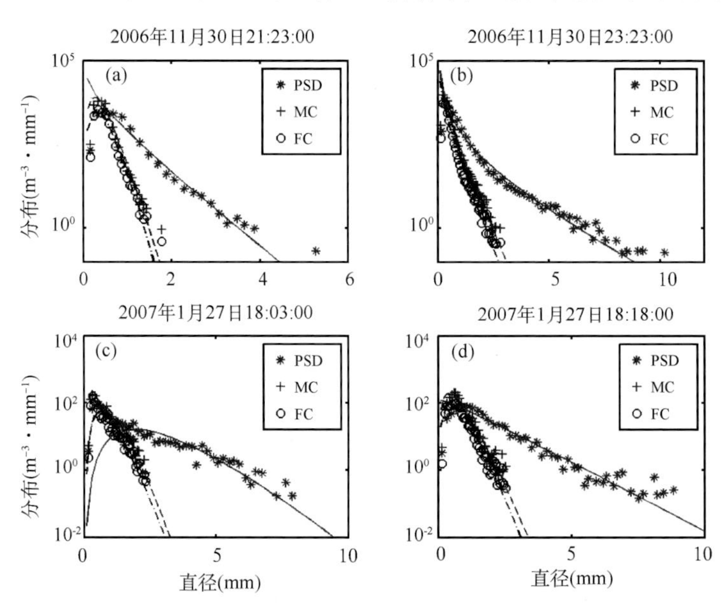

图 2.14 用于雪花谱的融化模型效果图,包括 2006 年 11 月 30 日(a,b)和 2007 年 1 月 27 日(c,d)的雪花谱观测(实线和星号组合代表观测的雪花谱;虚线和加号组合则表示质量守恒模型的计算值;点虚线和圆圈代表通量守恒模型的计算值)

正如我们所知,观测的雪花谱曲线有较长的尾部。尾部包含了少量较大的雪花。这一尾部在使用融化模型计算后变短。可以看到 4 个小图中都有分布曲线尾部缩短的情况,并且与前人的观测一致(Stewart et al,1984)。这是因为大雪花的密度较小、融化时体积缩小更显著。融化效应对小粒子分布的显著影响增加了小粒子的数密度。MC 模型计算出的小粒子数密度增量大于 FC 模型的计算结果。在 FC 模型方案中,小粒子数密度的增加被落速更快(比雪花落速快)的雨滴的流出而抵消了。观测的雪花谱可以较好地用指数分布或凹形的伽玛分布描述,而融化对应的雨滴谱则具有更明显的凸分布形状——与 2.1.1 节中图 2.5c 所示的暖性层状降水观测的雨滴谱相似,并已有文献可查(Cao et al,2009;Zhang et al,2008)。

为了定量比较两种融化模型,针对雪花融化模型得到的滴谱和降雨观测得到的滴谱,表 2.2 计算了包括平均数密度(N_t)、平均含水量(W)、中值体积直径(D_0)、平均反射率因子(Z)和平均差分反射率(Z_{DR})在内的微物理参数。尽管有一些差别,但两种模型的计算结果相近,表明冬季降雨和降雪的微物理特征具有相似性,中值体积直径和雷达反射率因子最为明显。

当前发展了两种融化模型,并在图 2.14 所示的固态降水阶段进行了应用。模型计算的结果与混合相降水中的降雨阶段的计算结果进行了对比。在同一个降水过程中,根据观测的雪花谱,使用降雪融化模型计算出的雨滴谱,与降雨阶段的记录数据相似。模型计算的粒子尺度分布曲线的尾部变短,并且小粒子增多,这是由于较大的雪花变成小雨滴导致的。相比于降雨阶段的滴谱,融雪的滴谱同样表现出小粒子偏多的情况,偶尔夹杂一些较大的粒子。融雪滴谱中的微物理参数体积中值直径、反射率因子和差分反射率,都比降雨阶段滴谱的相应微物理参数小。两种融化模型计算的结果是基本相当的,但是 FC 模型计算的数密度略小于 MC 模型计算的结果。

表 2.2　雨和雪的微物理参数比较

变量	雨	雪:MC	雪:FC
N_t(m^{-3})	90.2	410.1	284.2
W(g・m^{-3})	0.050	0.061	0.040
D_0(mm)	1.06	0.79	0.75
Z(dBZ)	20.6	17.8	17.3
Z_{DR}(dB)	0.467	0.315	0.342

注:FC 为通量守恒;MC 为质量守恒。

2.1.3 冰雹和霰

冰雹和霰是另一种类型的固态降水，通常与强的超级单体风暴有关。冰雹主要来源于冰粒和雨滴的增长，其密度较高，变化范围从 0.5 到 0.9 g · cm^{-3}，可以增长到极大的尺寸。有记录的最大的冰雹发生在 2003 年 6 月 22 日在内布拉斯加州的一次雷暴中，其直径达到 17.8 cm。图 2.15 给出了 2004 年 5 月 29 日龙卷性超级单体经过俄克拉荷马州北部后落到地面的冰雹照片，大冰雹直径在 10 cm。虽然大冰雹稀少，但通常的冰雹尺寸在 5～50 mm。现有的文献中关于冰雹粒谱的观测记述较少。小冰雹可以通过指数分布或 Γ 分布给出，而更大的冰雹则通常具有较窄的对称分布结构，以某一特定尺寸大小为均值(Ziegler et al，1983)。

图 2.15　2004 年 5 月 29 日龙卷性超级单体经过俄克拉荷马州北部后地面上的冰雹(感谢 Kumjian 和 Schenkman 供图)

冰雹由冰球和不规则的冰块组成，因此具有不规则的形状。为了便于建模，假设冰雹为形如带有凸起的球体或扁球体。地面观测指出大多数冰雹的轴比为 0.8，海绵冰雹的轴比更小，为 0.6～0.8(Knight，1986；Matson et al，1980)。干冰雹下落时容易翻滚，因此具有随机方向；而湿冰雹下落时方向与水平主轴齐平，平均倾斜角为 0°。这是由于湿冰雹在下落时融化，其外部的水层减缓了翻滚运动，使之趋于稳定。一般认为干冰雹和湿冰雹的轴比均为 $\gamma=0.75$，因此倾斜角的标准偏差可以以参数化的形式表示为水含量所占份额的函数：

$$\sigma = 60^{\circ}(1 - cf_{w}) \tag{2.38}$$

式中：f_w 是融化中的冰雹（冰水混合物）的水含量份额，c 是值约为 0.8 的系数（Jung et al，2008a）。

霰，也称为软雹，是过冷水与下落雪花发生收集、合并过程时形成的，主要过程是凇化。和冰雹类似，霰的形状不规则，但它们的密度小于同样大小的冰雹，但大于雪花。

2.1.4　云冰和云水

云是悬浮的水滴、冰晶或包含二者的聚合体。液态云滴是过饱和水汽在云凝结核上凝结形成的。由于表面张力的作用，这些液滴具有球形特征，典型大小为～10 μm，数密度为～10^8 个・m^{-3}（Pruppacher et al，1996）。液态云滴含水量接近或小于 1 g/m^3 的量级，反射率因子通常小于 10 dBZ。

云冰是由凝华在冰核上的水汽所形成的冰晶构成的。云中冰晶的典型大小（根据其最长尺寸测得）为～100 μm，数密度为～10^5 个・m^{-3}，含水量为～1 g・m^{-3}，对应反射率因子在 10～20 dBZ。冰晶具有不同的形状，这取决于外界的环境。图 2.16 展示了实验室条件下和自然观测条件下的冰晶增长特征。冰晶的类型取决于冰的过饱和度：低的过饱和度会使增长

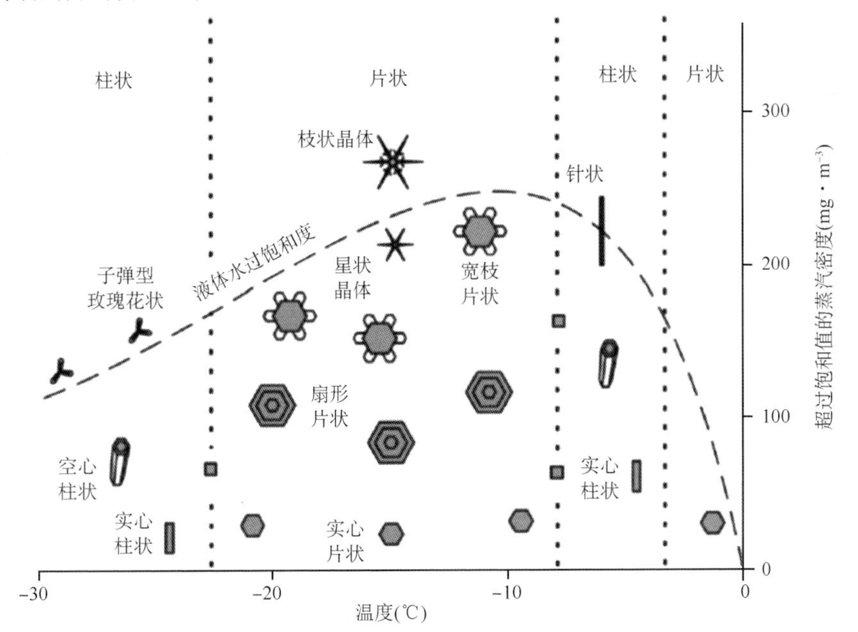

图 2.16　由实验室试验和自然观测推演出的具有不同增长特性的冰晶
（参考 Lamb 和 Verlinde(2011)）

变慢，并以实心片状/柱状形式高密度排列；而高的过饱和度则会加快低密度枝状晶体的增长。冰晶增长的特性也取决于温度：柱状/针状结构的冰晶需要温度 $T>-10℃$，大多数枝状结构的冰晶需要温度 $-40℃<T<-10℃$，而柱状结构冰晶的温度 $T<-40℃$。既然偏振雷达观测的特征很大程度上取决于水凝物的形状和密度，则了解这些增长特性有助于对 PRD 的解释，这点非常重要。比如，高密度的干冰晶有很强的偏振特征，甚至比融化的雪还要强，但是对于低密度的干燥的雪花，即使很大，也只有很弱的偏振特征。这一点在 S 波段频率上尤为明显。

2.2 电磁属性

介质或材料的电磁属性是其对电磁场的响应能力。这些电磁属性包括电导率、电阻率、绝缘、衰减、相位延迟、反射、折射等。这些属性均会影响雷达发射/接收信号如何在大气中的传播和散射。水凝物的电磁属性取决于它们的相态、构成和密度。雨滴由水组成；冰雹由冰组成；雪花是空气与冰的混合物；而融化的雪花或霰是由空气、冰和水混合组成的。因此，了解水、冰、空气和它们的混合物的电磁属性非常重要。

对于诸如水凝物这样的非磁性介质，电磁属性用介电常数和/或折射率来描述。尽管折射率可以被简单地理解为一种电磁波在自由空间的波速与在给定介质中波速的比率，但介电常数则表征了一种介电材料或介质（电绝缘子的另一种专业术语）的属性。介电常数的概念被扩展至导电介质，并有待于电磁理论的进一步解释。

2.2.1 介电常数

基本电磁理论是通过一系列的麦克斯韦（Maxwell）方程描述四个电磁场之间的关系：电场$\vec{E}$（单位：$V \cdot m^{-1}$）；电通量密度$\vec{D}$（单位：$C \cdot m^{-2}$）；磁场$\vec{H}$（单位：$A \cdot m^{-2}$）；磁通量密度$\vec{B}$（单位：$W \cdot m^{-2}$）（Maxwell，1873）。这些方程是：

$$\nabla \times \vec{E} = -\frac{\partial \vec{B}}{\partial t} \tag{2.39}$$

$$\nabla \times \vec{H} = \frac{\partial \vec{D}}{\partial t} + \vec{J} \tag{2.40}$$

$$\nabla \cdot \vec{B} = \mathbf{0} \tag{2.41}$$

$$\nabla \cdot \vec{D} = \rho \tag{2.42}$$

式中：$\vec{J}$是电流密度（$A \cdot m^{-2}$），ρ是电荷密度。第一个等式（式(2.39)）是法拉第电磁感应定律，第二个等式（式(2.40)）表示安培定律，第三个（式(2.41)）和第四个（式(2.42)）等式分别是磁通量高斯定律和电通量高斯定律。

假设电荷密度已知，可推导出 8 个方程（即给出的式(2.39)～(2.42)，其中式(2.39)和式(2.40)各代表着三个方程），其中只有 6 个是独立的。5 个场矢量（$\vec{E}, \vec{D}, \vec{H}, \vec{B}, \vec{J}$）中的每个都包括 3 个变量，导致结果共有 15 个未知变量。这意味着需要使用电磁场中的其他关系与约束条件来解决问题。这些关系被称为“本征关系”，它们取决于介质的属性。对于线性的、被动的以及各向同性的介质，关系为：

$$\vec{B} = \mu \vec{H} \tag{2.43}$$

$$\vec{D} = \varepsilon \vec{E} \tag{2.44}$$

式中：μ为磁导率（$H \cdot m^{-1}$），ε是介电常数（$F \cdot m^{-1}$）。在自由空间中，有$\mu_0 = 4\pi \times 10^{-7}$（$H \cdot m^{-1}$）和$\varepsilon_0 = 8.854 \times 10^{-12}$（$F \cdot m^{-1}$）。式(2.43)、(2.44)和(2.48)构成了另外 9 个等式并使方程组闭合，这样就可以通过 15 个方程求解 15 个变量。

对于类似水这样的常见非磁性的介质（$\mu = \mu_0$），介电常数是主要参考的要素。除了介电常数，另一种可用于描述介电性质的是电极化率χ_e和电极化强度$\vec{P}$。电通量密度表示为自由空间部分$\varepsilon_0 \vec{E}$和电极化强度（或电介质极化）$\vec{P}$的总和，写作：

$$\vec{D} = \varepsilon_0 \vec{E} + \vec{P} \tag{2.45}$$

整理方程(2.44)和(2.45)，解得 P，可以得到电极化强度：

$$\vec{P} = (\varepsilon - \varepsilon_0)\vec{E} = \chi_e \varepsilon_0 \vec{E} \tag{2.46}$$

式中：电极化率χ_e为无量纲常数，表示介电材料对外加电场做出响应时的极化度。极化能够由下列 4 种机制产生：①电极化，由原子核的电子质心对外加电场做出响应并产生位移；②原子极化，由不同带电原子的位移导致；③分子（方向）极化，当分子偶极子与外加场方向相一致时产生；④界面极化，由带电物体的空间隔离产生。

在 4 种极化机制中，分子极化是雷达气象学中十分重要的机制，因为构成水凝物的水分子正好对应了这种情况。如图 2.17a 所示，一个水分子（H_2O）是由带正电荷的氢原子和带负电荷的氧原子各向异性排列成的一个偶极子构成。从图 2.17b 可以看出，附加外电场前后水的分子状态的变化，可以看作是对外加电场的响应。

为了量化极化程度，极化矢量被定义为介质的每单位体积的偶极矩，表示为：

$$\vec{P} = N\vec{p} = Nq\,\vec{l} = n\,\alpha\,\vec{E}' \tag{2.47}$$

式中：N 是每单位体积的偶极子数，$\vec{P}$是每个元偶极子的偶极矩，q 是电荷，$\vec{l}$是每对电荷之间的距离，α 是极化率，$\vec{E}'$是介质本身的场，不是外加场。式(2.46)是电极化的宏观描述，而式(2.47)则是相应的微观描述。

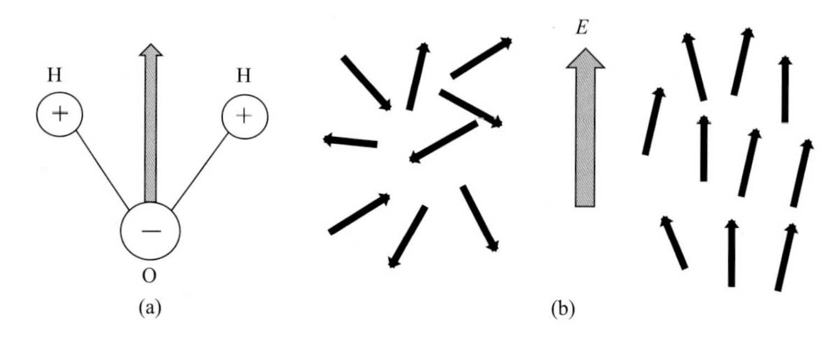

图 2.17　分子极化机制

(a)存在偶极子的水分子；(b)附加电场之前和之后水分子的状态

2.2.2　损耗介质的介电常数

上一小节讨论的重点集中在绝缘介质方面的讨论，并忽略了由准无损耗介质中的粒子产生的电流带来的损失。以上关于介电常数定义的讨论可以扩展到损耗介质。损耗介质（导体）的特征量是电导率 σ，单位为西门子/米（S·m^{-1}），或欧姆/米（Ω·m^{-1}）的导数，在欧姆定律中，记作：

$$\vec{J} = \sigma\vec{E} \tag{2.48}$$

为了区分与电流源$\vec{J}_s$的区别，式(2.48)中的$\vec{J}$表示传导/感应电流。

改写关于时谐波的安培定律式(2.40)并去掉 e^{jwt} 场，可以得到：

$$\begin{aligned}\nabla\times\vec{H} &= j\omega\varepsilon\,\vec{E} + \sigma\vec{E} + \vec{J}_s \\ &= j\omega\varepsilon_c\,\vec{E} + \vec{J}_s\end{aligned} \tag{2.49}$$

其中，复介电常数为：

$$\varepsilon_c = \varepsilon - \frac{j\sigma}{\omega} \tag{2.50}$$

式中：$\frac{j\sigma}{\omega}$表示电导率的贡献率。实部和虚部之间的关系可以被用于判断物质是绝缘体（$\varepsilon>\frac{\sigma}{\omega}$）还是导体（$\varepsilon<\frac{\sigma}{\omega}$）。相对复介电常数便成为：

$$\varepsilon_r=\frac{\varepsilon_c}{\varepsilon_0}=\frac{\varepsilon}{\varepsilon_0}-j\frac{\sigma}{\omega\varepsilon_0}=1+\chi_e-j\frac{\sigma}{\omega\varepsilon_0}=\varepsilon'-j\varepsilon'' \tag{2.51}$$

表2.3列出了在低频率极限（$f\to0$ 或 $\lambda\to\infty$）时典型材料的相对介电常数和电导率。

表2.3 典型材料的相对介电常数和导电性

物质	相对介电常数(ε')	电导率(σ)(S·m^{-1})
空气	1.0006	10^{-12}
清水	81	10^{-3}
海水	81	4
冰	3	10^{-7}
草	2～10	$10^{-3}\sim10^{0}$
土壤	5～10	$10^{-3}\sim10^{0}$
铜	1	5.8×10^{7}
铝	1	3.5×10^{7}

然而，一般来说，水和冰的相对介电常数（ε'，ε''）具有频率相关性。这种相关性由2.2.1节讨论过的电场极化机制模型来建立。电极化和原子极化机制可以通过电子与重核（正电荷）的谐波阻尼振荡形式描述并建模。由于这是在20世纪由H. A. Lorentz首先发展起来的，亦称之为洛伦兹模型。分子和界面极化建立的模型则有所不同。对水分子（H_2O）建立的模型将在随后详述。

2.2.3 德拜公式

对水或冰而言，其分子具有固定的偶极矩（图2.17a）。水分子/偶极子响应由所施加的波场而发生旋转，而不是电子振荡。当随机取向的偶极子与外加场的方向一致时，过冲或振荡消失。这个过程被称为德拜（Debye）松弛模型（Debye，1929）。

当一个恒定场 E_0 于 t_0 时刻加上时，极化过程可以表示为时间的函数（图2.18）。

假设可以用一个指数形式描述其趋向平衡态的过程，极化过程可被写为如下形式：

$$P(t) = P_h + (P_s - P_h)\{1 - e^{-(t-t_0)/\tau}\} \tag{2.52}$$

式中：$P_h = \varepsilon_0 \chi_\infty E$ 是在高频率界限下的极化，是描述偶极子被外加场引起的瞬时状态；$P_s = \varepsilon_0 \chi_0 E$ 是在低频率界限下的极化(平衡态)；τ 是松弛时间。用上述关系替代高和低的频率界限，则式(2.52)变为：

$$\begin{aligned} P(t) &= \varepsilon_0 \chi_\infty E + \varepsilon_0(\chi_0 - \chi_\infty)\{1 - e^{-(t-t_0)/\tau}\}E \\ &= \varepsilon_0 \chi_\infty E + \varepsilon_0(\chi_0 - \chi_\infty)\int_{t_0}^{t} E e^{-(t-t')/\tau} dt'/\tau \end{aligned} \tag{2.53}$$

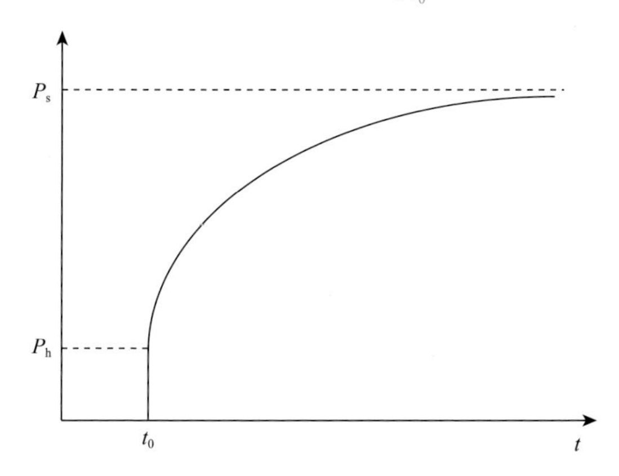

图 2.18 Debye 松弛模型中极化程度随时间的变化

为了得到极化对频率依赖特征，我们把恒定场换为时谐波场 $E \rightarrow E_0 e^{j\omega t}$，则有：

$$\begin{aligned} P(t) &= \varepsilon_0 \chi_\infty E_0 e^{j\omega t} + \varepsilon_0(\chi_0 - \chi_\infty)\int_{t_0}^{t} E_0 e^{j\omega t' - (t-t')/\tau} dt'/\tau \\ &= \varepsilon_0 \chi_\infty E_0 e^{j\omega t} + \varepsilon_0(\chi_0 - \chi_\infty) E_0 e^{j\omega t} \frac{1}{1 + j\omega\tau} \end{aligned} \tag{2.54}$$

由式(2.46)和式(2.54)的右半边，可以得到极化性：

$$\chi_e = \chi_\infty + \frac{(\chi_0 - \chi_\infty)}{1 + j\omega\tau} \tag{2.55}$$

而与电导项有关的相对介电常数为：

$$\varepsilon_r = \varepsilon_\infty + \frac{(\varepsilon_s - \varepsilon_\infty)}{1 + j\omega\tau} - j\frac{\sigma}{\omega\varepsilon_0} \tag{2.56}$$

用波长 $\omega = \frac{2\pi c}{\lambda}$ 和松弛波长 $\tau = \frac{\lambda_s}{2\pi c}$ 分别替换角频率与松弛时间，则式(2.56)变为：

$$\varepsilon_r = \varepsilon_\infty + \frac{(\varepsilon_s - \varepsilon_\infty)}{1 + j\lambda_s/\lambda} - j\frac{\sigma\lambda}{2\pi c\varepsilon_0} \tag{2.57}$$

实部和虚部的部分分别为：

$$\varepsilon' = \varepsilon_\infty + \frac{(\varepsilon_s - \varepsilon_\infty)}{1+(\lambda_s/\lambda)^2}$$
$$\varepsilon'' = -\left[\frac{(\varepsilon_s - \varepsilon_\infty)(\lambda_s/\lambda)}{1+(\lambda_s/\lambda)^2} + \frac{\sigma\lambda}{2\pi c\varepsilon_0}\right] \tag{2.58}$$

需要注意的是，实部和虚部之间存在关联，通过 Kramers-Kronig 关系式相联系(Toll，1956)。Debye 公式(式(2.58))由 Cole 等(1941)进行了改良，加入了扩散效应，以使其与实验结果更好地匹配，修改后的方程如下所示：

$$\varepsilon' = \varepsilon_\infty + \frac{(\varepsilon_s - \varepsilon_\infty)[1+(\lambda_s/\lambda)^{1-\alpha}\sin(\alpha\pi/2)]}{1+2(\lambda_s/\lambda)^{1-\alpha}\sin(\alpha\pi/2)+(\lambda_s/\lambda)^{2(1-\alpha)}}$$
$$\varepsilon'' = \frac{(\varepsilon_s - \varepsilon_\infty)[(\lambda_s/\lambda)^{1-\alpha}\cos(\alpha\pi/2)]}{1+2(\lambda_s/\lambda)^{1-\alpha}\sin(\alpha\pi/2)+(\lambda_s/\lambda)^{2(1-\alpha)}} + \frac{\sigma\lambda}{2\pi c\varepsilon_0} \tag{2.59}$$

式中：参数 ε_s，ε_∞，α，λ_s，σ 以温度函数的形式通过最小二乘法拟合试验数据得到(Ray，1972)，并被转换为国际标准单位，如下所示：

$$\begin{aligned}
\varepsilon_s &= 78.54[1.0 - 4.579\times10^{-3}(T-25) \\
&\quad + 1.19\times10^{-5}(T-25)^2 - 2.8\times10^{-8}(T-25)^3] \\
\varepsilon_\infty &= 5.27137 + 2.16474\times10^{-2}T - 1.31198\times10^{-3}T^2 \\
\alpha &= -16.8129/(T+273) + 6.09265\times10^{-2} \\
\lambda_s &= 3.3836\times10^{-6}\exp[2513.98/(T+273)] \quad [\mathrm{m}] \\
\sigma &= 1.1117\times10^{-4} \quad [\mathrm{S\cdot m^{-1}}]
\end{aligned} \tag{2.60}$$

其中，温度 T 单位为摄氏度(℃)。这一模型的结果以波长函数的形式在图2.19中展示。

对于冰相而言，介电常数表达式(式(2.59))中的参数为：

$$\begin{aligned}
\varepsilon_s &= 203.168 + 2.5T + 0.15T^2 \\
\varepsilon_\infty &= 3.168 \\
\alpha &= 0.288 + 5.2\times10^{-3}T + 2.3\times10^{-4}T^2 \\
\lambda_s &= 9.990288\times10^{-6}\exp[6643.5/(T+273)] \\
\sigma &= 1.1156\times10^{-13}\exp[-6291.2/(T+273)]
\end{aligned} \tag{2.61}$$

关于冰的介电常数与折射率的样本计算结果如图2.20所示。可以看到介电常数的实部在3.17这个波长幅度条件下是个常数，而虚部非常小，对于微波频率而言小于0.01。不论是实部还是虚部，冰的介电常数值都远小于水的值。这就意味着比起同样大小的水滴，冰颗粒能被雷达探测到的散射更少，且对波的衰减作用也更小。

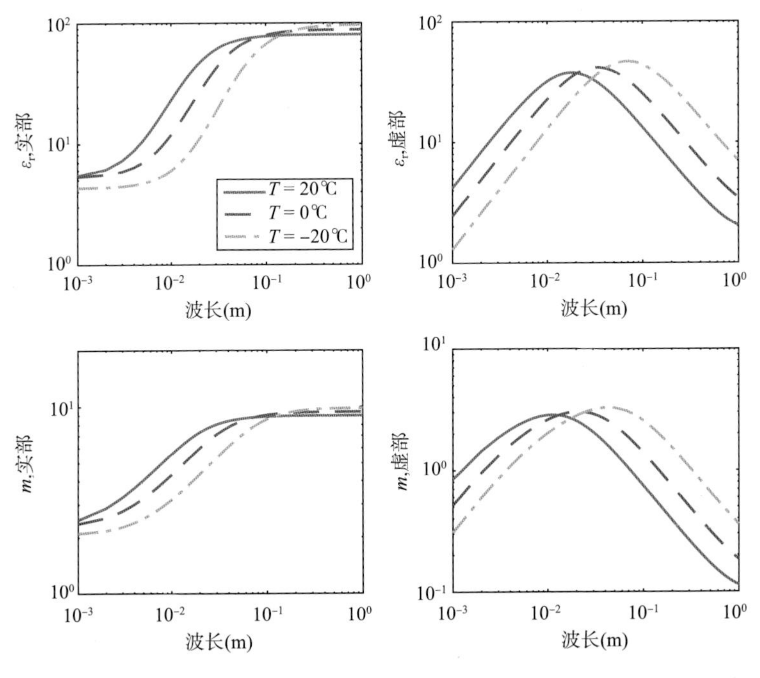

图 2.19　水的介电常数和折射率随波长变化的计算示例

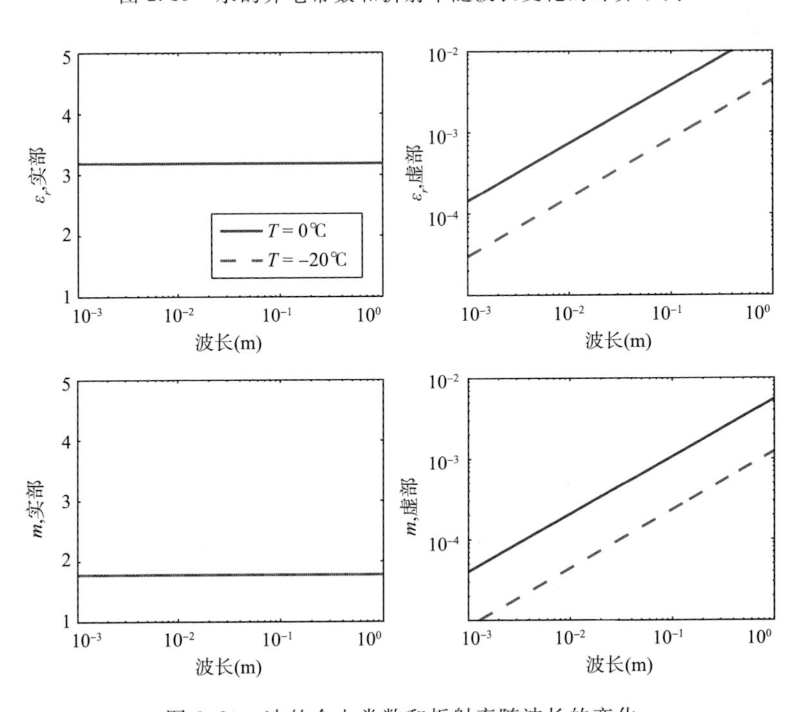

图 2.20　冰的介电常数和折射率随波长的变化

2.2.4 混合物的介电常数

除了雨之外,大多数的水凝物都是以两到三种介质的混合物形式存在的。例如,干燥的雪花是空气和冰的混合物;融化的冰雹是冰和水的混合物;融化的雪花(霰)是空气、冰与水的混合物。植被和生物个体是水与其他有机物的混合物,其中水分对介电常数的贡献非常大。

先考虑两种物质的混合物(图2.21)的情况,即相对介电常数为ε_2(或ε_1)的N个球状物质处在相对介电常数为ε_1(或ε_2)的背景介质中。

正如早先提到的,介电常数是某物质在电场中被极化的程度。介电常数与Clausius-Mossotti方程计算的极化程度相关(Ishimaru,1991):

$$\varepsilon_r = \frac{1 + 2N\alpha/3\varepsilon_0}{1 - N\alpha/3\varepsilon_0} \tag{2.62}$$

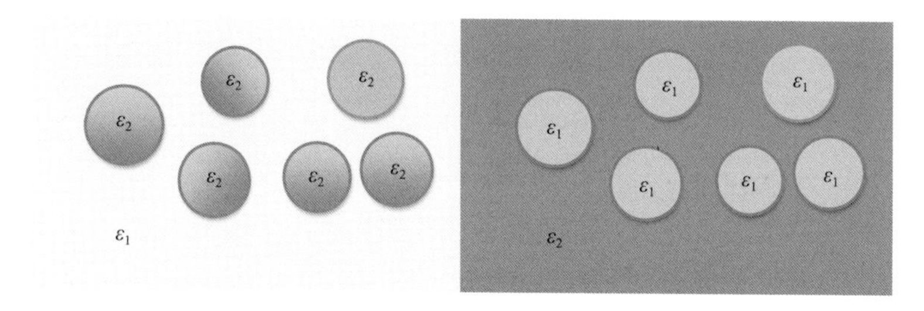

图2.21 包含两种物质的混合物的介电常数

在图2.21中,背景物质的介电常数为$\varepsilon_1\varepsilon_0$,而不是式(2.62)中的$\varepsilon_0$。因此,通过将$\varepsilon_0$替换为$\varepsilon_1\varepsilon_0$,就能够求得混合物的等效介电常数$\varepsilon_e$:

$$\frac{\varepsilon_e}{\varepsilon_1} = \frac{1 + 2N\alpha/3\varepsilon_1\varepsilon_0}{1 - N\alpha/3\varepsilon_1\varepsilon_0} \tag{2.63}$$

球体的极化结果还可以被推广到自由空间:

$$\alpha = \frac{\varepsilon_2 - \varepsilon_1}{\varepsilon_2 + 2\varepsilon_1} 3\varepsilon_1\varepsilon_0 V \tag{2.64}$$

式中:V是球体的体积。

将式(2.64)代入式(2.63),注意到球体所占的体积分数为$f=NV$,可以得到:

$$\frac{\varepsilon_e}{\varepsilon_1} = \frac{1 + 2fy}{1 - fy} \tag{2.65}$$

其中,

$$y = \frac{\varepsilon_2 - \varepsilon_1}{\varepsilon_2 + 2\varepsilon_1} \tag{2.66}$$

这便是 Maxwell-Garnett(M-G)混合公式,通过它可以简便地计算等效介电常数。然而这一做法仅当 $fy \ll 1$ 时成立,因为其假设处在背景介质内的球体的等效介电常数的贡献小于背景介质的等效介电常数的贡献。因此,当运用 M-G 混合公式时,对背景场和内含物做出适当的选择是很重要的,不能仅仅依靠所占的体积分数,而是要同时考虑介电常数。

实际上,把一种介质作为背景场(对介电常数贡献相对较大),另一种介质当作内含物(对介电常数贡献相对较小)的观点并不一定正确。在这样的情况下,合理的假设是两种介质都是包含在等效介质中的内含物。两种介质的极化度依据等效介质来表示:

$$\begin{aligned} \alpha_1 &= \frac{\varepsilon_1 - \varepsilon_e}{\varepsilon_1 + 2\varepsilon_e} 3\varepsilon_e \varepsilon_0 V_1 \\ \alpha_2 &= \frac{\varepsilon_2 - \varepsilon_e}{\varepsilon_2 + 2\varepsilon_e} 3\varepsilon_e \varepsilon_0 V_2 \end{aligned} \tag{2.67}$$

极化向量是两方面贡献的总和,同时相对等效介质为 0:

$$\vec{P} = (N_1 \alpha_1 + N_2 \alpha_2) \vec{E}_e = 0 \tag{2.68}$$

把式(2.67)代入式(2.68),同时令 $f_1 = N_1 V_1$,$f_2 = N_2 V_2$ ($f_1 + f_2 = 1$)得到等效介电常数方程:

$$f_1 \frac{\varepsilon_1 - \varepsilon_e}{\varepsilon_1 + 2\varepsilon_e} + f_2 \frac{\varepsilon_2 - \varepsilon_e}{\varepsilon_2 + 2\varepsilon_e} = 0 \tag{2.69}$$

这就是 Polder-van Santern(P-S)混合公式。与式(2.65)的形式不同,ε_e 并没有被显式地计算,但仍可以通过二次方程求得。

图 2.22 给出了干雪(空气—冰混合物)和融化的冰雹(冰水混合物)的示意图,它也可以用 M-G 和 P-S 混合方程模拟为两层粒子模式(讨论略)。在用 M-G 混合方程进行建模的过程中同时考虑了以空气为背景和以冰为背景的两种情况。很明显,用冰为背景计算的介电常数比以空气为背景计算的介电常数大,然而用 P-S 混合方程计算的结果介于 M-G 计算结果之间。这是由于在 M-G 混合方程中等效介电常数受背景介质的影响大于受内含物的影响。

三种介质的混合物在偏振天气雷达的应用也很重要。比如融化的雪和霰由空气、冰、水组成。在融化过程中,水的相对增加导致介电常数的增大。这导致了雷达反射率,即亮带和其他偏振雷达参量的增大(差分反射率的增大和相关系数的减小)。三种介质混合物的等效介电常数可以通过扩展上面讨论的 M-G 和 P-S 两种介质混合方程得到。

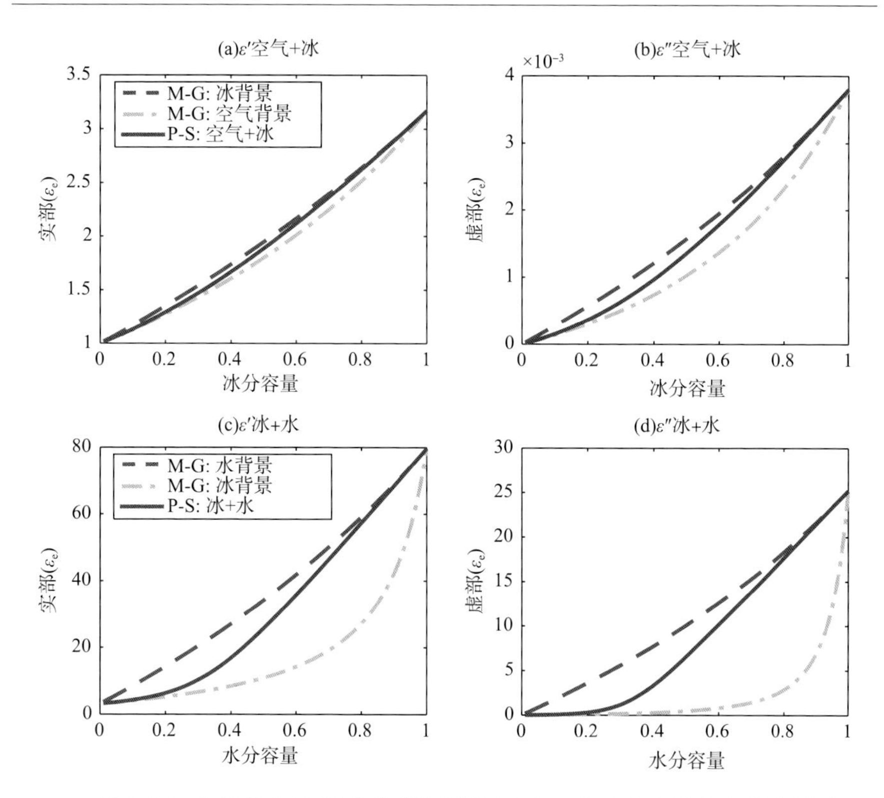

图 2.22　分别以空气、冰作为背景场的 M-G 方程和 P-S 混合方程计算干雪和融化的冰雹的介电常数。(a,b)表示气冰混合物的介电常数的实部和虚部;(c,d)对应的是冰水混合物

以雪花或霰为例,分别用 ε_a,ε_i 和 ε_w 对应空气、冰、水的相对等效介电常数。它们的体积分数为 f_a,f_i 和 f_w,并且 $f_a+f_i+f_w=1$。以下用两步法来计算混合物的等效介电常数:

步骤 1a:令 $\varepsilon_1=\varepsilon_a$ 和 $\varepsilon_2=\varepsilon_i$;计算它们在两种介质混合物中的体积分数 $f_1=f_a/(f_a+f_i)$ 和 $f_2=1-f_1$。

步骤 1b:用 $f=f_2$ 的 M-G 方程(式(2.65)和(2.66))或 P-S 方程(式(2.69))计算空气—冰混合物(干雪或霰)的等效介电常数 $\varepsilon_{ai}=\varepsilon_e$。

步骤 2a:令 $\varepsilon_1=\varepsilon_w$ 和 $\varepsilon_2=\varepsilon_{ai}$;用 $f_1=f_w$ 和 $f_2=1-f_w$ 计算水和干雪或霰的体积分数。

步骤 2b:重复步骤 1b 得到三种介质混合物的等效介电常数。

然而在大多数情况下,融化的雪或霰每个部分的体积分数是未知的,但可以用干雪密度 ρ_{ds} 和融化比例 γ_w 计算得到。在这种情况下,需要建立湿雪的密度 ρ_{ws} 模型,然后才可计算出体积分数。在融化的初始阶段,雪聚

合物的大小并不会随着 γ_w 的增大而明显变化，所以密度增加很慢。随着融化的进行，γ_w 不断增大，雪花不断瓦解，导致雪分子的减少，密度增大得越来越快。为了去模拟雪聚合物不断减少的融化过程，用关于 γ_w 的二次方程表示正在融化的雪的密度：

$$\rho_{ws} = \rho_{ds}(1-\gamma_w^2) + \rho_w\gamma_w^2 \tag{2.70}$$

一旦湿雪的密度已知，各个成分的体积分数则计算为：

$$\begin{aligned} f_w &= \gamma_w\,\rho_{ws}/\rho_w \\ f_i &= (1-\gamma_w)\,\rho_{ws}/\rho_i \\ f_a &= 1-f_i-f_w \end{aligned} \tag{2.71}$$

图 2.23 所示为湿雪介电常数相对融化百分比的函数。

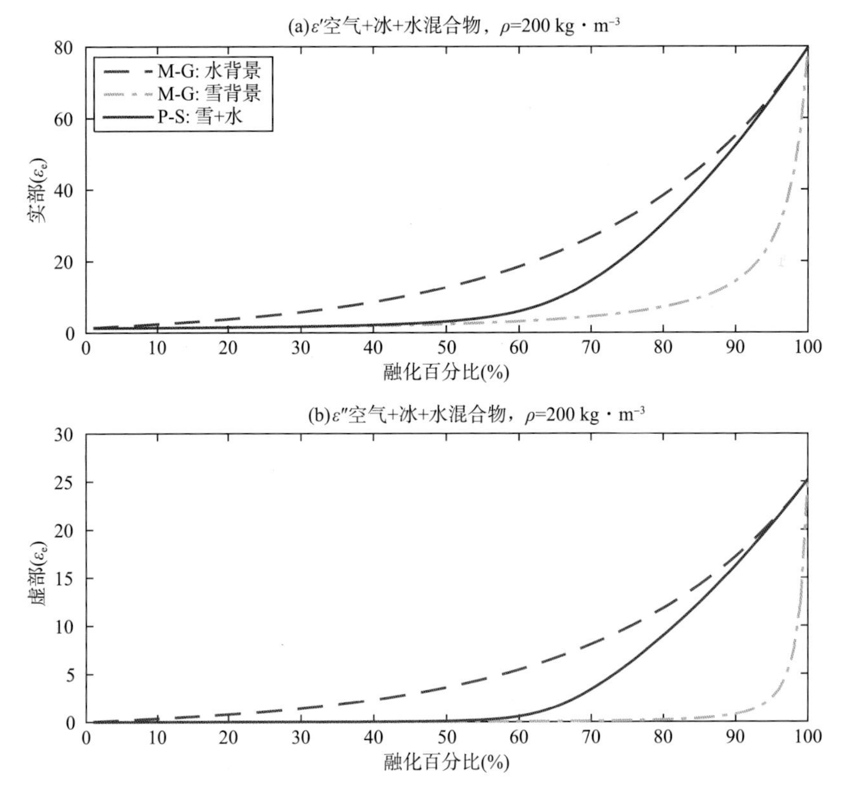

图 2.23 空气—冰—水混合物(融化的雪)的等效介电常数相对于融化百分比的函数图
(a)为实部；(b)为虚部

准确解释雷达亮带信号(Brandes et al，2004)和估计偏振雷达信号(Jung et al，2008a)需要用到上述连续融化模型。图 2.24 表示了 NCAR

S-Pol雷达观测的 1998 年 9 月 17 日层状云雨反射率垂直廓线和差分反射率廓线。由于雪的融化作用，亮带的反射率增大了 7～10 dB，同时差分反射率的峰值比前者略低（这个结论将在第 3 章讨论）。

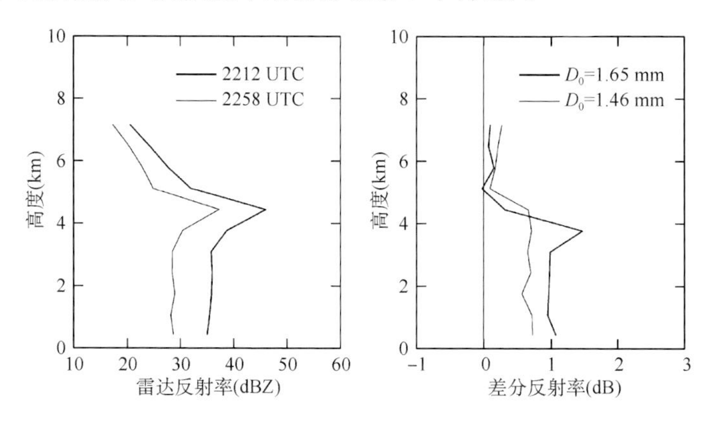

图 2.24　1998 年 9 月 17 日 22 时 18 分和 22 时 58 分（世界时）S-Pol 雷达观测的层状云降水的反射率与差分反射率廓线。同时还包含了 2DVD 观测的中位数体积的降水粒子直径（D_0）（引自（Brandes et al，2004b））

融化过程反射率因子的垂直变化可以归因于介电常数的增加、雪花分解导致的粒子大小收缩以及快速下降过程中微粒数密度的减少。它可以简单地用反射率表示为：

$$\eta = \frac{\pi^5}{\lambda^4}\left|\frac{\varepsilon_e - 1}{\varepsilon_e + 2}\right|^2 \int D^6 N(D)\mathrm{d}D \equiv \frac{\pi^5}{\lambda^4}|K|^2 Z \tag{2.72}$$

其中，有两个参数对观测的雷达反射率有贡献：

①介电因子：

$$K = \frac{\varepsilon_e - 1}{\varepsilon_e + 2} \tag{2.73}$$

②反射率因子：

$$Z = \int D^6 N(D)\mathrm{d}D \tag{2.74}$$

尽管湿雪的介电因子 K 可以从干雪的等效介电常数计算得出，但是反射率因子 Z 由于粒子大小和 PSD 的不同而不同。等效介电常数可以通过两步法求得：首先通过 P-S 混合方程计算得出干雪介电常数；其次通过以水为背景的 M-G 方程计算得出湿雪的介电常数。

从式(2.18)出发，可以得到粒子的下降速度同其密度的平方根成比例。运用类似于式(2.27)的质量守恒定律和式(2.35)的通量守恒定律，得出以下湿雪反射率因子方程：

$$Z_{\mathrm{ws}}=\int D_{\mathrm{ws}}^{6}N(D_{\mathrm{ws}})\mathrm{d}D_{\mathrm{ws}}=\int\left(\frac{\rho_{\mathrm{ds}}}{\rho_{\mathrm{ws}}}\right)^{2}D_{\mathrm{ds}}^{6}N(D_{\mathrm{ds}})\left(\frac{v_{\mathrm{ds}}}{v_{\mathrm{ws}}}\right)\mathrm{d}D_{\mathrm{ds}}=\left(\frac{\rho_{\mathrm{ds}}}{\rho_{\mathrm{ws}}}\right)^{2.5}Z_{\mathrm{ds}}$$

因此，可以得到以下湿雪与干雪反射率比例：

$$\frac{Z_{\mathrm{ws}}}{Z_{\mathrm{ds}}}=\left(\frac{\rho_{\mathrm{ds}}}{\rho_{\mathrm{ws}}}\right)^{2.5} \tag{2.75}$$

融化中的雪的介电因子和反射率因子如图 2.25 所示（上图为长度单位，下图为分贝单位）。

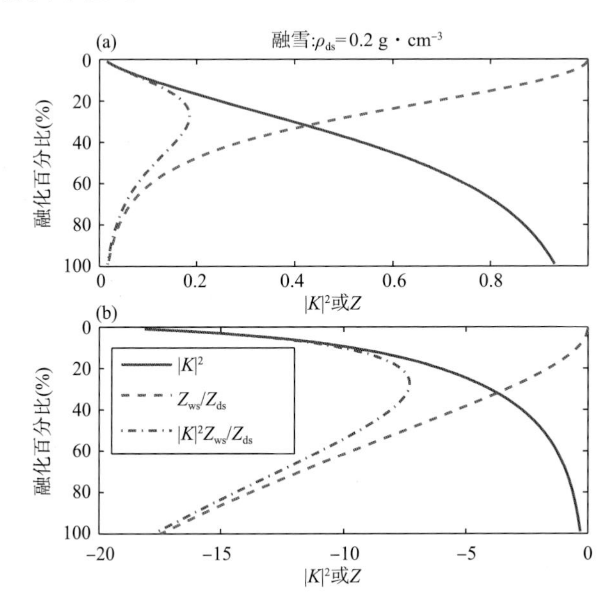

图 2.25　湿雪的雷达反射率与融化百分率的关系

(a)线性单位；(b)分贝单位

正如我们所知，在整个融化过程中用实线表示的介电因子 $|K|^2$ 从干雪的 0.016（−18 dB）增加到雨的 0.92（−0.36 dB）。尽管介电因子 $|K|^2$ 在不断地变化（超过 17 dB），但是在传统云分析中 $|K|^2$ 被认为在干雪中与雪的密度成比例，而在湿雪中是一个与水有关的常数（Pan et al，2016；Smith et al，1975）。由于考虑了 $|K|^2$ 的动态变化，这里讨论的连续融化模型对传统云分析所采用的算法有很大改进。

为了在建模中便于使用连续融化的结果，介电因子被参数化为用式(2.70)表示的湿雪密度的函数和湿冰雹融化百分率的函数，从而得到：

$$|K_{\mathrm{ws}}|^2=(-0.5158+6.1449\,\rho_{\mathrm{ws}}-10.533\,\rho_{\mathrm{ws}}^2+8.6207\,\rho_{\mathrm{ws}}^3-2.7187\,\rho_{\mathrm{ws}}^4)\,|K_{\mathrm{w}}|^2 \tag{2.76}$$

$$|K_{wh}|^2=(0.2069-0.0378\gamma_w+3.977\gamma_w^2-4.939\gamma_w^3+1.791\gamma_w^4)|K_w|^2 \tag{2.77}$$

其中，湿雪密度用式(2.70)表示，干雪密度为 0.1 g · cm^{-3}，是根据 Lin 等(1983)所采用的结果。

再看用虚线表示的反射率因子，由于雪粒子大小和浓度的减小，湿雪的反射率因子降为干雪的 0.018 倍(1.8%或者−17.5 dB)。图中用点划线表示的雷达反射率是电介质(EM)、粒子大小(物理)、DSD 变化的结果。随着降雪开始到融化，反射率显著上升(由于介电常数的显著增加)。当融化百分率为～30%时达到最大；然后随着雪花开始分解为雨滴而减小。

如图 2.26 所示，最近的一项研究结果(Andrić et al，2013)揭示了在俄克拉荷马州中部一次冬季风暴的偏振特性。左图表示反射率的距离—高度显示器(RHI)图像(Z_H)、差分反射率(Z_{DR})、共偏相关系数(ρ_{hv})和差分相移率(K_{DP})。右图表示除了差分相移率之外其他 3 个偏振测量结果廓线。

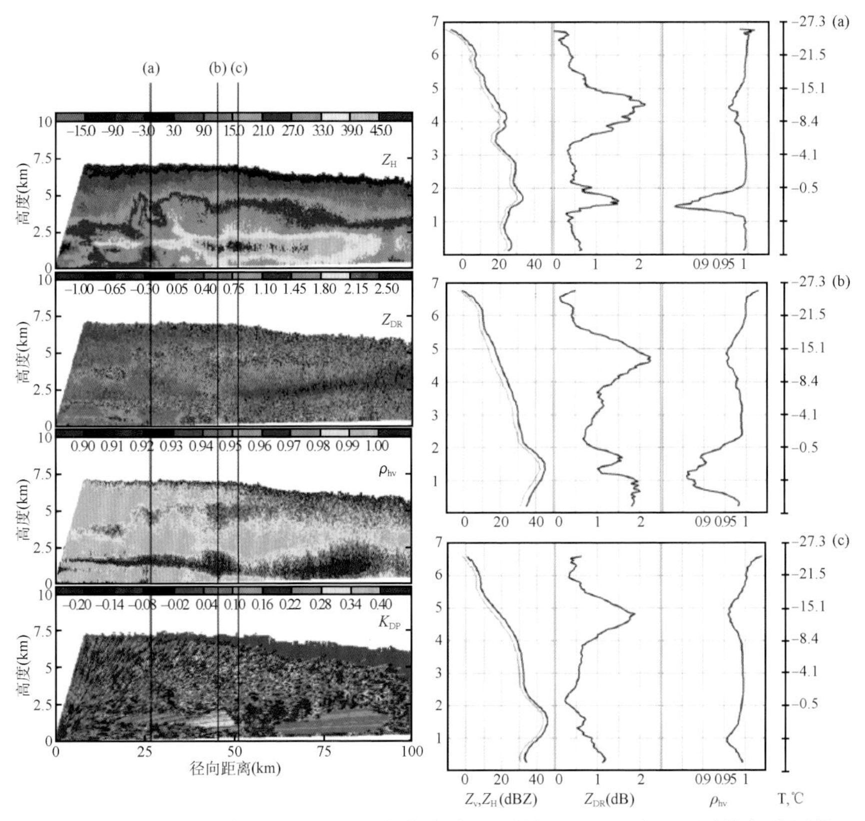

图 2.26　2009 年 1 月 19 日用方位角为 181°的 KOUN 雷达观测的冬季风暴偏振参数距离高度显示器结果(引自(Andrić et al，2013))

正如我们所知，由于沉积物成长过程中冰晶的不断增大，以及其在聚集过程中进一步增大和融化过程中介电常数增大，雷达反射率从云顶增加至融化层。差分反射率和共偏相关系数有不同的特征，表明包含了不同的信息。图 2.26 表示除了融化层之外，在温度约为－10℃的那一层 Z_{DR} 有显著增大，在这一层中沉积物增长占主导作用，并且可以形成高密度的盘或柱状结构。与 Z_{DR} 的增大相对应的是 ρ_{hv} 的减小，这可能是由于冰晶的无规则取向。对这些特征的进一步理解需要使用波散射有关的知识，将在后面的章节中讨论。

附录 2A：DSD 模型拟合方法——Marshall-Palmer 分布

指数 DSD（式(2.11)）的 n 阶矩为：

$$M_n = \int D^n N(D)\mathrm{d}D = N_0 \Lambda^{-(n+1)} \Gamma(n+1) \tag{2A.1}$$

因为 N_0 被定为已知量，唯一未知量 Λ 可由任意时刻 DSD 数据决定：

$$\Lambda = \left(\frac{N_0 \Gamma(n+1)}{M_n}\right)^{\frac{1}{n+1}} \tag{2A.2}$$

附录 2B：DSD 模型拟合方法——指数分布

对于指数分布，DSD 参数 N_0 和 Λ 可由任意两个矩（M_N，M_M）决定：

$$\Lambda = \left(\frac{M_n \Gamma(m+1)}{M_m \Gamma(n+1)}\right)^{\frac{1}{m-n}} \tag{2B.1}$$

$$N_0 = \frac{M_n \Lambda^{n+1}}{\Gamma(n+1)} \tag{2B.2}$$

附录 2C：DSD 模型拟合方法——伽玛分布

伽玛 DSD（式(2.12)）的 n 阶矩为：

$$M_n = \int D^n N(D)\mathrm{d}D = N_0 \Lambda^{-(\mu+n+1)} \Gamma(\mu+n+1) \tag{2C.1}$$

伽玛分布参数用以下 5 个不同矩估计。

(1)M012

$$\eta = \frac{M_1^2}{M_0 M_2}, \qquad \mu = \frac{1}{(1-\eta)} - 2,$$
$$\Lambda = \frac{M_0}{M_1}(\mu+1), \qquad N_0 = \frac{M_0 \Lambda^{\mu+1}}{\Gamma(\mu+1)} \tag{2C.2}$$

(2)M234

$$\eta = \frac{M_3^2}{M_2 M_4}, \qquad \mu = \frac{1}{(1-\eta)} - 4,$$
$$\Lambda = \frac{M_2}{M_3}(\mu+3), \qquad N_0 = \frac{M_2 \Lambda^{\mu+3}}{\Gamma(\mu+3)} \tag{2C.3}$$

(3)M246

$$\eta = \frac{M_4^2}{M_2 M_6}, \qquad \mu = \frac{(7-11\eta)-(\eta^2+14\eta+1)^{0.5}}{2(\eta-1)},$$
$$\Lambda = \left[\frac{M_2}{M_4}(\mu+3)(\mu+4)\right]^{0.5}, \qquad N_0 = \frac{M_2 \Lambda^{(\mu+3)}}{\Gamma(\mu+3)} \tag{2C.4}$$

(4)M346

$$\eta = \frac{M_4^3}{M_3^2 M_6}, \qquad \mu = \frac{(8-11\eta)-(\eta^2+8\eta)^{0.5}}{2(\eta-1)},$$
$$\Lambda = \frac{M_3}{M_4}(\mu+4), \qquad N_0 = \frac{M_3 \Lambda^{(\mu+4)}}{\Gamma(\mu+4)} \tag{2C.5}$$

(5)M456

$$\eta = \frac{M_5^2}{M_4 M_6}, \qquad \mu = \frac{1}{(1-\eta)} - 6,$$
$$\Lambda = \frac{M_4}{M_5}(\mu+5), \qquad N_0 = \frac{M_4 \Lambda^{(\mu+5)}}{\Gamma(\mu+5)} \tag{2C.6}$$

除了矩估计，L 矩法(LM，Kliche et al，2008)和最大似然估计法(ML)也常被应用。假设每个大小类别 D_i($i=1,\cdots,41$)的数密度有一个整数 N_i，并且 N_i的总和为 N，则 LM 和 ML 估计表示如下：

(6)LM

$$b_0 = \frac{1}{N}\sum_{k=1}^{N} D_k, \qquad b_1 = \frac{1}{N(N-1)}\sum_{k=1}^{N-1} kD_{(k+1)},$$
$$l_1 = b_0, \qquad l_2 = 2b_1 - b_0,$$
$$\frac{l_2}{l_1} = \frac{\Gamma(\mu+1.5)}{\sqrt{\pi}\,\Gamma(\mu+2)} \tag{2C.7}$$

式中：l_1 和 l_2 为最初的两个 L 矩，$D_{(k)}$ 是第 k 个大小类别。μ 的估计值用非线性迭代法计算得出。在获得 μ 的估计值后，Λ 可被计算为：

$$\Lambda = \frac{\mu + 1}{l_1} \tag{2C.8}$$

（7）ML

μ 的估计用以下方程迭代得出：

$$\ln(\mu + 1) - \Psi(\mu + 1) = \ln\left[\frac{\frac{1}{N}\sum_{k=1}^{N} D_k}{\left(\prod_{i=1}^{N} D_i\right)^{1/N}}\right] \tag{2C.9}$$

其中，$\Psi(x) = \frac{\Gamma'(x)}{\Gamma(x)}$ 为薛定谔函数。Λ 的估计具有与式（2C.8）相同的形式：

$$\Lambda = \frac{\mu + 1}{\frac{1}{N}\sum_{k=1}^{N} D_k} \tag{2C.10}$$

如上所述，用 ML 法和 LM 法给出了 μ 和 Λ 的估计。第三个滴谱参数 N_0 由这里的第 0 阶矩估计得到：

$$N_0 = \frac{M_0 \Lambda^{(\mu+1)}}{\Gamma(\mu + 1)} \tag{2C.11}$$

习题

2.1 假设一个雨滴谱遵循 M-P 模型，有 1 g · m^{-3} 的含水量。计算斜率参数、数密度、平均粒径和质量加权平均直径。

2.2 已知两个估计的矩：M_m 和 M_n，写出可用式（2B.1）和（2B.2）计算出的指数滴谱参数。假定 M_2 和 M_4 已给定；根据 M_2 和 M_4 算出 N_0 和 Λ 的表达式。

2.3 给定雨滴谱的三个估计矩 M_2，M_3 和 M_4，写出可以通过方程（2C.3）计算得出的伽玛滴谱参数。

2.4 用所提供的雨滴谱数据完成下列要求：

画出雨滴谱、总表面分布 $a(D) = \pi D^2 N(D)$、质量分布和反射率分布 $z(D) = D^6 N(D)$，并比较它们的不同。

计算并画出数密度、雨含水量、降雨率和雷达反射率因子。

分别用 M_3，（M_2，M_4）和（M_2，M_4，M_6）将测量到的雨滴谱拟合于 M-P

模型、指数模型、伽玛分布模型。将滴谱参数画成滴谱序数的函数。此外，分别画出第 35 个、第 115 个滴谱和它们的模型拟合曲线，并讨论每个拟合的优点。

用滴谱参数计算数密度、含水量、降雨率和反射率因子，并分别与用雨滴谱数据获得的结果对比。

2.5　针对以下情况，用 Debye 理论(Ray，1972)，计算 S 波段(2.8 GHz)、C 波段(5.6 GHz)、X 波段(10 GHz)和 Ka 波段(35 GHz)的相对介电常数。

(1)0、10 和 20℃的水。

(2)−20、−10 和 0℃的冰。

(3)0℃的雪用 S 波段的 M-G 混合方程。画出 S 波段雪的介电常数为从 100 kg·m^{-3}变成 917 kg·m^{-3}的密度的函数。计算分为以下两个方法：①将空气和冰混合为以空气为背景；②将空气和冰混合为以冰为背景。并讨论两种方法计算结果的不同，同时说明每种方法在什么条件下更合适。

(4)重复上一问题，用 P-S 法计算雪的介电常数。并与上一问题计算的结果做比较。

2.6　在 S 波段(2.8 GHz)下，计算并画出融化过程中(从干雪到雨滴)湿雪的介电常数，将它表示为融化百分率的函数。假设干雪密度为 100 kg·m^{-3}，用方程 $\rho_{ws}=\rho_{ds}(1-\gamma_w^2)+\rho_w\gamma_w^2$($\gamma_w$为融化百分率)计算湿雪密度，并计算用以水为背景的 M-G 方程。用你的结果来解释亮带的成因。

第 3 章　单粒子的电磁波散射

天气雷达测量的是云和降水粒子的电磁波(EM)散射。了解各种类型云降水粒子的电磁波的散射理论是十分重要的,因为偏振雷达的探测信号与一定大气条件下云降水粒子的形状、取向和组成紧密相关。本章阐述单粒子的电磁波散射,着重于可用于多数云降水粒子建模的圆球形与扁球形粒子。同时还将介绍电磁波及其散射的基本物理背景和数学表达,以及包括瑞利(Rayleigh)近似、米(Mie)散射理论和 T 矩阵法在内的电磁波散射计算方法。此外,还描述了云降水粒子的基本散射特性。

3.1　波与电磁波

波是振动或振荡的传播,是一种传输能量和信息的有效方法。波在日常生活中无处不在。声音让我们能听到彼此,这是声波;光让我们能看见周围的环境,这是非常高频率的一种电磁波。声波是纵波,它使空气中的分子沿波的传播方向振动,只需要用一维变量在其参考系中的位移就可以描述它的特性。纵波也被称作标量波。然而,电磁波是横波,它使电子(如果有的话)在垂直于传播方向的方向上振动。由于定义这种振动方向需要二维矢量,横波也被称为矢量波。

3.1.1　振动与波

从数学上描述一个波,必须从它的振动开始。振动是由外力强迫引起的往复运动,外力 $f=-\kappa z$,与位移 z 反向(κ 是回复系数)。振动的例子包括弹簧和摆锤,如图 3.1 所示。

根据牛顿第二定律,位移方程可以写成:

$$f = m\frac{\mathrm{d}^2 z}{\mathrm{d}t^2} = -\kappa z \tag{3.1}$$

式中:m 为质量。可以将式(3.1)改写为:

$$\frac{d^2 z}{dt^2} + \omega^2 z = 0 \tag{3.2}$$

式中：$\omega^2 = \kappa/m$。求解式(3.2)，得：

$$z(t) = A\cos(\omega t + \phi_0) \tag{3.3}$$

式中：A 是振幅，定义为偏离振动平衡位置的最大位移；$\omega = 2\pi f$ 是角频率（$f = 1/T$ 是频率，T 是周期）；ϕ_0 是 $t=0$ 时的初始相位。相位是余弦函数的参数，在图 3.2 中为 0。

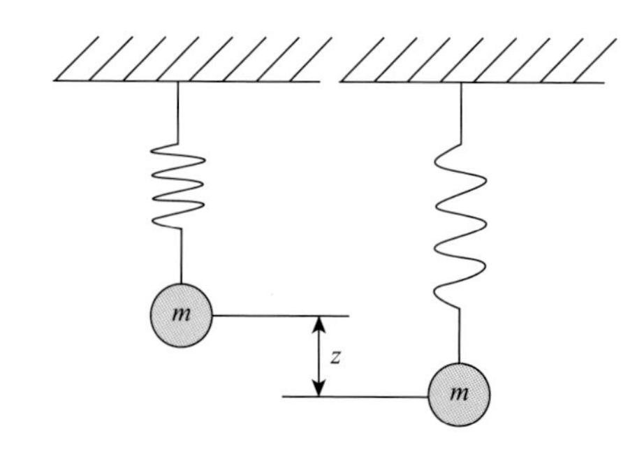

图 3.1 弹簧振动的概念解释（回复力与位移方向相反）

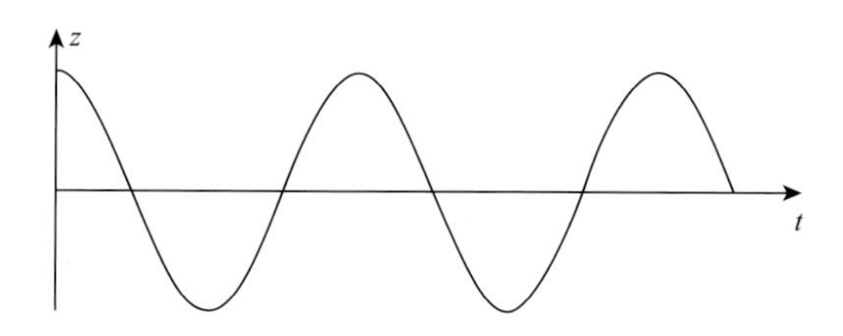

图 3.2 振动示意图（瞬时位移 z 是时间的函数）

波是振动的传播，将式(3.3)中时间 t 改写为 $t - x/v$ 即可得到其数学表达式：

$$z(x,t) = A\cos[\omega(t - x/v) + \phi_0] \tag{3.4}$$

式中：v 是波的相速度，$\lambda = vT$ 是波长（图 3.3 中波峰之间的距离）。

3.1.2 时谐波的相量表示

尽管时谐波可以简单表示为形如式(3.4)的正弦函数，但是它也可以由一个复数更方便地表示。例如，式(3.4)可以改写为：

$$z(x,t) = A\cos[\omega t + (\varphi_0 - \omega x/v)] = \mathrm{Re}[A\mathrm{e}^{j(\omega t + \phi_0 - \omega x/v)}] = \mathrm{Re}[z(x)\mathrm{e}^{j\omega t}] \tag{3.5}$$

式中：$z(x) = A\mathrm{e}^{j(\phi_0 - \omega x/v)}$ 是一个复数，在省略了$[\mathrm{e}^{j\omega t}]$一项的前提下，其实部

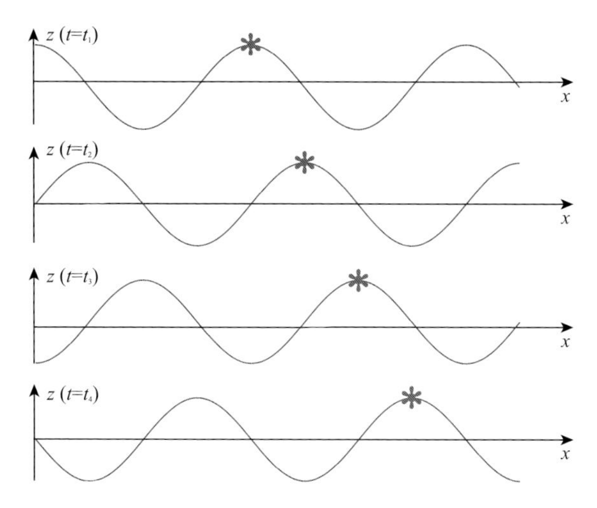

图3.3 波传播示意图(星号(*)沿 x 方向向右传播)

等效于代表波的实变量 $z(x,t)$；复数 $z(x)$ 称为相量，因为它忽略了时间依赖项，包含了振幅和相位信息。以复数形式引入相量的优点在于数学计算上的方便。例如，对时间 t 的偏导数变成简单地乘以 $j\omega$：$\frac{\partial}{\partial t}\mathrm{Re}[z(x)e^{j\omega t}] \leftrightarrow \mathrm{Re}[j\omega z(x)e^{j\omega t}]$。

3.1.3 电磁波

如前所述，电磁波是横波，需要以形如电场 $\vec{E}(\vec{r},t)$ 这样的矢量来表示。电磁波在空间或介质中传播，变化的电场产生磁场。这种磁场也在不断变化，继续产生变化的电场，如此不断重复就是电磁波。类似于标量波的相量表示，电场矢量的相量表达式为 $\vec{E}(\vec{r},t)=\mathrm{Re}[\vec{E}(\vec{r})e^{j\omega t}]$。在时谐波的前提下，Maxwell方程组(式(2.39)～(2.42))在没有净电荷($\rho=0$)的情况下，电场和磁场的相量表示写为：

$$\nabla\times\vec{E}=-j\omega\mu\vec{H} \tag{3.6}$$

$$\nabla\times\vec{H}=j\omega\varepsilon\vec{E} \tag{3.7}$$

$$\nabla\cdot\vec{E}=0 \tag{3.8}$$

$$\nabla\cdot\vec{H}=0 \tag{3.9}$$

对式(3.6)取旋度，利用旋度场矢量恒等式 $\nabla\times\nabla\times\vec{E}=\nabla(\nabla\cdot\vec{E})-\nabla^2\vec{E}$，同时利用等式(3.7)，可得：

$$\nabla^2\vec{E}+k^2\vec{E}=0 \tag{3.10}$$

其中,波数定义为:

$$k=\omega\sqrt{\mu\varepsilon}=\omega\sqrt{\mu_0\varepsilon_0}\sqrt{\varepsilon_r}=k_0m=\frac{2\pi}{\lambda_0}m \tag{3.11}$$

在恒定介电常数和磁导率的均匀介质中,平面波是式(3.10)的解,具体为:

$$\vec{E}=\hat{e}E_0\mathrm{e}^{-j\vec{k}\cdot\vec{r}} \tag{3.12}$$

以及

$$\vec{H}=\hat{k}\times\hat{e}\frac{E_0}{\eta}\mathrm{e}^{-j\vec{k}\cdot\vec{r}} \tag{3.13}$$

式中:$\eta=\sqrt{\frac{\mu}{\varepsilon}}$为介质的固有阻抗;$\hat{e}$ 为偏振单位矢量;$\vec{k}=k\hat{k}$ 为波矢量,$\hat{k}$ 为波传播的单位矢量(图 3.4)。

在球面波的情况下,电场可以表示为:

$$\vec{E}=\hat{e}E_0\frac{\mathrm{e}^{-jkr}}{r} \tag{3.14}$$

图 3.5 解释了该式,其中图中球面为等相位面。

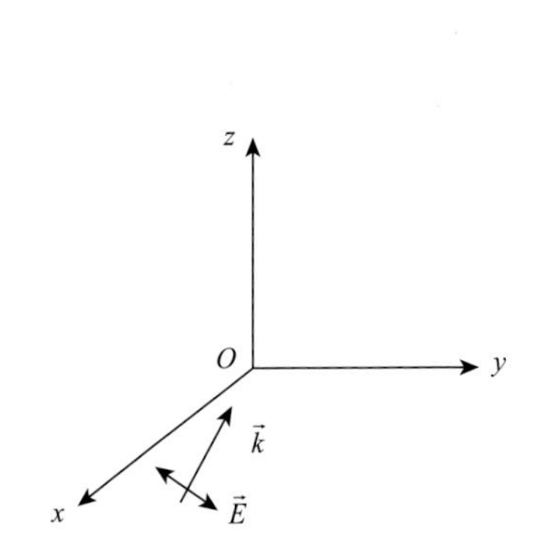

图 3.4　平面波传播的示意图
(波的相位在垂直于波矢的平面上相同)

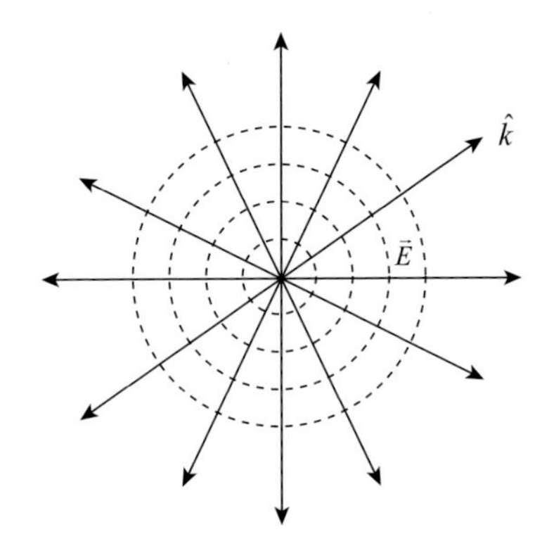

图 3.5　球面波传播的示意图
(等相位面垂直于波矢)

3.1.4　波的偏振和表达

电磁波是横波,电场$\vec{E}$在给定位置上随时间做正弦变化(振动)。波的偏振是一个振动方向的描述,这是$\vec{E}$矢量的顶点随时间推移形成的轨迹。

图 3.6 给出了从相干源电波场极化的例子。如果$\vec{E}$矢量的轨迹是一条直线,如图 3.6a 所示,则波被称为线偏振的(或线极化);如果轨迹形成如图 3.6b 所示的圆,则它被称为圆偏振的(或圆极化);如果轨迹是如图 3.6c 所

示的椭圆,则它被称为椭圆偏振的(或椭圆极化)。然而如果轨迹是随机的,则波是非偏振的(即没有被极化)。太阳光或光从朗伯表面(Born et al, 1999)反射就是非偏振波的一个例子。若是同时含有从相干和非相干源发出的波,也可以是部分偏振的。

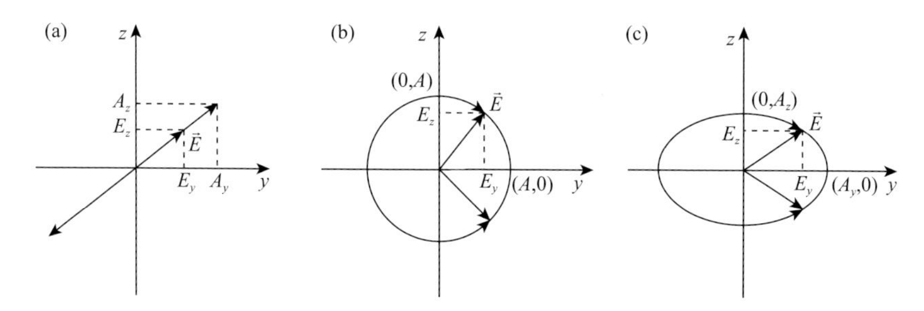

图 3.6 电波场的偏振

(a)线偏振;(b)圆偏振;(c)椭圆偏振

偏振波的数学表达式可以通过描述极化平面内的波场矢量$\vec{E}$得到。假设一个平面波沿 x 轴传播,$\vec{E}$矢量就在 y-z 平面:

$$\vec{E}(x,t) = E_y(x,t)\hat{y} + E_z(x,t)\hat{z} = \mathrm{Re}(\vec{E}e^{j\omega t}) \tag{3.15}$$

每个分量遵循时间调和解(式(3.15)),改写如下:

$$E_y(x,t) = A_y\cos(\omega t - kx + \phi_{01}) \tag{3.16}$$

$$E_z(x,t) = A_z\cos(\omega t - kx + \phi_{02}) \tag{3.17}$$

式中:$(\omega t - kx)$是时间—空间可变相位项;A_y 和 A_z 分别为 y 和 z 分量的振幅,ϕ_{01} 和 ϕ_{02} 是它们相应的初始位相。由于式(3.16)和式(3.17)中可变相位$(\omega t - kx)$是共同项,则偏振的不同类型如图 3.6 所示,即由式(3.15)~(3.17)中不同的振幅比和相位差表示。

3.1.4.1 线偏振

令相位差为:

$$\delta = \phi_{02} - \phi_{01} = 0 \text{ 或 } \pi \tag{3.18}$$

将式(3.16)和式(3.17)代入式(3.15),利用式(3.18),得:

$$\vec{E}(x,t) = (A_y\hat{y} \pm A_z\hat{z})\cos(\omega t - kx + \phi_{01}) \tag{3.19}$$

这表明两个分量具有相同的相位项,轨迹是斜率为 A_z/A_y 的直线,如图 3.6a 所示。因此,式(3.19)描述的是线偏振波。

3.1.4.2 圆偏振

令相位差为:

$$\delta = \phi_{02} - \phi_{01} = \pm \frac{\pi}{2} \tag{3.20}$$

由此知振幅一致，即振幅比 $A_z/A_y = 1$。将式(3.16)和式(3.17)代入式(3.15)中，利用这些条件，得：

$$\vec{E}(x,t) = A\cos(\omega t - kx + \phi_{01})\hat{y} \pm A\sin(\omega t - kx + \phi_{01})\hat{z} \tag{3.21}$$

式(3.21)显然是在二维平面内的圆方程，因此代表如图 3.6b 所示的圆偏振。因为波的方向为由页面指向外(x 方向)，因此 $\delta=\pi/2$ 代表左旋圆偏振，而 $\delta=-\pi/2$ 代表右旋圆偏振。

3.1.4.3　椭圆偏振

通常式(3.12)和式(3.13)在没有其他附加条件时表示的是椭圆偏振波。结合式(3.15)～(3.17)可以得到：

$$\vec{E}(x,t) = A_y\cos(\omega t - kz + \phi_{01})\hat{y} + A_z\cos(\omega t - kz + \phi_{02})\hat{z} \tag{3.22}$$

矢量的顶端形成椭圆形，通过消去变相位项($\omega t - kx$)可以表示成：

$$\frac{E_y^2}{A_y^2} + \frac{E_z^2}{A_z^2} - 2\frac{E_yE_z}{A_yA_z}\cos\delta = \sin^2\delta \tag{3.23}$$

式中：$\delta = \phi_{02} - \phi_{01}$ 为相位差。三个参数(A_y, A_z, δ)表征椭圆偏振的波场。式(3.23)表示的椭圆一般是倾斜的椭圆，也可以由长半轴 a、短半轴 b 和倾斜角 ψ 表达，如图 3.7 所示，其中椭圆角定义为 $\tan\chi = \pm\frac{b}{a}$，正号对应左旋椭圆偏振，负号对应右旋椭圆偏振(Shen et al，1983)。

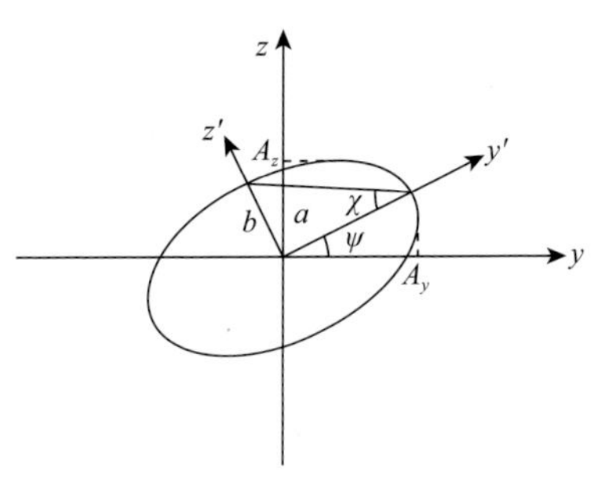

图 3.7　椭圆偏振(a 和 b 分别为椭圆的长半轴和短半轴，ψ 为倾斜角)

另一种表示椭圆偏振波的方法是使用量纲相同的 4 个参数，该方法已被广泛应用在遥感领域，但没有引起雷达气象学界太多的关注。该参数化由 Stokes(1852a，1852b)提出，被称为斯托克斯(Stokes)参数：

$$I = |E_y|^2 + |E_z|^2 = A_y^2 + A_z^2 \tag{3.24}$$

$$Q = |E_y|^2 - |E_z|^2 = A_y^2 - A_z^2 = I\cos2\chi\cos2\psi \tag{3.25}$$

$$U = 2\mathrm{Re}(E_y^* E_z) = 2A_yA_z\cos\delta = I\cos2\chi\sin2\psi \tag{3.26}$$

$$V = 2\mathrm{Im}(E_y^* E_z) = 2A_yA_z\sin\delta = I\sin2\chi \tag{3.27}$$

注意，完全偏振波的 4 个参数之间满足以下关系：

$$I^2 = Q^2 + U^2 + V^2 \tag{3.28}$$

因此,4个参数的Stokes参数$[I,Q,U,V]$和三参数(A_y,A_z,δ)表示其实是等价的。

在部分偏振或非偏振波的情况下,振幅和相位差是随机变量。用Stokes参数各自的平均值来替换其在式(3.24)～(3.27)中的定义,式(3.28)对应地变为:

$$\langle I^2 \rangle > \langle Q^2 \rangle + \langle U^2 \rangle + \langle V^2 \rangle \tag{3.29}$$

方程(3.29)的右边和左边的比率,$p = (\langle Q^2 \rangle + \langle U^2 \rangle + \langle V^2 \rangle)/\langle I^2 \rangle$即为偏振度。椭圆偏振的波,$p=1$;部分偏振的波,$0<p<1$;非偏振波,$p=0$。在偏振天气雷达中,我们通常处理的都是高度偏振的雷达波(不包括杂波和生物体的散射波),如在第4章将要讲述的内容,偏振的程度和共偏互相关系数(ρ_{hv})紧密相关。

3.2 散射的基本原理

散射是一种物理过程,它是被称为散射体的一个或多个物体(如水汽凝结物)将拦截的入射波重新射向各个方向。图3.8展示了单粒子散射的概念。本节将重点讨论如何从概念上理解并定量描述波的单粒子散射过程。

3.2.1 散射振幅、散射矩阵及散射截面

当波入射到粒子上时,一部分能量被粒子吸收,另一部分则被散射到各个方向。如第2章所述,一般认为散射和吸收的性质取决于波的特性以及粒子的物理和电磁特性。

假设粒子具有任意形状,这一形状随后再指定。其电磁特性由介电常数ε和磁导率μ表示:

$$\varepsilon(\vec{r}) = \varepsilon_r(\vec{r})\varepsilon_0 = (\varepsilon'(\vec{r}) - j\varepsilon''(\vec{r}))\varepsilon_0 \tag{3.30}$$

$$\mu(\vec{r}) = \mu_0 \tag{3.31}$$

式中:ε_0和μ_0分别是真空介电常数和磁导率;ε_r是相对介电常数,ε'是其实部,ε''为其虚部。

假设入射波是在真空中传播的线偏振平面波,并具有介电常数和磁导率(ε_0,μ_0),则平面波的相量表示为式(3.32)的形式:

$$\vec{E}_i = \hat{e}_i E_0 e^{-j\vec{k}_i \cdot \vec{r}} \tag{3.32}$$

式中：$\hat{e}_i$ 是入射波偏振的单位矢量；E_0 是振幅；$\vec{k}_i = k\hat{k}_i$ 是入射波矢量，k 是在此环境介质中的波数，$\hat{k}_i$ 单位矢量表示传播方向。

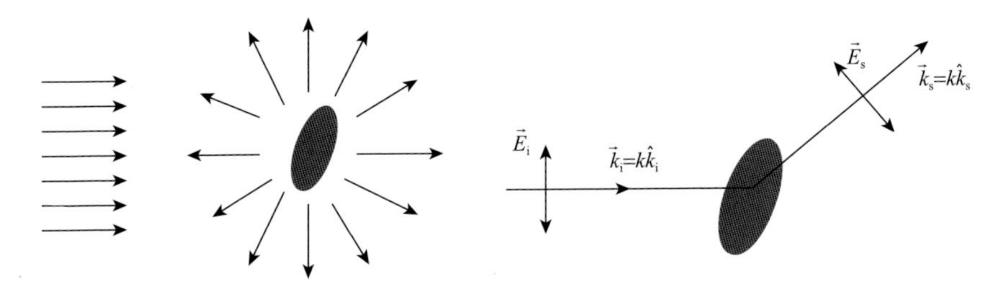

图 3.8　水凝物粒子对波的散射概念图

随着入射波撞击粒子，粒子内部的电荷被激发并振动，产生向各个方向的次生辐射波。如果观察点远离粒子，并满足条件 $r>2D^2/\lambda$ 时，则称为远场。在这种情况下，散射场表现为球面波，并且可以由类似于式(3.14)的等式表示：

$$\vec{E}_s = \vec{s}(\hat{k}_s, \hat{k}_i) E_0 \frac{\mathrm{e}^{-jkr}}{r} \tag{3.33}$$

其中，$\vec{s}(\hat{k}_s, \hat{k}_i) = s(\hat{k}_s, \hat{k}_i)\hat{e}_s$ 是散射振幅，表示射向粒子的单位平面波产生的散射波场的振幅、相位和偏振。散射振幅通常是十分复杂的，并且包含大小、相位和偏振的信息。

如 3.1.4 节所述，波的偏振可由两个正交分量完全描述。假设($\hat{e}_{i1}$，$\hat{e}_{i2}$)是入射波场的参考单位向量，($\hat{e}_{s1}$，$\hat{e}_{s2}$)是散射波场的参考单位向量，如图 3.9 所示，则有：

$$\vec{E}_i = \hat{e}_i E_0 e^{-j\vec{k}_i \cdot \vec{r}} = (E_{i1}\hat{e}_{i1} + E_{i2}\hat{e}_{i2}) e^{-j\vec{k}_i \cdot \vec{r}} \tag{3.34}$$

$$\vec{E}_s = \hat{e}_s E_{0s} \frac{e^{-jkr}}{r} = (E_{s1}\hat{e}_{s1} + E_{s2}\hat{e}_{s2}) \tag{3.35}$$

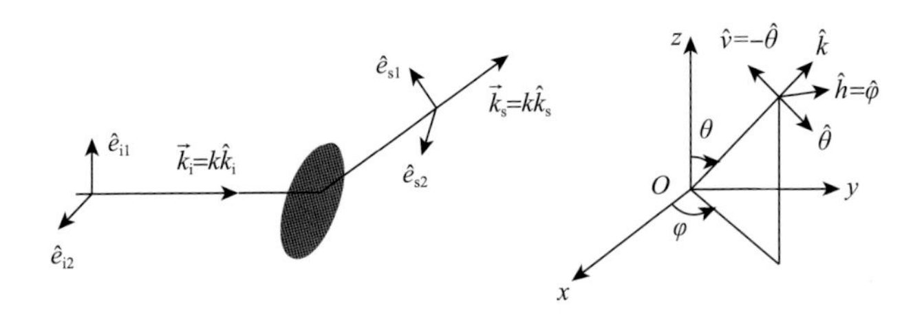

图 3.9　水凝物粒子散射矩阵的坐标系

散射方程(式(3.33))可以写成矩阵形式：

$$\begin{bmatrix} E_{s1} \\ E_{s2} \end{bmatrix} = \frac{e^{-jkr}}{r} \begin{bmatrix} s_{11}(\hat{k}_s, \hat{k}_i) & s_{12}(\hat{k}_s, \hat{k}_i) \\ s_{21}(\hat{k}_s, \hat{k}_i) & s_{22}(\hat{k}_s, \hat{k}_i) \end{bmatrix} \begin{bmatrix} E_{i1} \\ E_{i2} \end{bmatrix} \tag{3.36}$$

矩阵$[\boldsymbol{S}] = \begin{bmatrix} s_{11} & s_{12} \\ s_{21} & s_{22} \end{bmatrix}$称为散射矩阵，其对角线上的两项 s_{11} 和 s_{22} 表示共偏分量的波散射，非对角线项 s_{12} 和 s_{21} 表示交叉偏振散射。定义散射矩阵的正交单位矢量$(\hat{e}_1, \hat{e}_2)$的方法通常有两种：基于散射平面，取水平和垂直方向。

散射平面是包含入射和散射波矢量的平面。垂直于波矢量和散射平面的矢量称为垂直矢量，定义为 $\hat{e}_1 = \hat{e}_\perp = \dfrac{\hat{k}_s \times \hat{k}_i}{|\hat{k}_s \times \hat{k}_i|}$。在散射平面上定义向量 $\hat{e}_{i\parallel} = \hat{k}_i \times \hat{e}_{i\perp}$ 和 $\hat{e}_{s\parallel} = \hat{k}_s \times \hat{e}_{s\perp}$ 分别表示入射波和散射波。在这种条件下，式(3.36)变为：

$$\begin{bmatrix} E_{s\perp} \\ E_{s\parallel} \end{bmatrix} = \frac{e^{-jkr}}{r} \begin{bmatrix} s_{\perp\perp}(\hat{k}_s, \hat{k}_i) & s_{\perp\parallel}(\hat{k}_s, \hat{k}_i) \\ s_{\parallel\perp}(\hat{k}_s, \hat{k}_i) & s_{\parallel\parallel}(\hat{k}_s, \hat{k}_i) \end{bmatrix} \begin{bmatrix} E_{i\perp} \\ E_{i\parallel} \end{bmatrix} \tag{3.37}$$

用于定义散射矩阵的另一种坐标系是基于水平和垂直(更精确的描述是纵向)方向：

$$\hat{h} = \hat{\phi} = \frac{\hat{z} \times \hat{k}}{|\hat{z} \times \hat{k}|} \quad 及 \quad \hat{v} = -\hat{\theta} = \hat{k} \times \hat{h} \tag{3.38}$$

其中，

$$\hat{k} = \sin\theta\cos\phi\hat{x} + \sin\theta\sin\phi\hat{y} + \cos\theta\hat{z} \tag{3.39}$$

$$\hat{h} = -\sin\phi\hat{x} + \cos\phi\hat{y} \tag{3.40}$$

$$\hat{v} = -\cos\theta\cos\phi\hat{x} - \cos\theta\sin\phi\hat{y} + \sin\theta\hat{z} \tag{3.41}$$

因此，散射波场可由入射波场确定，并且通常是椭圆偏振的，即：

$$\begin{bmatrix} E_{sh} \\ E_{sv} \end{bmatrix} = \frac{e^{-jkr}}{r} \begin{bmatrix} s_{hh}(\hat{k}_s, \hat{k}_i) & s_{hv}(\hat{k}_s, \hat{k}_i) \\ s_{vh}(\hat{k}_s, \hat{k}_i) & s_{vv}(\hat{k}_s, \hat{k}_i) \end{bmatrix} \begin{bmatrix} E_{ih} \\ E_{iv} \end{bmatrix} \tag{3.42}$$

散射矩阵中的元素将在以下部分中进一步讨论。

尽管波场由复数的散射振幅和散射矩阵表示，但是波的能量特征由功率通量密度即通过单位面积的功率确定，它是功率通量密度矢量的大小。功率通量密度也称为坡印廷矢量(Poynting vector)。对于时谐波而言，入射波的平均坡印廷矢量为：

$$\vec{S}_i = \frac{1}{2}\mathrm{Re}(\vec{E}_i \times \vec{H}_i^*) = \frac{|E_0|^2}{2\eta_0}\hat{k}_i \tag{3.43}$$

散射波的平均坡印廷矢量为：

$$\vec{S}_s = \frac{1}{2}\mathrm{Re}(\vec{E}_s \times \vec{H}_s^*) = \frac{|E_s|^2}{2\eta_0}\hat{k}_s = \frac{|s(\hat{k}_s,\hat{k}_i)|^2}{r^2}\frac{|E_0|^2}{2\eta_0}\hat{k}_s \tag{3.44}$$

式(3.43)和式(3.44)中的 1/2 因子代表了时谐波的平均功率和峰值功率之间的差异(Shen et al,1983)。

因此,通过微分面积 $da=r^2 d\Omega$ 的散射波微分功率 dP_s 为:

$$dP_s = S_s da = \frac{|s(\hat{k}_s,\hat{k}_i)|^2}{r^2}\frac{|E_0|^2}{2\eta_0}r^2 d\Omega \tag{3.45}$$

其中,$d\Omega=\sin\theta d\theta d\phi$ 是微分立体角。在式(3.45)中使用 $S_i=\frac{|E_0|^2}{2\eta_0}$,我们可以得到以入射功率通量密度为分母的散射微分功率:

$$\frac{dP_s}{S_i} = |s(\hat{k}_s,\hat{k}_i)|^2 d\Omega = \sigma_d(\hat{k}_s,\hat{k}_i)d\Omega \tag{3.46}$$

其中,$\sigma_d(\hat{k}_s,\hat{k}_i)=|s(\hat{k}_s,\hat{k}_i)|^2$ 被称为微分截面,因为它表示了以功率密度为单位的入射波在单位立体角内的散射波功率,并且该变量以面积为单位(截面)。在雷达应用中,通常乘上 4π 因子来获得双基站和后向散射雷达截面:

$$\sigma_{bi}(\hat{k}_s,\hat{k}_i) = 4\pi\sigma_d(\hat{k}_s,\hat{k}_i), \quad \sigma_b = 4\pi\sigma_d(-\hat{k}_i,\hat{k}_i) \tag{3.47}$$

如此使得其可以与立体角为 4π 的总散射功率进行比较。

式(3.46)的积分可以表示因向各个角度散射而造成的功率损耗的散射截面,具体为:

$$\sigma_s = \int_{4\pi}\sigma_d(\hat{k}_s,\hat{k}_i)d\Omega \tag{3.48}$$

除了散射能量损耗,电磁波能量的另一部分被颗粒吸收并消散。这部分可以通过粒子内部的能量损失的体积积分来计算。考虑到微分功率是微分电流和电压的乘积:

$$dP = dI \times dV = (J da) \times (E d\ell) = \sigma E^2 da d\ell \tag{3.49}$$

其中,电导率 $\sigma=\omega\varepsilon''\varepsilon_0$。考虑平均功率和峰值功率之间的$\frac{1}{2}$因子的差异,则以入射功率通量密度为规范的吸收能量,即吸收截面为:

$$\sigma_a = P_a/S_i = \int \frac{1}{2}\omega\varepsilon''\varepsilon_0 |E_{int}(\vec{r}')|^2 d\vec{r}'/S_i \tag{3.50}$$

散射和吸收的总和表示由于散射过程造成的总能量损耗,那么总截面是散射截面和吸收截面的总和:

$$\sigma_t = \sigma_s + \sigma_a = \frac{4\pi}{k}\mathrm{Im}(s(\hat{k}_i,\hat{k}_i)) \tag{3.51}$$

式中：$s(\hat{k}_i,\hat{k}_i)$是前向散射振幅；$\sigma_t \equiv \sigma_e$ 也称为消光截面。式(3.51)的第二个等号表明消光截面与前向散射振幅的虚部成比例，被称为光学定理(见附录3A)。散射截面(式(3.48)，与消光截面之间的比率称为反照率，$w=\sigma_s/\sigma_t$。

为了方便比较，以归一化截面的形式定义了消光、散射和吸收的效率因子(Bohren 和 Huffman，1983)如下：

$$Q_t = \sigma_t/\sigma_g, \quad Q_s = \sigma_s/\sigma_g, \quad Q_a = \sigma_a/\sigma_g \tag{3.52}$$

式中：σ_g 是几何截面，对于半径为 a 的球体，$\sigma_g = \pi a^2$。

图3.10显示了水球的效率因子的变化趋势，具体来说，从中可以看出归一化截面是电尺寸(ka)的函数。当粒子非常小($ka \ll 1$)时，效率因子随着尺寸增加而单调增加，这被称为瑞利散射区域。当粒子大小约为波长的尺寸时($ka \sim 1$)，归一化截面发生振荡变化，这被称为共振或米散射区域。当粒子尺寸与波长相比非常大($ka \gg 1$)时，每个效率因子都接近常数，这种情况才适用于几何光学理论。需要注意的是，在几何光学理论适用的情形下，对于非常大的颗粒，总(或消光)截面是几何截面的两倍。这与我们的直觉相反，在通常直觉中一个物体阻挡并消光的截面应该与几何截面完全对应。我们的直觉和电磁波理论之间的这种差异被称为消光悖论(Van De Hulst，1957)。接下来，我们讨论在上述机制中散射的计算。

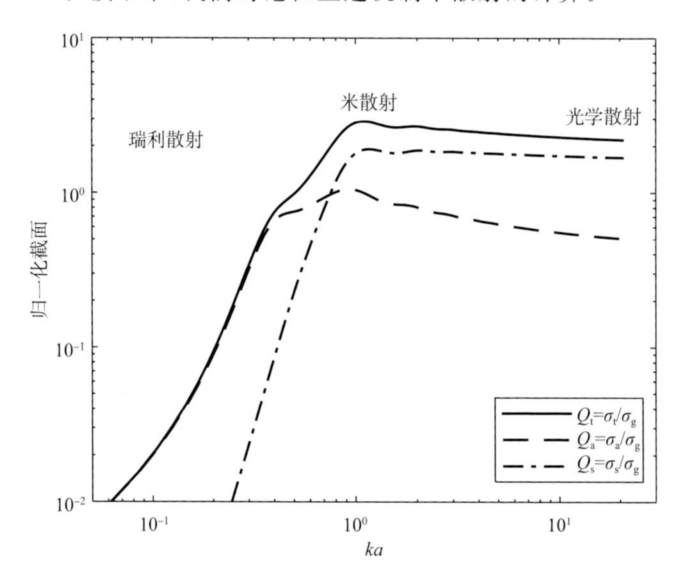

图3.10　水球的归一化截面 Q_t、吸收截面 Q_a 和总散射截面 Q_s

3.3 瑞利散射

如前所述,由尺寸远小于波长的小颗粒产生的波散射被称为瑞利散射。下面将给出瑞利散射的概念描述和数学表达。

3.3.1 瑞利散射的早期理论

瑞利散射定律最初是由 Rayleigh(1871)通过量纲匹配获得的,Bohren 和 Huffman(1983)曾引述:"当光被比任何波长都小很多的粒子散射时,散射光和入射光的振动振幅之比与波长的平方成反比,并且光本身的强度与波长的四次方成反比。"

瑞利散射定律是通过振幅比的量纲匹配分析导出的,因为当时猜测这一比值与以下物理参数有关:

$$\frac{A_s}{A_i}:V,r,\lambda,c,\rho_e \tag{3.53}$$

式中:V 是粒子的体积,r 是探测设备与粒子的距离,λ 是波长,c 是电磁波的速度,ρ_e 是以太介质的密度*。在式(3.53)中,速度 c 的量纲为$[LT^{-1}]$,然而其他项都不包含时间量纲[T]。因为振幅比是无量纲的,又没有其他项来抵消 c 中的时间量纲,因此 c 应该不是$\frac{A_s}{A_i}$中的组成项。类似地,以太密度 ρ_e 包含质量量纲[M]。然而,没有包含质量量纲的其他物理量。因此,振幅比应该也与 ρ_e 无关。这使得式(3.53)的右侧只留下 V,r 和 λ。如果散射波振幅和入射波振幅的比值与粒子的体积 V 成正比并且与距离 r 成反比,则在分母中需要出现波长的平方,即:

$$\frac{A_s}{A_i} \propto \frac{V}{\lambda^2 r} \tag{3.54}$$

取式(3.54)两侧的平方,则得出强度之比为:

$$\frac{I_s}{I_i} \propto \frac{V^2}{\lambda^4 r^2} \tag{3.55}$$

由此,式(3.54)和式(3.55)构成了瑞利散射定律的数学表达:强度比与波长的四次方成反比。这可以解释为什么天空是蓝色而太阳是橙色:当

---

* 在那个时候,还不知道电磁波可以在真空中传播。它被认为在一种被称为"以太"的介质中传播,就像声波在空气中传播。

我们看着天空时，短波长（蓝色）的光被散射的作用更强，因此天空看起来是蓝色；当直视太阳时，短波长的光从入射光束中被消除，长波长的光得以保留，因此太阳在我们眼中呈现橙色。

虽然由量纲匹配分析得到的瑞利散射定律在解释自然现象时是成功的，但是仍存在未解决的问题，如随角度的分布和偏振依赖性以及吸收问题。这些问题可通过基于麦克斯韦方程更严格的波的散射数学表达来解决。

3.3.2　散射与偶极辐射

当粒子尺寸比波长小时，瑞利散射可以被理解为一种偶极辐射。如图 3.11 所示，当波照射到小球形粒子（由虚线圆表示）上时，电场被施加到粒子上并使正电荷移动到一端、负电荷移动到另一端。然后，电磁波改变相位（即电场的方向改变），则电荷均向相反的方向移动。该过程的持续使得粒子成为偶极天线，并在其被入射波激发之后辐射电磁波（Ishimaru，1991）。

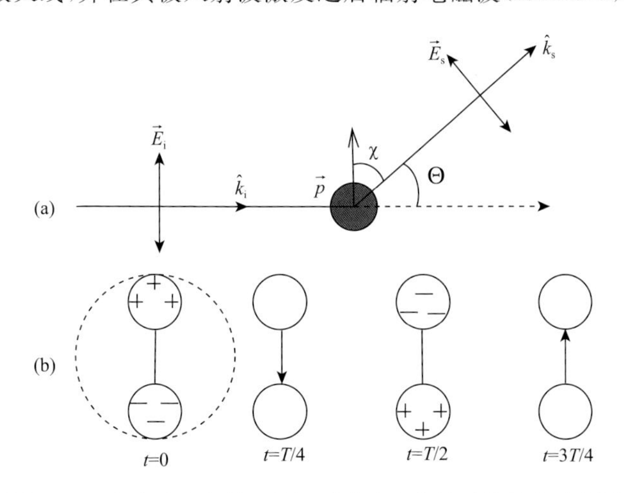

图 3.11　由小球产生的以偶极子形式存在的波的散射示意图
（a）散射原型；（b）偶极振动和辐射的过程

因此，散射波场可以由电位移矢量 $\vec{A}$ 表示（Ishimaru，1978，1997）为：

$$\vec{E}_s(\vec{r}) = \frac{1}{j\omega\mu_0\varepsilon_0}\nabla\times\nabla\times\vec{A}(\vec{r}) \tag{3.56}$$

及

$$\vec{A} = \mu_0\int_V G(\vec{r},\vec{r}')\vec{J}_{eq}(\vec{r}')\mathrm{d}\vec{r}' \tag{3.57}$$

式中：$\vec{r}$ 是观测点，$\vec{r}'$ 是粒子内部的源位置。

则真空中的格林函数为：

$$G(r,r') = \exp(-jk\,|\vec{r}-\vec{r}'|)/(4\pi\,|\vec{r}-\vec{r}'|) \tag{3.58}$$

等效电流源仅由于颗粒内部电荷的激发而存在于颗粒内部，表达式为：

$$J_{eq}(\vec{r}') = -j\omega\varepsilon_0[\varepsilon_r(\vec{r}')-1]\vec{E}_{int} \tag{3.59}$$

内部场可以由入射波场表示如下(Stratton，1941)：

$$\vec{E}_{int} = \frac{3}{\varepsilon_r+2}\vec{E}_i \tag{3.60}$$

将式(3.58)和式(3.59)代入式(3.56)和式(3.57)，假设入射波是单位波并使用远场近似($r \gg r'$)，则有：

$$\vec{E}_s(\vec{r}) = \frac{e^{-jkr}}{r}E_0\,\vec{s}(\hat{k}_s,\hat{k}_i) \tag{3.61}$$

散射振幅可表示为：

$$\begin{aligned}\vec{s}(\hat{k}_s,\hat{k}_i) &= \frac{k^2}{4\pi}\frac{3(\varepsilon_r-1)}{\varepsilon_r+2}V[-\hat{k}_s\times(\hat{k}_s\times\hat{e}_i)] \\ &= k^2a^3\frac{\varepsilon_r-1}{\varepsilon_r+2}\sin\chi\hat{e}_s\end{aligned} \tag{3.62}$$

其表示单位入射波照射到在小球上所产生的散射波场的振幅。正如所预期的那样，散射振幅取决于粒子的物理性质，即体积 V、电性质 ε_r、散射方向和入射方向($\hat{k}_s$，$\hat{k}_i$)以及入射波的偏振方向 $\hat{e}_i$。注意，如图 3.11 所示，χ 是散射方向 $\hat{k}_s$ 和入射波偏振方向 $\hat{e}_i$ 之间的角度。$\sin\chi$ 项可以理解为入射波偏振单位矢量 $\hat{e}_i$ 在散射波偏振单位矢量 $\hat{e}_s$ 上的投影，而 $\hat{e}_s$ 垂直于散射波传播方向 $\hat{k}_s$，这也就证明了电磁波的是横波的性质。

散射振幅表示散射波场的性质，而散射波能量分布由微分散射截面来表示：

$$\sigma_d(\hat{k}_s,\hat{k}_i) = (k^2a^3)^2\left|\frac{\varepsilon_r-1}{\varepsilon_r+2}\right|^2\sin^2\chi \tag{3.63}$$

散射场的方向图和散射能量的方向图见图 3.12。尽管散射场在电场平面(E 平面)内以 $\sin\chi$ 形式分布，但是在磁场平面(H 平面)中的散射是各向同性的。这就是为什么单偏振单基雷达倾向于使用水平偏振，但是双基雷达如 BINET(双基接收网络)则使用垂直偏振(Wurman et al，1993)。

一旦已知散射振幅(式(3.62))和微分散射截面(式(3.63))，则总散射截面可通过对立体角为 4π 球面上的积分获得：

$$\begin{aligned}\sigma_s &= \int_{4\pi}\sigma_d(\hat{k}_s,\hat{k}_i)\mathrm{d}\Omega \\ &= k^4a^6\left|\frac{\varepsilon_r-1}{\varepsilon_r+2}\right|^2\int_0^{\pi}\int_0^{2\pi}\sin^2\chi\sin\chi\mathrm{d}\chi\mathrm{d}\phi = \frac{8\pi k^4a^6}{3}\left|\frac{\varepsilon_r-1}{\varepsilon_r+2}\right|^2\end{aligned} \tag{3.64}$$

后向散射雷达截面表示为：

$$\sigma_{\mathrm{b}} = 4\pi\sigma_{\mathrm{d}}(-\hat{k}_{\mathrm{i}},\hat{k}_{\mathrm{i}}) = 4\pi k^4 a^6 \left|\frac{\varepsilon_{\mathrm{r}}-1}{\varepsilon_{\mathrm{r}}+2}\right|^2 \tag{3.65}$$

注意，后向散射雷达截面（式(3.65)）大于总散射截面（式(3.64)）。这是因为雷达截面被定义为微分散射截面的 4π 倍，而最大散射和后向散射的方向都出现在赤道处。

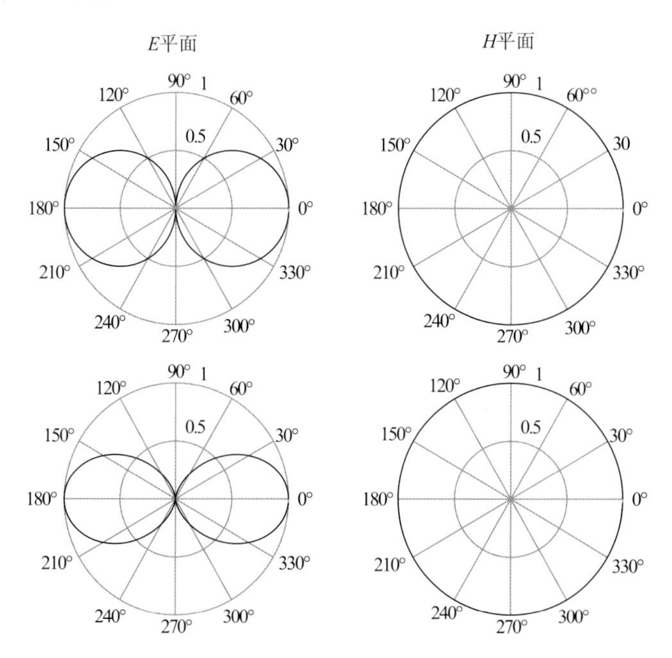

图 3.12　归一化散射场图示（顶行）和能量场图示（底行）。左列是在包含入射波偏振方向的平面（E 平面）中，右列是垂直于入射波偏振方向的平面（H 平面）

由式(3.49)和式(3.50)，可得吸收截面为：

$$\sigma_{\mathrm{a}} = \frac{\int \frac{1}{2}\omega\varepsilon_0\varepsilon''\,|\vec{E}(\vec{r}\,')|^2\,\mathrm{d}\vec{r}\,'}{S_{\mathrm{i}}} = \frac{4}{3}\pi a^3 k\varepsilon''\left|\frac{3}{\varepsilon_{\mathrm{r}}+2}\right|^2 \tag{3.66}$$

在瑞利散射的情况下，虽然散射截面（式(3.64)和式(3.65)）与体积平方成正比（$\sim a^6=(D/2)^6$），但是吸收截面（式(3.66)）与体积成线性正比（$a^3=(D/2)^3$）。因为在推导散射振幅（式(3.62)）和横截面（式(3.63)～(3.66)）的表达式时，内部波场已被假定为恒定，所以导出的公式仅适用于电尺寸小的散射体/颗粒（$ka\ll1$，即 $a\ll\lambda$）。在第3.4节中与米散射理论的比较讨论将会更清楚地展示瑞利散射适用的范围。

3.4 米散射理论

3.4.1 概念描述

针对球体粒子的波的散射确切解是由 Gustav Mie 在 1908 年获得的，被称为米散射理论。米散射理论可用来精确计算任何尺寸和介电常数的均匀球体产生的散射波；这些计算已经在多本教科书中有详细阐述（Bohren et al，1983；Kerker，1969）。米散射计算的结果还可确定瑞利散射近似的有效区域。

在瑞利散射近似中，内部波场被假设为恒定的，并且将波的散射看作是来自偶极天线的辐射。相比之下，米散射理论可用来讨论波场在球体内的变化，并且不仅是偶极模式，还可以是四极、六极和更高阶共振模式（在图 3.13 展示了偶极、四极和六极的模式）。

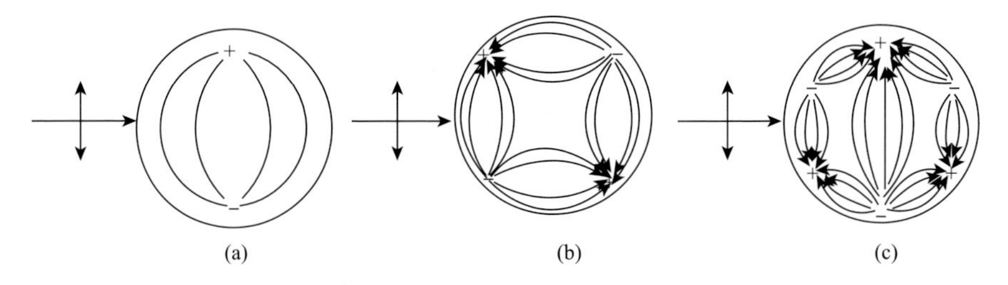

图 3.13 由入射波场激发的散射体内部电场呈现偶极子(a)，四极子(b)和六极子(c)辐射的概念图

通常，球体的散射波是由散射体产生的所有共振模式的叠加，因此其辐射场具有比瑞利散射更复杂的形式。

3.4.2 数学表达与示例结果

米散射的数学表达式的目的在于解决电磁波的边值问题。也就是说，以$\vec{E}_\mathrm{i}$ 表示的波入射时，球体内的内部波场是$\vec{E}_\mathrm{int}$，并且外部的波场是入射波场$\vec{E}_\mathrm{i}$ 和散射波场$\vec{E}_\mathrm{s}$ 的总和，即$\vec{E}_\mathrm{i}+\vec{E}_\mathrm{s}$。第一和第二麦克斯韦方程要求电场和磁场的切向分量必须是连续的。在此使用球面坐标系(r,θ,φ)，以球心为原点，则有：

$$\hat{r}\times\vec{E}_\mathrm{int}\big|_{r=a}=\hat{r}\times[\vec{E}_\mathrm{i}+\vec{E}_\mathrm{s}]\big|_{r=a} \tag{3.67}$$

$$\hat{r}\times\vec{H}_{\text{int}}\big|_{r=a}=\hat{r}\times[\vec{H}_{\text{i}}+\vec{H}_{\text{s}}]\big|_{r=a} \tag{3.68}$$

如果以 θ 和 ϕ 方向的分量形式表示，则式(3.67)和式(3.68)的每一部分均代表两个等式，总计一组 4 个等式。

因为波场可以展开为球谐矢量的形式，所以入射、散射和内部波场可表示为：

$$\vec{E}_{\text{i}}(\vec{r})=\sum_{n=1}^{\infty}C_n[\vec{M}_{\text{o}1n}^{(1)}(kr,\theta,\phi)+j\,\vec{N}_{\text{e}1n}^{(1)}(kr,\theta,\phi)] \tag{3.69}$$

$$\vec{E}_{\text{s}}(\vec{r})=\sum_{n=1}^{\infty}C_n[-b_n\vec{M}_{\text{o}1n}^{(4)}(kr,\theta,\phi)-ja_n\vec{N}_{\text{e}1n}^{(4)}(kr,\theta,\phi)] \tag{3.70}$$

$$\vec{E}_{\text{int}}(\vec{r})=\sum_{n=1}^{\infty}C_n[c_n\vec{M}_{\text{o}1n}^{(1)}(k'r,\theta,\phi)+d_n\vec{N}_{\text{e}1n}^{(1)}(k'r,\theta,\phi)] \tag{3.71}$$

式中：$C_n=(-j)^nE_0(2n+1)/[n(n+1)]$是入射场的展开系数，$(a_n,b_n)$和$(c_n,d_n)$分别对应散射和内部波场。$\vec{M}_{mn}$和$\vec{N}_{mn}$是球谐矢量(见附录 3B 中的表达式)，下标 e 和 o 分别对应偶模和奇模。

使用式(3.69)～(3.71)以及从式(3.67)和式(3.68)导出的磁场表达式，可以解出散射系数：

$$a_n=\frac{\psi_n(ka)\psi_n'(kma)-m\psi_n(kma)\psi_n'(ka)}{\zeta_n(ka)\psi_n'(kma)-m\psi_n(kma)\zeta_n'(ka)} \tag{3.72}$$

$$b_n=\frac{m\psi_n(ka)\psi_n'(kma)-\psi_n(kma)\psi_n'(ka)}{m\zeta_n(ka)\psi_n'(kma)-\psi_n(kma)\zeta_n'(ka)} \tag{3.73}$$

式中：$\psi_n(x)=xj_n(x)=\sqrt{\pi x/2}J_{n+1/2}(x)$是黎卡提—贝塞尔函数，$j_n(x)$是球贝塞尔函数。如此，散射波场为：

$$\begin{bmatrix}E_{s\perp}\\E_{s\parallel}\end{bmatrix}=\frac{e^{-jkr}}{r}\begin{bmatrix}s_{\perp\perp}(\theta)&0\\0&s_{\parallel\parallel}(\theta)\end{bmatrix}\begin{bmatrix}E_{i\perp}\\E_{i\parallel}\end{bmatrix} \tag{3.74}$$

其中，

$$s_{\perp\perp}(\theta)=\frac{1}{jk}\sum_{n=1}^{\infty}\frac{2n+1}{n(n+1)}[a_n\pi_n(\cos\theta)+b_n\tau_n(\cos\theta)] \tag{3.75}$$

$$s_{\parallel\parallel}(\theta)=\frac{1}{-jk}\sum_{n=1}^{\infty}\frac{2n+1}{n(n+1)}[a_n\tau_n(\cos\theta)+b_n\pi_n(\cos\theta)] \tag{3.76}$$

$$\pi_n(\cos\theta)=\frac{P_n^1(\cos\theta)}{\sin\theta},\tau_n(\cos\theta)=\frac{\mathrm{d}}{\mathrm{d}\theta}P_n^1(\cos\theta) \tag{3.77}$$

另有 $P_n^1(\cos\theta)=\frac{\mathrm{d}}{\mathrm{d}\theta}P_n(\cos\theta)$，其中 $P_n(\cos\theta)$为 n 阶勒让德多项式。

图 3.14 展示了直径为 2 mm(顶行)和 2 cm(底行)的两个球形水滴在 X 波段的散射振幅计算结果。显然，直径为 2 mm 的球形水滴散射的前向

部分比后向的部分更强(前向和后向散射部分的大小差异约为 10%),仍然有些类似于图 3.12 所示瑞利散射的模式(对于直径大于 2 mm 的水凝物,瑞利散射的近似开始失效)。显然,对于直径为 2 cm 的球形水滴,前向散射是主导的,并且比后向散射大一个量级。还须注意的是,尽管主要散射能量在前向,2 cm 球形水滴的后向散射仍然比 2 mm 的后向散射大两个数量级。这是因为当球形水滴尺寸从 2 mm 增加到 2 cm 时总散射截面增加了好几个数量级。

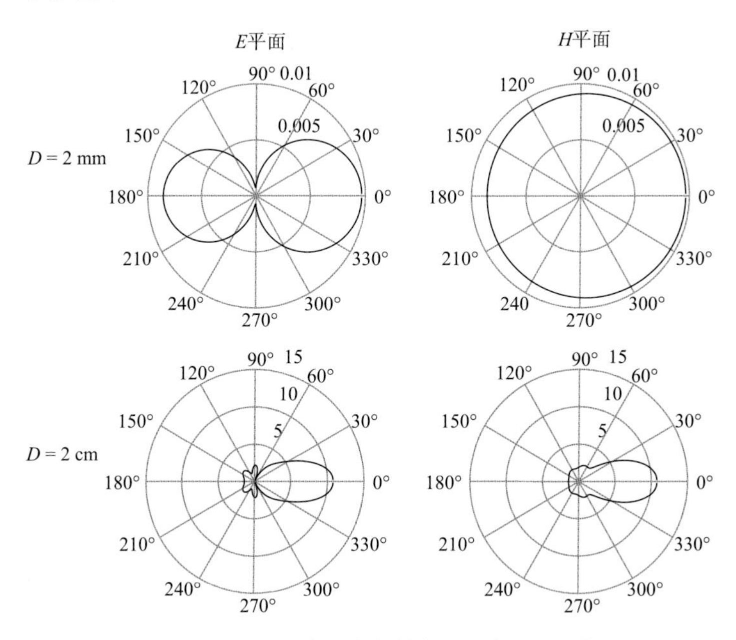

图 3.14　X 波段球形水滴散射振幅方向图示例

(a)顶行为直径为 2 mm 的球体;(b)底行为直径为 2 cm 的球体

把式(3.47),(3.48)和(3.51)代入散射振幅表达式(式(3.75)和(3.76)),我们得到如下的米散射的横截面:

雷达后向散射截面是:

$$\sigma_{\mathrm{b}} = \frac{\pi}{k^2}\left|\sum_{n=1}^{\infty}(2n+1)(-1)^n(a_n - b_n)\right|^2 \tag{3.78}$$

总散射截面为:

$$\sigma_{\mathrm{s}} = \frac{2\pi}{k^2}\sum_{n=1}^{\infty}(2n+1)(|a_n|^2 + |b_n|^2) \tag{3.79}$$

并且消光截面是:

$$\sigma_t = \frac{4\pi}{k}\mathrm{Im}\left(\frac{s(0)}{jk}\right) = \frac{2\pi}{k^2}\sum_{n=1}^{\infty}(2n+1)\mathrm{Re}[a_n + b_n] \tag{3.80}$$

现在，我们有从式(3.64)～(3.66)在瑞利散射近似下给出的截面表达式和由米散射理论得出的严格意义上的截面表达式(式(3.78)～(3.80))。可以使用上述两种方法计算效率因子，即经几何截面归一化的截面，在图 3.15 中进行了比较。

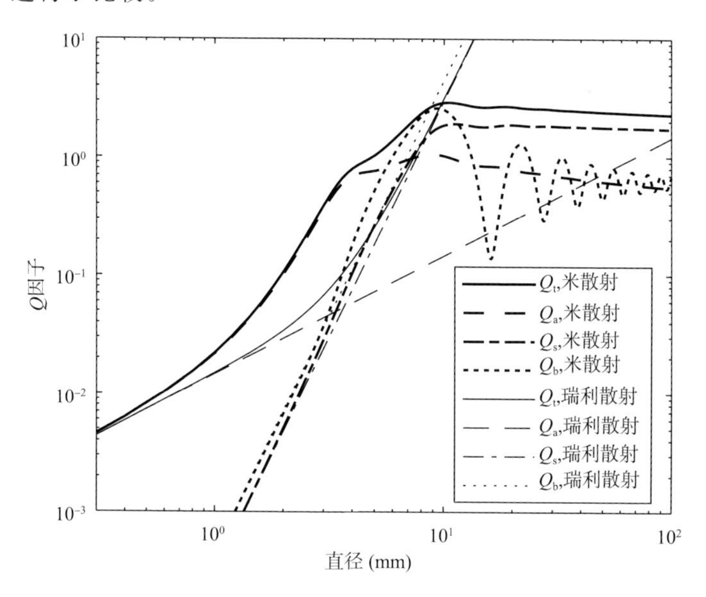

图 3.15　X 波段中效率因子与球形水滴直径的对应关系

上述计算是在 X 波段(波长：λ=3 cm)对介电常数为(44，－43)的球形水滴进行的。显然，当直径小于 2 mm 时，瑞利散射的各效率因子和米散射理论符合得较好。这意味着瑞利散射近似对于直径 $D<\lambda/16$ 的球体是有效的，即 $2kD<\pi/4$，此时粒子内部的波场可以被视为常数。然而，吸收和消光效率因子在更小尺寸($D<1$ mm)时就开始出现不同。意味着通常情况下，瑞利散射近似有更严格的适用要求，即 $D<\lambda/50$。该值接近于$k(m'-1)D<\pi/4$(其中 $m'=7$)，即要求穿过粒子的波与真空中传播的波之间的相位差很小。

在另一种极端条件下，当球形尺寸比波长大得多时($D>100\lambda$)，就适用几何光学近似了。然而，此时消光截面是几何截面的两倍，这是有悖常规的。这个意想不到的结果被称为消光悖论，如第 3.2 节所述。但如果我们注意到：①前向散射部分也是散射的一部分；②消光截面是在远场中定义的，任何散射体，无论其多大，都具有几何光学中不考虑的边缘效应，改变波的传播而发生衍射。如此可以解释消光悖论。因此，我们的几何直觉和完整的电磁波理论之间是有差异的。

对于归一化后向散射截面表现出的上下变化的共振效应，直观的解释是沿不同路径散射的波的叠加时出现相长和相消。图 3.16 显示了两个概念模型：反射模型、反射和爬行波模型。反射模型如图 3.16a 所示，一个波从前边缘反射回来，另一个波穿入球体，然后从后边缘反射。在图 3.16b 中，路径 1 与图 3.16a 中的路径相同，但第二个波在沿球体表面绕行了半周，向相反的方向射出。以上两种情况中，如果路径差是波长的整数倍，两个波同相叠加，则振幅达到最大值；如果路径差是半波长的奇数倍，则振幅为最小值。使用图 3.16b 中的反射和爬行波模型，满足振幅最大值条件 $k(\ell_2-\ell_1)=k(D+\pi D/2)=2\pi$ 的第一个 $D=0.39\lambda$。在图 3.15 中对于 $\lambda=3$ cm 的 X 波段计算结果，可知在 $D=1.17$ cm 处具有最大值，接近图中所示～1.0 cm 的位置。

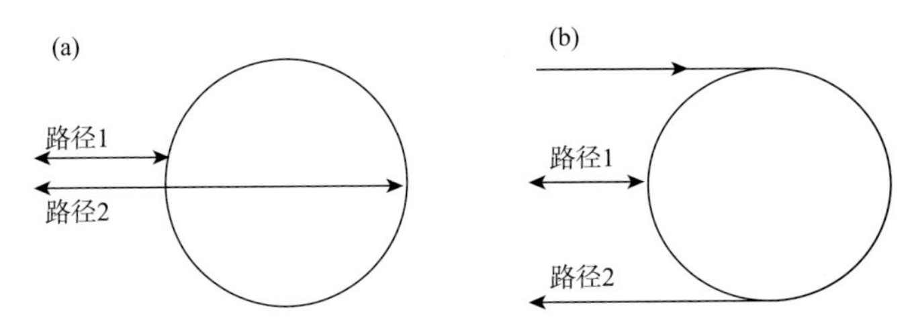

图 3.16 共振效应的概念图

(a)反射模型；(b)反射和爬行波模型

3.5 非球形粒子的散射计算

如之前讨论的那样，各向同性球体的后向散射在偏振方向上没有差异，这说明后向散射的振幅和雷达散射截面对水平和垂直方向的偏振波是一样的。但是，大多数水凝物都不是球形的，意味着它们会导致不同的雷达回波，并且从偏振雷达的测量中能够获得更多信息。理解单个非球形粒子的散射特性是理解和解释偏振测量值的基础。形状和取向是决定电磁波散射性质的两个主要因素。一旦散射体的形状和取向确定，那么散射振幅就可以通过瑞利散射近似、T 矩阵方法或其他数值方法计算得到。采用哪种方法取决于粒子的电尺寸及其形状的复杂程度。

3.5.1　基本非圆球形:球体

第 2 章中提及,水凝物存在许多种形状:云滴和小雨滴的球形、大雨滴扁平基底的球形以及雪花和冰雹的不规则形状。除此之外,雪花的冰晶可以是针形、圆盘形、平板状、圆柱体、树突状,或者是这些形状的混合体。所以,用一些参数来严格模拟这些不规则形状的雪花和冰雹是很难的。而且这样严格的模型在雷达偏振技术中是不必要的,因为毕竟雷达的观测量只有很少的几个。这些测量可以捕获到水凝物主要的统计性质,而不需要知道水凝物具体的结构信息。因此,一个简单的球体模型,只要它不是一个完美的圆球形,就可以推演偏振雷达数据。这是球体模型经常被使用的原因之一。另一个原因是,球体是这样一种基本形状:用于小的散射体时,电磁波散射问题有解析解;用于较大的散射体($D\sim\lambda$)时,电磁波散射问题又能够通过数值模拟来解决(采用相对较低的计算成本)。

球体是椭球体的一种特殊情况,它有两个半轴是等长的,可以通过将一个椭圆绕其 Z 轴旋转得到。当旋转轴是椭圆的次轴(短轴)时,得到一个扁球体($a_1=a_2>b$);当旋转轴是椭圆的主轴(长轴)时,得到一个长球体($a_1=a_2<b$)。这两种情况如图 3.17 所示。扁球体通常用来模拟雨滴、雪花、冰雹以及盘状和树突状的冰晶,而长球体通常被用来表示针形和冰晶柱。

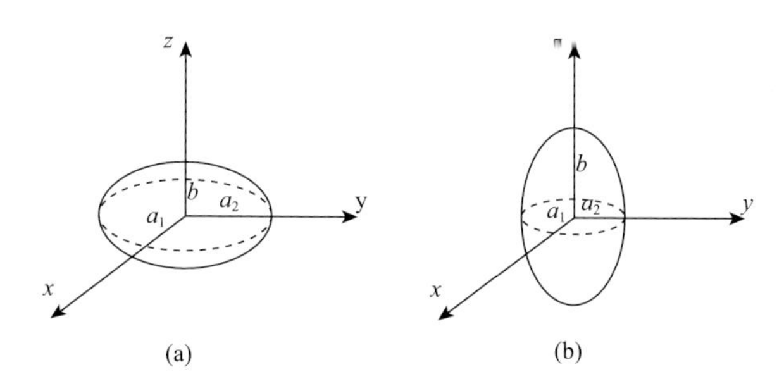

图 3.17　水凝物散射的基本形状模型

(a)扁球体;(b)长球体

3.5.2　球体的瑞利散射近似

第 3.2.2 节给出了圆球体的瑞利散射数学表达式。散射振幅的表达式(式(3.62))可以改写成:

$$\vec{s}(\hat{k}_s,\hat{k}_i) = \frac{k^2}{4\pi\varepsilon_0}\int_V \{-\hat{k}_s \times [\hat{k}_s \times \vec{P}(\vec{r}')]\} e^{j\vec{k}_s\cdot\vec{r}'} d\vec{r}' \approx \frac{k^2 V(\varepsilon_r - 1)}{4\pi}(-\hat{k}_s \times (\hat{k}_s \times \vec{E}_{int})) \tag{3.81}$$

其中内部场是：

$$\vec{E}_{int} = \vec{E}_i + \vec{E}_p \tag{3.82}$$

尽管圆球体的内部场可以很容易地由入射波场来表示(式(3.60))，但是椭球体(扁球体/长球体)的内部波场表达式较难获得，因为它取决于入射波的偏振方向和粒子的取向。然而，偏振波场的分量可以用下式来表示(Stratton，1941)：

$$E_p = \int_S \frac{dq}{4\pi\varepsilon_0 r^2}(-\hat{r}\cdot\hat{p}) = -\frac{L}{\varepsilon_0}P = -L(\varepsilon_r - 1)E_{int} \tag{3.83}$$

结合式(3.82)和式(3.83)，按偏振分量的对称轴分别解出内部场公式如下(Van De Hulst，1957)：

$$E_{int\,x} = \frac{E_{ix}}{1+L_x(\varepsilon_r - 1)},\quad E_{int\,y} = \frac{E_{iy}}{1+L_y(\varepsilon_r - 1)},\quad E_{int\,z} = \frac{E_{iz}}{1+L_z(\varepsilon_r - 1)} \tag{3.84}$$

其中，

$$L_x = \int_0^\infty \frac{a_1 a_2 b}{2(s+a_1^2)[(s+a_1^2)(s+a_2^2)(s+b^2)]^{1/2}} ds \tag{3.85}$$

$$L_y = \int_0^\infty \frac{a_1 a_2 b}{2(s+a_2^2)[(s+a_1^2)(s+a_2^2)(s+b^2)]^{1/2}} ds \tag{3.86}$$

$$L_z = \int_0^\infty \frac{a_1 a_2 b}{2(s+b^2)[(s+a_1^2)(s+a_2^2)(s+b^2)]^{1/2}} ds \tag{3.87}$$

是取决于散射体的形状的因子。已经知道形状因子满足以下的等式(Stratton，1941)：

$$L_x + L_y + L_z = 1 \tag{3.88}$$

一般来说，形状因子反比于相应的分量尺寸。如果散射体足够辐合球体的标准，也就是说，轴比接近于1($0.5<b/a<2$)，那么就存在这样的近似关系：

$$L_x : L_y : L_z \approx 1/a_1 : 1/a_2 : 1/b \tag{3.89}$$

对扁球体而言，形状因子可以用式(3.88)来计算，结合式(3.87)的积分，在 $a_1 = a_2 = a$ 的情况下，给出：

$$L_x = L_y = \frac{1}{2}(1 - L_z) \tag{3.90}$$

对于扁球体($a>b$)，

$$L_z = \frac{1+g^2}{g^2}\left(1-\frac{1}{g}\text{arctang}\right),\quad g^2=\left(\frac{a}{b}\right)^2-1=\frac{1}{\gamma^2}-1 \tag{3.91}$$

对于长球体，

$$L_z = \frac{1-e^2}{e^2}\left(-1+\frac{1}{2e}\ln\frac{1+e}{1-e}\right),\quad e^2=1-\left(\frac{a}{b}\right)^2 \tag{3.92}$$

一旦形状因子(L)和介电常数已知，就可以计算散射振幅。假设入射波从扁球体的 x 方向射入：散射振幅在散射平面内且分布在主轴和次轴方向上，其表达式可以通过将式(3.84)代入式(3.81)～(3.83)，并且令 $L_y=L_a$ 和 $L_z=L_b$ 得到：

$$\vec{s}_{a,b}(\hat{k}_s,\hat{k}_i) = k^2a^2b\frac{\varepsilon_r-1}{3[1+L_{a,b}(\varepsilon_r-1)]}\sin\chi\hat{e}_s \tag{3.93}$$

很明显，式(3.93)中的扁球体的散射振幅与式(3.62)中圆球体的散射振幅相似。规范化后的振幅表达式特征完全一样，且都包含图 3.11 所示的 $\sin\chi$。不同于之前的$\frac{\varepsilon_r-1}{\varepsilon_r+2}$，振幅的大小为$\frac{\varepsilon_r-1}{3[1+L_{a,b}(\varepsilon_r-1)]}$，与偏振相关。后向和前向散射的振幅是一样的。

使用式(2.16)的雨滴轴比代入式(3.90)和式(3.91)，偏振波在主轴方向上的前向散射振幅($\hat{k}_s=\hat{k}_i$；$\Theta=0$)和次轴方向上的后向散射振幅($\hat{k}_s=-\hat{k}_i$；$\Theta=\pi$)如图 3.18 所示。图中也画出了一些雨滴的有效形状。如预期所示，偏振波在主轴上的散射振幅(s_a，实线)大于次轴上的散射振幅(s_b，虚

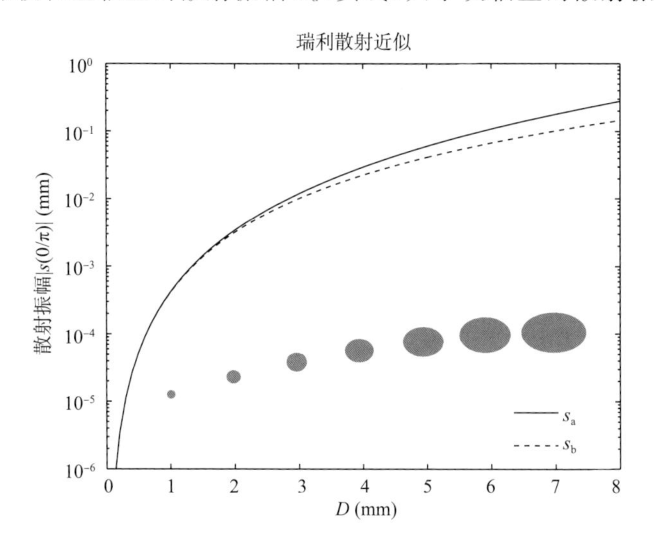

图 3.18　雨滴散射振幅与等体积条件下直径的函数(s_a 和 s_b 分别对应主轴和次轴方向偏振的散射振幅)

线);散射体的尺寸越大散射作用越强,原因是会形成更大的偶极子。随着尺寸的增加,雨滴变得更加扁平,导致不同的偏振之间的散射振幅的差别也增大。在S波段,对云、雨和干雪来说,扁球体的瑞利散射近似是有效的,但不适用于冰雹和融雪,因为它们超出了瑞利近似的应用范围。在C波段、X波段或者更高频率的波段,来自降水颗粒物的波散射需要比瑞利散射近似更加精准的计算。

3.5.3 T矩阵方法

当水凝物的大小与波长相近时,上述的瑞利散射近似就不适用了,于是解析结果就不存在。因此,我们需要有严格的数值方法来计算波散射。T矩阵方法就是一种较为成功的数值方法,并且广泛应用于雷达气象领域(Waterman, 1965; Barber et al, 1975; Seliga et al, 1976; Vivekanandan et al,1991)。T矩阵方法的概念是:①用球谐矢量来表达入射、散射和内部波场;②使用扩展边界条件,通过转换矩阵来确定展开系数,下面将做简要的介绍。

不规则形状粒子的波散射如图3.19所示。在入射波为$\vec{E}_\mathrm{i}(\vec{r})$的情况下,粒子外部散射波场记为$\vec{E}_\mathrm{s}(\vec{r})$,内部波场记为$\vec{E}_\mathrm{int}(\vec{r})$。把场矢量以球谐函数的形式展开:

$$\vec{E}_\mathrm{s}(\vec{r}) = \sum_{m,n}\left[a_{mn}\vec{M}_{mn}^{(4)}(kr,\theta,\phi) + b_{mn}\vec{N}_{mn}^{(4)}(kr,\theta,\phi)\right] \tag{3.94}$$

$$\vec{E}_\mathrm{int}(\vec{r}) = \sum_{m,n}\left[c_{mn}\vec{M}_{mn}^{(1)}(kr,\theta,\phi) + d_{mn}\vec{N}_{mn}^{(1)}(kr,\theta,\phi)\right] \tag{3.95}$$

$$\vec{E}_\mathrm{i}(\vec{r}) = \sum_{m,n}\left[e_{mn}\vec{M}_{mn}^{(1)}(k'r,\theta,\phi) + f_{mn}\vec{N}_{mn}^{(1)}(k'r,\theta,\phi)\right] \tag{3.96}$$

由于入射波是已知的,故展开系数(e_{mn},f_{mn})也是已知的。剩下4组展开系数,包括散射场系数(a_{mn},b_{mn})和内部场系数(c_{mn},d_{mn}),将由边界条件决定。这个问题类似于米散射的问题,但是更难于解决,因为无法像球形粒子情况下应用r为常数的连续性条件,这就使得波场的角关系更加复杂化。

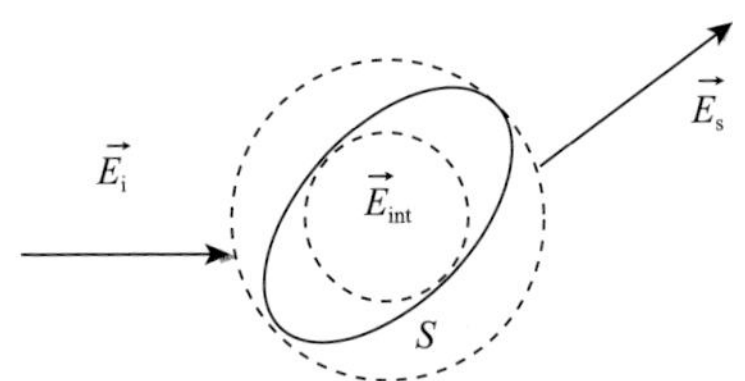

图3.19 非球形散射体的波散射说明和扩展边界条件的概念

为了解决边界问题这一难题,Waterman(1965,1969)引入了扩展边界条件的概念,并且应用了消光定理和惠更斯原理。如图3.19所示,用虚线画出两个球面,即与散射体相接的内部球面和外部球面。在内部球面里,

散射波场抵消了入射波场,可以表达为:

$$\vec{E}_{\mathrm{i}}(\vec{r})+\int_{S}\mathrm{d}\vec{a}\left[i\omega\mu\hat{n}\times\vec{H}_{\mathrm{int}}(\vec{r}')\cdot\overline{\overline{G}}(\vec{r},\vec{r}')+\hat{n}\times\vec{E}_{\mathrm{int}}(\vec{r}')\cdot\nabla\times\overline{\overline{G}}(\vec{r},\vec{r}')\right]=0 \tag{3.97}$$

式中:$\overline{\overline{G}}(\vec{r},\vec{r}')$是球谐矢量形式的并矢格林函数。将式(3.95)和式(3.96)代入式(3.97)得到:

$$\begin{bmatrix} e_{mn} \\ f_{mn} \end{bmatrix}=[A]\begin{bmatrix} c_{mn} \\ d_{mn} \end{bmatrix} \tag{3.98}$$

上式关联了入射波场和内部波场的展开系数。

在散射体外部,相反的,散射波场是由表面波场引起的。由惠更斯原理可以得到:

$$\vec{E}_{\mathrm{s}}(\vec{r})=\int_{S}\mathrm{d}\vec{a}\left[i\omega\mu\hat{n}\times\vec{H}_{\mathrm{int}}(\vec{r}')\cdot\overline{\overline{G}}(\vec{r},\vec{r}')+\hat{n}\times\vec{E}_{\mathrm{int}}(\vec{r}')\cdot\nabla\times\overline{\overline{G}}(\vec{r},\vec{r}')\right] \tag{3.99}$$

将式(3.94)和式(3.95)应用于式(3.99),我们得到:

$$\begin{bmatrix} a_{mn} \\ b_{mn} \end{bmatrix}=[B]\begin{bmatrix} c_{mn} \\ d_{mn} \end{bmatrix} \tag{3.100}$$

由式(3.98)解出(c_{mn},d_{mn})并代入式(3.100),可得:

$$\begin{bmatrix} a_{mn} \\ b_{mn} \end{bmatrix}=[B][A]^{-1}\begin{bmatrix} e_{mn} \\ f_{mn} \end{bmatrix}=[T]\begin{bmatrix} e_{mn} \\ f_{mn} \end{bmatrix} \tag{3.101}$$

其中,$[T]=[B][A]^{-1}$是转换矩阵,它联系着散射波场的系数和入射波场的系数,被称为 T 矩阵,该方法称为 T 矩阵理论。一旦系数(a_{mn},b_{mn})已知,则散射波场和散射振幅/矩阵就能解出。

图 3.20 展示了不同频段下用 T 矩阵方法计算的扁球体雨滴的后向散射振幅,左列为振幅大小,右列为相位,并与瑞利散射近似的结果进行对比。

计算中温度设为 10℃。在 S 波段,T 矩阵计算的振幅与瑞利散射近似的结果符合得很好,直到雨滴直径增长到 6 mm。散射振幅的相位是很小的。在 C 波段,相反,T 矩阵计算结果和瑞利散射近似的结果在雨滴直径约为 3 mm 时就开始有差异,因为 C 波段的电尺寸(ka)是 S 波段的两倍。T 矩阵计算揭示了散射振幅的共振效应和相位变化。在 X 波段,由于波长变得更短,共振效应和散射位相出现在更小的直径上,约为 2 mm;瑞利散射近似对中等大小的雨滴也开始无效。前向散射振幅具有相似的特征;有兴趣的读者可以下载 T 矩阵计算结果并且比较它们的细节。

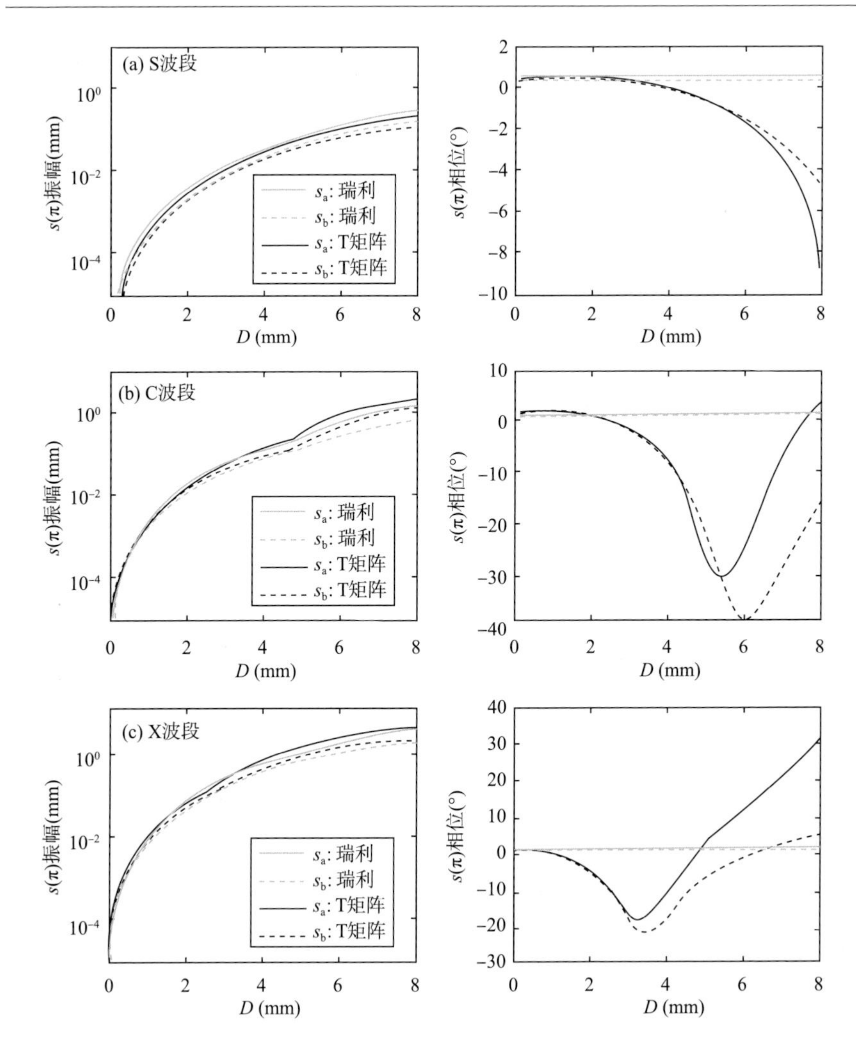

图 3.20　S 波段(a)、C 波段(b)和 X 波段(c)散射振幅的大小及相位随雨滴大小变化的函数

图 3.21 总结了图 3.20 的结论。图中给出了归一化后向散射截面(图 3.21a)、后向散射振幅比的平方(图 3.21b)、后向散射相位差异(图 3.21c)、前向散射振幅差的实部(图 3.21d)。第 4 章将进行说明,对于单一尺寸的雨滴谱,归一化后向散射截面和振幅比的平方分别是反射因子和差分反射率。在 C 波段振幅比的图中有一个峰值,是由共振效应产生的。一般来说,散射振幅的相位差异随着雨滴大小或者频率的增加而增加。相位差是引起双偏振之间的信号去相关(ρ_{hv})的一个主要因素。前向散射振幅的实部与差分传播相移(K_{DP})相联系。这些将在第 4 章中进行介绍。

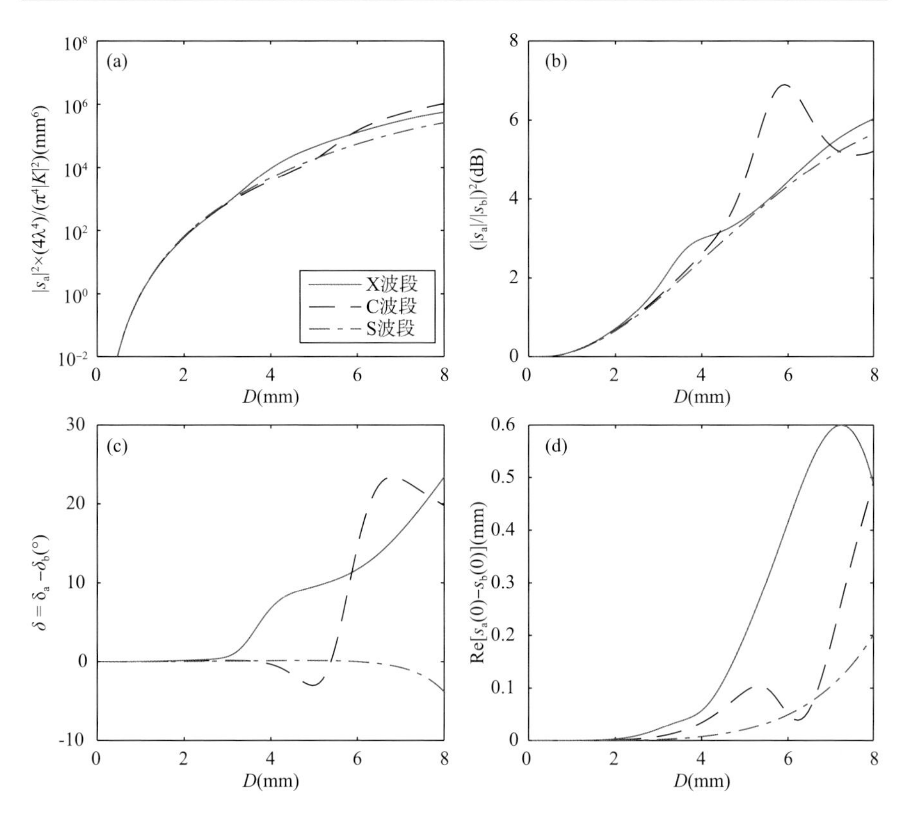

图 3.21　S,C,X 波段归一化后向散射截面(a)、后向散射振幅比的平方(b)、后向散射相位差(c)及前向散射振幅差的实部(d)随雨滴大小变化的函数

雪花和冰雹的后向散射振幅同样用 T 矩阵计算,结果如图 3.22 所示。雪花和冰雹均被假设成轴比 $\gamma=0.75$ 的扁球体,不同之处在于它们的密度,雪花的密度大致为 0.1 g·cm^{-3},冰雹的密度大致为 0.92 g·cm^{-3}。我们把干湿条件下的雪花和冰雹都进行计算。在湿润条件下,假设 20%的雪或冰雹融化。融化的冰雹被认为是水包裹着冰的粒子(两层)。在低频波段,根据 Maxwell-Garnett 公式可以证明,如果把水视为背景介质,水包裹着冰等效于冰水混合颗粒(见问题 3.4)。如图 3.22 所示,其左列展示了偏振方向在主轴和次轴方向的后向散射振幅的大小。干湿条件下散射振幅的主要差异很明显:干湿雪的振幅存在一个量级的差异。干雪的偏振在主次轴方向差异很小。为了更好地显示偏振差异,右侧包含了两个方向散射振幅平方比(单位:dB)。很明显,这一比值在湿雪条件下远大于干雪。

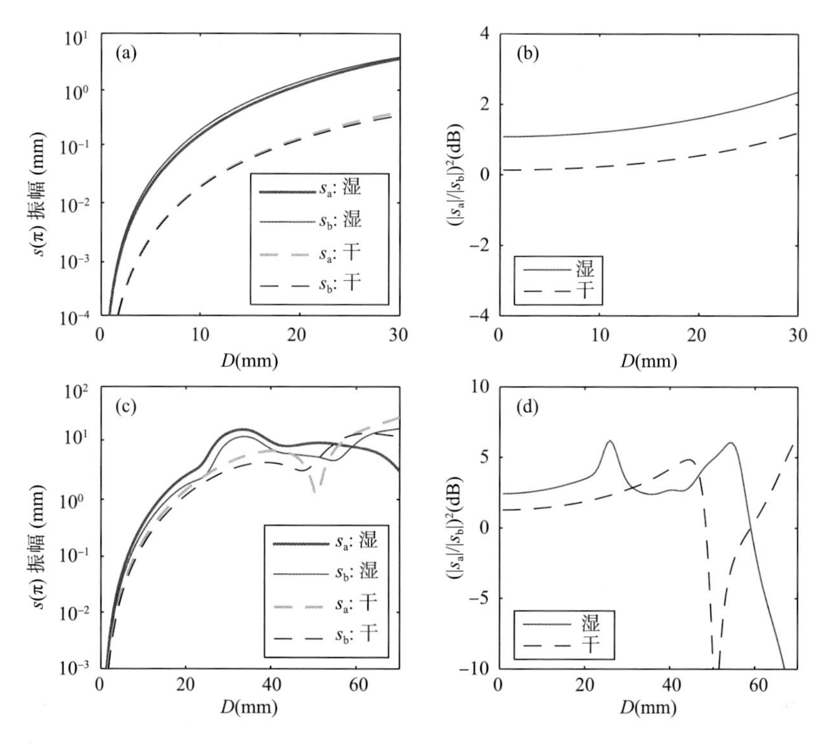

图 3.22　S 波段散射振幅大小(a,c)和比率(b,d)与雪(a,b)和冰雹(c,d)粒子大小的函数关系

冰雹的散射特征更加复杂。偏振振幅大小在两个方向上的差异更大，但是干湿条件之间的差异更小。在直径大于 2 cm 情况下冰雹的共振效应很明显，可能导致在主轴方向上的偏振后向散射振幅小于次轴方向。在更高频段上(C 波段和 X 波段)，这些差异更为显著。

3.5.4　散射计算的其他数值方法

除了 T 矩阵方法，散射计算还有其他数值方法可用。其中包括物理光学(Born et al,1999)、矩量法(Harrington,1968)、离散偶极近似法(Goodman et al,1991;Purcell et al,1973)。这些数值方法可以应用于计算不规则形状物体(如地形、植被、生物体)的波散射(Zhang,1998;Zhang et al,1996)。

3.6　任意取向的散射

扁球体主轴和次轴方向的偏振波散射振幅用 s_a 和 s_b 来表示(图 3.23)。然而,自然界的水凝物取向是随机的,它们的主次坐标轴与雷达偏振波的基准方向(通常是水平和垂直方向)并不一致。雨滴下落时主轴方向通常是水平方向,而冰雹坠落过程中会翻滚,导致其主轴可能是任意方向。因此,分析散射振幅的方向时需要考虑到任意取向。一般情况下,这样设计的散射模型需要借助电磁波边界条件来解决问题。但在特殊个例中,可通过下面介绍的简单方法来推导倾斜粒子电磁波散射。

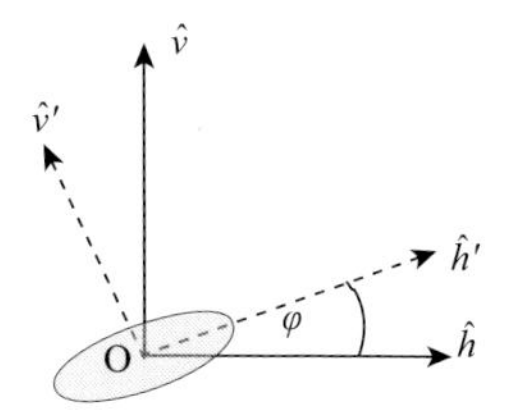

图 3.23　散射体倾斜于偏振平面时的散射坐标系定义(倾斜角度为 φ,$(\hat{h}',\hat{v}')$代表本体偏振坐标系的主次轴,$(\hat{h},\hat{v})$代表雷达的偏振坐标系)

3.6.1　散射公式的坐标系变换

当一个散射体以角度 φ 倾斜于偏振平面时,散射坐标系可以是局部(本体)偏振坐标系$(\hat{h}',\hat{v}')$(采用散射体模型的对称轴方向),也可以是全局(雷达)偏振坐标系$(\hat{h},\hat{v})$。如前所述,在局部偏振坐标系中,波的散射可被写为:

$$\begin{bmatrix} E'_{\mathrm{sh}} \\ E'_{\mathrm{sv}} \end{bmatrix} = \frac{\mathrm{e}^{-jkr}}{r}\begin{bmatrix} s_{\mathrm{a}} & 0 \\ 0 & s_{\mathrm{b}} \end{bmatrix}\begin{bmatrix} E'_{\mathrm{ih}} \\ E'_{\mathrm{iv}} \end{bmatrix} = \frac{e^{-jkr}}{r}\overline{\overline{S}}^{(\mathrm{b})}\overline{E}'_{\mathrm{i}} \tag{3.102}$$

这其中没有交叉偏振项,因为偏振坐标系就设计在散射体的对称轴上。

由于局部偏振坐标系可由全局坐标系旋转角度 φ 得到,于是两种偏振坐标系中波场的关系为:

$$\begin{bmatrix} E_{\mathrm{h}} \\ E_{\mathrm{v}} \end{bmatrix} = \begin{bmatrix} \cos\varphi & -\sin\varphi \\ \sin\varphi & \cos\varphi \end{bmatrix}\begin{bmatrix} E'_{\mathrm{h}} \\ E'_{\mathrm{v}} \end{bmatrix} = \overline{\overline{R}}(\varphi)\overline{E}' \tag{3.103}$$

用式(3.103)及式(3.102),可以得到全局偏振坐标系中散射波场的表达:

$$\overline{E}_{\mathrm{s}} = \overline{\overline{R}}(\varphi)\overline{E}'_{\mathrm{s}} = \frac{\mathrm{e}^{-jkr}}{r}\overline{\overline{R}}(\varphi)\,\overline{\overline{S}}^{(\mathrm{b})}\overline{E}'_{\mathrm{i}} = \frac{\mathrm{e}^{-jkr}}{r}\overline{\overline{R}}(\varphi)\,\overline{\overline{S}}^{(\mathrm{b})}\,\overline{\overline{R}}^{-1}(\varphi)\overline{E}_{\mathrm{i}} \equiv \frac{\mathrm{e}^{-jkr}}{r}\overline{\overline{S}}\overline{E}_{\mathrm{i}} \tag{3.104}$$

其中,

$$\overline{\overline{S}} = \overline{\overline{R}}(\varphi)\, \overline{\overline{S}}^{(b)}\, \overline{\overline{R}}^{-1}(\varphi) = \begin{bmatrix} s_a\cos^2\varphi + s_b\sin^2\varphi & (s_a - s_b)\sin\varphi\cos\varphi \\ (s_a - s_b)\sin\varphi\cos\varphi & s_a\sin^2\varphi + s_b\cos^2\varphi \end{bmatrix} \tag{3.105}$$

上式即为考虑倾斜角度的散射矩阵。

3.6.2　瑞利散射的一般表达形式

在瑞利近似中，任意方向的波散射可通过如下所述偶极子辐射的投影来描述。

如图 3.24 所示，散射体的主轴在其本体坐标系(x_b，y_b，z_b)中的 z_b 方向，该坐标系与全局坐标系(x，y，z)之间的旋转角为(θ_b，ϕ_b)，两个坐标系的关系为：

$$\begin{bmatrix} \hat{x}_b \\ \hat{y}_b \\ \hat{z}_b \end{bmatrix} = \begin{bmatrix} \cos\theta_b\cos\phi_b & \cos\theta_b\sin\phi_b & -\sin\theta_b \\ -\sin\phi_b & \cos\phi_b & 0 \\ \sin\theta_b\cos\phi_b & \sin\theta_b\sin\phi_b & \cos\theta_b \end{bmatrix} \begin{bmatrix} \hat{x} \\ \hat{y} \\ \hat{z} \end{bmatrix} \tag{3.106}$$

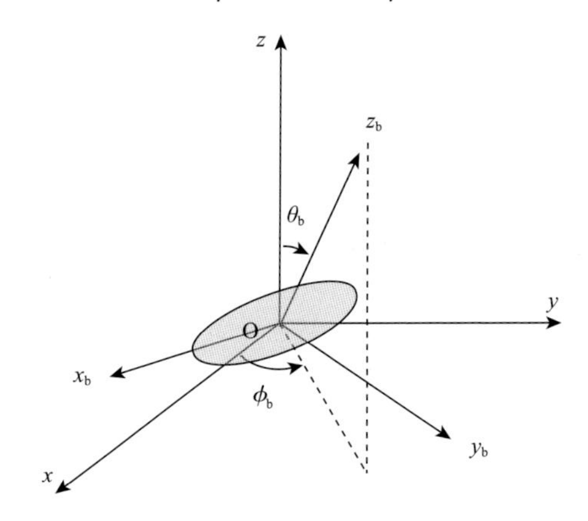

图 3.24　扁球形散射体的散射坐标系

((x,y,z)是全局坐标系，(x_b，y_b，z_b)是本体坐标系，(θ_b，φ_b)是两坐标系之间的旋转角)

根据瑞利散射近似，如式(3.81)～(3.84)所描述的，散射振幅可写为：

$$\vec{s}(\hat{k}_s,\hat{k}_i) = \frac{k^2}{4\pi\varepsilon_0}[\vec{p} - \hat{k}_s(\hat{k}_s \cdot \vec{p})] \tag{3.107}$$

散射体偏振矢量 $\vec{p}$ 在其本体坐标系中可写为：

$$\begin{bmatrix} p_x \\ p_y \\ p_z \end{bmatrix} = \begin{bmatrix} \alpha_x & 0 & 0 \\ 0 & \alpha_y & 0 \\ 0 & 0 & \alpha_z \end{bmatrix} \begin{bmatrix} E_{ix} \\ E_{iy} \\ E_{iz} \end{bmatrix} \tag{3.108}$$

其中，

$$\alpha_j = V\varepsilon_0 \frac{\varepsilon_r - 1}{1 + L_j(\varepsilon_r - 1)} \tag{3.109}$$

将散射振幅投影到上述坐标系中（水平和垂直方向），其中偏振方向 $(\hat{h}, \hat{v})$ 按式(3.38)定义，然后写成矩阵形式，便得到散射矩阵：

$$\overline{\overline{S}} = \frac{k^2}{4\pi\varepsilon_0} \overline{\overline{P}}_s \overline{\overline{\alpha}}^{(b)} \overline{\overline{P}}_i \tag{3.110}$$

其中，散射波场的投影矩阵为：

$$\overline{\overline{P}}_s = \begin{bmatrix} \hat{h}_s \cdot \hat{x}_b & \hat{h}_s \cdot \hat{y}_b & \hat{h}_s \cdot \hat{z}_b \\ \hat{v}_s \cdot \hat{x}_b & \hat{v}_s \cdot \hat{y}_b & \hat{v}_s \cdot \hat{z}_b \end{bmatrix} \tag{3.111}$$

入射波场的投影矩阵为：

$$\overline{\overline{P}}_i = \begin{bmatrix} \hat{h}_i \cdot \hat{x}_b & \hat{v}_i \cdot \hat{x}_b \\ \hat{h}_i \cdot \hat{y}_b & \hat{v}_i \cdot \hat{y}_b \\ \hat{h}_i \cdot \hat{z}_b & \hat{v}_i \cdot \hat{z}_b \end{bmatrix} \tag{3.112}$$

散射矩阵各分量可写为：

$$s_{hh} = \frac{k^2}{4\pi\varepsilon_0}[\alpha_x(\hat{h}_s \cdot \hat{x}_b)(\hat{h}_i \cdot \hat{x}_b) + \alpha_y(\hat{h}_s \cdot \hat{y}_b)(\hat{h}_i \cdot \hat{y}_b) + \alpha_z(\hat{h}_s \cdot \hat{z}_b)(\hat{h}_i \cdot \hat{z}_b)] \tag{3.113}$$

$$s_{hv} = \frac{k^2}{4\pi\varepsilon_0}[\alpha_x(\hat{h}_s \cdot \hat{x}_b)(\hat{v}_i \cdot \hat{x}_b) + \alpha_y(\hat{h}_s \cdot \hat{y}_b)(\hat{v}_i \cdot \hat{y}_b) + \alpha_z(\hat{h}_s \cdot \hat{z}_b)(\hat{v}_i \cdot \hat{z}_b)] \tag{3.114}$$

$$s_{vh} = \frac{k^2}{4\pi\varepsilon_0}[\alpha_x(\hat{v}_s \cdot \hat{x}_b)(\hat{h}_i \cdot \hat{x}_b) + \alpha_y(\hat{v}_s \cdot \hat{y}_b)(\hat{h}_i \cdot \hat{y}_b) + \alpha_z(\hat{v}_s \cdot \hat{z}_b)(\hat{h}_i \cdot \hat{z}_b)] \tag{3.115}$$

$$s_{vv} = \frac{k^2}{4\pi\varepsilon_0}[\alpha_x(\hat{v}_s \cdot \hat{x}_b)(\hat{v}_i \cdot \hat{x}_b) + \alpha_y(\hat{v}_s \cdot \hat{y}_b)(\hat{v}_i \cdot \hat{y}_b) + \alpha_z(\hat{v}_s \cdot \hat{z}_b)(\hat{v}_i \cdot \hat{z}_b)] \tag{3.116}$$

3.6.3　扁球体的后向散射矩阵

对于扁球体特例，其 $\alpha_x = \alpha_y = \alpha_a$，$\alpha_z = \alpha_b$。为了简化水平入射电磁波后向散射矩阵公式，即式(3.113)～(3.116)的表达形式，令 $\theta_i = \pi/2$，$\phi_i = \pi$，$\theta_s = \pi/2$，$\phi_s = 0$；得到：

$$\hat{h}_i = -\hat{y}, \quad \hat{v}_i = \hat{z} \tag{3.117}$$

$$\hat{h}_s = \hat{y}, \quad \hat{v}_s = \hat{z} \tag{3.118}$$

由式(3.106)可得本体坐标系中坐标分量如下：

$$\hat{x}_b = \cos\theta_b\cos\phi_b\hat{x} + \cos\theta_b\sin\phi_b\hat{y} - \sin\theta_b\hat{z} \tag{3.119}$$

$$\hat{y}_b = -\sin\phi_b\hat{x} + \cos\phi_b\hat{y} \tag{3.120}$$

$$\hat{z}_b = \sin\theta_b\cos\phi_b\hat{x} + \sin\theta_b\sin\phi_b\hat{y} + \cos\theta_b\hat{z} \tag{3.121}$$

将式(3.117)～(3.121)代入式(3.113)～(3.116)，得到散射矩阵的各分量如下：

$$s_{hh} = -(s_a(\cos^2\theta_b\sin^2\phi_b + \cos^2\phi_b) + s_b\sin^2\theta_b\sin^2\phi_b) \tag{3.122}$$

$$s_{hv} = -s_{vh} = -(s_a - s_b)\sin\theta_b\cos\theta_b\sin\phi_b \tag{3.123}$$

$$s_{vv} = s_a(\sin^2\theta_b + \cos^2\phi_b) + s_b\cos^2\theta_b \tag{3.124}$$

3.6.4 前向散射标基与后向散射标基

目前为止，我们以散射体中心位置为坐标系原点，以$(\hat{h}_i,\hat{v}_i,\hat{k}_i)$及$(\hat{h}_s,\hat{v}_s,\hat{k}_s)$为坐标系分量来描述问题，这为散射的理论计算提供了方便。然而，在单站雷达应用中，由于偏振和波矢采用的坐标系之间需要转换，如图3.25所示，采用之前的坐标系定义对理论计算并不方便(Bringi et al,2001; Ulaby et al,1990)。这个转换称为前向散射标基(FSA:$(\hat{h}_s,\hat{v}_s,\hat{k}_s)$)。

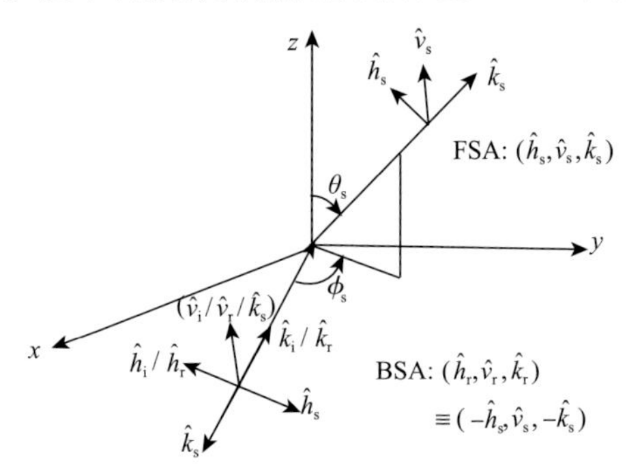

图3.25　前向散射标基(FAS)和后向散射标基(BSA)的坐标系转换示意图

在前向散射标基下，后向时$\hat{h}_s$和$\hat{k}_s$的方向都和入射波的方向相反。为了避免转换的繁琐，直接采用一组基于雷达的参考坐标矢量，$(\hat{h}_r,\hat{v}_r,\hat{k}_r)=(-\hat{h}_s,\hat{v}_s,-\hat{k}_s)$。而对于后向散射，$(\hat{h}_r,\hat{v}_r,\hat{k}_r)=(\hat{h}_i,\hat{v}_i,\hat{k}_i)$，称之为后向散射标基(BSA)。因此，前向散射取向与后向散射标基中的散射矩阵的关系为：

$$\begin{bmatrix} s_{hh} & s_{hv} \\ s_{vh} & s_{vv} \end{bmatrix}_B = \begin{bmatrix} -1 & 0 \\ 0 & 1 \end{bmatrix}_B \begin{bmatrix} s_{hh} & s_{hv} \\ s_{vh} & s_{vv} \end{bmatrix} = \begin{bmatrix} -s_{hh} & -s_{hv} \\ s_{vh} & s_{vv} \end{bmatrix} \tag{3.125}$$

将式(3.122)～(3.124)代入式(3.125)可以得到：

$$\bar{\bar{S}}_B = \begin{bmatrix} s_a(\cos^2\theta_b\sin^2\phi_b + \cos^2\phi_b) + s_b\sin^2\theta_b\sin^2\phi_b & (s_a - s_b)\sin\theta_b\cos\theta_b\sin\phi_b \\ (s_a - s_b)\sin\theta_b\cos\theta_b\sin\phi_b & s_a(\sin^2\theta_b + \cos^2\phi_b) + s_b\cos^2\theta_b \end{bmatrix} \tag{3.126}$$

有两种特别的散射体朝向值得一提。如果散射体的倾斜朝向在(y-z)偏振面内，即 $\phi_b=\pi/2$。令偏振面内的倾斜角度 $\theta_b\equiv\varphi$，则式(3.126)简化为：

$$\overline{\overline{S}}_B=\begin{bmatrix} s_a\cos^2\varphi+s_b\sin^2\varphi & (s_a-s_b)\sin\varphi\cos\varphi \\ (s_a-s_b)\sin\varphi\cos\varphi & s_a\sin^2\varphi+s_b\cos^2\varphi \end{bmatrix} \tag{3.127}$$

这表明散射振幅与之前偏振方向在散射体主次轴方向时不同，垂直和水平散射振幅分量都发生改变，并且由于散射体朝向的倾斜，产生了交叉偏振项。这是理所当然的，因为垂直和水平方向的投影大小都与之前在主次轴方向时不同，散射体内部的电场不再与散射体对称轴一致，因此产生了交叉偏振项。图 3.26 描述了主偏振分量比值和交叉偏振分量比值。

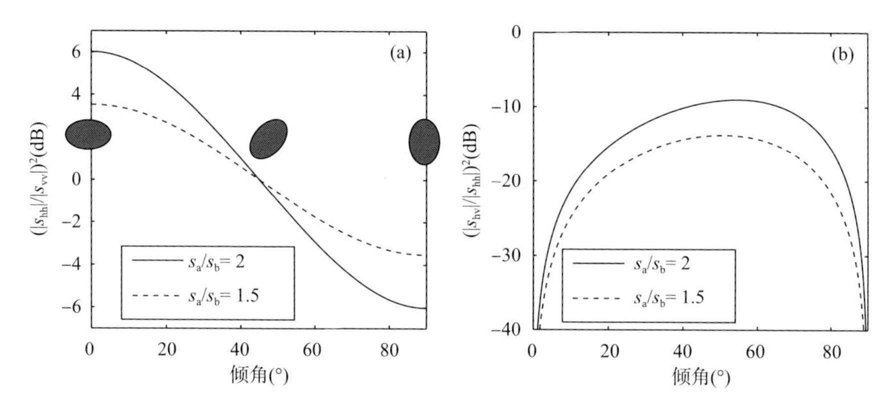

图 3.26　偏振分量比值与倾斜角度的变化关系

(a)主偏振比；(b)交叉偏振比

相反的，如果散射体的倾斜朝向在(z-x)散射平面内，即 $\phi_b=0$。令散射平面内的倾斜角度 $\theta_b\equiv\vartheta$，式(3.126)变成：

$$\overline{\overline{S}}_B=\begin{bmatrix} s_a & 0 \\ 0 & s_a\sin^2\vartheta+s_b\cos^2\vartheta \end{bmatrix} \tag{3.128}$$

此式的物理意义是，当散射体倾斜于散射面内时，水平方向不会改变，因此散射的水平偏振方向也就没有变化，也没有交叉偏振项。

3.6.5　任意取向扁球体的散射矩阵

在前一小节，我们已推导出形如式(3.126)或者式(3.127)和式(3.128)组合的任意取向散射体的散射矩阵。为了组合式(3.127)和式(3.128)，我们将式(3.127)中的 s_b 替换成式(3.128)中的 $s_a\sin^2\vartheta+s_b\cos^2\vartheta$。由于本书中我们使用的是后向散射标基，直接省略角标 B 得到：

$$
\overline{\overline{S}}=\begin{bmatrix} s_a\cos^2\varphi+(s_a\sin^2\vartheta+s_b\cos^2\vartheta)\sin^2\varphi & (s_a-s_b)\cos^2\vartheta\sin\varphi\cos\varphi \\ (s_a-s_b)\cos^2\vartheta\sin\varphi\cos\varphi & s_a\sin^2\varphi+(s_a\sin^2\theta+s_b\cos^2\vartheta)\cos^2\varphi \end{bmatrix}
$$

$$
=\begin{bmatrix} s_a(\cos^2\varphi+\sin^2\vartheta\sin^2\varphi)+s_b\cos^2\vartheta\sin^2\varphi & (s_a-s_b)\cos^2\vartheta\sin\varphi\cos\varphi \\ (s_a-s_b)\cos^2\vartheta\sin\varphi\cos\varphi & s_a(\sin^2\varphi+\sin^2\vartheta\cos^2\varphi)+s_b\cos^2\vartheta\cos^2\varphi \end{bmatrix}
$$

$$
\equiv\begin{bmatrix} As_a+Bs_b & (s_a-s_b)\sqrt{BC} \\ (s_a-s_b)\sqrt{BC} & Cs_b+Ds_a \end{bmatrix}\equiv\begin{bmatrix} s_{hh} & s_{hv} \\ s_{vh} & s_{vv} \end{bmatrix} \tag{3.129}
$$

其中,倾斜角度依赖以下因素:

$$
A = \cos^2\varphi+\sin^2\vartheta\sin^2\varphi \tag{3.130}
$$

$$
B = \cos^2\vartheta\sin^2\varphi \tag{3.131}
$$

$$
C = \cos^2\vartheta\cos^2\varphi \tag{3.132}
$$

$$
D = \sin^2\varphi+\sin^2\vartheta\cos^2\varphi \tag{3.133}
$$

一旦倾斜角度(ϑ,φ)已知,任意取向散射体的散射矩阵就能通过式(3.129)～(3.133)计算。然而实际上,水凝物是随机取向的,其倾斜角度(ϑ,φ)也应该被定义为随机变量,应该考虑的是它们的统计特征。这些将在第4章中介绍。

附录3A:光学定理(前向散射定理)的推导

考虑一平面波E_i射入一个粒子(如图3A.1所示),散射波记为E_s,则总电磁波场为:

$$
\vec{E}=\vec{E}_i+\vec{E}_s,\quad \vec{H}=\vec{H}_i+\vec{H}_s \tag{3A.1}
$$

总吸收功率为:

$$
P_a=-\oint_A\frac{1}{2}\mathrm{Re}(\vec{E}\times\vec{H}^*)\cdot d\vec{a} \tag{3A.2}
$$

将式(3A.1)代入式(3A.2)得到:

$$
\begin{aligned}
P_a &= -\oint_A\frac{1}{2}\mathrm{Re}[(\vec{E}_i+\vec{E}_s)\times(\vec{H}_i+\vec{H}_s)^*]\cdot d\vec{a} \\
&= -\oint_A\frac{1}{2}\mathrm{Re}(\vec{E}_i\times\vec{H}_i^*+\vec{E}_s\times\vec{H}_s^*+\vec{E}_i\times\vec{H}_s^*+\vec{E}_s\times\vec{H}_i^*)\cdot d\vec{a}
\end{aligned} \tag{3A.3}
$$

注意到$\vec{S}_i=\frac{1}{2}\mathrm{Re}(\vec{E}_i\times\vec{H}_i^*)$以及$\vec{S}_s=\frac{1}{2}\mathrm{Re}(\vec{E}_s\times\vec{H}_s^*)$，于是得到：

$$
\begin{aligned}
P_i &= \oint_A \vec{S}_i\cdot d\vec{a} = \frac{1}{2}\oint_A \mathrm{Re}(\vec{E}_i\times\vec{H}_i^*)\cdot d\vec{a} \\
&= \frac{1}{2\eta_0}|E_i|^2\oint_S \hat{k}_i\cdot d\vec{a} \\
&= \frac{1}{2\eta_0}|E_i|^2\int_0^{\pi}\int_0^{2\pi}\cos\theta\cdot r^2\sin\theta d\theta d\varphi = 0
\end{aligned}
\tag{3A.4}
$$

$$
P_s = \oint_A \vec{S}_s\cdot d\vec{a} = \frac{1}{2}\oint_A \mathrm{Re}(\vec{E}_s\times\vec{H}_s^*)\cdot d\vec{a} \tag{3A.5}
$$

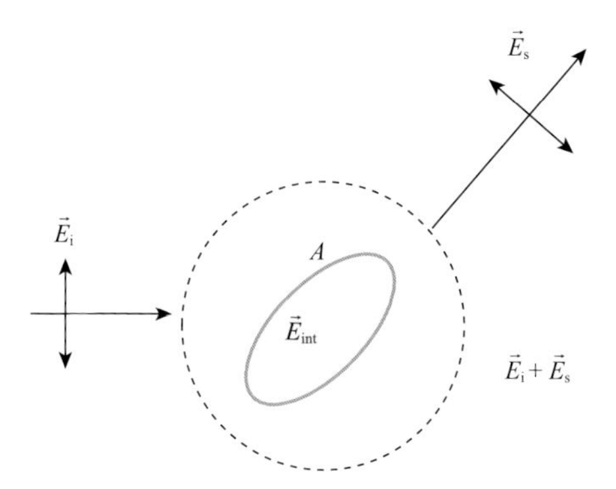

图 3A.1　非球形散射体的散射示意图

将式(3A.4)及式(3A.5)代入式(3A.3)得到：

$$
\begin{aligned}
P_a + P_s &= -\frac{1}{2}\oint_A \mathrm{Re}(\vec{E}_i\times\vec{H}_s^* + \vec{E}_s\times\vec{H}_i^*)\cdot d\vec{a} \\
&= -\frac{1}{2}\oint_A \mathrm{Re}(\vec{E}_i\times\vec{H}^* + \vec{E}\times\vec{H}_i^*)\cdot d\vec{a} \\
&= -\frac{1}{2}\oint_A \mathrm{Re}(\vec{E}_i^*\times\vec{H} + \vec{E}\times\vec{H}_i^*)\cdot d\vec{a} \\
&= -\frac{1}{2}\int_V \mathrm{Re}\,\nabla\cdot(\vec{E}_i^*\times\vec{H} + \vec{E}\times\vec{H}_i^*)\cdot dv
\end{aligned}
\tag{3A.6}
$$

由矢量公式：

$$
\nabla\cdot(\vec{A}\times\vec{B}) = \vec{B}\cdot\nabla\times\vec{A} - \vec{A}\cdot\nabla\times\vec{B} \tag{3A.7}
$$

得到：

$$\nabla\cdot(\vec{E}_i^*\times\vec{H}) = \vec{H}\cdot\nabla\times\vec{E}_i^* - \vec{E}_i^*\cdot\nabla\times\vec{H}$$
$$= \vec{H}\cdot(j\omega\mu_0\vec{H}_i)^* - \vec{E}_i^*\cdot(-j\omega\varepsilon\vec{E}) \tag{3A.8}$$
$$= -j\omega\mu_0\vec{H}\cdot\vec{H}_i^* + j\omega\varepsilon_r\varepsilon_0\vec{E}\cdot\vec{E}_i^*$$

$$\nabla\cdot(\vec{E}\times\vec{H}_i^*) = j\omega\mu_0\vec{H}\cdot\vec{H}_i^* - j\omega\varepsilon_0\vec{E}\cdot\vec{E}_i^* \tag{3A.9}$$

结合式(3A.8)和式(3A.9),取实部,得到:

$$\mathrm{Re}[\nabla\cdot(\vec{E}_i^*\times\vec{H}+\vec{E}\times\vec{H}_i^*)] = \mathrm{Re}[0-j\omega\varepsilon_0(\varepsilon_r-1)\vec{E}\cdot\vec{E}_i^*]$$
$$= -\mathrm{Im}[\omega\varepsilon_0(\varepsilon_r-1)\vec{E}\cdot\vec{E}_i^*] \tag{3A.10}$$

将式(3A.10)代入式(3A.6)得到:

$$P_a+P_s = \mathrm{Im}\int_V \frac{1}{2}\omega_0\varepsilon_0(\varepsilon_r-1)\vec{E}\cdot\vec{E}_i^*\cdot dv \tag{3A.11}$$

由式(2.20)(Ishimaru,1997)得,

$$\hat{e}_s s(\hat{k}_s,\hat{k}_i) = \frac{k^2}{4\pi E_0}\int_V[-\hat{k}_s\times\hat{k}_s\times\vec{E}(\vec{r})](\varepsilon_r-1)e^{-j\hat{k}_s\cdot\vec{r}}\cdot dv \tag{3A.12}$$

在前向散射时,式(3A.12)变为:

$$\hat{e}_i s(\hat{k}_i,\hat{k}_i) = \frac{k^2}{4\pi E_0}\int_V(\varepsilon_r-1)\vec{E}(\vec{r})\cdot dv$$

因此,

$$\int_V(\varepsilon_r-1)\vec{E}\cdot\vec{E}_i^*\cdot dv = \frac{4\pi|E_0|^2}{2k^2}s(\hat{k}_i,\hat{k}_i)\hat{e}_i\cdot\hat{e}_i \tag{3A.13}$$

将式(3A.13)代入式(3A.11)得到:

$$P_a+P_s = \frac{4\pi\omega\varepsilon_0|E_0|^2}{2k^2}\mathrm{Im}[s(\hat{k}_i,\hat{k}_i)]$$
$$= \frac{4\pi}{k}\frac{|E_0|^2}{2\eta_0}\mathrm{Im}[s(\hat{k}_i,\hat{k}_i)] \tag{3A.14}$$

$$P_t = S_i\sigma_t = S_i\frac{4\pi}{k}\mathrm{Im}[s(\hat{k}_i,\hat{k}_i)] \tag{3A.15}$$

因此,

$$\sigma_t = \frac{4\pi}{k}\mathrm{Im}[s(\hat{k}_i,\hat{k}_i)] \tag{3A.16}$$

附录 3B：球谐矢量波

假设球坐标系中标量波的特征解表示为：

$$\psi_{mn} = z_n(kr)P_n^m(\cos\theta)e^{jm\phi} \tag{3B.1}$$

其中，$z_n(kr)$取决于波是入射还是出射，是 4 个球面贝塞尔函数(j_n，y_n，$h_n^{(1)}$和$h_n^{(2)}$)之一。因为我们使用了时间依赖项 $e^{j\omega t}$，$z_n^{(1)}=j_n$ 代表入射波和内部波场，$z_n^{(4)}=h_n^{(2)}$代表散射波，则用 ψ_{mn} 表示的球谐矢量波写为：

$$\vec{M}_{mn} = \nabla\times(\psi_{mn}\vec{r}) \tag{3B.2}$$

$$\vec{N}_{mn} = \frac{1}{k}\nabla\times\vec{M}_{mn} \tag{3B.3}$$

习题

3.1　如本章所述，任一平面偏振波可表示为：

$$\vec{E}(x,t) = A_y\cos(\omega t - kx + \delta_1)\hat{y} + A_z\cos(\omega t - kx + \delta_2)\hat{z}$$

令 $A_y=A_z$，按下面列出的各种相位差，画出电场前端在(y-z)平面内的轨迹，并给出每种偏振的名称：

(1)$\delta_2-\delta_1=0$ 和 $\delta_2-\delta_1=\pi$

(2)$\delta_2-\delta_1=\pm\frac{\pi}{2}$

(3)$\delta_2-\delta_1=\pm\frac{\pi}{4}$

(4)$\delta_2-\delta_1=\pm\frac{3\pi}{4}$

另外，WSR-88D 偏振雷达最可能发射的是上述哪种偏振波呢？

3.2　使用提供的米散射理论截面数据(hw2p2.dat)，画出效率因子 Q 相对于粒径的函数。数据文件中的 4 列分别代表粒径(mm)、消光截面、散射截面、后向散射截面。已知相对介电常数是(41,41)，波长为 3 cm。用瑞利散射近似理论计算效率因子 Q，并和米散射理论计算的结果进行比较。此外，计算并展示两种散射理论下的反照率。讨论瑞利散射适用的区域并解释消光悖论。

3.3 假设扁球体形状的雨滴有如下轴比(多项式形式)：

$\gamma = b/a = 0.9951 + 0.0251D - 0.03644D^2 + 0.005303D^3 - 0.0002492D^4$

并假设相对介电常数为(80,17)，请完成如下内容。

(1)用瑞利散射近似理论，计算雨滴在S波段(2.8 GHz)的散射振幅，将其作为等效粒径的函数，在0.1～8 mm等效粒径范围内做图。利用提供的结果(hm4.dat，使用T矩阵方法严格计算)来验证你的计算。以实部和虚部以及大小和相位的形式展示两类结果的散射振幅，并解释它们之间的相似与不同。

(2)列出在计算中使用的公式，并讨论当介电常数数值替换为体积分数为10%的干雪时，散射振幅比$|s_a/s_b|$如何变化并进行解释。

3.4 证明分层球模型的极化率与利用Maxwell-Garnett公式使用外层介质为背景进行计算的混合球模型是一样的(Maxwell-Garnett公式在第2章已讨论)。分层球模型的极化率表达式为：

$$\alpha = V\varepsilon_0 \times 3\,\frac{(\varepsilon_2 - 1)(\varepsilon_1 + 2\varepsilon_2) + f_v(\varepsilon_1 - \varepsilon_2)(1 + 2\varepsilon_2)}{(\varepsilon_2 + 2)(\varepsilon_1 + 2\varepsilon_2) + f_v(2\varepsilon_2 - 2)(\varepsilon_1 - \varepsilon_2)}$$

其中，ε_1和ε_2分别代表球体内部和外表层的相对介电常数。体积分数为$f_v = a^3/a'^3$，a和a'分别代表球体内部和外层半径。用表达式$\alpha = V\varepsilon_0\,\dfrac{3(\varepsilon_e - 1)}{(\varepsilon_e + 2)}$作为混合球体的等效极化率，其中$\varepsilon_e$是混合球体的等效介电常数。

3.5 假设后向散射振幅在主、次轴上的分量分别是s_a和s_b。证明当散射体在偏振平面内的倾斜角度为φ时，后向散射矩阵在水平和垂直偏振坐标系内可表示为：

$$\begin{bmatrix} s_{hh} & s_{hv} \\ s_{vh} & s_{vv} \end{bmatrix}_B = \begin{bmatrix} s_a\cos^2\varphi + s_b\sin^2\varphi & (s_a - s_b)\sin\varphi\cos\varphi \\ (s_a - s_b)\sin\varphi\cos\varphi & s_a\sin^2\varphi + s_b\cos^2\varphi \end{bmatrix}$$

第 4 章　云和降水中的散射和传播

富含水凝物粒子的云和降水对雷达电磁波的散射和传播是雷达探测天气的基础。水凝物的散射波被偏振雷达观测后不仅能获得诸如雷达反射率、多普勒速度和频谱宽度等多普勒雷达观测，而且能够得到差分反射率、线性退偏比、共偏相关系数、共一交偏振相关系数等偏振雷达变量。同时偏振雷达观测也能反映出水凝物在雷达波传播路径上引起的衰减、相位延迟、波的去极化（传播退偏振）等现象。总而言之，气象雷达回波的散射和传播特性不仅取决于云水气象特征，而且和雷达发射波的特性（诸如频率和偏振方式）密切相关。因此，对雷达回波的统计特征以及偏振雷达变量和水凝物微观物理特性和统计特性之间联系的了解非常重要。本章涉及雷达波在云和降水中的散射和传播，描述了散射模型的概念、相干和非相干散射、相干波传播、波的统计特征和偏振雷达变量等相关知识。

4.1　散射模型

在云和雨团中的水凝物粒子是随机分布的，它们的位置和取向随着时间也发生着随机的变化。由于雷达回波是雷达分辨体积内所有水凝物粒子的散射波的合成，而水凝物是随机运动的，因此，雷达回波信号具有随机性，云和雨团也可以被看作是随机介质。随机介质和雷达信号的随机性取决于水凝物的分布特征、雷达采样间隔中粒子的随机运动距离以及雷达波长。因为气象雷达探测时用的是时间采样（脉冲到脉冲），如果在单个采样周期内，随机介质（云和雨团）中粒子的运动远远小于半波长，这个随机性便可以忽略。如果粒子运动略小于半波长则雷达回波可以认为是部分随机。而粒子运动大于半波长就意味着雷达回波是完全随机。为了研究雷达回波的随机统计特征，需要建立一些散射模型来描述散射过程（Ishimaru，1978，1997）。

图 4.1 在云和降水中的波散射可以用 3 个物理模型描述：单次散射、一

级多重散射和多重散射。图 4.1 给出了这 3 种类型的模型概况。

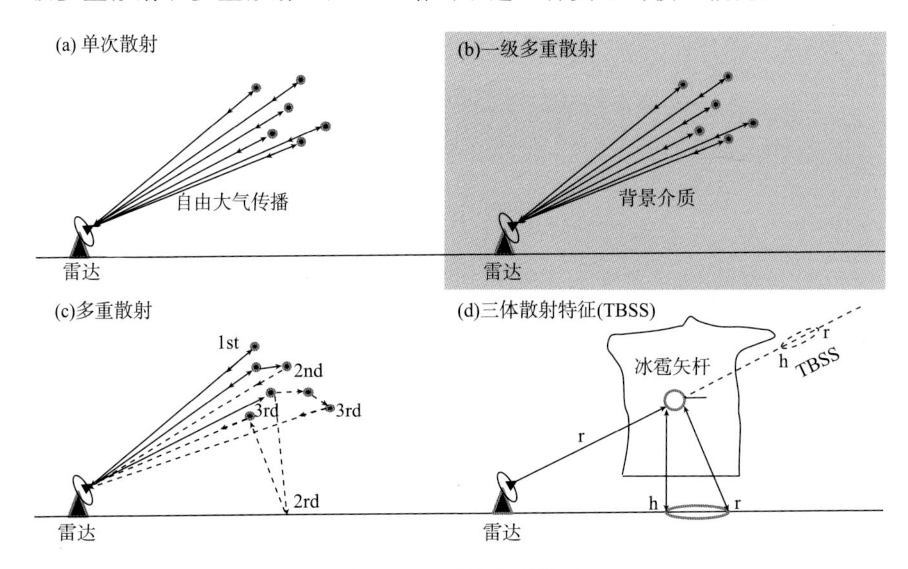

图 4.1　三种波散射模型

(a)单次散射;(b)一级多重散射;(c)多重散射,包含了一次、二次和三次散射路径,分别用实线、点虚线和虚线表示;(d)作为多重散射例子的三体散射特征(TBSS)的概念图

对于单次散射的情况,雷达回波在到达接收机前只被散射了一次,并且波是在确定介质中传播的,例如,在散射前后都没有水凝物粒子和湍流的晴空大气。一级多重散射模型同样假设波在到达接收器前只被散射了一次,但是雷达波是在含有散射粒子的介质中传播,如在云与降雨中传播,而不是自由空间。因此在这种情况下,需要用等效波数来描述波在这种等效介质中的传播,从而考虑衰减、相位延迟和退偏振效应。在图 4.1b 中的灰色背景代表了在传播过程中含有散射作用的等效介质。

对于多重散射模型,雷达回波在到达接收机之前被散射了两次、三次或者更多次,而不仅仅是一次。一次、二次、三次散射分别在图 4.1c 中用实线、虚线、虚点线表示。在气象雷达中多重散射最典型的例子就是三体散射特征(three-body scattering signature,TBSS)。在三体散射特征里,雷达波首先被水凝物粒子散射到地面,然后反射回水凝物,最后散射回雷达。当冰雹产生时,由于三体散射特征的发生,雷达回波图上常常呈现类似钉状从强回波区沿径向伸展的异常回波(Zrnić et al,2010b)。这是由于地面反射冰雹的强散射产生的时间延迟造成的。为了避免对气象雷达数据的误用,这种异常回波需要被有效地识别和清除(Mahale et al,2014)。偏振雷达具有识别这种三体散射特征的能力，这点将在第 6 章有关基于偏振雷达数据的回波分类中讲述。

总体来说，单次散射模型可以被应用到光疏介质中（被散射影响的体积占比小于 1%；Ishimaru，1978，1997）。这种情况下，传播中的衰减效应（衰减积分 $\int_0^r n\sigma_t(\ell)\mathrm{d}\ell \ll 1$，将在 4.3 节中讨论）和相位偏移可以被忽略。这种散射模型可以用来分析较长波段的气象雷达资料（比如 S 波段或者更长波段雷达对小雨的观测）。一级多重散射模型被应用到光疏介质，但此时介质的光衰减效应较大（$\int_0^r n\sigma_t(\ell)\mathrm{d}\ell \sim 1$ 或 > 1）的情况。这个模型考虑了传播效应，因此适用于绝大多数气象雷达的观测分析，特别是 C 波段和 X 波段雷达。多重散射模型是一个严格的模型，它考虑了散射以及散射体之间的相互作用，一般适用于较为光密（被散射影响的体积占比大于 1%）的介质，如植被或者积雪，以及三体散射特征现象和 W-波段的云雷达观测（Battaglia et al，2014）。在以下的章节里面，我们将重点介绍单次散射、一级多重散射以及他们在偏振天气雷达中的应用。

4.2　单次散射

前面提过，在单次散射模型中，雷达回波在到达雷达接收机之前只被散射了一次。为方便起见，我们先用一个标量波（此刻忽略偏振效应）给出散射概念，然后再扩展到矢量波来阐述偏振的理论。因为我们对粒子的前向散射和后向散射都感兴趣，为了得到普遍性的结论，我们在下面的讨论中假定是双站雷达散射的一般情况。

4.2.1　相干叠加近似

如图 4.2 中所示，平面波 E_i 在 $\hat{k}_i$ 的方向传播，并且入射到了一团粒子上。它只被散射了一次，随后散射波被雷达接收到。假设入射波是单位平面波，波场用下式表示：

$$E_i = E_0 e^{-j\vec{k}_i \cdot \vec{r}} \tag{4.1}$$

在图 4.2 中，第 l 个粒子的散射波可以表示为：

$$E_{sl} = \frac{e^{-jk|\vec{r}_0 - \vec{r}_l|}}{|\vec{r}_0 - \vec{r}_l|} E_0 s_l(\hat{k}_s, \hat{k}_i) e^{-j\vec{k}_i \cdot \vec{r}_l} \tag{4.2}$$

在远场近似 $r_0 \gg r_l$ 中，我们得到 $|\vec{r}_0-\vec{r}_l| \approx r_0-\hat{k}_s \cdot \vec{r}_l$，因此式(4.2)变成：

$$E_{sl} \approx \frac{e^{-jkr_0}}{r_0} E_0 e^{-j(\vec{k}_i-\vec{k}_s)\cdot\vec{r}_l} s_l(\hat{k}_s,\hat{k}_i) = \frac{e^{-jkr_0}}{r_0} E_0 e^{-j\vec{k}_d\cdot\vec{r}_l} s_l(\hat{k}_s,\hat{k}_i) \quad (4.3)$$

这里 $\vec{k}_d=\vec{k}_i-\vec{k}_s=2k\sin(\Theta/2)\hat{k}_d$，在后向散射方向是 $\vec{k}_d=2k\hat{k}_i$。$\vec{k}_d \cdot \vec{r}_l$ 是相对于原始相位的额外偏移，由位矢 $\vec{r}_l$ 在入射方向和散射方向上投影的差异造成，如图4.2b中的红色线段所示。总的散射场是单个粒子散射场的合成，如下所示：

$$E_s = \sum_{l=1}^{N} E_{sl} \approx \frac{e^{-jkr_0}}{r_0} E_0 \sum_{l=1}^{N} s_l(\hat{k}_s,\hat{k}_i) e^{-j\vec{k}_d\cdot\vec{r}_l} \quad (4.4)$$

这个方法也被叫作相干叠加近似方法，因为散射波的相位是考虑了的，并且被相干地叠加起来。总体来说，由于水凝物位置和方向的随机性，式(4.4)所表示的总散射场是一个随机变量。为了描述一个随机变量，我们必须研究它的统计矩量和概率密度函数(PDF)。

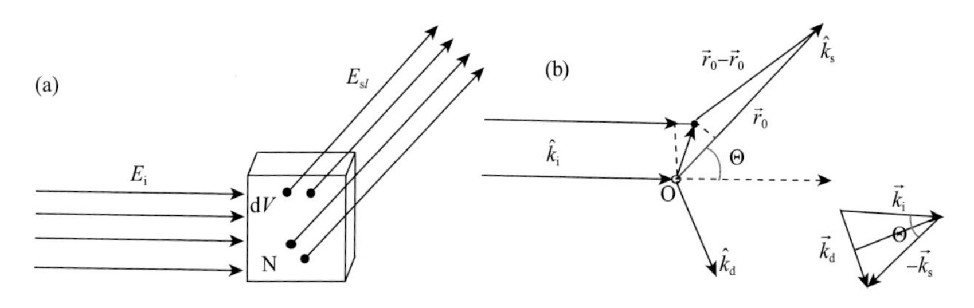

图 4.2 单次散射模型

(a)随机分布粒子的散射；(b)其中一个粒子的波散射系统

4.2.2 平均场

随机场的一阶矩量代表的是平均场，也被称为相干场。

$$\langle E_s \rangle = \sum_{l=1}^{N} \langle E_{sl} \rangle \approx \frac{e^{-jkr_0}}{r_0} E_0 \sum_{l=1}^{N} \langle s_l(\hat{k}_s,\hat{k}_i) e^{-j\vec{k}_d\cdot\vec{r}_l} \rangle$$
$$\rightarrow \begin{cases} 0 & (\hat{k}_s \neq \hat{k}_i) \\ \dfrac{e^{-jkr_0}}{r_0} E_0 \sum_{l=1}^{N} \langle s_l(\hat{k}_s,\hat{k}_i) \rangle & (\hat{k}_s = \hat{k}_i) \end{cases} \quad (4.5)$$

这里的三角括号 $\langle \cdots \rangle$ 表示集合平均，得出随机场的期望值。式(4.5)给出了相干场仅仅存在于前向，这是因为随机相位使其他方向上的散射波抵消。这意味着在云和降水的前向散射对衰减和相位偏移都有贡献(下一节将做介绍)。后向散射和双站散射分别生成了单站和双站雷达的回波。这就是为什么平均场很少被雷达气象领域重视,甚至在绝大多数情况下被忽略,以及为什么气象雷达也被叫作非相干散射雷达(因为相干的成分消失)的原因。然而,理解独立散射近似的条件非常重要。随机场的相位$\vec{k}_{\mathrm{d}}\cdot\vec{r}_l$均匀地在[0,2π]区间分布。这点可以通过随机场的二阶矩量来进一步理解:波强和相关函数。

4.2.3　波强和独立散射

平均场的(除了前向,其他方向的平均场均为 0)能量密度通量(S)和波的强度($I=|E|^2$)成正比,即 $S=\dfrac{I}{2\eta_0}$(式(3.43))。根据式(4.4),散射波强可得:

$$I_{\mathrm{s}}=|E_{\mathrm{s}}|^2=\sum_{l=1}^{N}E_{\mathrm{s}l}^{*}\sum_{m=1}^{N}E_{\mathrm{s}m}=\sum_{l=1}^{N}|E_{\mathrm{s}l}|^2+\sum_{l=1}^{N}\sum_{m\neq l}^{N}E_{\mathrm{s}l}^{*}E_{\mathrm{s}m}\qquad(4.6)$$

平均散射波强是:

$$\langle I_{\mathrm{s}}\rangle=\langle|E_{\mathrm{s}}|^2\rangle=\sum_{l=1}^{N}\langle|E_{\mathrm{s}l}|^2\rangle+\sum_{l=1}^{N}\sum_{m\neq l}^{N}\langle E_{\mathrm{s}l}^{*}E_{\mathrm{s}m}\rangle=I_{\mathrm{inc}}+I_{\mathrm{c}}\qquad(4.7)$$

这里第一项 $I_{\mathrm{inc}}=\sum_{l=1}^{N}\langle|E_{\mathrm{s}l}|^2\rangle=\sum_{l=1}^{N}\langle I_{\mathrm{s}l}\rangle$ 称作非相干波强,是单个粒子平均散射波强的总和。也就是说,

$$I_{\mathrm{inc}}=\frac{|E_0|^2}{r_0^2}\sum_{l=1}^{N}\langle|s_l(\hat{k}_{\mathrm{s}},\hat{k}_{\mathrm{i}})|^2\rangle=\frac{I_0}{r_0^2}N_{\mathrm{t}}\langle|s_l(\hat{k}_{\mathrm{s}},\hat{k}_{\mathrm{i}})|^2\rangle\equiv\frac{I_0}{r_0^2}\langle n|s_l(\hat{k}_{\mathrm{s}},\hat{k}_{\mathrm{i}})|^2\rangle\qquad(4.8)$$

这个式子给出了在独立散射的情况下散射截面被叠加到一起来得到雷达反射率。雷达反射率的值将在 4.2.6 节中的式(4.41)中给出。

式(4.7)中第二项(I_{c})代表了相关性对平均波强的贡献,因此也叫作相干散射。这部分内容已经在电磁和遥感领域中被充分研究(Ishimaru,1978,1997;Tsang et al,1985,1995;Zhang et al,1996),但是在雷达气象领域中只是近些年才得到了关注(Jameson et al,2010)。结合式(4.4),我们得到:

$$\begin{aligned}I_c&=\sum_{l=1}^{N}\sum_{m\neq l}^{N}\langle E_{\mathrm{s}l}^{*}E_{\mathrm{s}m}\rangle\\&=\frac{1}{r_0^2}\sum_{l=1}^{N}\sum_{m\neq l}^{N}\langle s_l^{*}(\hat{k}_{\mathrm{s}},\hat{k}_{\mathrm{i}})s_m(\hat{k}_{\mathrm{s}},\hat{k}_{\mathrm{i}})\mathrm{e}^{j\vec{k}_{\mathrm{d}}\cdot(\vec{r}_l-\vec{r}_m)}\rangle\xrightarrow{\mathrm{std}[\vec{k}_{\mathrm{d}}\cdot(\vec{r}_l-\vec{r}_m)]\geq\pi}0\end{aligned}\qquad(4.9)$$

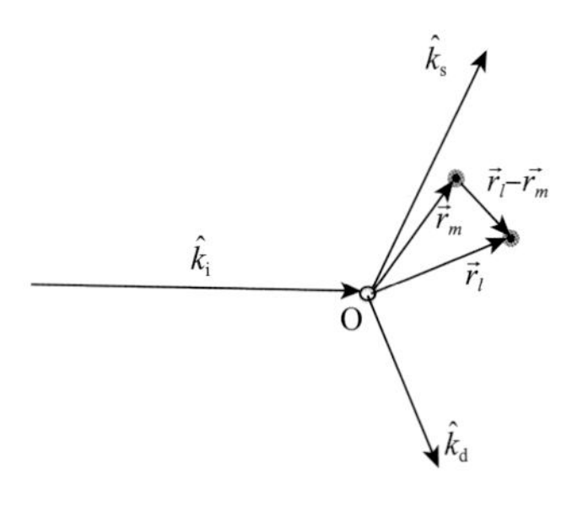

图 4.3 耦合效应在平均波强上作用的几何示意图

这里的相位项$\vec{k}_d \cdot (\vec{r}_l - \vec{r}_m)$代表 2 个粒子之间散射波路径的差异。该项是由于粒子间运动的相关性产生的,很显然,当相位均匀分布或者标准差大于 2π($\text{std}[\vec{k}_d \cdot (\vec{r}_l - \vec{r}_m)] > 2\pi$)时,这一项会被抵消。满足这个相位条件需要粒子能均匀分布或者群集在一起,并且它们的相对运动距离或者集群大小大于单站雷达的半波长。这个客观条件在雷达降水观测中的大部分情形下都能满足,因为雨滴数密度一般在1000 个 · m^{-3}的量级,雨滴的平均间距在 10 cm 左右,和波长量级相当。在这种情况下,平均总波强和非相干波强相等。因此,这种散射也被称作独立散射。如果雷达回波由单个散射体或者一群同步移动的散射体所主导,此时会发生相干散射。具体例子有飞机和地物反射等,这些将在下一章讨论。相干散射有时会发生在湍流波散射中,也就是由大气折射指数的随机起伏所导致的散射。这种散射也被称作布拉格(Bragg)散射(本书不再展开讨论,感兴趣的读者可以参考 Tatarskii(1971),Ishimaru(1978,1997),Gossard 等(1998)和 Zhang 等(1990)的书和文献)。

4.2.4 时间相关散射

在 4.2.3 节中,我们讨论了在独立散射近似情况下的平均波强(从而引出了在 4.2.6 节将讨论的雷达变量的定义)。但是我们没有提到不同时间接收到的散射波如何相关。时间相关散射在气象雷达中是非常重要的:①它使我们能够掌握水凝物粒子的动态(运动)信息;②它决定了独立样本的数目,这将直接关系到雷达观测的精度。为了研究时间相关性,我们来考察散射波的自相关函数。

$$R(\Delta t) = \langle E_s^*(t + \Delta t) E_s(t) \rangle \tag{4.10}$$

把式(4.4)代入式(4.10)中,应用独立散射近似,得到:

$$R(\Delta t) = \frac{1}{r_0^2} \sum_{l=1}^{N} \langle s_l^*(\hat{k}_s, \hat{k}_i) s_l(\hat{k}_s, \hat{k}_i) e^{j\vec{k}_d \cdot [\vec{r}_l(t+\Delta t) - \vec{r}_l(t)]} \rangle \tag{4.11}$$

粒子的随机位置可以表达成$\vec{r}_l(t) = \vec{r}_{l0} + \vec{v}t$,其中$\vec{r}_{l0}$是初始位置,$\vec{v}$是随机速度。因而,时间相关反射率变成:

$$R(\Delta t) = \frac{1}{r_0^2} \langle n | s_l(\hat{k}_s, \hat{k}_i) |^2 \rangle \langle e^{j\vec{k}_d \cdot \vec{v} \Delta t} \rangle \tag{4.12}$$

式中：$\langle n|s_l(\hat{k}_s,\hat{k}_i)|^2\rangle = \int |s(\hat{k}_s,\hat{k}_i;D)|^2 N(D)\mathrm{d}D$。考虑粒子速度为平均速度$\vec{v}_0$加上随机起伏$\vec{v}_1$，$\vec{v}=\vec{v}_0+\vec{v}_1$，投影$\vec{v}$到雷达径向$\vec{k}_d$。假设随机起伏的径向分量$v_{1r}=\vec{v}_1\cdot\hat{k}_d$满足高斯分布，即：

$$p(v_{1r}) = \frac{1}{\sqrt{2\pi}\sigma_v}\exp\left(-\frac{v_{1r}^2}{2\sigma_v^2}\right) \tag{4.13}$$

将式(4.13)代入式(4.12)中，由$\langle e^{jk_d v_1 \Delta t}\rangle = \int e^{jk_d v_1 \Delta t} p(v_1)\mathrm{d}v_1$，我们得到：

$$R(\Delta t) = \frac{1}{r_0^2}\langle n|s_l(\hat{k}_s,\hat{k}_i)|^2\rangle e^{-k_d^2\sigma_v^2\Delta t^2/2} e^{jk_d v_r \Delta t} \tag{4.14}$$

这里$v_r=\vec{v}_0\cdot\hat{k}_d$是多普勒速度，即平均速度$\vec{v}_0$在雷达径向的投影；$\sigma_v$是速度波动的标准方差，也称作谱宽。这两个变量可以由自相关函数估计得到：

$$v_r = \angle R(\Delta t)/(k_d\Delta t) \tag{4.15a}$$

$$\sigma_v = \{2\ln[|R(0)|/|R(\Delta t)|]\}^{1/2}/(k_d\Delta t) \tag{4.15b}$$

式(4.15a)和式(4.15b)构成了多普勒天气雷达的基础。下一小节将讨论雷达回波的概率密度函数(PDF)，偏振雷达变量将随之在4.2.6节中详细介绍。对雷达变量感兴趣的读者可以直接跳到4.2.6节。

4.2.5　散射波场的概率密度函数(PDF)

我们已经讨论了散射波(被视为随机变量)的一阶矩和二阶矩，并且已经了解了它的统计特征。对于随机场更为详尽的描述是它的概率密度函数(Ishimaru，1978，1997；Tsang et al，2000)，将在本节中讨论。

4.2.5.1　单偏振波

我们把复杂的散射波(式(4.4))写成了波幅A和相位ϕ的形式，或者实部X和虚部Y的形式。

$$E_s = Ae^{-j\phi} = X - jY \tag{4.16}$$

式中：$X=A\cos\phi$，$Y=A\sin\phi$。实部和虚部的形式代表了同步和正交的雷达信号。它们彼此正交并且相位相差$\pi/2$(2π周期的四分之一)。如式(4.4)所示，总散射波是许多散射粒子散射场的总和，其每个粒子可以被视作独立随机变量。如果没有主导的随机变量，中心极限定律所述的当$N\rightarrow\infty$时，不管随机变量如何分布，N个独立随机变量之和的概率分布是接近正态分布的(Papoulis，1991)。

从中心极限定律得到，可以认为总散射波满足正态(高斯)分布，即X

和 Y 是正态分布的。如式(4.4)所示，考虑到相位是由粒子的随机位置决定的，波幅 A 和散射幅度相关。可以合理地假设随机振幅 A 和相位 ϕ 相互独立，相位 ϕ 随机分布，它们的概率密度分布函数为：

$$p(A,\phi) = p(A)p(\phi) \tag{4.17a}$$

$$p(\phi) = \frac{1}{2\pi} \quad (-\pi < \phi < \pi) \tag{4.17b}$$

使用式(4.17)，我们可以得到 X 和 Y 的期望值：

$$\langle X \rangle = \langle A\cos\phi \rangle = \langle A \rangle \langle \cos\phi \rangle = 0 \tag{4.18a}$$

$$\langle Y \rangle = \langle A\sin\phi \rangle = \langle A \rangle \langle \sin\phi \rangle = 0 \tag{4.18b}$$

$$\langle XY \rangle = \langle A^2 \sin\phi\cos\phi \rangle = \langle A^2 \rangle \frac{1}{2} \langle \sin 2\phi \rangle = 0 \tag{4.18c}$$

$$\langle X^2 \rangle = \langle A^2 \cos^2 \phi \rangle = \langle A^2 \rangle \frac{1}{2} \langle 1 + \cos 2\phi \rangle = \frac{1}{2} \langle A^2 \rangle \equiv \sigma^2 = \langle Y^2 \rangle \tag{4.18d}$$

$$\langle I \rangle = \langle A^2 \rangle = \langle X^2 \rangle + \langle Y^2 \rangle = 2\sigma^2 \tag{4.18e}$$

因此，X 和 Y 的联合概率分布密度为：

$$p(X,Y) = \frac{1}{2\pi\sigma^2} \exp\left(-\frac{X^2 + Y^2}{2\sigma^2}\right) \tag{4.19}$$

使用 $\mathrm{d}X\mathrm{d}Y = A\mathrm{d}A\mathrm{d}\phi$ 进行转换，得到 $p(X,Y)\mathrm{d}X\mathrm{d}Y = p(X,Y)A\mathrm{d}A\mathrm{d}\phi = p(A,\phi)\mathrm{d}A\mathrm{d}\phi$。从式(4.17a)可以得到：

$$P(A) = p(X,Y)A/p(\phi) = \frac{A}{\sigma^2} \exp\left(-\frac{A^2}{2\sigma^2}\right) \tag{4.20}$$

从上式可以得到随机振幅 A 满足瑞利分布。图 4.4 中，PDF 分布 $p(X)$，$p(Y)$，$p(A)$ 和 $p(\phi)$ 与蒙特卡罗模拟相对比(见附录 4A)。图中给出了式(4.17)、(4.19)和式(4.20)的理论结果。很显然，模拟结果和理论结果能够很好地匹配。

进一步对随机波的分析可以通过计算它的统计矩量得到。振幅的第 n 阶矩为：

$$\langle A^n \rangle = \int_0^\infty A^n p(A)\mathrm{d}A = \int_0^\infty \frac{A^{n+1}}{\sigma^2} \exp\left(-\frac{A^2}{2\sigma^2}\right)\mathrm{d}A = (\sqrt{2}\sigma)^n \Gamma\left(\frac{n}{2} + 1\right) \tag{4.21}$$

这里式(4.21)中 $n=1$，它给出了振幅的平均值：

$$\langle A \rangle = (\sqrt{2}\sigma)^1 \Gamma\left(\frac{3}{2}\right) = \sqrt{\frac{\pi}{2}}\sigma \tag{4.22a}$$

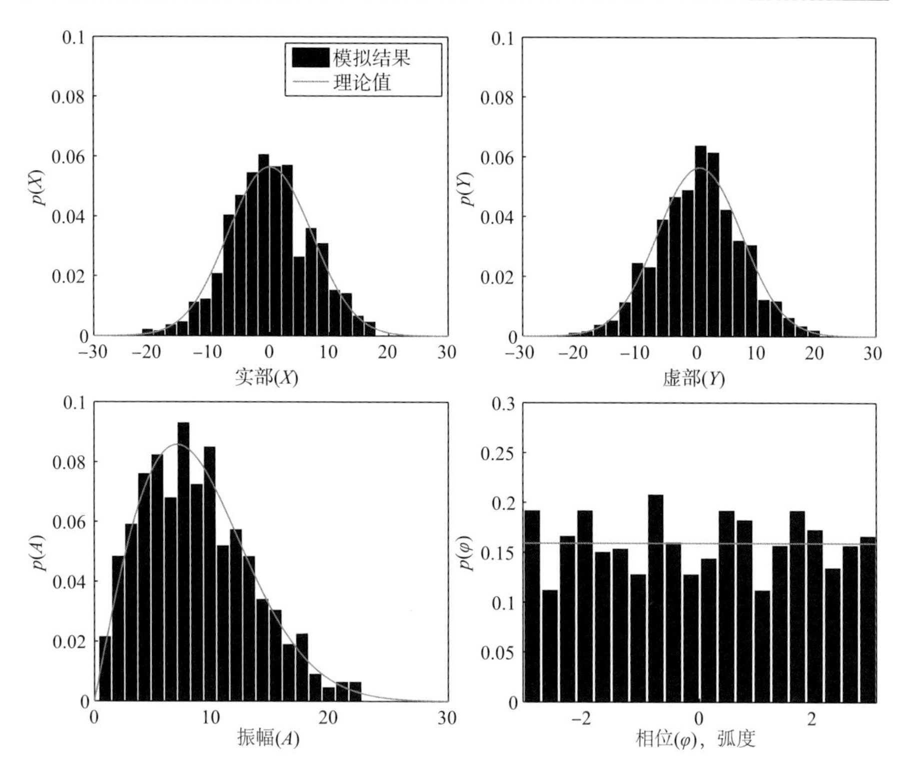

图 4.4　单偏振散射波的统计特征(模拟的结果和理论值较为一致)
(a)实部(X);(b)虚部(Y);(c)振幅;(d)相位

因此随机振幅的方差是：

$$\sigma_A^2 = \langle A^2 \rangle - \langle A \rangle^2 = \left(2 - \frac{\pi}{2}\right)\sigma^2 \tag{4.22b}$$

对于随机强度 $I = A^2$，我们得到 $p(I)\mathrm{d}I = p(A)\mathrm{d}A$(Papoulis,1991)。使用式(4.20)，我们得到波强的 PDF：

$$p(I) = \frac{p(A)}{\dfrac{\mathrm{d}I}{\mathrm{d}A}} = \frac{1}{2\sigma^2}\exp\left(-\frac{I}{2\sigma^2}\right) \tag{4.23}$$

其满足指数分布。波强的 N 阶矩可以写成：

$$\langle I^n \rangle = \int_0^\infty I^n p(I)\mathrm{d}I = \int_0^\infty I^n \frac{1}{2\sigma^2}\exp\left(-\frac{I}{2\sigma^2}\right)\mathrm{d}I = (2\sigma^2)^n n! = \langle I \rangle^n n! \tag{4.24}$$

平均强度从式(4.18e)中已知为 $\langle I \rangle = 2\sigma^2$，因此随机强度的方差如下：

$$\sigma_I^2 = \langle I^2 \rangle - \langle I \rangle^2 = 4\sigma^4 = \langle I \rangle^2 \tag{4.25}$$

式(4.25)给出了波强的标准方差和水凝物非独立散射的平均强度相等。这意味着如果只有一个独立样本，它的能量或者强度估计将会具有100%的相对误差。这就是为什么气象雷达使用脉冲序列采样的平均来估计雷达量。

4.2.5.2 双偏振波

对于偏振雷达理论，散射波可以具有任意方向的偏振，这需要2个状态量来表征(如3.1.4节中介绍)。假定用 E_h 和 E_v 分别代表水平偏振和垂直偏振部分，和式(4.16)中的表达类似，我们可以把一个场写成振幅和相位的形式或者实部和虚部的形式，如下：

$$E_h = A_h e^{-j\phi_h} = X_h - jY_h \tag{4.26a}$$

$$E_v = A_v e^{-j\phi_v} = X_v - jY_v \tag{4.26b}$$

因此 X_h, Y_h, X_v 和 Y_v 是随机变量。由于中心极限定理，它们都满足联合高斯分布。为方便起见，这4个随机变量在 Tsang 等(2000)中被组合成了一个向量形式：

$$\boldsymbol{Z} = [X_h, Y_h, X_v, Y_v] \tag{4.27}$$

协方差矩阵 $\boldsymbol{B}$ 具有 4×4 个元素，每个元素可以表达成：

$$B_{ij} = \langle Z_i Z_j \rangle \tag{4.28}$$

联合高斯分布可以写成如下形式(Papoulis，1991)：

$$p(X_h, Y_h, X_v, Y_v) = \frac{1}{\sqrt{(2\pi)^4 |\boldsymbol{B}|}} \exp\left(-\frac{1}{2}\boldsymbol{Z}\boldsymbol{B}^{-1}\boldsymbol{Z}^t\right) \tag{4.29}$$

式中：$|\boldsymbol{B}|$ 是行列式，上标“-1”表示求逆矩阵，t 表示转置矩阵。

从式(4.18a)～(4.18e)，我们得到：

$$\langle X_h \rangle = \langle Y_h \rangle = \langle X_v \rangle = \langle Y_v \rangle = 0 \tag{4.30a}$$

$$\langle X_h Y_h \rangle = \langle X_v Y_v \rangle = 0 \tag{4.30b}$$

$$\langle X_h^2 \rangle = \langle Y_h^2 \rangle = \frac{1}{2}\langle A_h^2 \rangle = \frac{1}{2}\langle I_h \rangle \tag{4.30c}$$

$$\langle X_v^2 \rangle = \langle Y_v^2 \rangle = \frac{1}{2}\langle A_v^2 \rangle = \frac{1}{2}\langle I_v \rangle \tag{4.30d}$$

注意到第3和第4个参数的定义：

$$\langle U \rangle = 2\mathrm{Re}\langle E_h^* E_v \rangle = 2\langle X_h X_v \rangle + 2\langle Y_h Y_v \rangle \tag{4.31a}$$

$$\langle V \rangle = 2\mathrm{Im}\langle E_h^* E_v \rangle = -2\langle X_h Y_v \rangle + 2\langle X_v Y_h \rangle \tag{4.31b}$$

我们得到：

$$\langle X_h X_v \rangle = \langle Y_h Y_v \rangle = \frac{1}{4}\langle U \rangle \tag{4.32a}$$

$$-\langle X_h Y_v \rangle = \langle X_v Y_h \rangle = \frac{1}{4}\langle V \rangle \tag{4.32b}$$

使用式(4.28),以及式(4.30)～(4.32),我们得到了协方差矩阵:

$$\boldsymbol{B} = \begin{bmatrix} \frac{1}{2}\langle I_h \rangle & 0 & \frac{1}{4}\langle U \rangle & -\frac{1}{4}\langle V \rangle \\ 0 & \frac{1}{2}\langle I_h \rangle & \frac{1}{4}\langle V \rangle & \frac{1}{4}\langle U \rangle \\ \frac{1}{4}\langle U \rangle & \frac{1}{4}\langle V \rangle & \frac{1}{2}\langle I_v \rangle & 0 \\ -\frac{1}{4}\langle V \rangle & \frac{1}{4}\langle U \rangle & 0 & \frac{1}{2}\langle I_v \rangle \end{bmatrix} \tag{4.33}$$

一旦协方差矩阵已知,它的行列式和逆矩阵就可以被求得:

$$|\boldsymbol{B}| = \left(\frac{1}{4}\langle I_h \rangle \langle I_v \rangle\right)^2 (1-\rho_{hv}^2)^2 \tag{4.34}$$

这里 $\rho_{hv} = \sqrt{\frac{\langle U \rangle^2 + \langle V \rangle^2}{4\langle I_h \rangle \langle I_v \rangle}} = \frac{|\langle E_h^* E_v \rangle|}{\sqrt{\langle I_h \rangle \langle I_v \rangle}}$是相关系数,并且,

$$\boldsymbol{B}^{-1} = \frac{4}{\langle I_h \rangle \langle I_h \rangle (1-\rho_{hv}^2)} \begin{bmatrix} \frac{1}{2}\langle I_h \rangle & 0 & -\frac{1}{4}\langle U \rangle & \frac{1}{4}\langle V \rangle \\ 0 & \frac{1}{2}\langle I_h \rangle & -\frac{1}{4}\langle V \rangle & -\frac{1}{4}\langle U \rangle \\ -\frac{1}{4}\langle U \rangle & -\frac{1}{4}\langle V \rangle & \frac{1}{2}\langle I_v \rangle & 0 \\ \frac{1}{4}\langle V \rangle & -\frac{1}{4}\langle U \rangle & 0 & \frac{1}{2}\langle I_v \rangle \end{bmatrix} \tag{4.35}$$

把式(4.34)和式(4.35)代入式(4.29),我们得到(X_h, Y_h, X_v, Y_v)的联合概率分布:

$$p(X_h, Y_h, X_v, Y_v) = \frac{1}{\langle I_h \rangle \langle I_h \rangle \pi^2 (1-\rho_{hv}^2)} \exp\left\{-\frac{2}{\langle I_h \rangle \langle I_h \rangle (1-\rho_{hv}^2)} \left[\frac{1}{2}\langle I_v \rangle (X_h^2 + Y_h^2) + \frac{1}{2}\langle I_h \rangle (X_v^2 + Y_v^2) - \frac{1}{2}\langle U \rangle (X_h X_v + Y_h Y_v) + \frac{1}{2}\langle V \rangle (X_v Y_h - X_h Y_v)\right]\right\} \tag{4.36}$$

使用概率分布函数的相关性,我们得到了振幅和相位$(A_h, \phi_h, A_v, \phi_v)$的

联合概率分布函数：

$$
\begin{aligned}
p(A_h,\phi_h,A_v,\phi_v) &= A_h A_v p(X_h,Y_h,X_v,Y_v) \\
&= \frac{A_h A_v}{\langle I_h\rangle\langle I_h\rangle\pi^2(1-\rho_{hv}^2)}\exp\left\{-\frac{2}{\langle I_h\rangle\langle I_h\rangle(1-\rho_{hv}^2)}\right. \\
&\quad \left[\frac{1}{2}\langle I_v\rangle A_h^2+\frac{1}{2}\langle I_h\rangle A_v^2-\frac{1}{2}\langle U\rangle A_h A_v\cos(\phi_h-\phi_v)\right. \\
&\quad \left.\left.-\frac{1}{2}\langle V\rangle A_h A_v\sin(\phi_h-\phi_v)\right]\right\}
\end{aligned}
\tag{4.37}
$$

对于随机相位(ϕ_h,ϕ_v)进行积分，我们得到了(A_h,A_v)振幅的联合概率分布如下：

$$
\begin{aligned}
p(A_h,A_v) = {} & \frac{4A_h A_v}{\langle I_h\rangle\langle I_v\rangle(1-\rho_{hv}^2)}J_0\left[\frac{2\rho_{hv}A_h A_v}{\sqrt{\langle I_h\rangle\langle I_v\rangle}(1-\rho_{hv}^2)}\right] \\
& \exp\left[\frac{\langle I_v\rangle A_h^2+\langle I_h\rangle A_v^2}{\langle I_h\rangle\langle I_v\rangle(1-\rho_{hv}^2)}\right]
\end{aligned}
\tag{4.38}
$$

这里 $J_0(\cdots)$ 是修正的 0 阶贝塞尔函数。振幅的联合概率密度分布(式(4.38))已经在图 4.5 中用蒙特卡罗模拟的方法加以验证。图 4.5a 是模拟结果，图 4.5b 是式(4.38)中联合概率密度函数的理论值。同样，理论和模拟结果很好地吻合，进一步证明了散射波高斯随机分布的假设对于气象雷达接收到的降水回波信号的合理性。

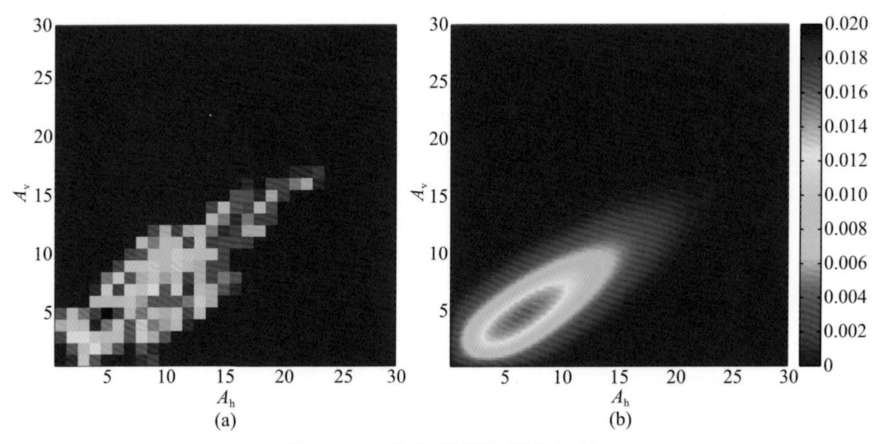

图 4.5　双偏振散射波场的统计

(a)散射波振幅联合密度函数的模拟结果 $p(A_h,A_v)$；(b)联合概率密度函数的理论值 $p(A_h,A_v)$

在式(4.37)对于(A_h, A_v)的积分得到了相位(ϕ_h, ϕ_v)的联合概率密度函数(PDF)，即：

$$p(\phi_h, \phi_v) = \frac{(1-\rho_{hv}^2)}{4\pi^2(1-\rho_d^2)}\left\{1 + \frac{\rho_d A_h A_v}{\sqrt{1-\rho_d^2}}\left[\frac{\pi}{2} + \tan^{-1}\left(\frac{\rho_d}{\sqrt{1-\rho_d^2}}\right)\right]\right\} \tag{4.39}$$

这里$\rho_d = \rho_{hv}\cos(\phi_d - \phi_{d0})$，其中相位差是$\phi_d = \phi_h - \phi_v$，相位差的均值是$\phi_{d0} = \tan^{-1}(\langle V\rangle/\langle U\rangle)$。相位差的波动和散射体的随机位置相联系，相位差的均值等于由散射产生的相位变化均值(δ)加上传播过程中在水平和垂直偏振方向产生的相位差(ϕ_{dp})。注意到联合密度分布仅仅和相位差有关，和单个相位变化无关。因此，相位差的一维PDF可以由二维联合概率密度函数在$(0, 2\pi)$区间的积分求得，得到：

$$p(\phi_d) = \frac{(1-\rho_{hv}^2)}{2\pi(1-\rho_d^2)}\left\{1 + \frac{\rho_d A_h A_v}{\sqrt{1-\rho_d^2}}\left[\frac{\pi}{2} + \tan^{-1}\left(\frac{\rho_d}{\sqrt{1-\rho_d^2}}\right)\right]\right\} \tag{4.40}$$

由图4.6a所示，相位差的分布取决于2个正交场分量的相关程度：水平和垂直偏振方向的分量相关程度越高，则相位差的分布越窄。通常来说，雷达两个偏振通道上的天气信号具有高度相关，但是杂波并不具有相关性，如图4.6b所示。这个特性可以用来区分天气回波和杂波的干扰(Zrnić et al, 2006)。

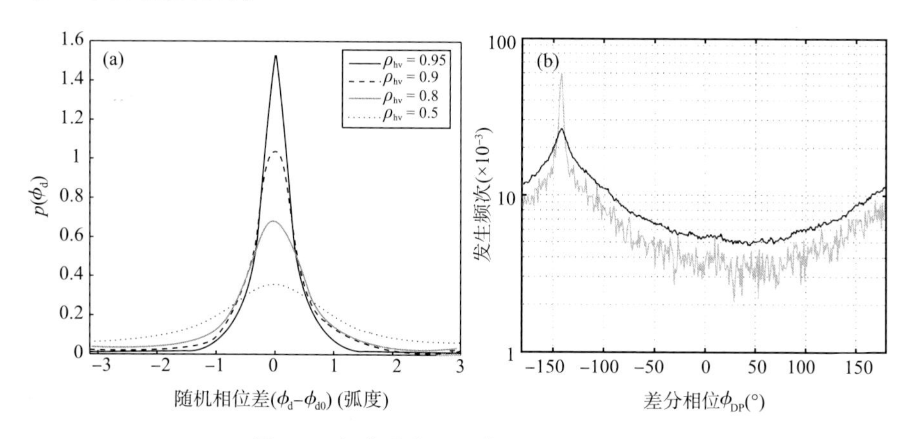

图4.6　相位分布对于信号相关的依赖性

(a)式(4.40)计算得到的理论结果；(b)KOUN雷达观测(引自(Zrnić et al, 2006))

4.2.6　偏振雷达变量

散射波的理论和统计特征已在前两小节介绍，结果表明，独立散射近似模型对于雷达观测降水是适用的。在这种情形下，雷达接收波的功率通量密度和散射波的平均强度成正比。散射波的平均强度是所有单个粒子散射波强度的总和（如式(4.8)所示），一般称作雷达反射率 η，物理意义上也就是散射体单位体元上后向散射截面的总和。考虑到粒子谱分布，雷达反射率可以写成如下形式：

$$\eta = 4\pi\langle n\sigma_{\mathrm{d}}(-\hat{k}_{\mathrm{i}},\hat{k}_{\mathrm{i}})\rangle = 4\pi\langle n|s(-\hat{k}_{\mathrm{i}},\hat{k}_{\mathrm{i}})|^{2}\rangle = 4\pi\langle n|s(\pi)|^{2}\rangle \tag{4.41}$$

这里角括号"$\langle\rangle$"代表对所有粒子的滴谱分布和倾斜角分布的集合平均。

对于球形粒子的瑞利散射，把式(3.62)代入式(4.41)，得到：

$$\eta \equiv \frac{\pi^{5}|K_{\mathrm{w}}|^{2}}{\lambda^{4}}Z \tag{4.42}$$

这里水的介电常数因子是 $K_{\mathrm{w}}=\frac{\varepsilon_{\mathrm{r}}-1}{\varepsilon_{\mathrm{r}}+2}$。这里 K_{w} 被使用的原因是水凝物的种类在雷达校准时无法提前获知。在降雨的情况下，雷达反射率因子是：

$$Z = \langle nD^{6}\rangle = \int_{0}^{D_{\max}} D^{6}N(D)\mathrm{d}D \equiv M_{6} \tag{4.43}$$

Z 也被简单地称作反射率，它是滴谱的 6 阶矩量。Z 是雷达反射率 η 除去雷达波长和水的介电常数因子项 K_{w} 后得到的，它只由水凝物的物理特性雨滴谱决定。因此，反射率 Z（单位：$\mathrm{mm}^{6}\cdot\mathrm{m}^{-3}$）（而不是 η）通常包含在雷达数据中，并在气象雷达领域中广泛使用。

当瑞利散射近似不适用的时候，反射率仍然可以通过定义有效反射率 Z_{e} 来使用，通过式(4.41)及式(4.42)得到：

$$Z_{\mathrm{e}} \equiv \frac{\lambda^{4}}{\pi^{5}|K_{\mathrm{w}}|^{2}}\eta = \frac{4\lambda^{4}}{\pi^{4}|K_{\mathrm{w}}|^{2}}\langle n|s(\pi)|^{2}\rangle \tag{4.44}$$

对偏振气象雷达，考虑粒子谱分布 $N(D)$ 和随机的方位角分布，扩展反射率的定义（式(4.44)）可以得到：

$$\langle ns_{pq}^{*}(\pi)s_{p'q'}(\pi)\rangle \equiv \int[s_{pq}^{*}(\pi;D,\vartheta,\varphi)s_{p'q'}(\pi;D,\vartheta,\varphi)]N(D)\mathrm{d}Dp(\vartheta,\varphi)\mathrm{d}\vartheta\mathrm{d}\varphi \tag{4.45}$$

这里 $p(\vartheta,\varphi)$ 是倾斜角度的概率密度函数，我们得到了如下偏振雷达反射率因子：

水平偏振：

$$Z_{\mathrm{hh}} = \frac{4\lambda^{4}}{\pi^{4}|K_{\mathrm{w}}|^{2}}\langle n|s_{\mathrm{hh}}(\pi)|^{2}\rangle \tag{4.46a}$$

垂直偏振：

$$Z_{vv}=\frac{4\lambda^4}{\pi^4\mid K_w\mid^2}\langle n\mid s_{vv}(\pi)\mid^2\rangle \tag{4.46b}$$

交叉偏振：

$$Z_{hv}=\frac{4\lambda^4}{\pi^4\mid K_w\mid^2}\langle n\mid s_{hv}(\pi)\mid^2\rangle \tag{4.46c}$$

注意到雷达反射率因子 Z_{pq} 的单位是 $mm^6\cdot m^{-3}$，它们通常用 dB 表示，$Z_{PQ}=10\lg(Z_{pq})$，单位是 dBZ。标记雷达变量的惯例是，如果下标的偏振方向(H 或 V)用大写表示，这通常意味着雷达量是 dB 单位。如果用小写字母(h 或 v)表示，则代表雷达量是线性单位。

将两个雷达反射率因子相除，并且把他们转换成对数 dB，我们得到了差分反射率的定义：

$$Z_{DR}=10\lg\left(\frac{Z_{hh}}{Z_{vv}}\right)=10\lg\left[\frac{\langle n\mid s_{hh}(\pi)\mid^2\rangle}{\langle n\mid s_{vv}(\pi)\mid^2\rangle}\right] \tag{4.47}$$

水平偏振的线性退偏比为：

$$LDR_H=10\lg\left(\frac{Z_{vh}}{Z_{hh}}\right)=10\lg\left[\frac{\langle n\mid s_{vh}(\pi)\mid^2\rangle}{\langle n\mid s_{hh}(\pi)\mid^2\rangle}\right] \tag{4.48a}$$

垂直偏振的线性退偏比是：

$$LDR_V=10\lg\left(\frac{Z_{hv}}{Z_{vv}}\right)=10\lg\left[\frac{\langle n\mid s_{hv}(\pi)\mid^2\rangle}{\langle n\mid s_{vv}(\pi)\mid^2\rangle}\right] \tag{4.48b}$$

差分反射率代表了水凝物散射波在水平偏振和垂直偏振方向的差异。这个差异和粒子的形状和取向相关。线性退偏比代表了粒子的非球形形状和倾斜角所产生的交叉偏振波效应。

相似地，相关系数的幅度和相位可以被定义。水平垂直共偏互相关、水平偏振共一交互相关、垂直偏振共一交互相关的系数分别为：

$$\rho_{hv}=\frac{\left|\langle ns_{hh}^*(\pi)s_{vv}(\pi)\rangle\right|}{\left(\langle n\mid s_{hh}(\pi)\mid^2\rangle\langle n\mid s_{vv}(\pi)\mid^2\rangle\right)^{1/2}} \tag{4.49a}$$

$$\rho_{h}=\frac{\left|\langle ns_{hh}^*(\pi)s_{vh}(\pi)\rangle\right|}{\left(\langle n\mid s_{hh}(\pi)\mid^2\rangle\langle n\mid s_{vh}(\pi)\mid^2\rangle\right)^{1/2}} \tag{4.49b}$$

$$\rho_{v}=\frac{\left|\langle ns_{vv}^*(\pi)s_{hv}(\pi)\rangle\right|}{\left(\langle n\mid s_{vv}(\pi)\mid^2\rangle\langle n\mid s_{hv}(\pi)\mid^2\rangle\right)^{1/2}} \tag{4.49c}$$

相关系数代表了不同偏振的散射波的相似度。

对应于以上的三个相关系数，可以得到三个不同的散射相位差：

$$\phi_{sd} = \angle\langle n s_{hh}^{*}(\pi) s_{vv}(\pi)\rangle \equiv \delta_{d} \tag{4.50a}$$

$$\phi_{sh} = \angle\langle n s_{hh}^{*}(\pi) s_{vh}(\pi)\rangle \equiv \delta_{h} \tag{4.50b}$$

$$\phi_{sv} = \angle\langle n s_{vv}^{*}(\pi) s_{hv}(\pi)\rangle \equiv \delta_{v} \tag{4.50c}$$

很明显,式(4.46)～(4.50)中的12个偏振雷达变量中的9个是相互独立的。这9个独立的变量和全偏振散射波的协方差矩阵一致(Zrnić,1991)。依据互易原理(Tsang et al,1985),散射矩阵的交叉偏振项(式(3.84))相等,即 $s_{hv}=s_{vh}$。三个复数形式的随机散射振幅 s_{hh},s_{vv} 和 s_{hv},组成了散射向量 $\mathbf{s}=[s_{hh},s_{vv},s_{hv}]$(Boregeaud et al,1987;Jameson,1985)。它的协方差矩阵定义为:

$$\mathbf{C} = \langle n\mathbf{s}^{+}\mathbf{s}\rangle = \begin{bmatrix} \langle n|s_{hh}|^{2}\rangle & \langle n s_{hh}^{*} s_{vv}\rangle & \langle n s_{hh}^{*} s_{hv}\rangle \\ \langle n s_{vv}^{*} s_{hh}\rangle & \langle n|s_{vv}|^{2}\rangle & \langle n s_{vv}^{*} s_{hv}\rangle \\ \langle n s_{hv}^{*} s_{hh}\rangle & \langle n s_{hv}^{*} s_{vv}\rangle & \langle n|s_{hv}|^{2}\rangle \end{bmatrix} \tag{4.51}$$

式中:$\mathbf{s}^{+}$ 代表了 $\mathbf{s}$ 的共轭转置矩阵或称作埃尔米特变换矩阵。

正如式(4.46)～(4.50)所示,3×3的散射波协方差矩阵(式(4.51))同样提供了全偏振的9个独立的信息:来自于矩阵对角的3个能量项,偏离对角项的6个量含有强度和相位信息。这个矩阵是对称的,因此左下角的几个量相对于右上角的几个量是冗余的,没有提供更多的有用信息。对于同步收发双偏振的观测,s_{hv} 的值假定为0,散射矩阵中只有2个量(s_{hh} 和 s_{vv})能被雷达直接观测到。因此,在3×3的散射协方差矩阵中只有左上2×2的相关函数有物理意义,提供了4个独立的信息。

在形如式(4.51)的协方差矩阵中,对角项是共偏振和交叉偏振散射波的自相关函数(ACF),里面包含了回波能量和多普勒的信息。非对角项是不同偏振量之间的交叉相关函数(CCF),代表了不同偏振波之间的相关性和相对相位。为了计算相关函数以及偏振雷达变量,我们使用散射矩阵(式(3.129))解析出粒子谱分布的均值以及雨滴倾角分布的均值,从而得到:

$$\begin{aligned}\langle n|s_{hh}|^{2}\rangle &= \langle n(As_{a}^{*}+Bs_{b}^{*})(As_{a}+Bs_{b})\rangle \\ &= \langle A^{2}\rangle\langle n|s_{a}|^{2}\rangle + \langle B^{2}\rangle\langle n|s_{b}|^{2}\rangle + 2\langle AB\rangle \mathrm{Re}\langle n s_{a}^{*} s_{b}\rangle\end{aligned} \tag{4.52a}$$

$$\langle n|s_{vv}|^{2}\rangle = \langle D^{2}\rangle\langle n|s_{a}|^{2}\rangle + \langle C^{2}\rangle\langle n|s_{b}|^{2}\rangle + 2\langle CD\rangle \mathrm{Re}\langle n s_{a}^{*} s_{b}\rangle \tag{4.52b}$$

$$\langle n|s_{hv}|^{2}\rangle = \langle n|s_{vh}|^{2}\rangle = \langle BC\rangle\langle n|s_{a}-s_{b}|^{2}\rangle \tag{4.52c}$$

$$\langle ns_{\mathrm{hh}}^{*}s_{\mathrm{vv}}\rangle = \langle AD\rangle\langle n|s_{\mathrm{a}}|^{2}\rangle + \langle BC\rangle\langle n|s_{\mathrm{b}}|^{2}\rangle + \langle AC\rangle\langle ns_{\mathrm{a}}^{*}s_{\mathrm{b}}\rangle + \langle BD\rangle\langle ns_{\mathrm{a}}s_{\mathrm{b}}^{*}\rangle \tag{4.52d}$$

$$\begin{aligned}\langle ns_{\mathrm{hh}}^{*}s_{\mathrm{hv}}\rangle = {} & \langle A\sqrt{BC}\rangle\langle n|s_{\mathrm{a}}|^{2}\rangle - \langle B\sqrt{BC}\rangle\langle n|s_{\mathrm{b}}|^{2}\rangle + \\ & \langle A\sqrt{BC}\rangle\langle ns_{\mathrm{a}}^{*}s_{\mathrm{b}}\rangle - \langle B\sqrt{BC}\rangle\langle ns_{\mathrm{a}}s_{\mathrm{b}}^{*}\rangle\end{aligned} \tag{4.52e}$$

$$\begin{aligned}\langle ns_{\mathrm{vv}}^{*}s_{\mathrm{hv}}\rangle = {} & \langle D\sqrt{BC}\rangle\langle n|s_{\mathrm{a}}|^{2}\rangle - \langle C\sqrt{BC}\rangle\langle n|s_{\mathrm{b}}|^{2}\rangle + \\ & \langle D\sqrt{BC}\rangle\langle ns_{\mathrm{a}}^{*}s_{\mathrm{b}}\rangle - \langle C\sqrt{BC}\rangle\langle ns_{\mathrm{a}}s_{\mathrm{b}}^{*}\rangle\end{aligned} \tag{4.52f}$$

这里三角括号$\langle\cdots\rangle$代表了集合平均。正如式(4.45)所示，对于粒子谱分布的平均可以计算成：

$$\langle nf(s_{\mathrm{a}},s_{\mathrm{b}})\rangle = \int f(s_{\mathrm{a}},s_{\mathrm{b}})N(D)\mathrm{d}D \tag{4.53}$$

如第 2 章所描述，$f(s_{\mathrm{a}},s_{\mathrm{b}})$代表了 s_{a} 和 s_{b} 的函数，$N(D)$代表了降水的粒子谱分布(PSD)。后向散射的振幅 s_{a} 和 s_{b} 在第 3 章中已经给出。

类似地，散射场对于粒子倾斜角变化的均值可以表示如下：

$$\langle g(A,B,C,D)\rangle = \int g(A,B,C,D)p(\vartheta,\varphi)\mathrm{d}\vartheta\mathrm{d}\varphi \tag{4.54}$$

为了得到散射场的均值，我们假定倾斜角 ϑ 和 φ 是独立的，即 $p(\vartheta,\varphi)=p(\vartheta)p(\varphi)$，并且其 PDF 具有如下的高斯分布：

$$p(\vartheta) = \frac{1}{\sqrt{2\pi}\sigma_{\vartheta}}\exp\left(-\frac{(\vartheta-\bar{\vartheta})^{2}}{2\sigma_{\vartheta}^{2}}\right) \tag{4.55a}$$

$$p(\varphi) = \frac{1}{\sqrt{2\pi}\sigma_{\varphi}}\exp\left(-\frac{(\varphi-\bar{\varphi})^{2}}{2\sigma_{\varphi}^{2}}\right) \tag{4.55b}$$

这里$(\bar{\vartheta},\bar{\varphi})$是它们的均值，$(\sigma_{\vartheta},\sigma_{\varphi})$是标准方差。在积分之后(见附录 4B)，我们得到了式(4B.12)～(4B.25)里面角度—独立因子的统计特征。

把式(4B.12)～(4B.25)代入式(4.52a～f)中，得到了散射协方差矩阵里的各个分量。只要粒子谱分布(particle size distribution，PSD)和倾斜角的统计特征已知，将第 3 章中描述的散射振幅 s_{a} 和 s_{b} 代入式(4.46)～(4.50)中便可以计算各个偏振雷达变量。在特殊情况下，当粒子仅在偏振平面内有倾斜，即 $\bar{\vartheta}=\sigma_{\vartheta}=0$，并且其倾斜角的均值 $\bar{\varphi}=0$，标准方差 $\sigma_{\varphi}\ll 1$，由此，我们得到平均微分散射截面及其相关函数如下：

$$\langle n|s_{\mathrm{hh}}|^{2}\rangle \approx (1-2\sigma_{\varphi}^{2})\langle n|s_{\mathrm{a}}|^{2}\rangle + 2\sigma_{\varphi}^{2}\mathrm{Re}\langle ns_{\mathrm{a}}^{*}s_{\mathrm{b}}\rangle \tag{4.56a}$$

$$\langle n|s_{\mathrm{vv}}|^{2}\rangle \approx (1-2\sigma_{\varphi}^{2})\langle n|s_{\mathrm{b}}|^{2}\rangle + 2\sigma_{\varphi}^{2}\mathrm{Re}\langle ns_{\mathrm{a}}^{*}s_{\mathrm{b}}\rangle \tag{4.56b}$$

$$\langle n|s_{\mathrm{hv}}|^{2}\rangle = \langle n|s_{\mathrm{vh}}|^{2}\rangle \approx \sigma_{\varphi}^{2}\langle n|s_{\mathrm{a}}-s_{\mathrm{b}}|^{2}\rangle \tag{4.56c}$$

$$\langle n s_{\mathrm{hh}}^{*} s_{\mathrm{vv}} \rangle \approx \sigma_{\varphi}^{2} \langle n | s_{\mathrm{a}} |^{2} \rangle + \sigma_{\varphi}^{2} \langle n | s_{\mathrm{b}} |^{2} \rangle + (1 - 2\sigma_{\varphi}^{2}) \langle n s_{\mathrm{a}}^{*} s_{\mathrm{b}} \rangle \quad (4.56\mathrm{d})$$

从式(4.56a～b)，我们可以看到 2 个微分散射截面均值($\langle n|s_{\mathrm{hh}}|^2\rangle$，$\langle n|s_{\mathrm{vv}}|^2\rangle$)之间的差异随着倾斜角波动方差的增加而降低，由式(4.47)可知，产生了一个较小的 Z_{DR}。这是在预料之中的，因为考虑到粒子有随机取向的波动，因此粒子将会比本身显得更具球面性。然而对于交叉偏振散射，$\langle n|s_{\mathrm{hv}}|^2\rangle$ 和式(4.48)中的线性退偏比随着倾斜角的增加而增加，这也是合理的。倾斜粒子的对称轴和水平 H 或者垂直 V 偏振的方向不一致，因此水平或者垂直偏振波照射在粒子上会产生交叉偏振的散射波。粒子的随机取向和粒子谱分布同样导致了共偏相关系数 ρ_{hv} 的降低，特别是对于当散射相位变化较大时的非瑞利散射。这点可以从式(4.56d)中的最后一项看到：

$$\begin{aligned} \langle n s_{\mathrm{a}}^{*} s_{\mathrm{b}} \rangle &= \langle n | s_{\mathrm{a}} | \mathrm{e}^{j\delta_{\mathrm{a}}} | s_{\mathrm{b}} | \mathrm{e}^{-j\delta_{\mathrm{b}}} \rangle \approx \langle n | s_{\mathrm{a}} | | s_{\mathrm{b}} | \rangle \langle \mathrm{e}^{j(\delta_{\mathrm{a}} - \delta_{\mathrm{b}})} \rangle \\ &= \langle n | s_{\mathrm{a}} | | s_{\mathrm{b}} | \rangle \mathrm{e}^{-\sigma_{\delta}^{2}/2} \mathrm{e}^{j\delta} \end{aligned} \quad (4.57)$$

这里散射相位差的均值是 $\delta = \langle \delta_{\mathrm{a}} - \delta_{\mathrm{b}} \rangle$，可以导致差分传播相位 ϕ_{dp} 的估计产生偏差，其标准差为 $\sigma_{\delta} = SD(\delta_{\mathrm{a}} - \delta_{\mathrm{b}})$。很明显，在融雪、冰雹和鸟类以及地物杂波散射的情况下，由于散射体的散射产生的相位改变具有随机性，共偏相关系数降低的系数是 $\mathrm{e}^{-\sigma_{\delta}^{2}/2}$。

注意到所有上述定义的偏振雷达变量是没有考虑波传播效应的本征值。这种波传播效应将在下一节讨论，包含传播效应的雷达变量将在 4.4 章节讨论。

4.3 相干波传播

在上一节中讨论的独立散射近似中，假定雷达波是在自由空间或者有确定背景场的介质中传播的，在波的传播过程中，介质中粒子的存在对波传播的影响被忽略了。在一级多重散射和多重散射模型中，这种假设是不合理的。这种情况下，介质中粒子对雷达波传播的影响需要被考虑入内(Ishimaru，1978，1997；Twersky，1964)。这一节，我们将学习相干(平均)波传播的一级多重散射模型以及它对气象雷达变量和观测上的影响。

4.3.1　等效介质的概念

入射波和散射波在富含水凝物粒子的大气中传播。粒子对波具有吸收和散射的作用，从而影响波的传播。正如 4.2.2 节讨论的，仅仅前向散射对散射的平均波场有贡献。传播过程中的影响包括信号衰减和双偏振的差分衰减、相位偏移、差分相位的变化以及退偏振。实际上，这些传播效应可以用等效复数波数或者等效大气折射指数为特征的等效介质来体现，如图 4.7 所示。

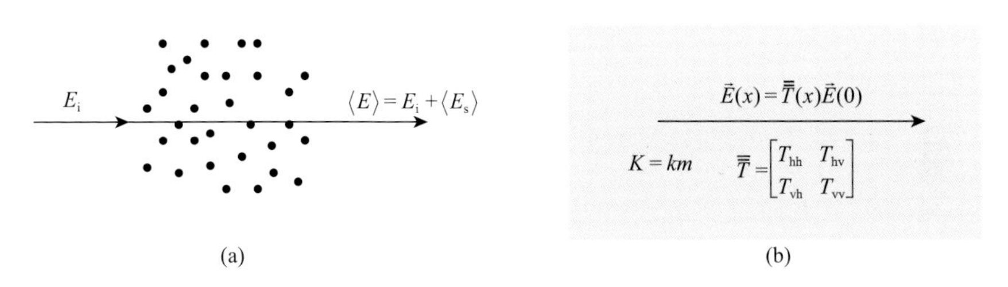

图 4.7　一级多重散射波的传播

(a)具有随机分布粒子的介质中的波传播；(b)在等效介质中的波传播

4.3.2　标量波传播

为了用公式表示在富含水凝物粒子的大气中的相干波传播，我们把整个介质分成多个介质层，如图 4.8 所示。

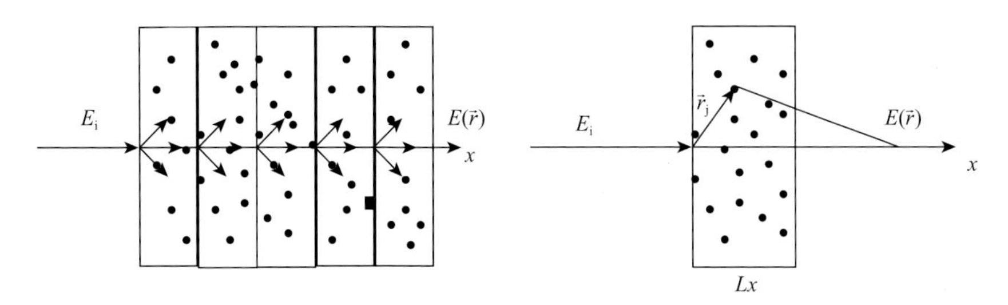

图 4.8　一级多重散射的概念图以及平面波入射其中一层介质中粒子的示意图

首先考虑入射一个层上的单位平面波，$V=L_x\times L_y\times L_z$，因此，在给定位置的总波场是入射场和散射场的总和，可以表达为：

$$E = E_i + E_s = E_0 e^{-jkx} + \sum_{l=1}^{N} \frac{e^{-jk|\vec{r}-\vec{r}_l|}}{|\vec{r}-\vec{r}_l|} E_0 s_l(\hat{k}_s,\hat{k}_i) e^{-jkx_l} \qquad (4.58)$$

对式(4.58)进行集合平均，并且使用 $p(\vec{r}_l)=1/V$ 的 PDF，我们得到了如下的相干波场：

$$\begin{aligned}
\langle E\rangle &= E_0\mathrm{e}^{-jkx} + E_0\sum_{l=1}^{N}\left\langle \frac{\mathrm{e}^{-jk|\vec{r}-\vec{r}_l|}}{|\vec{r}-\vec{r}_l|}s_l(\hat{k}_s,\hat{k}_i)\mathrm{e}^{-jkx_l}\right\rangle \\
&= E_0\mathrm{e}^{-jkx} + E_0\sum_{l=1}^{N}\int \frac{\mathrm{e}^{-jk|\vec{r}-\vec{r}_l|}}{|\vec{r}-\vec{r}_l|}s_l(\hat{k}_s,\hat{k}_i)\mathrm{e}^{-jkx_l}\frac{\mathrm{d}\vec{r}_l}{V} \\
&\approx E_0\mathrm{e}^{-jkx} + E_0 n\int_0^{L_x}\frac{\mathrm{d}x_l}{(x-x_l)}\int_{-L_y/2}^{L_y/2}\mathrm{d}y_l\int_{-L_z/2}^{L_z/2}\mathrm{d}z_l \\
&\quad \times \exp\left\{-jk\left[(x-x_l)+\frac{y_l^2+z_l^2}{2(x-x_l)}\right]\right\}s_l(\hat{k}_s,\hat{k}_i)\mathrm{e}^{-jkx_l} \\
&= E_0\mathrm{e}^{-jkx}\left[1-\frac{2\pi j}{k}ns_l(\hat{k}_i,\hat{k}_i)L_x\right] \\
&\approx E_0\mathrm{e}^{-jkx}\exp\left[-\frac{2\pi j}{k}ns_l(\hat{k}_i,\hat{k}_i)L_x\right]
\end{aligned} \tag{4.59}$$

叠加所有介质层的贡献，同时考虑到粒子谱分布和倾斜角分布，我们可以得到如下的相干场表达式：

$$\langle E(x)\rangle = E_0\mathrm{e}^{-j\int_0^x K\mathrm{d}\ell} \tag{4.60a}$$

其中，

$$K = k + \frac{2\pi}{k}\langle ns(0)\rangle = km \tag{4.60b}$$

式中，K 是等效传播常数。粒子的存在对波传播的影响等效于波数的变大或者波长的减小，从而引起波强的衰减和波的传播变慢。由此引入在介质中波传播衰减率和相干波传播相位变化率的定义。衰减率 A 被定义为“波在单位距离（通常是 1 km）传播过程中的衰减”，用下式表示：

$$I_c(x) = \left|\langle E(x)\rangle\right|^2 = I_0\mathrm{e}^{-2\int_0^x \mathrm{Im}(K)\mathrm{d}\ell} = I_0\mathrm{e}^{-2\mathrm{Im}(K)x} \tag{4.61a}$$

$$\begin{aligned}
A &= 10\lg\left(\frac{I_0}{I_c(1\ \mathrm{km})}\right) = 8.686\times\mathrm{Im}(K) \\
&= 8.686\lambda\times\mathrm{Im}\langle ns(0)\rangle \quad (\mathrm{dB\cdot km^{-1}})
\end{aligned} \tag{4.61b}$$

从光学理论（式(3.36)）得到，衰减率是和消光截面相关联的，即 $A = 4.343\langle n\sigma_t\rangle$ 。这是合理的，因为衰减是由吸收和散射的截面所导致的。用消光系数 $\alpha = \langle n\sigma_t\rangle = 2\mathrm{Im}(K) = 0.23A[\mathrm{km}^{-1}]$ 来代表单位距离的信号能量损失也是普遍的。

类似地，相位变化率是单位距离内波传播引起的相位改变，可以用下式表示：

$$K' = \mathrm{Re}(K) = k + \lambda\times\mathrm{Re}\langle ns(0)\rangle \tag{4.62}$$

注意，式(4.60b)中的等效波数和混合物的等效介电常数(在第 2 章中讨论过)在理论上是一致的，如下所述。

云和降水中粒子占总体积的比例小于 0.001%，因此满足 1%的光疏介质条件。使用 Maxwell-Garnet 混合公式(式(2.61)和(2.62))，把空气视作背景场，水凝物粒子当作内含混合物，我们得到：

$$\varepsilon_e = \varepsilon_1 \frac{1+2f_v y}{1-f_v y}; \quad y = \frac{\varepsilon_2 - \varepsilon_1}{\varepsilon_2 + 2\varepsilon_1} = \frac{\varepsilon_r - 1}{\varepsilon_r + 2} \tag{4.63}$$

$$\varepsilon_e \approx (1+3f_v y) = 1 + n\frac{4\pi a^3}{3}\frac{3(\varepsilon_r - 1)}{\varepsilon_r + 2} \tag{4.64}$$

注意到瑞利散射振幅(式(3.62))，式(4.64)变为：

$$\varepsilon_e \approx 1 + \frac{4\pi}{k^2} ns(0) \tag{4.65}$$

因此，等效折射率指数和波数分别为：

$$m = \sqrt{\varepsilon_e} = 1 + \frac{2\pi}{k^2} ns(0) \tag{4.66}$$

$$K = km \approx k\left(1 + \frac{2\pi}{k^2} ns(0)\right) \tag{4.67}$$

当所有粒子的尺寸相同时，这个结果和式(4.60b)相同(单分散性)。注意到式(4.67)是基于光疏介质和瑞利散射的假设得到的。而式(4.60b)适用于非瑞利散射，并且可以扩展到那些含有非球形散射体的介质中去。

4.3.3 偏振波传播

在前面的章节中，等效传播常数是基于向量波在由球形粒子组成的各向同性介质中传播这一假设得到的。当非球形水凝物粒子存在时，云和降水不一定是各向同性的介质，因此需要研究偏振波传播的特征。实际上，当卫星通信开始在 20 世纪 80 年代流行时，相干波传播的有关问题已经被系统地进行研究了(Oguchi，1983；Olsen，1982)

4.3.3.1 平均倾斜角为零

首先，考虑偏振波传播的介质包含非球形并且倾斜角为零的粒子。在这种情况下，粒子的主轴和次轴与波的偏振方向都是一致的，其中一个方向的偏振波经粒子散射后在另一偏振方向上不会产生分量。因此，每个偏振分量可以用类似上节中标量波传播的公式来处理，比如 $\langle E(x)\rangle \equiv E_c(x) = E_c(0)e^{-j\int_0^x K d\ell}$，只是需要用一个不同的传播常数 K 来代替：

$$K_{\mathrm{a}} = k + \frac{2\pi}{k}\langle ns_{\mathrm{a}}(0)\rangle \tag{4.68a}$$

$$K_{\mathrm{b}} = k + \frac{2\pi}{k}\langle ns_{\mathrm{b}}(0)\rangle \tag{4.68b}$$

因此，相干波传播可以表达为如下的传输矩阵$\overline{\overline{T}}$：

$$\begin{bmatrix} E_{\mathrm{h}}(x) \\ E_{\mathrm{v}}(x) \end{bmatrix} = \begin{bmatrix} \mathrm{e}^{-j\int_0^x K_{\mathrm{a}}\mathrm{d}\ell} & 0 \\ 0 & \mathrm{e}^{-j\int_0^x K_{\mathrm{b}}\mathrm{d}\ell} \end{bmatrix} \begin{bmatrix} E_{\mathrm{h}}(0) \\ E_{\mathrm{v}}(0) \end{bmatrix} \equiv \begin{bmatrix} T_{\mathrm{hh}} & T_{\mathrm{hv}} \\ T_{\mathrm{vh}} & T_{\mathrm{vv}} \end{bmatrix} \begin{bmatrix} E_{\mathrm{h}}(0) \\ E_{\mathrm{v}}(0) \end{bmatrix} \tag{4.69}$$

这样对于不同偏振状态的波就会产生不同的衰减率和位相偏移率。

4.3.3.2　均值为零的随机方位角

在实际情况下，每个粒子的主轴和次轴有可能与水平和垂直偏振方向不一致，但是它们的平均倾角是0。在这种情况下，因为统计意义上的对称性，其中一个方向的偏振波经所有粒子散射后的合成波在另一偏振方向上仍然不会产生分量。因此，式(4.68)～(4.69)可以被扩展到粒子具有随机方位角的情况，用下式表示：

$$\begin{bmatrix} E_{\mathrm{h}}(x) \\ E_{\mathrm{v}}(x) \end{bmatrix} = \begin{bmatrix} \mathrm{e}^{-j\int_0^x K_{\mathrm{h}}\mathrm{d}\ell} & 0 \\ 0 & \mathrm{e}^{-j\int_0^x K_{\mathrm{v}}\mathrm{d}\ell} \end{bmatrix} \begin{bmatrix} E_{\mathrm{h}}(0) \\ E_{\mathrm{v}}(0) \end{bmatrix} \tag{4.70}$$

代入前向散射振幅(式(3.76))，水平和垂直偏振的等效传播常数表达如下：

$$\begin{aligned} K_{\mathrm{h}} &= k + \frac{2\pi}{k}\langle ns_{\mathrm{hh}}(0)\rangle \\ &= k + \frac{2\pi}{k}\langle n[s_{\mathrm{a}}(\cos^2\varphi + \sin^2\vartheta\sin^2\varphi) + s_{\mathrm{b}}\cos^2\vartheta\sin^2\varphi]\rangle \end{aligned} \tag{4.71a}$$

$$\begin{aligned} K_{\mathrm{v}} &= k + \frac{2\pi}{k}\langle ns_{\mathrm{vv}}(0)\rangle \\ &= k + \frac{2\pi}{k}\langle n[(s_{\mathrm{a}}(\sin^2\varphi + \sin^2\vartheta\cos^2\varphi) + s_{\mathrm{b}}\cos^2\vartheta\cos^2\varphi]\rangle \end{aligned} \tag{4.71b}$$

水平和垂直偏振等效传播常数之间的差异是：

$$\begin{aligned} K_{\mathrm{h}} - K_{\mathrm{v}} &= \frac{2\pi}{k}\left\langle n\begin{bmatrix} s_{\mathrm{a}}((\cos^2\varphi - \sin^2\varphi) + \sin^2\vartheta(\sin^2\varphi - \cos^2\varphi)) \\ + s_{\mathrm{b}}\cos^2\vartheta(\sin^2\varphi - \cos^2\varphi) \end{bmatrix}\right\rangle \\ &= \frac{2\pi}{k}\langle n[s_{\mathrm{a}}(\cos 2\varphi - \sin^2\vartheta\cos 2\varphi) - s_{\mathrm{b}}\cos^2\vartheta\cos 2\varphi]\rangle \end{aligned}$$

$$
\begin{aligned}
&= \frac{2\pi}{k}\langle n[s_a(1-\sin^2\vartheta)\cos2\varphi - s_b\cos^2\vartheta\cos2\varphi]\rangle \\
&= \frac{2\pi}{k}\langle n(s_a - s_b)\cos^2\vartheta\cos2\varphi\rangle \\
&= \frac{2\pi}{k}\langle n(s_a - s_b)\rangle\langle\cos^2\vartheta\cos2\varphi\rangle \\
&\approx \frac{2\pi}{k}\langle n(s_a - s_b)\rangle\ \frac{1}{2}(1+e^{-2\sigma_\vartheta^2})e^{-2\sigma_\varphi^2}
\end{aligned}
\tag{4.72}
$$

式(4.72)给出了双偏振等效传播常数差异的表达式。$\Delta K = K_h - K_v$ 是和双偏振前向散射振幅差异的集合平均 $\langle n(s_a - s_b)\rangle$ 成正比。粒子随机取向的影响能够减小 ΔK 这个差异，因为$\frac{1}{2}(1+e^{-2\sigma_\vartheta^2})e^{-2\sigma_\varphi^2}$始终小于1。

双偏振差分相移率 K_{DP}被定义为传播常数差异的实部，单位为(°/km)：

$$
\begin{aligned}
K_{DP} &= \frac{180}{\pi}\mathrm{Re}[K_h - K_v] \\
&\approx \frac{180\lambda}{\pi}\int \mathrm{Re}[s_a(0,D) - s_b(0,D)]N(D)\mathrm{d}D\ \frac{1}{2}(1+e^{-2\sigma_\vartheta^2})e^{-2\sigma_\varphi^2}
\end{aligned}
\tag{4.73}
$$

类似地，式(4.61)给出的差分衰减率(A_{DP}，dB)是水平和垂直偏振衰减率的差，用如下的公式表达：

$$
\begin{aligned}
A_{DP} &= A_h - A_v \\
&= 8.686\mathrm{Im}[K_h - K_v] \\
&= 8.686\lambda\int \mathrm{Im}[s_a(0,D) - s_b(0,D)]N(D)\mathrm{d}D\ \frac{1}{2}(1+e^{-2\sigma_\vartheta^2})e^{-2\sigma_\varphi^2}
\end{aligned}
\tag{4.74}
$$

4.3.3.3 相干波传播的主要公式

通常来说，如图4.9所示，粒子的平均倾斜角度可能不等于0，并且波的偏振状态会在传播中改变，Oguchi(1975，1983)中给出了相应的公式和说明。这样的话，除了前述的共偏振分量，粒子的散射也会在交叉偏振产生耦合分量，这个分量也被称作传播中产生的退偏振量。因此雷达波传输矩阵不再仅仅是对角矩阵。在这种情况下，相干波公式(4.70)($\vec{E}(x) = \overline{\overline{T}}(x)\vec{E}(0)$)被写成了不同的形式，这种形式中包括了退偏振分量，如下所示：

$$
\frac{\mathrm{d}\vec{E}}{\mathrm{d}x} = \overline{\overline{\boldsymbol{M}}}\vec{E}
\tag{4.75}
$$

这里$\overline{\overline{\boldsymbol{M}}}$是介质特征矩阵，它的元素是：

$$
\begin{aligned}
M_{\mathrm{hh}} &= -jk - j\frac{2\pi}{k}\langle ns_{\mathrm{hh}}(0)\rangle \\
&= -jk - j\frac{2\pi}{k}\langle n[s_{\mathrm{a}}(\cos^2\varphi + \sin^2\vartheta\sin^2\varphi) + s_{\mathrm{b}}\cos^2\vartheta\sin^2\varphi]\rangle \\
M_{\mathrm{hv}} &= -j\frac{2\pi}{k}\langle ns_{\mathrm{hv}}(0)\rangle = -j\frac{2\pi}{k}\langle n[(s_{\mathrm{a}} - s_{\mathrm{b}})\cos^2\vartheta\sin\varphi\cos\varphi]\rangle \\
M_{\mathrm{vh}} &= -j\frac{2\pi}{k}\langle ns_{\mathrm{vh}}(0)\rangle = -j\frac{2\pi}{k}\langle n[(s_{\mathrm{a}} - s_{\mathrm{b}})\cos^2\vartheta\sin\varphi\cos\varphi]\rangle \\
M_{\mathrm{vv}} &= -jk - j\frac{2\pi}{k}\langle ns_{\mathrm{vv}}(0)\rangle \\
&= -jk - j\frac{2\pi}{k}\langle n[s_{\mathrm{a}}(\sin^2\varphi + \sin^2\vartheta\cos^2\varphi) + s_{\mathrm{b}}\cos^2\vartheta\cos^2\varphi]\rangle
\end{aligned}
\tag{4.76}
$$

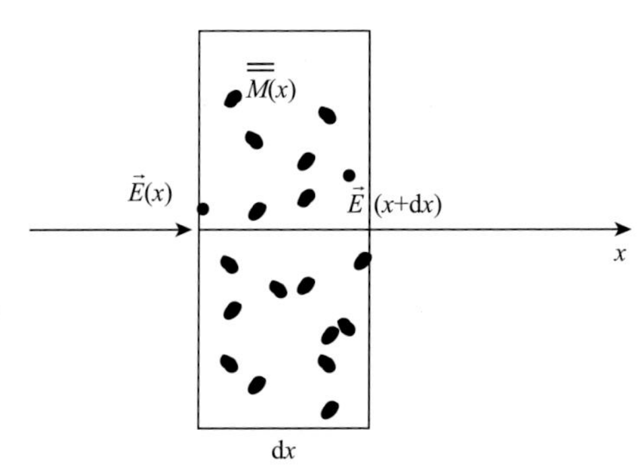

图 4.9 平面波入射富含散射粒子介质层的示意图

方程(4.75)的解可以用特征值(λ_1,λ_2)和特征向量ϕ表达：

$$
\begin{bmatrix} E_{\mathrm{h}}(x) \\ E_{\mathrm{v}}(x) \end{bmatrix} = \begin{bmatrix} \mathrm{e}^{\lambda_1 x}\cos^2\phi + \mathrm{e}^{\lambda_2 x}\sin^2\phi & (\mathrm{e}^{\lambda_1 x} - \mathrm{e}^{\lambda_2 x})\sin\phi\cos\phi \\ (\mathrm{e}^{\lambda_1 x} - \mathrm{e}^{\lambda_2 x})\sin\phi\cos\phi & \mathrm{e}^{\lambda_2 x}\cos^2\phi + \mathrm{e}^{\lambda_1 x}\sin^2\phi \end{bmatrix} \begin{bmatrix} E_{\mathrm{h}}(0) \\ E_{\mathrm{v}}(0) \end{bmatrix}
\tag{4.77}
$$

这里行列式的解就是特征向量：

$$
\begin{vmatrix} M_{\mathrm{hh}} - \lambda & M_{\mathrm{hv}} \\ M_{\mathrm{vh}} & M_{\mathrm{vv}} - \lambda \end{vmatrix} = 0
\tag{4.78}
$$

满足：

$$
\lambda_{1,2} = \frac{M_{\mathrm{hh}} + M_{\mathrm{vv}}}{2} \pm \sqrt{\frac{(M_{\mathrm{hh}} - M_{\mathrm{vv}})^2}{4} + M_{\mathrm{hv}}M_{\mathrm{vh}}}
\tag{4.79}
$$

以及

$$\tan 2\phi = \frac{2M_{vh}}{M_{hh} - M_{vv}} \tag{4.80}$$

假设粒子倾斜角的统计分布满足高斯分布 $\vartheta: N(\bar{\vartheta}, \sigma_\vartheta)$ 和 $\varphi: N(\bar{\varphi}, \sigma_\varphi)$，我们得到：

$$M_{hv} = M_{vh} = -j\frac{2\pi}{k}\langle n(s_a - s_b)\rangle \frac{1}{4}(1 + e^{-2\sigma_\vartheta}\cos 2\bar{\vartheta})e^{-2\sigma_\varphi}\sin 2\bar{\varphi} \tag{4.81}$$

$$M_{hh} - M_{vv} = -j\frac{2\pi}{k}\langle n(s_a - s_b)\rangle \frac{1}{2}(1 + e^{-2\sigma_\vartheta}\cos 2\bar{\vartheta})e^{-2\sigma_\varphi}\cos 2\bar{\varphi} \tag{4.82}$$

在式(4.81)和式(4.82)中代入式(4.79)和式(4.80)，我们分别得到：

$$\lambda_1 - \lambda_2 = -j\frac{2\pi}{k}\langle n(s_a - s_b)\rangle \frac{1}{2}(1 + e^{-2\sigma_\vartheta}\cos 2\bar{\vartheta})e^{-2\sigma_\varphi} \equiv -j(K_h - K_v) \tag{4.83}$$

和

$$\tan 2\phi = \tan 2\bar{\varphi} \longrightarrow \phi = \bar{\varphi} \tag{4.84}$$

因此，我们得到了差分相移率为：

$$\begin{aligned} K_{DP} &= \frac{180}{\pi}\mathrm{Re}[K_h - K_v] \\ &\approx \frac{180\lambda}{\pi}\int \mathrm{Re}[s_a(0,D) - s_b(0,D)]N(D)\mathrm{d}D\,\frac{1}{2}(1 + e^{-2\sigma_\vartheta^2}\cos 2\bar{\vartheta})e^{-2\sigma_\varphi^2} \end{aligned} \tag{4.85}$$

以及差分衰减率：

$$\begin{aligned} A_{DP} &= 8.686\mathrm{Im}[K_h - K_v] \\ &= 8.686\lambda\int \mathrm{Im}[s_a(0,D) - s_b(0,D)]N(D)\mathrm{d}D\,\frac{1}{2}(1 + e^{-2\sigma_\vartheta^2}\cos 2\bar{\vartheta})e^{-2\sigma_\varphi^2} \end{aligned} \tag{4.86}$$

式(4.85)和式(4.86)描述了如何利用粒子谱分布和粒子方位统计特征来计算差分相移率和差分衰减率。

4.4　含传播效应的散射

目前，我们已经分别描述了电磁波在含有随机粒子介质中的散射和传播。在天气观测时，雷达发射的电磁(EM)波在含有水凝物的云/降雨中传播，经过水凝物粒子的散射后返回雷达接收机。雷达回波同时包含了散射和传播的效应，因此公式中同时包含这些效应是非常重要的。

4.4.1　全传输散射矩阵

在4.3节中，粒子产生的散射波由散射矩阵所描述，其中入射和散射波是假定在特定波数(k)的介质中传播，而且没有考虑其他粒子存在造成的传播效应。

为了考虑波传播效应，我们使用了传输矩阵$\overline{\overline{T}}$来代替传播项e^{-jkr}。因此，接收的波可以用入射波和发射场表达：

$$\vec{E}_r = \frac{1}{r}\overline{\overline{T}}\,\overline{\overline{S}}\,\vec{E}_i \quad 和 \quad \vec{E}_i = \overline{\overline{T}}\vec{E}_t \tag{4.87}$$

因此，在后向散射的情况下，接收到的波可以用发射场表达：

$$\begin{aligned}\begin{bmatrix}E_{rh}\\E_{rv}\end{bmatrix} &= \frac{1}{r}\begin{bmatrix}T_{hh} & T_{hv}\\T_{vh} & T_{vv}\end{bmatrix}\begin{bmatrix}s_{hh}(\pi) & s_{hv}(\pi)\\s_{vh}(\pi) & s_{vv}(\pi)\end{bmatrix}\begin{bmatrix}E_{ih}\\E_{iv}\end{bmatrix}\\
&= \frac{1}{r}\begin{bmatrix}T_{hh} & T_{hv}\\T_{vh} & T_{vv}\end{bmatrix}\begin{bmatrix}s_{hh}(\pi) & s_{hv}(\pi)\\s_{vh}(\pi) & s_{vv}(\pi)\end{bmatrix}\begin{bmatrix}T_{hh} & T_{hv}\\T_{vh} & T_{vv}\end{bmatrix}\begin{bmatrix}E_{th}\\E_{tv}\end{bmatrix}\\
&= \frac{1}{r}\begin{bmatrix}T_{hh}^2 s_{hh} + 2T_{hh}T_{hv}s_{vh} + T_{hv}^2 s_{vv} & T_{hh}T_{hv}s_{hh} + (T_{hv}^2 + T_{hh}T_{vv})s_{vh} + T_{hv}T_{vv}s_{vv}\\T_{hh}T_{hv}s_{hh} + (T_{hv}^2 + T_{hh}T_{vv})s_{vh} + T_{hv}T_{vv}s_{vv} & T_{hv}^2 s_{hh} + 2T_{hv}T_{vv}s_{vh} + T_{vv}^2 s_{vv}\end{bmatrix}\begin{bmatrix}E_{th}\\E_{tv}\end{bmatrix}\end{aligned} \tag{4.88}$$

可以写成：

$$\begin{bmatrix}E_{rh}\\E_{rv}\end{bmatrix} = \frac{1}{r}\begin{bmatrix}s'_{hh}(\pi) & s'_{hv}(\pi)\\s'_{vh}(\pi) & s'_{vv}(\pi)\end{bmatrix}\begin{bmatrix}E_{th}\\E_{tv}\end{bmatrix} \tag{4.89}$$

$\overline{\overline{S}}'$是全传输散射矩阵，其同时包含了传播和散射效应，也被称作一级多重散射。总体来说，含传输项的散射矩阵包含了传播和散射所导致的共偏振项(对角线：s'_{hh}，s'_{vv})和交叉偏振项(非对角线：s'_{hv}，s'_{vh})。如式(4.88)所示，传播和散射效应是一起发生的。

以下讨论2种极端情况。

(1)传输引起交叉偏振项

考虑到只有对角项的原始散射矩阵$\overline{\overline{S}}$，其在散射中没有交叉偏振成分($s_{hv} = s_{vh} = 0$)。比如说，雨滴的散射能满足这个条件。因此式(4.88)变成：

$$\begin{bmatrix}E_{rh}\\E_{rv}\end{bmatrix} = \frac{1}{r}\begin{bmatrix}T_{hh}^2 s_{hh} + T_{hv}^2 s_{vv} & T_{hh}T_{hv}s_{hh} + T_{hv}T_{vv}s_{vv}\\T_{hh}T_{hv}s_{hh} + T_{hv}T_{vv}s_{vv} & T_{hv}^2 s_{hh} + T_{vv}^2 s_{vv}\end{bmatrix}\begin{bmatrix}E_{th}\\E_{tv}\end{bmatrix} \tag{4.90}$$

这种情况下，共偏振分量的偏差以及交叉偏振分量是由传播过程中的退偏振分量（T_{hv}/T_{vh}）造成的。当位于某个雷达距离元产生了退偏振分量，这种效应会发生在这个距离元之后的所有观测中。闪电过后云体中冰晶有规律的重新取向使雷达能够观测到由退偏振引起的 Z_{DR} 偏差（Ryzhkov et al，2007）。这一现象在 Hubber 等（2010a，2010b）关于偏振雷达采用同步发射模式的研究中也注意到了。

图 4.10 给出了采用交替和同步发射模式的 NCAR S-Pol 双偏振雷达观测到的 Z_H（图 4.10a，b）和 Z_{DR}（图 4.10c，d）。在交替发射模式下，Z_H 和 Z_{DR} 的图像中没有条纹特征。而在同步发射模式下，Z_{DR} 图像在 45 km 的距离外（在约 30 km 处存在亮带）存在径向条纹（右下角）。这些条纹很有可能是由冰晶的非零度角的倾斜取向导致的。

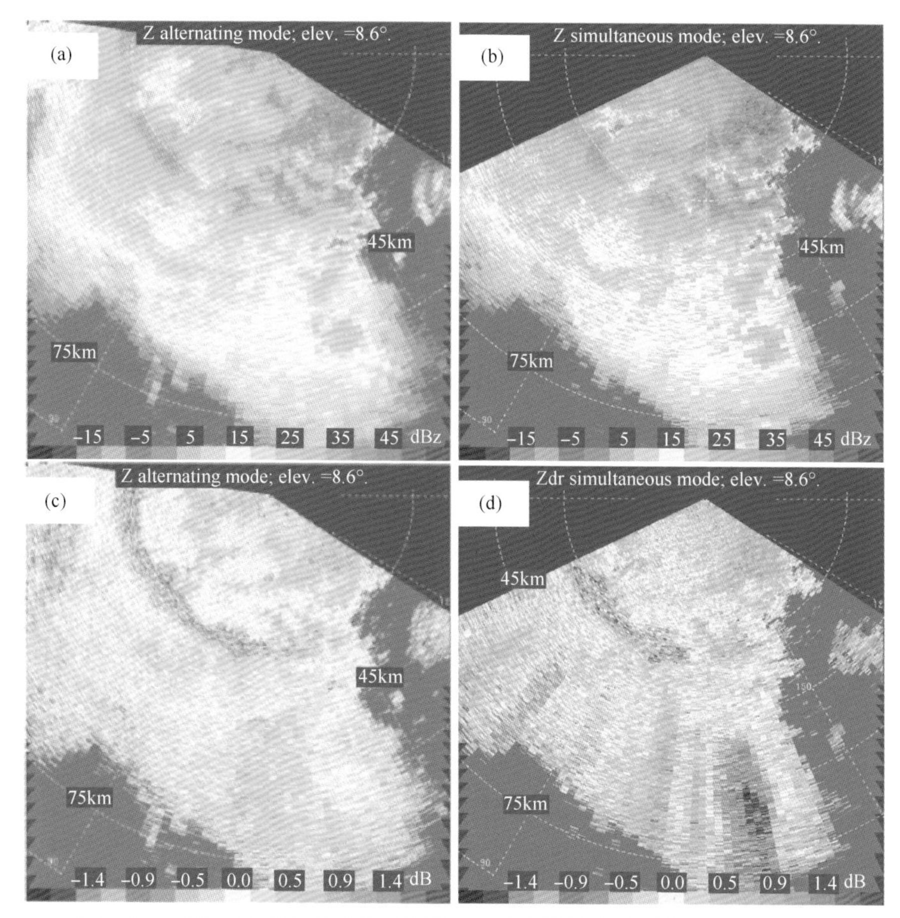

图 4.10　NCAR S-Pol 双偏振雷达观测中的传播效应（Hubber et al，2010b）
（a，c）交替发射和同步接收（ATSR）模式；（b，d）同步发射和同步接收（STSR）模式

(2)散射引起交叉偏振项

这里,我们考虑传输矩阵$\overline{\overline{T}}$只有对角项而没有传播引起的退偏振项,也就是 $T_{hv}=T_{vh}=0$。代入这些特征到式(4.88)中,我们得到:

$$\begin{bmatrix} E_{rh} \\ E_{rv} \end{bmatrix} = \frac{1}{r}\begin{bmatrix} T_{hh}^2 s_{hh} & T_{hh}T_{vv}s_{hv} \\ T_{hh}T_{vv}s_{vh} & T_{vv}^2 s_{vv} \end{bmatrix}\begin{bmatrix} E_{th} \\ E_{tv} \end{bmatrix}$$
$$= \frac{1}{r}\begin{bmatrix} s_{hh}e^{-2j\int_0^r K_h d\ell} & s_{hv}e^{-j\int_0^r (K_h+K_v)d\ell} \\ s_{vh}e^{-j\int_0^r (K_h+K_v)d\ell} & s_{vv}e^{-2j\int_0^r K_v d\ell} \end{bmatrix}\begin{bmatrix} E_{th} \\ E_{tv} \end{bmatrix} \tag{4.91}$$

在这一个特殊例子中,全传输散射矩阵中的传播和散射项之间的相互影响被分开了。每个 s_{pq} 项代表了共偏振和交叉偏振散射,相应的相位因子项则代表了水平偏振发射和水平偏振接收、垂直偏振发射和垂直偏振接收、水平偏振发射和垂直偏振接收、垂直偏振发射和水平偏振接收的相位改变。

4.4.2　含传播效应的雷达变量

在 4.2.6 节,偏振雷达变量的原始定义是基于单散射近似的,当忽略传播效应时这是合理的。在一级多重散射近似模型中,散射波是以全传输散射矩阵来表征的,其中波的传播由传输矩阵来表征。根据偏振雷达变量的定义(式(4.46)~(4.50)),含传播效应的双偏振雷达变量是基于全传输散射矩阵定义的,包括了反射率因子:

$$Z'_{hh} = \frac{4\lambda^4}{\pi^4 |K_w|^2}\langle n|s'_{hh}|^2\rangle \tag{4.92a}$$

$$Z'_{vv} = \frac{4\lambda^4}{\pi^4 |K_w|^2}\langle n|s'_{vv}|^2\rangle \tag{4.92b}$$

$$Z'_{hv} = \frac{4\lambda^4}{\pi^4 |K_w|^2}\langle n|s'_{hv}|^2\rangle \tag{4.92c}$$

差分反射率:

$$Z'_{DR} = 10\lg\frac{Z'_{hh}}{Z'_{vv}} = 10\lg\frac{\langle n|s'_{hh}|^2\rangle}{\langle n|s'_{vv}|^2\rangle} \tag{4.93}$$

线性退偏比:

$$LDR'_H = 10\lg\frac{Z'_{vh}}{Z'_{hh}} = 10\lg\frac{\langle n|s'_{vh}|^2\rangle}{\langle n|s'_{hh}|^2\rangle} \tag{4.94a}$$

$$LDR'_V = 10\lg\frac{Z'_{hv}}{Z'_{vv}} = 10\lg\frac{\langle n|s'_{hv}|^2\rangle}{\langle n|s'_{vv}|^2\rangle} \tag{4.94b}$$

共偏互相关系数：

$$\rho'_{hv} = \frac{\langle n s'^{*}_{hh} s'_{vv} \rangle}{\sqrt{\langle n |s'_{hh}|^2 \rangle \langle n |s'_{vv}|^2 \rangle}} \tag{4.95a}$$

以及共一交偏振互相关系数：

$$\rho'_{h} = \frac{\langle n s'^{*}_{hh} s'_{vh} \rangle}{\sqrt{\langle n |s'_{hh}|^2 \rangle \langle n |s'_{vh}|^2 \rangle}} \tag{4.95b}$$

$$\rho'_{v} = \frac{\langle n s'^{*}_{vv} s'_{hv} \rangle}{\sqrt{\langle n |s'_{vv}|^2 \rangle \langle n |s'_{hv}|^2 \rangle}} \tag{4.95c}$$

因此，式(4.92)～(4.95)给出了含传播效应的偏振雷达变量的定义。总的来说，这些变量取决于到雷达体积(距离)元以及返回的路径内水凝物的前向散射特征以及在这个体积元内水凝物的后向散射特征。

如果我们忽略了传播的退偏振效应，全传输散射矩阵可由式(4.91)代表。把式(4.91)代入式(4.92)～(4.95)中得到：

$$Z'_{hh} = \frac{4\lambda^4}{\pi^4 |K_w|^2} \langle n |s_{hh}|^2 \rangle e^{-4\int_0^r \mathrm{Im}(K_h) d\ell} = Z_{hh} e^{-4\int_0^r \mathrm{Im}(K_h) d\ell} \tag{4.96a}$$

$$Z'_{vv} = \frac{4\lambda^4}{\pi^4 |K_w|^2} \langle n |s_{vv}|^2 \rangle e^{-4\int_0^r \mathrm{Im}(K_v) d\ell} = Z_{vv} e^{-4\int_0^r \mathrm{Im}(K_v) d\ell} \tag{4.96b}$$

$$Z'_{hv} = \frac{4\lambda^4}{\pi^4 |K_w|^2} \langle n |s_{hv}|^2 \rangle e^{-2\int_0^r \mathrm{Im}(K_h + K_v) d\ell} = Z_{hv} e^{-2\int_0^r \mathrm{Im}(K_h + K_v) d\ell} \tag{4.96c}$$

以 dBZ 为单位重写式(4.96)，并且代入衰减率公式 $A_{h,v} = 20\lg(e) \times \mathrm{Im}(K_{h,v}) = 8.686 \times \mathrm{Im}(K_{h,v})$，我们得到：

$$Z'_{H} = Z_H - 2\int_0^r A_H(\ell) d\ell \equiv Z_H - PIA_H \tag{4.97a}$$

$$Z'_{V} = Z_V - 2\int_0^r A_V(\ell) d\ell \equiv Z_V - PIA_V \tag{4.97b}$$

$$Z'_{HV} = Z_{HV} - \int_0^r [A_H(\ell) + A_V(\ell)] d\ell \equiv Z_{HV} - \frac{1}{2}(PIA_H + PIA_V) \tag{4.97c}$$

这里 $PIA \equiv 2\int_0^r A(\ell) d\ell$ 代表了往返路径的累积衰减(PIA)。在衰减积分项里面的负向符号表示了在雷达和目标介质之间波传播的能量损失，这个损失在实际应用中需要被考虑或者在偏振雷达数据分析的时候做相应补偿。对于积分衰减的补偿被称作衰减订正，具体将在第 6 章中讨论。

相似地，我们得到了如下以 dB 为单位的差分反射率(Z_{DR})：

$$Z'_{DR} = Z_{DR} - 2\int_0^r A_{DP}(\ell)\,d\ell \equiv Z_{DR} - PIA_{DP} \tag{4.98}$$

这里 $PIA_{DP} \equiv 2\int_0^r A_{DP}(\ell)\,d\ell$ 是往返路径的累积差分衰减。因为水平偏振波的衰减普遍比垂直偏振波的衰减要大，PIA_{DP}通常为正，这样就导致了差分反射率的负偏差。这个偏差在式(4.98)中给出，实际应用中也需要被考虑在内。考虑衰减和差分衰减的影响对于分析X波段和C波段双偏振天气雷达的观测特别重要，因为对于这两个波段而言，在大多数时候衰减不能被忽略。

对于线性退偏比的观测，水平和垂直偏振波在传输的路径是相同的，但其接收路径是不同的，从而导致了衰减差异以及相应的线性退偏比(LDR)偏差。从式(4.91)、式(4.94)以及上述的 PIA_{DP}，我们得到：

$$LDR'_{H} = LDR_{H} + \frac{1}{2}PIA_{DP} \tag{4.99a}$$

$$LDR'_{V} = LDR_{V} - \frac{1}{2}PIA_{DP} \tag{4.99b}$$

接下来我们讨论相关系数。根据定义的共偏相关系数，代入式(4.91)中的全传输散射振幅，我们得到：

$$\tilde{\rho}'_{hv} = \frac{\langle ns^*_{hh}s_{vv}\rangle}{\sqrt{\langle n|s_{hh}|^2\rangle\langle n|s_{vv}|^2\rangle}} e^{2j\int_0^r \mathrm{Re}(K_h - K_v)\,d\ell} = \tilde{\rho}_{hv}e^{j\phi_{dp}} \tag{4.100}$$

以振幅和相位的形式表示相关系数，也就是 $\tilde{\rho}'_{hv} = \rho_{hv}e^{j\Phi_{dp}}$ 和(δ) $\tilde{\rho}_{hv} = \rho_{hv}e^{j\delta_{hv}}$，我们得到了含传播效应相关系数的幅度和不含传播效应的相关系数的幅度相等。然而，相关系数的相位有如下的关系：

$$\Phi_{DP} = \delta + \phi_{DP} = \frac{180}{\pi}(\delta_d + \phi_{dp}) \tag{4.101a}$$

并且

$$\phi_{DP} = 2\int_0^r K_{DP}(\ell)\,d\ell \tag{4.101b}$$

式(4.101a)给出的总差分相位是差分散射相位(δ)以及差分传播相位(ϕ_{DP})的总和。在式(4.101b)中可见，传播产生的相位差(也被称作差分相位)是基于传播路径上差分相移率的积分。因此，差分相移率可以表示成如下的差分相位的导数：

$$K_{DP} = \frac{1}{2}\frac{d\phi_{DP}}{dr} \tag{4.102}$$

注意，式(4.102)中的 ϕ_{DP}是差分传播相位而偏振雷达观测到的是差分相位的总和($\Phi_{DP}=\delta+\phi_{DP}$)。因此，对于冰雹、融雪和生物散射体存在较大差分散射相位时，式(4.102)不能忽略差分散射相位来准确估计差分相移率。

附录 4A：蒙特卡罗模拟

在 4.2 节中我们通过理解概率密度和矩量统计特征的分析理论，研究了由随机分布粒子产生的散射波。也就是说，我们仅仅运用了确定函数或值来表征随机散射的问题。在这一节中，我们介绍蒙特卡罗方法。

不像分析方法，蒙特卡罗方法是一个数值方法来模拟随机散射场，从而允许我们可以研究散射波的统计特性。总体来说，蒙特卡罗方法包含：

(1)具体化了问题和区域，其包含雷达常数和散射振幅；

(2)产生随机数、位置和运动的粒子；

(3)对每个粒子的散射场进行计算；

(4)计算总散射场；

(5)对模拟的波进行统计分析。

正如模式代码给出的，我们使用了 100 个随机移动的散射体来模拟水凝物粒子以及它们在 S 波段的散射波($f=3$ GHz)。如图 4A.1 所示，它们的初始位置在 10 m×10 m×10 m 空间内。它们在(x,y,z)方向的平均速

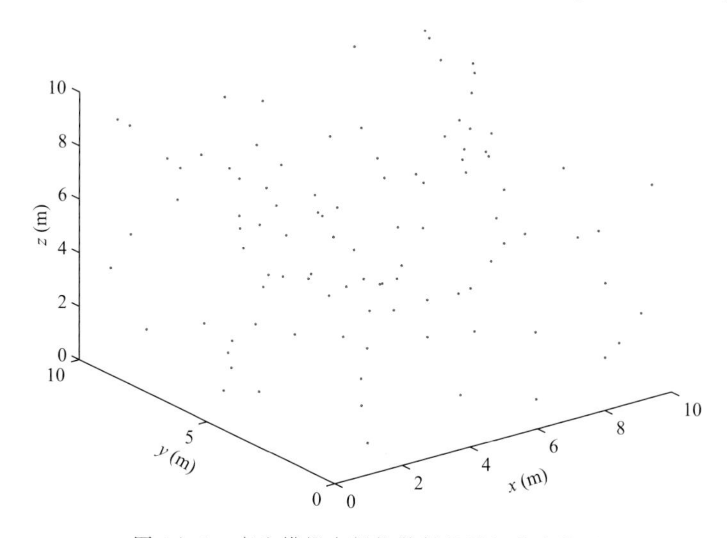

图 4A.1　产生模拟水凝物散射的随机分布粒子

率是10 m · s^{-1}。个体运动的标准方差是 1.0 m · s^{-1}。这个入射波是在 X 轴方向的。忽略式(4.4)中的球形波因子,双基散射波每毫秒计算一次,这对应的是脉冲接收时间。时域序列数据的实部、虚部、振幅以及位相样本在图 4A.2 中按时间轴给出。

时域序列数据可以用来进行波的统计以及对式(4.17)、(4.19)和式(4.20)的理论结果进行验证。有关双偏振散射波以及其联合 PDF 振幅和位相的模拟和分析在本节已经完成。

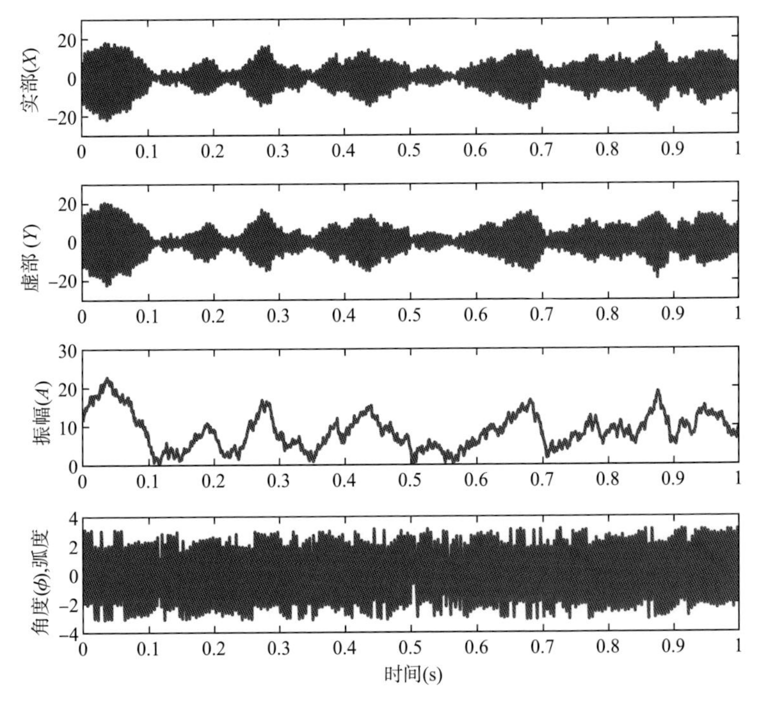

图 4A.2　模拟的时域数据

附录 4B:随机方位角项的统计分析

假定倾斜角 ϑ 和 φ 是独立的,并且具有以下高斯 PDF 分布:

$$p(\vartheta)=\frac{1}{\sqrt{2\pi}\sigma_{\vartheta}}\exp\left(-\frac{(\vartheta-\bar{\vartheta})^{2}}{2\sigma_{\vartheta}^{2}}\right) \tag{4B.1}$$

$$p(\varphi)=\frac{1}{\sqrt{2\pi}\sigma_{\varphi}}\exp\left(-\frac{(\varphi-\bar{\varphi})^{2}}{2\sigma_{\varphi}^{2}}\right) \tag{4B.2}$$

式中：$(\bar{\vartheta},\bar{\varphi})$是平均值，$(\sigma_\vartheta,\sigma_\varphi)$是标准方差。

使用文献 Gradshteyn 和 Ryzhik(1994)中第 515 页的积分公式：

$$\int \exp\left(-\frac{x^2}{2\sigma_x^2}\right)\cos\alpha x\,\mathrm{d}x = \sqrt{2\pi}\sigma_x \exp\left(-\frac{\alpha^2\sigma_x^2}{2}\right) \tag{4B.3}$$

以及

$$\int \exp\left(-\frac{x^2}{2\sigma_x^2}\right)\cos\alpha x\cos\beta x\,\mathrm{d}x = \frac{1}{2}\sqrt{2\pi}\sigma_x\left(\mathrm{e}^{-\frac{(\alpha-\beta)^2\sigma_x^2}{2}} - \mathrm{e}^{-\frac{(\alpha+\beta)^2\sigma_x^2}{2}}\right) \tag{4B.4}$$

我们得到了如下的高斯随机变量 x 的集合平均函数：

$$\langle\cos\alpha x\rangle = \int \cos\alpha x\, p(x)\,\mathrm{d}x = \cos\alpha\bar{x}\,\mathrm{e}^{-\frac{\alpha^2\sigma_x^2}{2}} \tag{4B.5}$$

$$\langle\cos^2 x\rangle = \frac{1}{2}\langle 1+\cos 2x\rangle = \frac{1}{2}(1+\cos 2\bar{x}\mathrm{e}^{-2\sigma_x^2}) \tag{4B.6}$$

$$\langle\cos^4 x\rangle = \frac{1}{4}\langle(1+\cos 2x)^2\rangle = \frac{1}{8}(3+4\cos 2\bar{x}\mathrm{e}^{-2\sigma_x^2}+\cos 4\bar{x}\mathrm{e}^{-8\sigma_x^2}) \tag{4B.7}$$

$$\langle\sin^2 x\rangle = \langle 1-\cos^2 x\rangle = \frac{1}{2}(1-\cos 2\bar{x}\mathrm{e}^{-2\sigma_x^2}) \tag{4B.8}$$

$$\begin{aligned}\langle\sin^4 x\rangle &= \langle(1-\cos^2 x)^2\rangle \\ &= \langle 1-2\cos^2 x+\cos^4 x\rangle \\ &= 1-(1+\cos 2\bar{x}\mathrm{e}^{-2\sigma_x^2})+\frac{1}{8}(3+4\cos 2\bar{x}\mathrm{e}^{-2\sigma_x^2}+\cos 4\bar{x}\mathrm{e}^{-8\sigma_x^2}) \\ &= \frac{1}{8}(3-4\cos 2\bar{x}\mathrm{e}^{-2\sigma_x^2}+\cos 4\bar{x}\mathrm{e}^{-8\sigma_x^2})\end{aligned} \tag{4B.9}$$

$$\langle\sin^2 x\cos^2 x\rangle = \langle\cos^2 x-\cos^4 x\rangle = \frac{1}{8}(1-\cos 4\bar{x}\mathrm{e}^{-8\sigma_x^2}) \tag{4B.10}$$

$$\begin{aligned}\langle\sin x\cos x\rangle &= \frac{1}{2}\langle\sin 2x\rangle = \frac{1}{2}\langle\sin 2(\bar{x}+x')\rangle \\ &= \frac{1}{2}\langle(\sin 2\bar{x}\cos 2x'+\cos 2\bar{x}\sin 2x')\rangle \\ &= \frac{1}{2}\sin 2\bar{x}\langle\cos 2x'\rangle \\ &= \frac{1}{2}\sin 2\bar{x}\mathrm{e}^{-2\sigma_x^2}\end{aligned} \tag{4B.11}$$

再对式(4B.5)～(4B.11)进行积分，我们得到了如下角度相关项的统计量：

$$\begin{aligned}\langle A^2\rangle &= \langle(\cos^2\varphi+\sin^2\vartheta\sin^2\varphi)^2\rangle\\ &= \langle\cos^4\varphi+\sin^4\vartheta\sin^4\varphi+2\sin^2\vartheta\sin^2\varphi\cos^2\varphi\rangle\\ &= \langle\cos^4\varphi+\sin^4\vartheta\sin^4\varphi+\frac{1}{2}\sin^2\vartheta\sin^2 2\varphi\rangle\\ &= \frac{1}{8}(3+4\cos 2\bar{\varphi}\,e^{-2\sigma_\varphi^2}+\cos 4\bar{\varphi}\,e^{-8\sigma_\varphi^2})\\ &\quad+\frac{1}{64}(3-4\cos 2\bar{\vartheta}e^{-2\sigma_\vartheta^2}+\cos 4\bar{\vartheta}e^{-8\sigma_\vartheta^2})(3-4\cos 2\bar{\varphi}\,e^{-2\sigma_\varphi^2}+\cos 4\bar{\varphi}\,e^{-8\sigma_\varphi^2})\\ &\quad+\frac{1}{8}(1-\cos 2\bar{\vartheta}e^{-2\sigma_\vartheta^2})(1-\cos 4\bar{\varphi}\,e^{-8\sigma_\varphi^2})\end{aligned} \tag{4B.12}$$

$$\begin{aligned}\langle D^2\rangle &= \langle(\sin^2\varphi+\sin^2\vartheta\cos^2\varphi)^2\rangle\\ &= \langle\sin^4\varphi+\sin^4\vartheta\cos^4\varphi+2\sin^2\vartheta\sin^2\varphi\cos^2\varphi\rangle\\ &= \langle\sin^4\varphi+\sin^4\vartheta\cos^4\varphi+\frac{1}{2}\sin^2\vartheta\sin^2 2\varphi\rangle\\ &= \frac{1}{8}(3-4\cos 2\bar{\varphi}\,e^{-2\sigma_\varphi^2}+\cos 4\bar{\varphi}\,e^{-8\sigma_\varphi^2})\\ &\quad+\frac{1}{64}(3-4\cos 2\bar{\vartheta}e^{-2\sigma_\vartheta^2}+\cos 4\bar{\vartheta}e^{-8\sigma_\vartheta^2})(3+4\cos 2\bar{\varphi}\,e^{-2\sigma_\varphi^2}+\cos 4\bar{\varphi}\,e^{-8\sigma_\varphi^2})\\ &\quad+\frac{1}{8}(1-\cos 2\bar{\vartheta}e^{-2\sigma_\vartheta^2})(1-\cos 4\bar{\varphi}\,e^{-8\sigma_\varphi^2})\end{aligned} \tag{4B.13}$$

使用导出式(4B.12)的同样步骤，我们得到：

$$\begin{aligned}\langle C^2\rangle &= \langle\cos^4\vartheta\cos^4\varphi\rangle\\ &= \frac{1}{64}(3+4\cos 2\bar{\vartheta}e^{-2\sigma_\vartheta^2}+\cos 4\bar{\vartheta}e^{-8\sigma_\vartheta^2})(3+4\cos 2\bar{\varphi}\,e^{-2\sigma_\varphi^2}+\cos 4\bar{\varphi}\,e^{-8\sigma_\varphi^2})\end{aligned} \tag{4B.14}$$

$$\begin{aligned}\langle B^2\rangle &= \langle\cos^4\vartheta\sin^4\varphi\rangle\\ &= \frac{1}{64}(3+4\cos 2\bar{\vartheta}e^{-2\sigma_\vartheta^2}+\cos 4\bar{\vartheta}e^{-8\sigma_\vartheta^2})(3-4\cos 2\bar{\varphi}\,e^{-2\sigma_\varphi^2}+\cos 4\bar{\varphi}\,e^{-8\sigma_\varphi^2})\end{aligned} \tag{4B.15}$$

$$\begin{aligned}\langle BC\rangle &= \langle\cos^4\vartheta\sin^2\varphi\cos^2\varphi\rangle\\ &= \frac{1}{64}(3+4\cos 2\bar{\vartheta}e^{-2\sigma_\vartheta^2}+\cos 4\bar{\vartheta}e^{-8\sigma_\vartheta^2})(1-\cos 4\bar{\varphi}\,e^{-8\sigma_\varphi^2})\end{aligned} \tag{4B.16}$$

$$\langle AB\rangle = \langle(\cos^2\varphi + \sin^2\vartheta\sin^2\varphi)\cos^2\vartheta\sin^2\varphi\rangle$$
$$= \frac{1}{16}(1+\cos 2\bar{\vartheta}\mathrm{e}^{-2\sigma_\vartheta^2})(1-\cos 4\bar{\varphi}\mathrm{e}^{-8\sigma_\varphi^2})$$
$$+\frac{1}{64}(1-\cos 4\bar{\vartheta}\mathrm{e}^{-8\sigma_\vartheta^2})(3-4\cos 2\bar{\varphi}\mathrm{e}^{-2\sigma_\varphi^2}+\cos 4\bar{\varphi}\mathrm{e}^{-8\sigma_\varphi^2}) \tag{4B.17}$$

$$\langle CD\rangle = \langle(\sin^2\varphi + \sin^2\vartheta\cos^2\varphi)\cos^2\vartheta\cos^2\varphi^2\rangle$$
$$= \frac{1}{16}(1+\cos 2\bar{\vartheta}\mathrm{e}^{-2\sigma_\vartheta^2})(1-\cos 4\bar{\varphi}\mathrm{e}^{-8\sigma_\varphi^2})$$
$$+\frac{1}{64}(1-\cos 4\bar{\vartheta}\mathrm{e}^{-8\sigma_\vartheta^2})(3+4\cos 2\bar{\varphi}\mathrm{e}^{-2\sigma_\varphi^2}+\cos 4\bar{\varphi}\mathrm{e}^{-8\sigma_\varphi^2}) \tag{4B.18}$$

$$\langle AC\rangle = \langle(\cos^2\varphi + \sin^2\vartheta\sin^2\varphi)\cos^2\vartheta\cos^2\varphi\rangle$$
$$= \frac{1}{16}(1+\cos 2\bar{\vartheta}\mathrm{e}^{-2\sigma_\vartheta^2})(3+4\cos 2\bar{\varphi}\mathrm{e}^{-2\sigma_\varphi^2}+\cos 4\bar{\varphi}\mathrm{e}^{-8\sigma_\varphi^2})$$
$$+\frac{1}{64}(1-\cos 4\bar{\vartheta}\mathrm{e}^{-8\sigma_\vartheta^2})(1-\cos 4\bar{\varphi}\mathrm{e}^{-8\sigma_\varphi^2}) \tag{4B.19}$$

$$\langle BD\rangle = \langle(\sin^2\varphi + \sin^2\vartheta\cos^2\varphi)\cos^2\vartheta\sin^2\varphi\rangle$$
$$= \frac{1}{16}(1+\cos 2\bar{\vartheta}\mathrm{e}^{-2\sigma_\vartheta^2})(3-4\cos 2\bar{\varphi}\mathrm{e}^{-2\sigma_\varphi^2}+\cos 4\bar{\varphi}\mathrm{e}^{-8\sigma_\varphi^2})$$
$$+\frac{1}{64}(1-\cos 4\bar{\vartheta}\mathrm{e}^{-8\sigma_\vartheta^2})(1-\cos 4\bar{\varphi}\mathrm{e}^{-8\sigma_\varphi^2}) \tag{4B.20}$$

$$\langle AD\rangle = \langle(\cos^2\varphi + \sin^2\vartheta\sin^2\varphi)(\sin^2\varphi + \sin^2\vartheta\cos^2\varphi)\rangle$$
$$= \langle\cos^2\varphi\sin^2\varphi + \cos^4\varphi\sin^2\vartheta + \sin^4\varphi\sin^2\vartheta + \sin^2\varphi\cos^2\varphi\sin^4\vartheta\rangle$$
$$= \frac{1}{8}(3+\cos 4\bar{\varphi}\mathrm{e}^{-8\sigma_\varphi^2})(1-\cos 2\bar{\vartheta}\mathrm{e}^{-2\sigma_\vartheta^2})$$
$$+\frac{1}{64}(1-\cos 4\bar{\varphi}\mathrm{e}^{-8\sigma_\varphi^2})(11-4\cos 2\bar{\vartheta}\mathrm{e}^{-2\sigma_\vartheta^2}+\cos 4\bar{\vartheta}\mathrm{e}^{-8\sigma_\vartheta^2}) \tag{4B.21}$$

$$\begin{aligned}\langle A\sqrt{BC}\rangle &= \langle (\cos^2\varphi + \sin^2\vartheta\sin^2\varphi)\sqrt{\cos^4\vartheta\sin^2\varphi\cos^2\varphi}\rangle \\ &= \left\langle \frac{1}{2}(\cos^2\varphi\cos^2\vartheta\sin 2\varphi + \cos^2\vartheta\sin 2\varphi\sin^2\vartheta\sin^2\varphi)\right\rangle \\ &= \left\langle \frac{1}{4}\cos^2\vartheta(\sin 2\varphi + \cos 2\varphi\sin 2\varphi)\right. \\ &\quad \left. + \frac{1}{16}\sin^2 2\vartheta(\sin 2\varphi - \cos 2\varphi\sin 2\varphi)\right\rangle \\ &= \frac{1}{16}(2\sin 2\bar{\varphi}\mathrm{e}^{-2\sigma_\varphi^2} + \sin 4\bar{\varphi}\mathrm{e}^{-8\sigma_\varphi^2})(1 + \cos 2\bar{\vartheta}\mathrm{e}^{-2\sigma_\vartheta^2}) \\ &\quad + \frac{1}{64}(2\sin 2\bar{\varphi}\mathrm{e}^{-2\sigma_\varphi^2} - \sin 4\bar{\varphi}\mathrm{e}^{-8\sigma_\varphi^2})(1 - \cos 4\bar{\vartheta}\mathrm{e}^{-8\sigma_\vartheta^2})\end{aligned} \tag{4B.22}$$

$$\begin{aligned}\langle B\sqrt{BC}\rangle &= \langle \cos^2\vartheta\sin^2\varphi\sqrt{\cos^4\vartheta\sin^2\varphi\cos^2\varphi}\rangle \\ &= \langle \cos^4\vartheta\sin^2\varphi\sin\varphi\cos\varphi\rangle \\ &= \frac{1}{4}\langle \cos^4\vartheta(1 - \cos 2\varphi)\sin 2\varphi\rangle \\ &= \frac{1}{4}\langle \cos^4\vartheta(\sin 2\varphi - \sin 2\varphi\cos 2\varphi)\rangle \\ &= \frac{1}{64}(2\sin 2\bar{\varphi}\mathrm{e}^{-2\sigma_\varphi^2} - \sin 4\bar{\varphi}\mathrm{e}^{-8\sigma_\varphi^2})(3 + 4\cos 2\bar{\vartheta}\mathrm{e}^{-2\sigma_\vartheta^2} + \cos 4\bar{\vartheta}\mathrm{e}^{-8\sigma_\vartheta^2})\end{aligned} \tag{4B.23}$$

$$\begin{aligned}\langle C\sqrt{BC}\rangle &= \langle \cos^2\vartheta\cos^2\varphi\sqrt{\cos^4\vartheta\sin^2\varphi\cos^2\varphi}\rangle \\ &= \langle \cos^4\vartheta\cos^2\varphi\sin\varphi\cos\varphi\rangle \\ &= \frac{1}{4}\langle \cos^4\vartheta(1 + \cos 2\varphi)\sin 2\varphi\rangle \\ &= \frac{1}{4}\langle \cos^4\vartheta(\sin 2\varphi + \sin 2\varphi\cos 2\varphi)\rangle \\ &= \frac{1}{64}(2\sin 2\bar{\varphi}\mathrm{e}^{-2\sigma_\varphi^2} + \sin 4\bar{\varphi}\mathrm{e}^{-8\sigma_\varphi^2})(3 + 4\cos 2\bar{\vartheta}\mathrm{e}^{-2\sigma_\vartheta^2} + \cos 4\bar{\vartheta}\mathrm{e}^{-8\sigma_\vartheta^2})\end{aligned} \tag{4B.24}$$

$$
\begin{aligned}
\langle D\sqrt{BC}\rangle &= \langle (\sin^2\varphi+\sin^2\vartheta\cos^2\varphi)\sqrt{\cos^4\vartheta\sin^2\varphi\cos^2\varphi}\rangle \\
&= \left\langle \frac{1}{2}(\sin^2\varphi\cos^2\vartheta\sin2\varphi+\cos^2\vartheta\sin2\varphi\sin^2\vartheta\cos^2\varphi)\right\rangle \\
&= \left\langle \frac{1}{4}\cos^2\vartheta(\sin2\varphi-\cos2\varphi\sin2\varphi)\right. \\
&\quad \left. +\frac{1}{16}\sin^2 2\vartheta(\sin2\varphi+\cos2\varphi\sin2\varphi)\right\rangle \\
&= \frac{1}{16}(2\sin2\bar{\varphi}\,e^{-2\sigma_\varphi^2}-\sin4\bar{\varphi}\,e^{-8\sigma_\varphi^2})(1+\cos2\bar{\vartheta}e^{-2\sigma_\vartheta^2}) \\
&\quad +\frac{1}{64}(2\sin2\bar{\varphi}\,e^{-2\sigma_\varphi^2}+\sin4\bar{\varphi}\,e^{-8\sigma_\varphi^2})(1-\cos4\bar{\vartheta}e^{-8\sigma_\vartheta^2})
\end{aligned}
\tag{4B.25}
$$

习题

4.1　给出单次散射模型、一级多重散射模型以及多重散射模型的定义。同时解释它们在何种条件下适用。

4.2　证明除了前向散射方向平均散射波强度（式(4.7)）等于所有单个散射波强度的叠加。请讨论这一结果在什么条件下不成立。

4.3　许多随机分布粒子产生的总的后向散射场可以用下列公式来表达：

$$E_b = Ae^{-j\phi} = X - jY$$

其中，A 是振幅，ϕ 是位相，并且 X 和 Y 是正交分量。从中心极限定理得到，X 和 Y 正态分布（高斯）和独立，他们的平均值均为 0，标准偏差均为 σ。

(1)分别给出振幅 A 及其强度 $I_b=A^2$ 的 PDF。并指出它们概率分布的名字。

(2)找出以 σ 表示的期望值 $\langle A\rangle$ 和 $\langle I_b\rangle$ 以及它们之间的关系。

(3)修改使用本书给出的蒙特卡罗代码来验证 X，Y，A，ϕ 和 I_b 的 PDF。

(4)使用模拟的方式来估计 $\langle X\rangle$，$\langle Y\rangle$，$\langle\phi\rangle$，$\langle A\rangle$ 和 $\langle I_b\rangle$，并且验证问题 4.3(2)中的关系。

(5)估计径向风速 v_r 和速度起伏 σ_v。

(6)假定 $|s_{hh}|=2|s_{vv}|$ 和 $SD(\delta_h)=SD(\delta_v)=5°$,把代码扩展到双偏振波场。估计 Z_{DR} 和 ρ_{hv},同时比较估计值和理论结果。

4.4 证明当瑞利散射近似适用的条件下,代表光疏随机介质的等效传播常数(式(4.60b))和从麦克斯韦—格兰特(M-G)混合公式得到的等效介电常数相等。

4.5 使用给定的由 T-矩阵计算的雨滴前向和后向散射振幅(忽略倾斜角度效应),计算并画出 S 波段($f=2.8$ GHz)的双偏振雷达变量 Z_H,Z_{DR},A_H,A_{DP} 和 K_{DP}。

(1)使用 Marshall-Palmer 雨滴谱模型,$N(D)=8000\exp(-\Lambda D)$(个·$m^{-3}$·$mm^{-1}$),$\Lambda=4.1R^{-0.21}(mm^{-1})$,$|K|^2$ 是温度在 10℃时的因子。计算并画出随着降水率从 1 mm·h^{-1} 到 100 mm·h^{-1} 双偏振雷达变量的变化。

(2)运用由问题 2.4 给出的真实降水雨滴谱数据,重复问题 4.5(1)。使用雨滴下降速度公式 $v(D)=-0.1021+4.932D-0.9551D^2+0.07934D^3-0.002362D^4$ 来计算降水率,并且画出双偏振雷达变量和降水率随时间的变化。雨滴谱数据的起始时间是 0700 UTC,时间间隔为1 min。同时画出 Z_H 和 Z_{DR} 作为降水率的函数并且比较问题 4.5(1)得到的结果。

(3)在问题 4.5(2)的结果图上,画出文件"koun.dat"里提供的 KOUN 雷达观测 Z_H 和 Z_{DR} 相对于时间的变化。比较雷达观测结果和基于雨滴谱计算的雷达变量,并讨论比较结果。

第 5 章　雷达观测量及数据质量提高

天气雷达发射和接收电磁波信号，由此可估计出雷达变量。从这些估计量中可以得到天气相关的基数据。在前面章节中，我们讨论了偏振雷达变量的定义以及它们包含的水凝物物理特征等信息。同样重要的是了解雷达测量和有效利用雷达数据的一些实际问题。这些问题包括雷达变量估计的采样误差、偏振测量的噪声影响、地物杂波的干扰及去除。本章将介绍偏振雷达变量估计的雷达方程和信号处理技术。同时讨论信号处理和杂波识别及滤波的最新进展，通过这些技术可以提高偏振雷达数据的质量。

5.1　偏振天气雷达系统和方程

5.1.1　偏振雷达方程和基本原理

雷达是一种遥感系统，由天线、发射机、接收机、信号处理器、显示和控制单元等子系统组成。天气雷达的基本原理在 Doviak 和 Zrnić(1984，1993，2006)，以及 Brinigi 和 Chandrasekar(2001)的著作中有详细的描述。图 5.1 给出了 WSR-88D 各子系统的示意图(Doviak et al，2000)。图中黄色高亮部分给出了原有单偏振系统的雷达数据采集系统(RDA)，红色部分给出了双偏振升级系统额外的第二个接收机。值得注意的是，图中的接收机位置是对于 KOUN WSR-88D 偏振雷达原型机而言。业务上的 WSR-88D 使用了嵌入式天线接收机。

雷达发射波电场可以表达式成如下形式：

$$\vec{E}_t(\theta,\phi) = A(\theta,\phi)\,\frac{e^{-jkr}}{r}\hat{e}_t \tag{5.1}$$

式中：$A(\theta,\phi)$是振幅，$\hat{e}_t$ 是偏振方向。在 r 距离处发射功率密度是：

$$\vec{S}(\theta,\phi) = \frac{1}{2\eta_0}\,|A(\theta,\phi)|^2\,\frac{\hat{r}}{r^2} \tag{5.2}$$

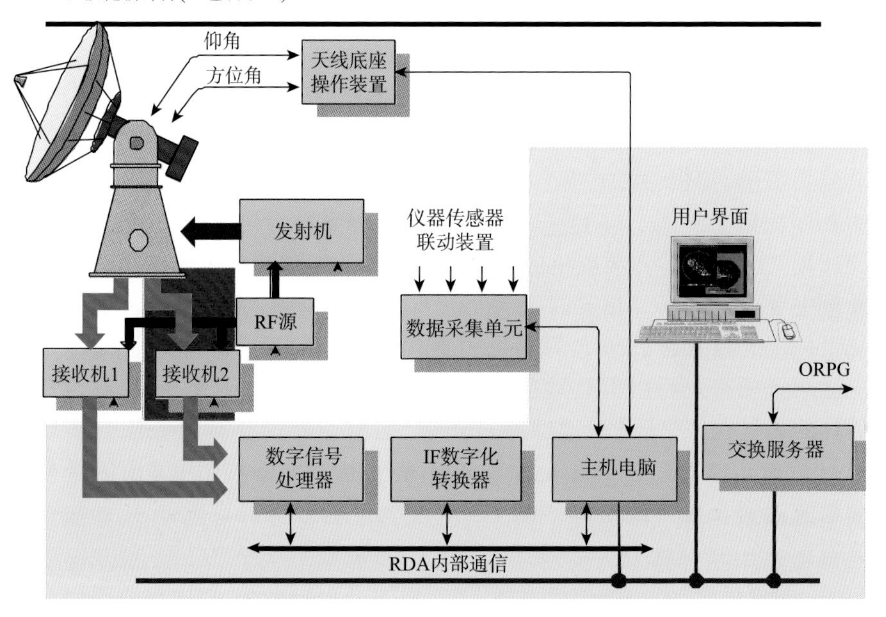

图 5.1　WSR-88D 偏振雷达系统的结构框图(引自(Doviak et al,2000))

因此,总发射功率是功率密度在封闭曲面 $4\pi r^2$ 上的积分,表达为:

$$P_t = \oint S(\theta,\phi)\mathrm{d}a = \frac{1}{2\eta_0}\oint_{4\pi} |A(\theta,\phi)|^2 \mathrm{d}\Omega \tag{5.3}$$

天线增益定义为实际功率密度对于平均功率密度(式(5.2))的比值。在计算过程中,假设总能量在所有方向是均一分布的 $P_t/(4\pi r^2)$,给定:

$$G(\theta,\phi) = \frac{|A(\theta,\phi)|^2/2\eta_0}{P_t/4\pi} \tag{5.4}$$

从式(5.4)中求解振幅 $A(\theta,\phi)$,代入式(5.1)中,得到:

$$\vec{E}_t = \sqrt{\frac{P_t\eta_0}{2\pi}}\sqrt{G_t}\frac{\mathrm{e}^{-jkr}}{r}\hat{e}_t \tag{5.5}$$

如式(4.88)和式(4.89)所表述,发射电磁波在大气中被目标物散射后向后传播回到雷达天线。接收的功率是散射功率通量密度和等效天线面积 $A_r(\theta,\phi)$ 的乘积,它与天线接收增益 $G_r(\theta,\phi)$ 有关:

$$A_r(\theta,\phi) = \frac{\lambda^2}{4\pi}G_r(\theta,\phi) \tag{5.6}$$

因此,等效天线直径的矢量为:

$$\vec{D}_p = \frac{\lambda}{\sqrt{4\pi}}\sqrt{G_r}\hat{e}_{rp} \tag{5.7}$$

在偏振雷达的情况下，方向函数变成了方向矩阵：

$$\sqrt{G} \rightarrow \overline{\overline{F}} = \begin{bmatrix} F_{\mathrm{hh}} & F_{\mathrm{hv}} \\ F_{\mathrm{vh}} & F_{\mathrm{vv}} \end{bmatrix} \tag{5.8}$$

矩阵元素可以表达为：

$$F_{pq}(\theta,\phi) = \sqrt{G_{pq}(0)}\, g_{pq}(\theta,\phi) \tag{5.9}$$

这里 $G_{pq}(0)$ 是最大增益，$g_{pq}(\theta,\phi)$ 是归一化方向函数。对角项(F_{hh}，F_{vv})和非对角项(F_{hv}，F_{vh})分别代表了共偏振和交叉偏振辐射函数。保持偏振纯度以保障准确的偏振雷达观测非常重要。图5.2给出了对于中馈式抛物线反射天线(WSR-88D雷达)均一化的共偏振和交叉偏振辐射模型(Fradin，1961)。值得注意的是，在波束中心没有交叉偏振(零值)，且四个象限存在交替相位，使得交叉偏振分量相互抵消(Zrnić et al，2010a)。因此，能得到高质量的偏振数据。

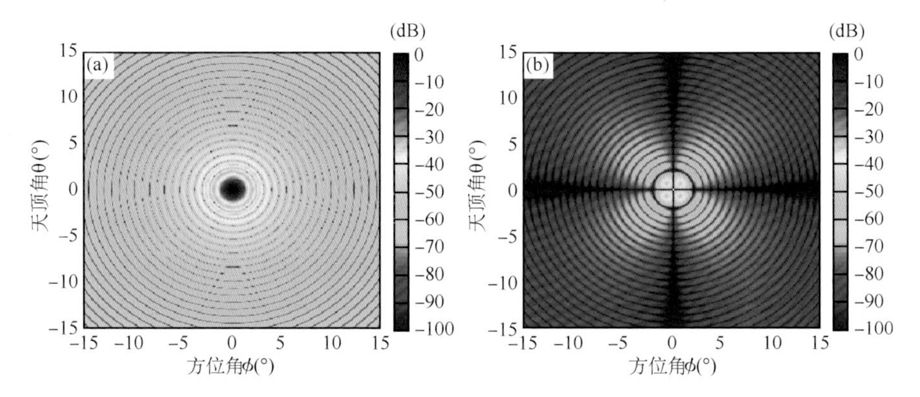

图5.2 WSR-88D天线共偏振(a)与交叉偏振(b)的辐射模型

由式(5.7)～式(5.9)，对于 q 偏振波的发射，我们得到 p 偏振的接收复电压：

$$V_{pq} = \frac{1}{\sqrt{2\eta_0}} \vec{D}_p \cdot \sum_l \vec{E}_{rl} = \frac{\lambda}{\sqrt{8\pi\eta_0}} \sqrt{\frac{P_t \eta_0}{2\pi}} \sum_l \frac{1}{r^2} \hat{e}_{rp}\, \overline{\overline{F}}\, \overline{\overline{S'_l}}\, \overline{\overline{F}} \hat{e}_{tq} \tag{5.10}$$

即：

$$\begin{bmatrix} V_{\mathrm{hh}} & V_{\mathrm{hv}} \\ V_{\mathrm{vh}} & V_{\mathrm{vv}} \end{bmatrix} = \frac{\lambda}{4\pi r^2} \sqrt{P_t} \sum_{l=1}^{N} \begin{bmatrix} F_{\mathrm{hh}} & F_{\mathrm{hv}} \\ F_{\mathrm{vh}} & F_{\mathrm{vv}} \end{bmatrix} \begin{bmatrix} s'_{\mathrm{hh}} & s'_{\mathrm{hv}} \\ s'_{\mathrm{vh}} & s'_{\mathrm{vv}} \end{bmatrix} \begin{bmatrix} F_{\mathrm{hh}} & F_{\mathrm{hv}} \\ F_{\mathrm{vh}} & F_{\mathrm{vv}} \end{bmatrix} \tag{5.11}$$

按Doviak和Zrnić(2006)推导天气雷达方程的步骤(式(4.19))，我们得到了在 q 偏振发射且发射功率为 P_{tq} 时，p 偏振的接收功率(P_{rp})如下：

$$P_{rp} = \langle |V_{pq}|^2 \rangle = \frac{\lambda^2 G^2}{(4\pi)^2 r^4} \int dv \langle n |s'_{pq}|^2 \rangle P_{tq} = P_{tq} \frac{\lambda^2 G^2 \pi \theta_1^2 c\tau}{(4\pi)^3 r^2 16\ln 2} \eta_{pq} \tag{5.12}$$

这里 $\eta_{pq} = 4\pi \langle n |s'_{pq}|^2 \rangle$ 是 q 偏振发射和 p 偏振接收的雷达反射率，θ_1 是 3 dB主波束宽度，τ 是脉冲宽度。式(5.12)就是偏振天气雷达方程。此外，还有很多不同的方法来获得偏振雷达的复电压，我们将在 5.1.2 节中介绍。

5.1.2 业务雷达偏振模式

在天气雷达设计中，复电压可以通过以下几种方法测量得到。

(1)交替发射和交替接收模式(异发异收:ATAR)。在这种模式下，只需要一个发射机和一个接收机。通过改变发射偏振从 $\hat{e}_{th} = [1\ 0]'$ 到 $\hat{e}_{tv} = [0\ 1]'$，以及接收偏振从 $\hat{e}_{rh} = [1\ 0]'$ 到 $\hat{e}_{rv} = [0\ 1]'$，雷达接收机可以得到 V_{hh}，V_{vh}，V_{hv} 和 V_{vv} 复电压。

(2)交替发射和同时接收模式(异发同收:ATSR)。在这种模式下，需要一个发射机和两个接收机。NCAR S-Pol 雷达就能够运行这种模式。首先水平偏振脉冲被发射之后水平和垂直偏振信号同时被接收，即接收机同时获得了 V_{hh} 和 V_{vh}，然后发射垂直偏振脉冲而获取 V_{hv} 和 V_{vv}。对于交替发射，则需要一个高功率切换器，这种转换器的价格和维护成本都比较高。

(3)同时发射和同时接收模式(同发同收:STSR)。不同于交替发射模式，发射波被分成了 2 路(H 和 V 通道)同时发射，且返回信号也被 2 个接收机(H 和 V)同时接收，得到 V_{hh} 和 V_{vv} 共偏振信号。这种模式无法得到交叉偏振信号，因此就假定它不存在，但这并不是真实的。目前大多数的偏振天气雷达都使用这个模式，包含美国双偏振 WSR-88D 雷达在内。同发同收模式的主要优势是不需要异发同收所需要的昂贵高功率切换器。进而，同发同收模式更容易实现，并且它的信号处理和数据分析与单偏振雷达系统相一致。同发同收模式的缺点就是需要一个严格的 40 dB 偏振隔离度，相比之下异发同收模式只需要 20 dB。这是为了确保能控制随硬件而来的干扰。否则，共偏振信号会受到天线交叉偏振泄露的影响而产生偏差。这是因为交叉偏振耦合(干扰)在同发同收模式的发射和接收中发生了 2 次，而在异发同收模式中仅在接收过程中发生一次，在发射过程并不存在。

虽然如此，同发同收模式仍然是目前天气雷达领域最广泛使用的方法，也是本章后续重点介绍的内容。一旦复电压 V_h(代表 V_{hh})和 V_v(代表

V_{vv})被确定，偏振雷达变量就可以由相关函数估计得到。

5.2 偏振雷达变量的常规估计

自相关函数(ACF)和互相关函数(CCF)(Doviak et al，2006)现在被扩展到了偏振天气雷达信号中(复电压 V_h 和 V_v)。正如式(5.10)给出的，复电压和雷达接收到的粒子散射波场成正比，除了比例常数不同，信号统计量也和散射波场相同。正如式(4.14)给出的，天气雷达信号的相关函数满足高斯分布(Janssen et al，1985；Doviak et al，2006)。现在将自相关函数和互相关函数扩展到包含了水平和垂直偏振信号。

设置延迟时间 $\tau=nT_s$，其中 $n=0,1,2,\cdots,N$ 为延迟节数，T_s 为脉冲重复时间(pulse repetition time, PRT)。注意到 $k_d=2k=\frac{4\pi}{\lambda}$是收发一体的单站雷达观测的双程后向散射波数。在式(4.14)中的时间相关项是：

$$\rho(nT_s) = \exp[-2k^2\sigma_v^2(nT_s)^2] = \exp\left[-\frac{(nT_s)^2}{2\tau_c^2}\right] \tag{5.13}$$

式中：相关时间为 $\tau_c=\frac{\lambda}{4\pi\sigma_v}$，其中 λ 是波长，σ_v 是谱宽。

注意到 2π 周期的相位变化，产生了径向速度测量范围的限制，即奈奎斯特(Nyquist)速率$[-v_N, v_N]$，$v_N=\frac{\lambda}{4T_s}$。因此式(4.14)中的相位项变成：

$$\exp(2jkv_r nT_s) = \exp\left(\frac{j\pi n v_r}{v_N}\right) \tag{5.14}$$

用式(5.13)和式(5.14)，将式(4.14)扩展到偏振雷达，得到了如下的自相关函数期望值：

$$R_{h,v}(nT_s) \equiv \langle V_{h,v}^*(t+nT_s)V_{h,v}(t)\rangle = S_{h,v}\rho(nT_s)\exp\left(\frac{j\pi n v_r}{v_N}\right) + \mathbb{N}_{h,v}\delta_m \tag{5.15}$$

以及互相关函数的期望值：

$$C_{hv}(nT_s) \equiv \langle V_h^*(t+nT_s)V_v(t)\rangle = \sqrt{S_h S_v}\rho_{hv}\rho(nT_s)\exp\left(\frac{j\pi n v_r}{v_N} + j\phi_{dp}\right) \tag{5.16}$$

这里下标 h，v 和 hv 分别代表了 H 通道、V 通道以及同时使用了 H 和 V 通道(即 $C_{hv}(nT_s)$)。与 Doviak 和 Zrnić(2006)的书中保持一致，S 标记为信

号功率 $S \equiv P_S$。ρ_{hv} 是 lag 0 共偏相关系数，ϕ_{dp} 是差分相位。如果主波束完全匹配（不考虑采样过程中的天线转动），H 和 V 通道的平均多普勒速率 v_r 和相关时间 τ_c 几乎一致（即 $v_{rh}=v_{rv}=v_r$）（Bringi et al，2001；Melnikov et al，2007；Sachidananda et al，1985，1986）。

让 $V_h(m)$ 和 $V_v(m)$ 分别作为水平和垂直通道的共偏振（HH 和 VV）信号（时间序列数据），让 $V_{hv}(m)$ 作为交叉偏振信号（参数 m 代表第 m 个样本或脉冲），这样，相关函数可以由时间序列 $V_h(m)$ 和 $V_v(m)$ 估计得到。在式（5.15）和式（5.16）中的集合平均由时间平均代替，则自相关函数和互相关函数由下式表达：

$$\hat{R}_{h,v}(n)=\frac{1}{M-n}\sum_{m=1}^{M-n}V_{h,v}^{*}(m+n)V_{h,v}(m) \tag{5.17}$$

$$\hat{C}_{hv}(n)=\frac{1}{M-n}\sum_{m=1}^{M-n}V_{h}^{*}(m+n)V_{v}(m) \tag{5.18}$$

这里“^”表示估计值，M 为脉冲样本数。一旦得到了相关估计，就可以估计偏振雷达量或偏振数据。在这一节，我们讨论不考虑噪声（$\mathbb{N}_{h,v}=0$）的常规估计方法。在下一节，我们将介绍一种更为先进的能去除噪声干扰的方法。

5.2.1 反射率因子

如果忽略噪声影响，反射率因子可以从包含了采样误差的功率估计得到。总的共偏振功率是由瞬时功率的平均得到的，可以写成：

$$\hat{P}_{h,v}=\hat{R}_{h,v}(0)=\frac{1}{M}\sum_{m=1}^{M}|V_{h,v}(m)|^2 \tag{5.19}$$

对式（5.15）计算样本平均，并且假定一个平稳随机过程，可以容易地得到如下估计量的期望值：

$$\langle\hat{P}_{h,v}\rangle=\frac{1}{M}\sum_{m=1}^{M}\langle|V_{h,v}^{(s)}(m)|^2\rangle=P_{sh,sv}\equiv S_{h,v} \tag{5.20}$$

显而易见，功率估计的期望值就是平均信号功率。

因为在式（5.19）中使用了有限脉冲数的时间平均，功率估计的采样误差需要量化。根据天气雷达信号处理理论（Doviak 和Zrnić，1993），功率估计的方差是：

$$\mathrm{var}(\hat{P}_{h,v})=\langle\hat{P}_{h,v}^2\rangle-\langle\hat{P}_{h,v}\rangle^2=\frac{S_{h,v}^2}{M_I} \tag{5.21}$$

功率估计的标准差是：

$$\mathrm{SD}(\hat{P}_{h,v})=\frac{S_{h,v}}{\sqrt{M_I}} \tag{5.22}$$

这里 $M_{\mathrm{I}}=\dfrac{T_{\mathrm{d}}}{\sqrt{\pi}\tau_{\mathrm{c}}}$是独立样本数，它与相关时间 τ_{c} 和驻留时间 $T_{\mathrm{d}}(T_{\mathrm{d}}=MT_{\mathrm{s}})$ 有关。对 3 GHz 频率的 S 波段雷达，当 $\sigma_v=1$ 和 4 m · s^{-1}时，相关时间 $\tau_{\mathrm{c}}=\dfrac{\lambda}{4\pi\sigma_v}$分别约为 8.0 和 2.0 ms。因为 WSR-88D 的多普勒模式使用0.8 ms的短脉冲重复时间，所以脉冲间高度相关，径向速度可以被准确估计。3.2 ms的长脉冲重复时间仅用于警戒模式，以避免距离模糊。

从式(5.22)可见，反射率因子估计的标准差(和功率估计成正比)用 dB 单位表示如下：

$$\mathrm{SD}(\hat{Z}_{\mathrm{H,V}})\approx 10\lg\left[1+1/\sqrt{M_{\mathrm{I}}}\right] \tag{5.23}$$

图 5.3a 给出了在不同谱宽的情况下，S 波段(3 GHz)雷达的反射率因子标准差随驻留时间而变化的情况。2.0 dB 的标准差对应于在 $\sigma_v=4$ m · s^{-1}时驻留时间约为 12 ms 和在 $\sigma_v=1$ m · s^{-1}时驻留时间约为 43 ms。这个驻留时间决定了雷达能使用的最大脉冲数。

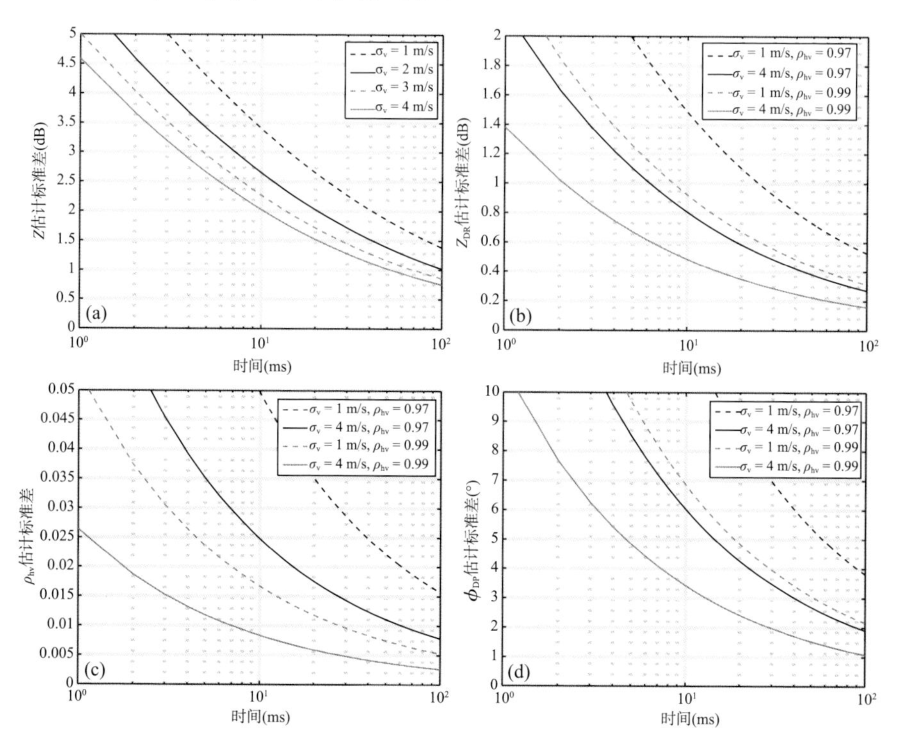

图 5.3　在不同谱宽下，S 波段(3 GHz)偏振量估计的标准差随驻留时间的变化

(a)反射率因子；(b)差分反射率；(c)共偏相关系数；(d)差分相位

5.2.2 差分反射率

差分反射率是水平和垂直回波功率估计的比值，由下列公式表示：

$$\hat{Z}_{DR} = 10\lg\left(\frac{\hat{P}_h}{\hat{P}_v}\right) \tag{5.24}$$

因此，差分反射率的期望值是：

$$\langle \hat{Z}_{DR} \rangle = 10\lg\left|\frac{\langle \hat{P}_h \rangle}{\langle \hat{P}_v \rangle}\right| = 10\lg\left(\frac{P_h}{P_v}\right) = Z_{DR} \tag{5.25}$$

因为 $Z_{DR} = Z_{DR}(P_h, P_v)$，所以采样/波动误差可以表达为：

$$\delta Z_{DR} = \frac{\partial Z_{DR}}{\partial P_h}\delta P_h + \frac{\partial Z_{DR}}{\partial P_v}\delta P_v = \frac{10}{\ln 10}\left(\frac{\delta P_h}{P_h} - \frac{\delta P_v}{P_v}\right) \tag{5.26}$$

和

$$\begin{aligned} \mathrm{var}(\hat{Z}_{DR}) &= \langle |\delta Z_{DR}|^2 \rangle \\ &= \left(\frac{10}{\ln 10}\right)^2 \left[\frac{\mathrm{var}(\hat{P}_h)}{P_h^2} + \frac{\mathrm{var}(\hat{P}_v)}{P_v^2} - 2\,\frac{\mathrm{cov}(\hat{P}_h, \hat{P}_v)}{P_h P_v}\right] \\ &= \left(\frac{10}{\ln 10}\right)^2 \left[\frac{2}{M_I}(1 - \rho_{hv}^2)\right] \end{aligned} \tag{5.27}$$

偏振量的精确性对其在天气上的量化应用非常关键。然而，偏振量估计的精度高度依赖于雷达系统性能和信噪比（SNR 将在下一节讨论）。差分反射率 Z_{DR} 估计的标准差是式(5.27)的平方根，也就是：

$$\mathrm{SD}(\hat{Z}_{DR}) \approx 4.343\sqrt{\frac{2}{M_I}(1 - \rho_{hv}^2)} \tag{5.28}$$

在 $\rho_{hv} = 0.99$ 和 0.97，且谱宽 $\sigma_v = 1.0$ 和 4.0 $\mathrm{m \cdot s^{-1}}$ 时，Z_{DR} 估计的标准差随驻留时间的变化见图 5.3b。由图中可见，当标准差为 0.4 dB，谱宽 σ_v 为 1 $\mathrm{m \cdot s^{-1}}$ 时，对应驻留时间为 60 ms。此时，如果脉冲重复时间为 3.0 ms，则需要 20 个脉冲。

5.2.3 共偏(互)相关系数

共偏（互）相关系数（ρ_{hv}）是一个非常重要的偏振量，可用于判断硬件性能、数据质量和水凝物相态。它可以由下式估计：

$$\hat{\rho}_{hv} = \frac{|\hat{C}_{hv}(0)|}{\sqrt{\hat{P}_h \hat{P}_v}} \tag{5.29}$$

与差分反射率的估计误差类似，相关系数的标准差可以近似由下式表达(Doviak et al,1993)：

$$SD(\hat{\rho}_{hv})=\sqrt{\frac{(1-\rho_{hv}^{2})^{2}}{2M_{I}}}=\frac{1-\rho_{hv}^{2}}{\sqrt{2M_{I}}} \tag{5.30}$$

对于谱宽为1.0和4.0 m·s^{-1},共偏相关系数分别为0.99和0.97的标准差如图5.3c所示。显然,20个长脉冲(60 ms)可以使SD($\hat{\rho}_{hv}$)<0.007。

5.2.4 差分相位

差分相位(ϕ_{DP})和其推导量差分相位率(K_{DP})可用于定量降水估计(QPE),它不存在反射率因子观测偏差和误差而引起的定量降水估计问题。差分相位估计以及它的标准差可以近似由下式得到:

$$\hat{\phi}_{DP}=\frac{180}{\pi}\angle\hat{C}_{hv}(0) \tag{5.31}$$

以及

$$SD(\hat{\phi}_{DP})=\frac{180}{\pi\rho_{hv}}\sqrt{\frac{1-\rho_{hv}{}^{2}}{2M_{I}}} \tag{5.32}$$

结果见图5.3d。大于60 ms(20个长脉冲)的驻留时间就能满足3.0°的ϕ_{DP}最大标准差要求。正如式(5.28)、式(5.30)和式(5.32)所示,偏振量的准确估计本质上要依赖于共偏相关系数的值:相关系数越高,偏振量估计越准确。因为对双偏振信号间的相关性要求越高,对雷达硬件的性能要求也越高:任何H和V通道间的不一致或信号的不稳定都将影响到双偏振测量精度。

5.2.5 径向速度和谱宽

由式(4.15)和(4.16),径向速度和谱宽可以由自相关函数估计得到:

$$\hat{v}_{r}=\angle\hat{R}_{h,v}(T_{s})\times\lambda/(4\pi T_{s}) \tag{5.33}$$

$$\hat{\sigma}_{v}=\{2\ln[|\hat{R}_{h,v}(0)|/|\hat{R}_{h,v}(T_{s})|]\}^{1/2}\times\lambda/(4\pi T_{s}) \tag{5.34}$$

径向速度估计和谱宽估计的标准差可以由Doviak和Zrnić(1993;式(6.22))得到:

$$SD(\hat{v}_{r})=\frac{\lambda}{4\pi\rho(T_{s})T_{s}\sqrt{2M}}[1-\rho^{2}(T_{s})]^{1/2} \tag{5.35}$$

$$SD(\hat{\sigma}_{v})=\frac{\lambda^{2}}{16\pi^{2}\rho(T_{s})\sigma_{v}T_{s}^{2}\sqrt{2M}}[(1-\rho^{2}(T_{s}))^{2}]^{1/2} \tag{5.36}$$

40 ms的驻留时间可以满足S波段1 m·s^{-1}的精度要求,这没有偏振量要求那么严格。

5.3 多节(M-lag)相关估计

正如5.2节提到的，信号噪声在偏振量估计及误差分析时易被忽略。然而噪声会导致变量估计和偏振数据的偏差和额外误差，信噪比降低的时候数据质量也会变差。这限制了偏振数据只能用在高信噪比区域。例如，大多数的水凝物分类算法和降水估计仅能使用信噪比大于5 dB的Z_{DR}和ρ_{hv}数据(Park et al,2009)。

已经有一些研究尝试来修正由噪声功率带来的偏差。例如，信号功率通过在自相关估计中减去噪声功率$\hat{\mathbb{N}}_{h,v}$：

$$\hat{P}^{(c)}_{sh,sv}=|\hat{R}_{h,v}(0)|-\hat{\mathbb{N}}_{h,v} \tag{5.37}$$

然后，相应地修正偏振量Z_{DR}和ρ_{hv}。以下是订正Z_{DR}和ρ_{hv}噪声偏差的另一种方式：

$$\hat{Z}^{(c)}_{DR}=\hat{Z}_{DR}+10\cdot\lg\left(\frac{1+1/SNR_v}{1+1/SNR_h}\right) \tag{5.38}$$

$$\hat{\rho}^{(c)}_{hv}=\hat{\rho}_{hv}\sqrt{(1+1/SNR_h)(1+1/SNR_v)} \tag{5.39}$$

这里SNR_h和SNR_v分别是水平和垂直通道的信噪比值。

然而，在实际应用中，准确估计噪声功率并且修正它们非常困难，因为噪声功率取决于多变的天气环境。也就是说，噪声功率的估计和修正与波束指向有关(Ivic,2014;Ivic et al,2013)，WSR-88D系统就是这样实现的。

还有一些其他的研究也尝试着降低噪声来改善偏振数据质量。例如，由Hubbert等(2003)提出的可以有效地应用于低信噪比区的线性退偏比(LDR)估计方法。该方法使用了时间序列的交叉偏振之间的协方差取代了交叉偏振的自协方差来计算交叉偏振功率。另外，1-lag估计方法被提出，它从一节(lag 1)延迟相关计算Z_{DR}和ρ_{hv}(Melnikov et al,2007)。1-lag不使用零延迟数据估计Z_{DR}和ρ_{hv}，因此它的两个参数不受噪声影响，是无偏的。此外，当谱宽小于6 m·s^{-1}且信噪比大于5 dB时，1-lag的Z_{DR}和ρ_{hv}的标准差在本质上与常规估计方法一样；在谱宽较大时，1-lag的标准差比常规算法要大(Doviak et al,2006)。所以，为了减小偏振量估计的噪声影响，我们发展了M-lag相关估计方法(Lei et al,2012)。基于一个事实，就是不使用零延迟的相关估计不受噪声偏差影响。M-lag相关估计法最初设计用于改进天线分集干涉技术测量横向风速(Zhang et al,2007;Zhang et al,2004b)，之后扩展到估计偏振雷达变量。

5.3.1　M-lag 相关估计的概念

M-lag 的基本原理是使用大量可用的且有信息量的延迟相关估计来拟合高斯函数，可以在低信噪比区得到比常规方法更准确的基数据。M-lag 依赖于天气信号的相关时间（与谱宽成反比），除了零延迟相关外，可能是 2、3 或 4 等，它们被相应地称作 2-lag，3-lag，4-lag 和 M-lag 延迟算子（Lei，2009；Lei et al，2009b）。

为了解释这个方法，图 5.4 给出了实测与模拟的天气信号相关估计结果。图 5.4a 给出了 NCAR 的多天线廓线雷达 MAPR 的实测数据（Zhang et al，2004b）。图中有一个零延迟自相关（没使用互相关）估计的强峰值。图 5.4b 给出了用 Zrnić（1975）的方法模拟的天气信号结果。在该个例中，频率是 3 GHz，脉冲数目是 128，脉冲重复时间是 0.001 s。图中给出了 3 dB 信噪比和 3 m・s^{-1} 谱宽的拟合高斯函数和模拟估计。原始的自相关函数估计由点线表示，2-lag 和 4-lag 估计的高斯曲线分别由虚线和实线表示。因为拟合时未使用零延迟的自相关函数，高斯函数的拟合结果得到了比常规脉冲对（pulse pair processor，PPP）方法更好的谱数据。其中常规脉冲对方法使用独立测量的噪声功率来估计零延迟自相关函数中的信号功率。拟合的高斯函数被用来计算雷达常规量（即功率、速度、谱宽等）以及偏振量。详细的拟合过程和雷达变量估计将在下一节详细阐述。

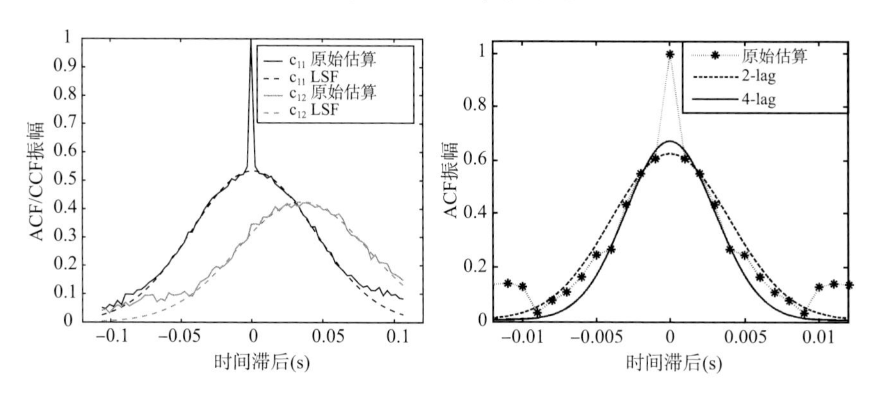

图 5.4　M-lag 相关估计的概念

(a)MAPR 雷达信号；(b)模拟天气信号

5.3.2　基本表达式

回顾式(5.15)和式(5.16)的自相关函数和互相关函数表达式，我们得到：

$$R_{\mathrm{h,v}}(nT_{\mathrm{s}})=P_{\mathrm{sh,sv}}\exp\left[-\frac{(nT_{\mathrm{s}})^2}{2\tau_{\mathrm{c}}^2}\right]\exp\left(-\frac{j\pi n v_{\mathrm{r}}}{v_{\mathrm{N}}}\right)+\mathbb{N}_{\mathrm{h,v}}\delta_n \tag{5.40}$$

$$C_{\mathrm{hv}}(nT_{\mathrm{s}})=\sqrt{P_{\mathrm{sh}}P_{\mathrm{sv}}}\rho_{\mathrm{hv}}\exp\left[-\frac{(nT_{\mathrm{s}})^2}{2\tau_{\mathrm{c}}^2}\right]\exp\left(-\frac{j\pi n v_{\mathrm{r}}}{v_{\mathrm{N}}}+j\phi_{\mathrm{dp}}\right) \tag{5.41}$$

对式(5.40)的两边取自然对数，则自相关函数的期望值可以重新写成：

$$y_n=\ln(|R_{\mathrm{h,v}}(nT_{\mathrm{s}})|)=an^2T_{\mathrm{s}}^2+b \tag{5.42}$$

式中：$n=1,2,3,\cdots,a=-\frac{1}{2\tau_{\mathrm{c}}^2},b=\ln(S_{\mathrm{h,v}})$。之后，$y_n$ 的估计值可以由 $\hat{y}_n=\ln(|\hat{R}_{\mathrm{h,v}}(nT_{\mathrm{s}})|)$ 得到（"ˆ"表示估计值）。同时使用自相关函数的期望和估计可以得到代价函数 $J(a,b)$：

$$\begin{aligned}J(a,b)&=\sum_{n=1}^{N}(n^2aT_{\mathrm{s}}^2+b-\hat{y}_n)^2\\&=a^2T_{\mathrm{s}}^4\sum_{n=1}^{N}n^4+2abT_{\mathrm{s}}^2\sum_{n=1}^{N}n^2-2aT_{\mathrm{s}}^2\sum_{n=1}^{N}n^2\hat{y}_n\\&\quad+Nb^2-2b\sum_{n=1}^{N}\hat{y}_n+\sum_{n=1}^{N}\hat{y}_n^2\end{aligned} \tag{5.43}$$

这里 N 是使用的延迟数且 $N\geqslant 2$（例如，如果 $N=3$ 表示使用了 1,2 和 3 延迟数据）。$\hat{a}$（或 $\hat{b}$）是 N 延迟拟合高斯函数系数 a（或 b）的最优估计，它们由最小化代价函数（式(5.43)）得到：

$$\begin{cases}\dfrac{\partial J(\hat{a},\hat{b})}{\partial\hat{a}}=0\\[2ex]\dfrac{\partial J(\hat{a},\hat{b})}{\partial\hat{b}}=0\end{cases}$$

同时求解两个方程得到 $\hat{a}$ 和 $\hat{b}$，也可以写成以下的简化形式：

$$\hat{a}=\frac{30\sum_{n=1}^{N}[6n^2-(N+1)(2N+1)]\hat{y}_n}{T_{\mathrm{s}}^2N(N-1)(N+1)(2N+1)(8N+11)} \tag{5.44}$$

$$\hat{b}=\frac{6\sum_{n=1}^{N}(3N^2+3N-1-5n^2)\hat{y}_n}{N(N-1)(8N+11)} \tag{5.45}$$

式中：$N\geqslant 2$。

从以上的公式以及 $\hat{a},\hat{b},\hat{y}_n$ 的定义，H 和 V 通道的 M-lag 功率和谱宽的表达式可以写成：

$$\hat{P}_{\mathrm{sh,sv}}^{(N)} \equiv \hat{S}_{\mathrm{h,v}}^{(N)} = |\hat{R}_{\mathrm{h,v}}^{(N)}(0)| = \exp\left\{\frac{6\sum_{n=1}^{N}[(3N^2+3N-1-5n^2)\ln(|\hat{R}_{\mathrm{h,v}}(nT_{\mathrm{s}})|)]}{N(N-1)(8N+11)}\right\} \quad (5.46)$$

$$\hat{\sigma}_{\mathrm{h,v}}^{(N)} = \frac{\lambda\sqrt{-2\hat{a}}}{4\pi} = \frac{\lambda\sqrt{2}}{4\pi}\sqrt{-\frac{30\sum_{n=1}^{N}\{[6n^2-(N+1)(2N+1)]\ln(|\hat{R}_{\mathrm{h,v}}(nT_{\mathrm{s}})|)\}}{T_{\mathrm{s}}^2 N(N-1)(N+1)(2N+1)(8N+11)}} \quad (5.47)$$

这里上标(N)表示N节延迟估计。用式(5.46)估计的信号功率,可以求得差分反射率估计:

$$\hat{Z}_{\mathrm{DR}}^{(N)} = 10 \cdot \lg\left(\frac{\hat{P}_{\mathrm{sh}}^{(N)}}{\hat{P}_{\mathrm{sv}}^{(N)}}\right) \quad (5.48)$$

为了计算共偏相关系数,用数据拟合高斯函数得到互相关函数(式(5.41)),与从式(5.44)和式(5.45)估计自相关函数的方法类似。唯一不同之处,是要同时使用负延迟、零延迟和正延迟,具体地说,$n=-N,-(N-1),\cdots,-1,0,1,\cdots,N$,因为互相关函数非对称,且零延迟不受噪声影响、无偏差。在应用类似最小二乘法估计自相关函数之后,互相关函数的拟合结果如下:

$$|\hat{C}_{\mathrm{hv}}^{(N)}(0)| = \exp\left\{\frac{3\sum_{n=-N}^{N}[(3N^2+3N-1-5n^2)\ln(|\hat{C}_{\mathrm{hv}}(nT_{\mathrm{s}})|)]}{(2N-1)(2N+1)(2N+3)}\right\} \quad (5.49)$$

共偏相关系数为:

$$\hat{\rho}_{\mathrm{hv}}^{(N)} = \frac{|\hat{C}_{\mathrm{hv}}^{(N)}(0)|}{\sqrt{\hat{P}_{\mathrm{sh}}^{(N)}\hat{P}_{\mathrm{sv}}^{(N)}}} \quad (5.50)$$

M-lag 方法可以从自相关函数和互相关函数的角度数据得到多普勒速度v_{r}和差分相位ϕ_{DP}。平均的多普勒速度可以通过直线拟合多延迟的自相关函数无折叠相位角来估计:

$$\hat{v}_{\mathrm{rh,rv}}^{(N)} = -\frac{1}{N}\sum_{n=1}^{N}\left\{\frac{v_N}{n\pi}[\angle\hat{R}_{\mathrm{h,v}}(nT_{\mathrm{s}})+2\pi q_n]\right\} \quad (5.51)$$

这里q_n是N延迟无折叠相位的整数。类似地,差分相位是通过拟合互相关函数的相位角来得到,即:

$$\hat{\phi}_{\mathrm{DP}}^{(N)} = \frac{180}{2\pi(N+1)}\sum_{n=0}^{N}\angle[\hat{C}_{\mathrm{hv}}(nT_{\mathrm{s}})\hat{C}_{\mathrm{hv}}(-nT_{\mathrm{s}})] \quad (5.52)$$

互相关函数是正负延迟计算，它能抵消多普勒相位偏移（Sachdannada et al，1989）。

式(5.46)～(5.52)包含了 M-lag 估计方法功率、谱宽、差分反射率、共偏相关系数、多普勒速度和差分相位的一般表达式。例如，如果 $N=4$，这就意味着使用 lag 1，lag 2，lag 3 和 lag 4 的自相关函数延迟数据及 lag 0，lag±1，lag±2，lag±3 和 lag±4 的互相关函数延迟数据来估计偏振量。N 值取决于信噪比、脉冲累计数、谱宽、噪声等。以相位估计为基础的多普勒速度和差分相位比较直接，它们由不同延迟自相关函数/互相关函数相位角线性平均计算得到。当 $N=2,3,4$ 时，下一节详细给出了由自相关函数/互相关函数估计所表达的 M-lag 相关估计算子。

5.3.3 特定估计算子

5.3.3.1 2-lag 估计算子

2-lag 估计使用自相关函数的 lag 1、lag 2 及互相关函数 lag 0、lag±1 和 lag±2 来估计偏振量。把 $N=2$ 代入式(5.46)～(5.52)，得到估计功率、谱宽、差分反射率和相关系数的公式：

$$\hat{P}^{(2)}_{\mathrm{sh,sv}} = \frac{|\hat{R}_{\mathrm{h,v}}(T_s)|^{\frac{4}{3}}}{|\hat{R}_{\mathrm{h,v}}(2T_s)|^{\frac{1}{3}}} \tag{5.53}$$

$$\hat{\sigma}^{(2)}_{\mathrm{h,v}} = \frac{\lambda}{\sqrt{24}\pi T_s} \cdot \sqrt{\ln|\hat{R}_{\mathrm{h,v}}(T_s)| - \ln|\hat{R}_{\mathrm{h,v}}(2T_s)|} \tag{5.54}$$

$$\hat{Z}^{(2)}_{\mathrm{DR}} = 10 \cdot \log\left(\frac{|\hat{R}_{\mathrm{h}}(T_s)|^{\frac{4}{3}}}{|\hat{R}_{\mathrm{h}}(2T_s)|^{\frac{1}{3}}} \cdot \frac{|\hat{R}_{\mathrm{v}}(2T_s)|^{\frac{1}{3}}}{|\hat{R}_{\mathrm{v}}(T_s)|^{\frac{4}{3}}}\right) \tag{5.55}$$

$$\hat{\rho}^{(2)}_{\mathrm{hv}} = |\hat{C}^{(2)}_{\mathrm{hv}}(0)| \cdot \frac{(|\hat{R}_{\mathrm{h}}(2T_s)| \cdot |\hat{R}_{\mathrm{v}}(2T_s)|)^{\frac{1}{6}}}{(|\hat{R}_{\mathrm{h}}(T_s)| \cdot |\hat{R}_{\mathrm{v}}(T_s)|)^{\frac{2}{3}}} \tag{5.56}$$

这里 $|\hat{C}^{(2)}_{\mathrm{hv}}(0)|$ 通过把 $N=2$ 代入式(5.49)得到。

对于谱宽的估计，2-lag 估计（也就是使用 lag 1 和 lag 2）在信噪比低并且谱宽较窄时（Doviak et al，1984，1993，2006；Srivastave et al，1979）比常规方法（也基于 lag 0 和 lag 1）表现得更好，如图 5.5 和图 5.6 所示。然而，其他参数，如功率、差分反射率则改善效果一般。为了降低公式指数并且改善算法性能，则需要更多的延迟（如 lag 3 或者 lag 4），下面两节将详细介绍。

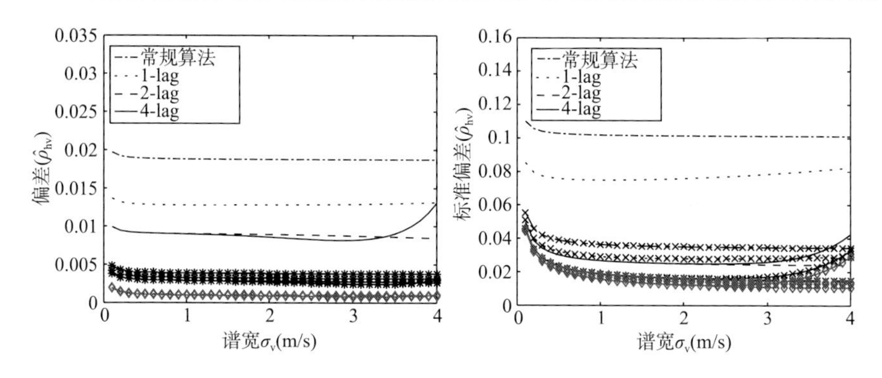

图 5.5　共偏相关系数估计的偏差和标准差

(a)噪声校正的相关系数偏差;(b)相关系数的标准差($\rho_{hv}=0.97, Z_{DR}=1$ dB, $M=128, T_s=0.001$ s, $\lambda=0.1$ m。无符号标志的线表示 SNR=0 dB,有×符号的线表示 SNR=5 dB,有◇符号的线表示 SNR=10 dB)

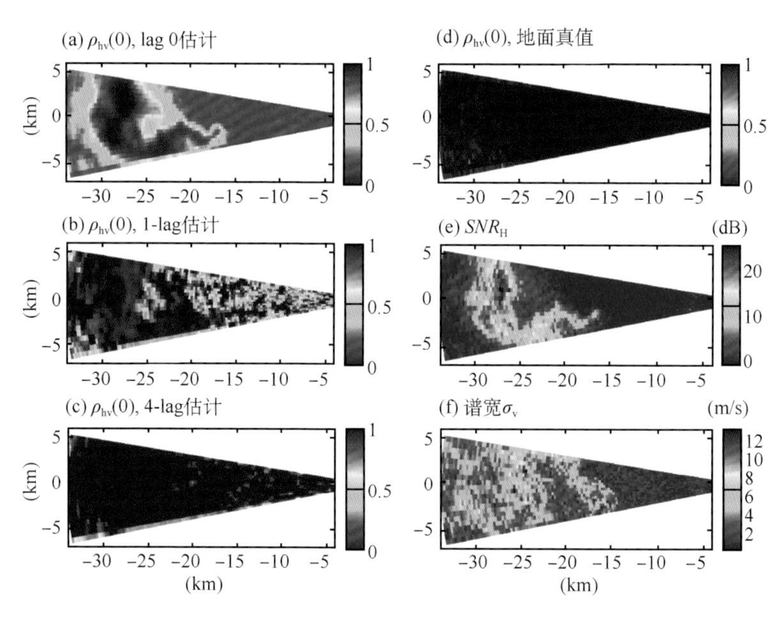

图 5.6　(a)常规、(b)一阶、(c)四阶相关估计与真实场(d)ρ_{hv},(e)SNR,(f)σ_v 的对比

5.3.3.2　3-lag 估计算子

3-lag 估计使用自相关函数的延迟 1,2,3 以及互相关函数的延迟 0,±1,±2 和±3 来估计雷达变量。3-lag 是 M-lag 一般表达式(式(5.46)～(5.52))$N=3$ 的特殊形式。把 $N=3$ 代入一般表达式中,谱宽、差分反射率以及相关系数估计由下面公式计算得到:

$$\hat{P}_{sh,sv}^{(3)} = \frac{|\hat{R}_{h,v}(T_s)|^{\frac{6}{7}} \cdot |\hat{R}_{h,v}(2T_s)|^{\frac{3}{7}}}{|\hat{R}_{h,v}(3T_s)|^{\frac{2}{7}}} \tag{5.57}$$

$$\hat{\sigma}_{h,v}^{(3)} = \frac{\lambda}{28\pi T_s} \cdot \sqrt{11 \cdot \ln|\hat{R}_{h,v}(T_s)| + 2 \cdot \ln|\hat{R}_{h,v}(2T_s)| - 13 \cdot \ln|\hat{R}_{h,v}(3T_s)|} \tag{5.58}$$

$$\hat{Z}_{DR}^{(3)} = 10 \cdot \lg \frac{|\hat{R}_h(T_s)|^{\frac{6}{7}} \cdot |\hat{R}_h(2T_s)|^{\frac{3}{7}} \cdot |\hat{R}_v(3T_s)|^{\frac{2}{7}}}{|\hat{R}_h(3T_s)|^{\frac{2}{7}} \cdot |\hat{R}_v(T_s)|^{\frac{6}{7}} \cdot |\hat{R}_v(2T_s)|^{\frac{3}{7}}} \tag{5.59}$$

$$\hat{\rho}_{hv}^{(3)} = |\hat{C}_{hv}^{(3)}(0)| \cdot \frac{[|\hat{R}_h(3T_s)| \cdot |\hat{R}_v(3T_s)|]^{\frac{1}{7}}}{[|\hat{R}_h(T_s)| \cdot |\hat{R}_v(T_s)|]^{\frac{3}{7}} \cdot [|\hat{R}_h(2T_s)| \cdot |\hat{R}_v(2T_s)|]^{\frac{3}{14}}} \tag{5.60}$$

在式(5.59)中,指数分别为 6/7,3/7 和 2/7,比式(5.55)中的 2-lag 估计的指数(大约 4/3)要小很多。在低信噪比和窄谱宽的情况下,3-lag 估计的统计结果要比 2-lag 和常规估计得要好。

5.3.3.3 4-lag 估计算子

对于谱参数和偏振量的 4-lag 估计为:

$$\hat{P}_{sh,sv}^{(4)} = \frac{|\hat{R}_{h,v}(T_s)|^{\frac{54}{86}} \cdot |\hat{R}_{h,v}(2T_s)|^{\frac{39}{86}} \cdot |\hat{R}_{h,v}(3T_s)|^{\frac{14}{86}}}{|\hat{R}_{h,v}(4T_s)|^{\frac{21}{86}}} \tag{5.61}$$

$$\hat{\sigma}_{h,v}^{(4)} = \frac{\lambda}{4\sqrt{129}\pi T_s} \cdot \sqrt{\begin{matrix} 13 \cdot \ln|\hat{R}_{h,v}(T_s)| + 7 \cdot \ln|\hat{R}_{h,v}(2T_s)| \\ -3 \cdot \ln|\hat{R}_{h,v}(3T_s)| - 17 \cdot \ln|\hat{R}_{h,v}(4T_s)| \end{matrix}} \tag{5.62}$$

$$\hat{Z}_{DR}^{(4)} = 10 \cdot \lg\left[\frac{|\hat{R}_h(T_s)|^{\frac{54}{86}} \cdot |\hat{R}_h(2T_s)|^{\frac{39}{86}} \cdot |\hat{R}_h(3T_s)|^{\frac{14}{86}} \cdot |\hat{R}_v(4T_s)|^{\frac{21}{86}}}{|\hat{R}_h(4T_s)|^{\frac{21}{86}} \cdot |\hat{R}_v(T_s)|^{\frac{54}{86}} \cdot |\hat{R}_v(2T_s)|^{\frac{39}{86}} \cdot |\hat{R}_v(3T_s)|^{\frac{14}{86}}}\right] \tag{5.63}$$

$$\hat{\rho}_{hv}^{(4)} = |\hat{C}_{hv}^{(4)}(0)| \cdot \frac{[|\hat{R}_h(4T_s)| \cdot |\hat{R}_v(4T_s)|]^{\frac{21}{172}}}{[|\hat{R}_h(T_s)| \cdot |\hat{R}_v(T_s)|]^{\frac{27}{86}} \cdot [|\hat{R}_h(2T_s)| \cdot |\hat{R}_v(2T_s)|]^{\frac{39}{172}} \cdot [|\hat{R}_h(3T_s)| \cdot |\hat{R}_v(3T_s)|]^{\frac{7}{86}}} \tag{5.64}$$

在式(5.63)和式(5.64)中,指数要比 2-lag 和 3-lag 估计得要小。因此,4-lag 估计在低信噪比、窄谱宽时效果更好(也就是长时间相关时)。越高节的延迟(如 4 节),估计在窄谱宽时能得到越好的估计。然而,最大延迟由相关时间决定(它与谱宽成反比)。如果延迟大于相关时间,则会引入更多误差,因为高节延迟自相关函数和互相关函数的相对误差要比低节延迟大一些。这是 M-lag 延迟数的限制，这个限制取决于脉冲数目、信噪比和相关时间。例如，自相关函数的绝对值可以用来加权多脉冲配对来估计多普勒速度（Lee，1978；May et al，1989）。延迟数由雷达观测参数决定，典型情况不大于相关时间（Cao et al，2012b；Lei et al，2012）

5.3.4 M-lag 估计算子的性能

M-lag 估计的效果主要通过扰动分析并与常规估计对比来检验。Lei 等（2012）模拟验证了功率、谱宽、差分反射率以及共偏相关系数的统计偏差和标准差。下面只简要描述相关系数误差分析的主要步骤及结果。

为了计算 M-lag 估计的偏差和标准差，使用了扰动分析（Zhang et al，2004b）。泰勒展开式保留到 2 阶项。例如，以下是信号功率的泰勒展开式的多变量形式：$|\hat{R}(T_s)|$，$|\hat{R}(2T_s)|$ 直至 $|\hat{R}(NT_s)|$：

$$\hat{P}_s^{(N)}(|\hat{R}(T_s)|,\cdots,|\hat{R}(NT_s)|)=$$
$$\sum_{n_1=0}^{\infty}\cdots\sum_{n_N=0}^{\infty}\left\{\frac{[|\hat{R}(T_s)|-|R(T_s)|]^{n_1}\cdots[|\hat{R}(NT_s)|-|R(NT_s)|]^{n_N}}{n_1!\cdots n_N!}\cdot\left[\frac{\partial^{n_1+\cdots+n_N}S^{(N)}}{\partial|\hat{R}(T_s)|^{n_1}\cdots\partial|\hat{R}(NT_s)|^{n_N}}\right][|R(T_s)|,\cdots,|R(NT_s)|]\right\} \tag{5.65}$$

式中：$R(T_s)$ 是 N 延迟得到的信号功率估计自相关函数；$n_1\cdots n_N$ 是对泰勒展开式每个变量的导数。类似的展开可以被用到其他雷达变量中。如果使用 N 延迟估计，$P_{sh,sv}$ 和 σ_v 都有 N 个变量，但是 Z_{DR} 有 $2N$ 个变量，ρ_{hv} 有 $4N+1$ 个变量。$S^{(N)}$ 估计值和真实值之差由下式表达：

$$\begin{aligned}\delta P_s^{(N)}&=\hat{P}_s^{(N)}[|\hat{R}(T_s)|,\cdots,|\hat{R}(NT_s)|]-P_s^{(N)}[|R(T_s)|,\cdots,|R(NT_s)|]\\&=\sum_{n_1=0}^{\infty}\cdots\sum_{n_N=0}^{\infty}\left\{\frac{[|\hat{R}(T_s)|-|R(T_s)|]^{n_1}\cdots[|\hat{R}(NT_s)|-|R(NT_s)|]^{n_N}}{n_1!\cdots n_N!}\cdot\left[\frac{\partial^{n_1+\cdots+n_N}S^{(N)}}{\partial|\hat{R}(T_s)|^{n_1}\cdots\partial|\hat{R}(NT_s)|^{n_N}}\right][|R(T_s)|,\cdots,|R(NT_s)|]\right\}\\&\quad-S^{(N)}[|R(T_s)|,\cdots,|R(NT_s)|]\\&=\sum_{n_1=0}^{\infty}\cdots\sum_{n_N=0}^{\infty}\left\{\frac{[|\hat{R}(T_s)|-|R(T_s)|]^{n_1}\cdots[|\hat{R}(NT_s)|-|R(NT_s)|]^{n_N}}{n_1!\cdots n_N!}\cdot\left[\frac{\partial^{n_1+\cdots+n_N}P_s^{(N)}}{\partial|\hat{R}(T_s)|^{n_1}\cdots\partial|\hat{R}(NT_s)|^{n_N}}\right][|R(T_s)|,\cdots,|R(NT_s)|]\right\}\end{aligned} \tag{5.66}$$

其中，$n_1,n_2,\cdots,n_N$ 泰勒展开式的各阶导数不同时等于 0。

信号功率估计 $\hat{P}_s$ 的统计偏差和方差由下式定义得到：

$$\text{bias}(\hat{P}_s^{(N)}) = \langle \delta P_s^{(N)} \rangle \tag{5.67}$$

$$\text{var}(\hat{P}_s^{(N)}) = \langle (\delta P_s^{(N)})^2 \rangle \tag{5.68}$$

把式(5.66)代入式(5.67)和式(5.68)得到偏差表达式：

$$\text{bias}(\hat{P}_s^{(N)}) = \left\langle \sum_{n_1=0}^{\infty}\cdots\sum_{n_N=0}^{\infty} \left\{ \frac{[|\hat{R}(T_s)|-|R(T_s)|]^{n_1}\cdots[|\hat{R}(NT_s)|-|R(NT_s)|]^{n_N}}{n_1!\cdots n_N!} \cdot \left[\frac{\partial^{n_1+\cdots+n_N} P_s^{(N)}}{\partial|\hat{R}(T_s)|^{n_1}\cdots\partial|\hat{R}(NT_s)|^{n_N}}\right][|R(T_s)|,\cdots,|R(NT_s)|] \right\} \right\rangle \tag{5.69}$$

以及方差的表达式：

$$\text{var}(\hat{P}_s^{(N)}) = \left\langle \left\{ \sum_{n_1=0}^{\infty}\cdots\sum_{n_N=0}^{\infty} \left\{ \frac{[|\hat{R}(T_s)|-|R(T_s)|]^{n_1}\cdots[|\hat{R}(NT_s)|-|R(NT_s)|]^{n_N}}{n_1!\cdots n_N!} \cdot \left[\frac{\partial^{n_1+\cdots+n_N} \hat{P}_s^{(N)}}{\partial|\hat{R}(T_s)|^{n_1}\cdots\partial|\hat{R}(NT_s)|^{n_N}}\right][|R(T_s)|,\cdots,|R(NT_s)|] \right\} \right\}^2 \right\rangle \tag{5.70}$$

在式(5.69)和式(5.70)中，$n_1, n_2, \cdots, n_N$ 不同时为 0。按照信号功率的偏差和方差的相同步骤，得到 $\hat{\sigma}_v^{(N)}$，$\hat{Z}_{DR}^{(N)}$，$\hat{\rho}_{hv}^{(N)}$ 的偏差和方差（见 Lei 等(2012)的详细分析）。

以共偏相关系数 $\hat{\rho}_{hv}^{(N)}$ 为例，说明在 $T_s=0.001$ s，$\lambda=0.1$ m(S 波段)时的 M-lag 估计效果。图 5.5 给出了常规、1-lag、2-lag、4-lag 估计方法的偏差和标准偏差。可以看到，在低信噪比（如 SNR<5 dB)以及谱宽小于 3.5 m · s^{-1} 时，4-lag 估计比其他方法的偏差明显小很多。然而，如图 5.5b 所示，在噪声功率有偏时，M-lag 估计相对于常规方法的改进要更大些。进一步来说，4-lag 估计的 SD($\hat{\rho}_{hv}$)在低信噪比时要明显更低（图 5.5b）。除了一些受扰动方法限制而导致的小截断误差外（Lei et al，2012，图 13)，这些理论结果和模拟结果非常一致。尽管如此，M-lag 估计要比常规估计方法更好，常规方法在噪声功率未订正时会出现低 ρ_{hv}。

图 5.6 给出了用数值天气预报(NWP)数据模拟的 M-lag 估计的 ρ_{hv} 结果。输入的雷达模拟数据是由先进区域预报系统(ARPS)数值预报模式提供的(Lei，2009；Lei et al，2009a；Xue et al，2000，2001)。预报变量包括三

维风场、位温、气压、湍流动能，以及水汽、雨水、云水、云冰、雪水、冰雹的混合比。ρ_{hv}、信噪比以及谱宽的真值是由 APRS 数据计算得到的，在图右侧给出(图 5.6d～f)。模式数据计算的相关系数真值大多数都大于 0.96，甚至在信噪比接近 0 的地方。4-lag 估计的结果比 1-lag 和常规方法更为接近真值。在这次模拟中，没有计算噪声功率，因为没有一个对所有雷达变量标准的噪声校正步骤。因此在 $\hat{\rho}_{hv}$ 的常规估计中，没有像式(5.37)那样从信号功率中减去噪声功率(图 5.6a)。和真值相比，信号功率由于忽略了噪声功率而出现了明显的偏差(图 5.6d)；信噪比小的时候偏差最大(图 5.6e)。由图 5.6c 可见，4-lag 估计明显改善了 $\hat{\rho}_{hv}$ 的估计。

Cheong 等(2013)将 M-lag 方法应用于一种低功率 X 波段偏振雷达系统(PX-1000)中。图 5.7 中反射率因子在左侧，共偏相关系数在右侧。图 5.7a 是 S 波段 KTLX WSR-88D 高灵敏度雷达的观测结果，图 5.7b 是常规方法的估计结果，图 5.7c 是 M-lag 的估计结果。显而易见，M-lag 方法得到的偏振数据比常规方法更好。KTLX 数据除了融化层 ρ_{hv} 值外均比较高，但常规方法在近距离(短脉冲)和风暴的边缘(信噪比较低)的 ρ_{hv} 值很低。一旦这些数据不修正，风暴的边缘会被视作生物散射或者混合态回波。用 M-lag 估计后，可见 ρ_{hv} 值在风暴边缘和近距离都被恢复了，且融化层的低 ρ_{hv} 也表现了出来，所有结果更为合理。

5.4　地物识别

除了噪声，地物杂波是天气雷达观测的另一个质量问题，它产生了天气雷达数据的偏差和误差，影响到了降水估计和微物理研究。地物处于静止状态，所以地物杂波可以通过用 0 速度为中心的凹口滤波器来抑制(Grogisky et al，1980)。然而，这个方法可能会引起窄带零速度天气信号的估计出现偏差，因为天气信号也被滤波器抑制。所以，最好先探测到地物的位置，然后用最优估计或者滤波方法处理那些位置的信号，以得到无偏差的高质量天气观测数据。

5.4.1　地物识别技术

通常来说，地物干扰数据可通过晴空条件下得到的静态地物杂波图来识别(Meischner，2004)。然而，地物杂波图会随着天气条件不同而改变，例如，有些地物杂波仅出现在电磁波异常传播(AP)的条件下。因此，需要一个自适应的算法来同时识别正常传播(NP)和异常传播(AP)条件下的地物杂波。

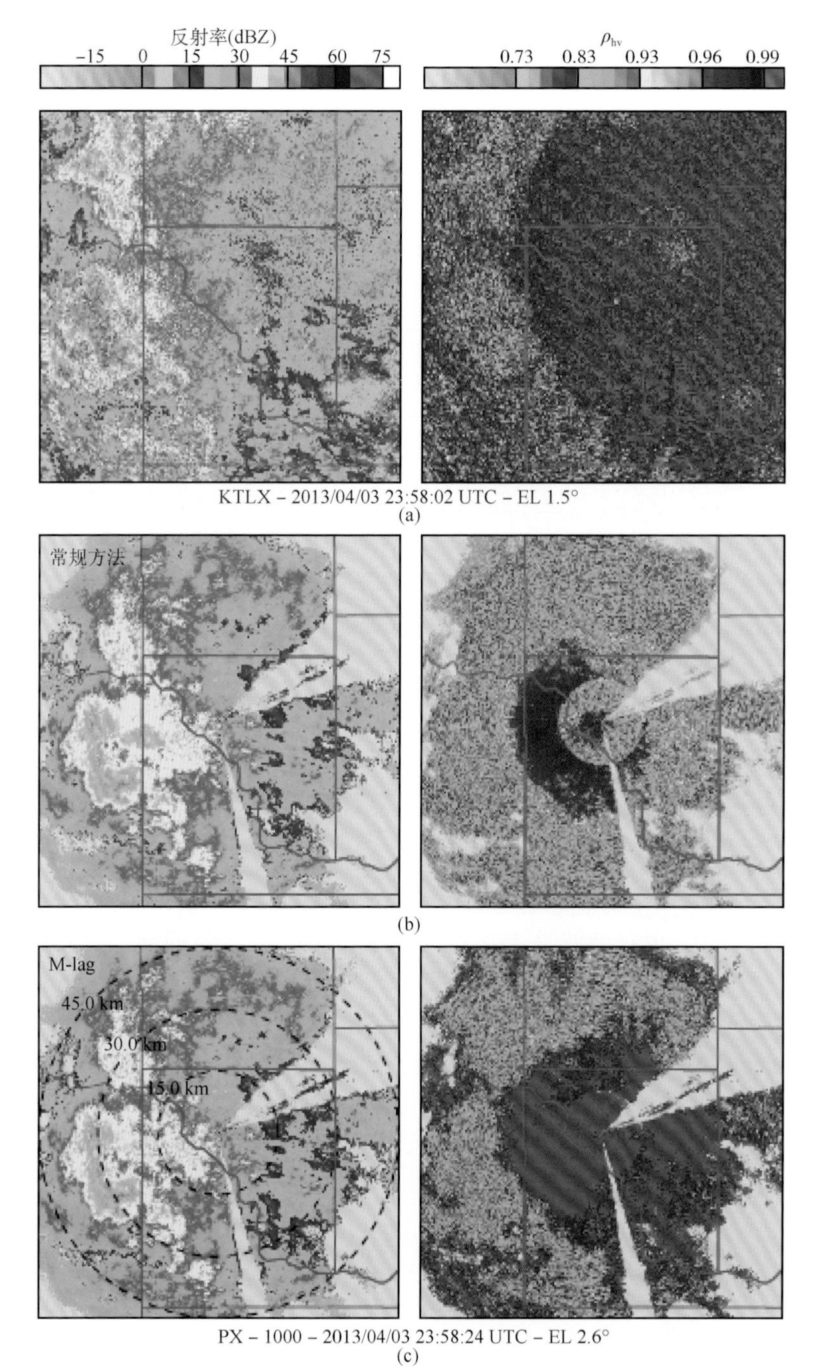

图 5.7　M-lag 估计的一个例子，X 波段 PX-1000 雷达数据(c)和常规方法比较(b)，以及 KTLX WSR-88D 偏振雷达数据对比(a)

(左侧图是反射率因子，右侧图是共偏相关系数)

其中一种自适应方法是由Lee等(1995)提出的决策树方法,该方法使用径向速度、谱宽及最小可探测信号强度,1节和2节延迟信号起伏,反射率因子的垂直梯度以及不断更新的地物杂波图来判断是否是地物/非地物回波。由Kessinger等(2003)提出的一种雷达回波分类算法(REC),已应用于美国国家气象局(National Weather Service)的WSR-88D雷达ORPG(Open Radar Product Generator)第二版软件中。它将雷达回波分为:地物(AP)、降水、昆虫和海浪杂波。另一个方法是由Steiner和Smith(2002)提出的三维反射率结构来识别NP和AP地物杂波。Hubbert等(2009a,2009b)提出了一个CMD(Clutter Mitigation Decision)算法,Ice等(2009)对该方法进行了测试,算法综合了3个判据:地物相位排序(CPA)、反射率纹理以及反射率场的空间变化(SPIN)(SPIN是反射率因子沿径向库间变化大于2 dBZ的次数,它现在用在WSR-88D雷达子系统中,用模糊逻辑方法识别地物是否存在)。近年,Torres和Warde(2014)提出了一种自适应地物处理方法(CLEAN-AP)滤波算法,它用地物杂波特征,自动识别和去除NP和AP地物杂波。目前自适应地物处理方法滤波已经在WSR-88D雷达网络中测试。

考虑到地物杂波和天气信号的谱特征的差别,Li等(2013b)提出了一种地物谱识别法(SCI),该方法包括了4个判据:地物的功率谱分布、相位谱波动、功率纹理结构、谱宽纹理。

所有地物识别方法均包含:①寻找判别因子或判据,它们是区域地物与天气回波的一组参数;②根据经验,综合这些判据决定回波信号是来自天气还是来自地物。在接下来的章节中,我们根据偏振量的特征来定义这些判据,将介绍一种简单贝叶斯分类(Simple Bayesian Classifier,SBC)方法来识别地物。

5.4.2　判据定义及特征

5.4.2.1　功率比判据

正如第4章4.2节中所讨论的,总体上,随机分布的水凝物散射,在所有方向(除了前向),产生了在时间上波动的不相干散射场和强度,而不是相干的(平均)的散射场和强度。然而,如地物之类的固定散射物可以产生相干的散射强度/功率。因此,$|\langle V\rangle|^2$和$\langle|V|^2\rangle-|\langle V\rangle|^2$的比值可用来在天气信号中识别地物杂波。为此,在时域定义功率比(PR),有M个样本:

$$\widehat{\mathrm{PR}}=\frac{\left|\langle V\rangle\right|^{2}}{\langle|V|^{2}\rangle-\left|\langle V\rangle\right|^{2}}\approx\frac{\left|\frac{1}{M}\sum_{m=1}^{M}V(m)\right|^{2}}{\frac{1}{M}\sum_{m=1}^{M}|V(m)|^{2}-\left|\frac{1}{M}\sum_{m=1}^{M}V(m)\right|^{2}} \tag{5.71}$$

式(5.71)在频域内,等价于零多普勒谱功率(直流:DC)和所有其他的总谱功率(交流:AC)的比值,但在时域上计算效率更高。由此可知,功率比在地物杂波区比较大,在天气回波区比较小。这个特征和 Hubber 等(2009b)提出的方法——地物相位排序相似,正如:

$$CPA=\frac{\left|\sum_{m=1}^{M}V(m)\right|}{\sum_{m=1}^{M}|V(m)|} \tag{5.72}$$

地物相位排序的取值从 0(天气信号)到 1(地物杂波)。式(5.71)中的功率比取值从 0(天气信号)到无穷大(地物杂波)。进一步来说,式(5.71)中的相干和非相干功率都是分别同式(4.8)和(4.9)一致的。我们在地物识别中使用以 dB 为单位的功率比 $PR=10\lg(pr)$。

考虑到三种类型的雷达回波:①地物杂波;②窄带零速度天气回波(w_0)(即 $|v_r|<1\ \mathrm{m\cdot s^{-1}}$,$\sigma_v\leqslant1\ \mathrm{m\cdot s^{-1}}$);③非零速度天气回波($w$)(即 $|v_r|>1\ \mathrm{m\cdot s^{-1}}$,$\sigma_v>1\ \mathrm{m\cdot s^{-1}}$)。因为与宽带非零速度天气回波相比,窄带零速度天气回波和地物杂波更难以区分,所以我们将天气回波分为 w 和 w_0 两类。图 5.8 给出了 c,w_0 和 w 三类的功率比概率密度函数(PDF),数据来自于 0.5°波束宽度的 C 波段双偏振 OU-PRIME 雷达。显而易见,地物杂波的功率比要比天气信号的大很多。地物杂波的功率比和非零速度天气回波之间仅有少量的重叠(重叠区<2%)。另一方面,地物杂波的功率比和窄带零速度天气回波之间存在显著的重叠(重叠区约占 35%),这两类仍需要更多的信息才能准确区分。

5.4.2.2　双偏振(dual-polarization, DP)判据

因为单偏振功率比并不足以区分窄带零速度天气回波和地物杂波,所以引入偏振信息重新定义地物杂波判别就更合理且自然。将式(5.71)中功率比的定义方法扩展到偏振信号,也包括 Z_{DR} 和 ρ_{hv},我们从偏振信号 V_h 和 V_v 得到了 4 个判别式(Li et al,2014):

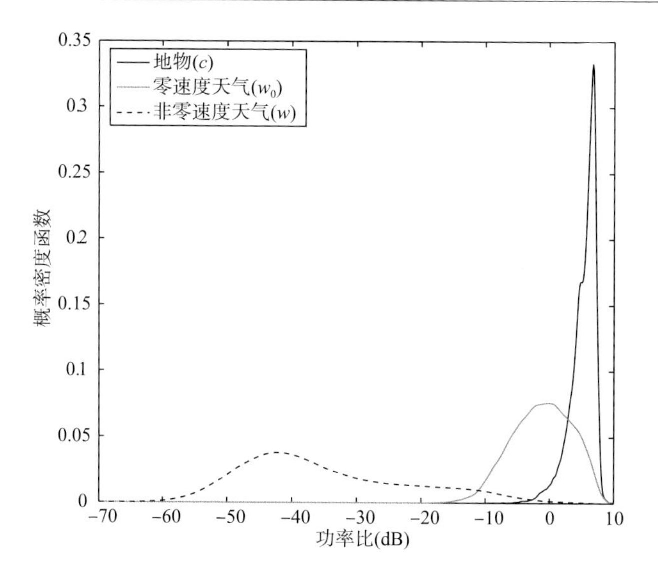

图 5.8 功率比(PR,单位:dB)的概率密度函数,OU-PRIME 雷达数据(黑实线是地物杂波,灰实线是窄带零速度天气回波(即 $|v_r|<1\ \text{m}\cdot\text{s}^{-1}$,$\sigma_v\leqslant 1\ \text{m}\cdot\text{s}^{-1}$),虚线是非零速度天气回波(即 $|v_r|>1\ \text{m}\cdot\text{s}^{-1}$,$\sigma_v>1\ \text{m}\cdot\text{s}^{-1}$))

$$\widehat{\mathrm{PR}}_{\mathrm{H}} = 10\lg\left(\frac{\left|\dfrac{1}{M}\sum_{m=1}^{M}V_{\mathrm{h}}(m)\right|^2}{\dfrac{1}{M}\sum_{m=1}^{M}|V_{\mathrm{h}}(m)|^2-\left|\dfrac{1}{M}\sum_{m=1}^{M}V_{\mathrm{h}}(m)\right|^2}\right) \tag{5.73}$$

$$\widehat{\mathrm{PR}}_{\mathrm{V}} = 10\lg\left(\frac{\left|\dfrac{1}{M}\sum_{m=1}^{M}V_{\mathrm{v}}(m)\right|^2}{\dfrac{1}{M}\sum_{m=1}^{M}|V_{\mathrm{v}}(m)|^2-\left|\dfrac{1}{M}\sum_{m=1}^{M}V_{\mathrm{v}}(m)\right|^2}\right) \tag{5.74}$$

$$\hat{Z}_{\mathrm{DR}} = 10\lg\left(\frac{\left|\dfrac{1}{M-l}\sum_{m=1}^{M-l}V_{\mathrm{h}}^*(m+l)V_{\mathrm{h}}(m)\right|}{\left|\dfrac{1}{M-l}\sum_{m=1}^{M-l}V_{\mathrm{v}}^*(m+l)V_{\mathrm{v}}(m)\right|}\right),\ l=0,1 \tag{5.75}$$

$$\hat{\rho}_{\mathrm{hv}} = \frac{\left|\dfrac{1}{M-l}\sum_{m=1}^{M-l}V_{\mathrm{h}}^*(m+l)V_{\mathrm{v}}(m)\right|+\left|\dfrac{1}{M-l}\sum_{m=1}^{M-l}V_{\mathrm{h}}(m)V_{\mathrm{v}}^*(m+l)\right|}{2\sqrt{\left|\dfrac{1}{M-l}\sum_{m=1}^{M-l}V_{\mathrm{h}}^*(m+l)V_{\mathrm{h}}(m)\right|\left|\dfrac{1}{M-l}\sum_{m=1}^{M-l}V_{\mathrm{v}}^*(m+l)V_{\mathrm{v}}(m)\right|}},$$

$$l=0,1 \tag{5.76}$$

$\widehat{PR}_H$ 和 $\widehat{PR}_V$ 分别是水平和垂直通道相干和非相干功率的比值。在式(5.73)和式(5.76)中，对于高信噪比(>20 dB)，设置 $l=0$，对于低信噪比(≤20 dB)，设置 $l=1$ 来减少噪声影响。

用 OU-PRIME 雷达观测数据，判别特征可以通过对于给定的回波类型的 PDF 进行量化评估。图 5.9 给出了 4 种判别 $\widehat{PR}_H$、$\widehat{PR}_V$、$\hat{Z}_{DR}$ 和 $\hat{\rho}_{hv}$ 的 PDF 函数。

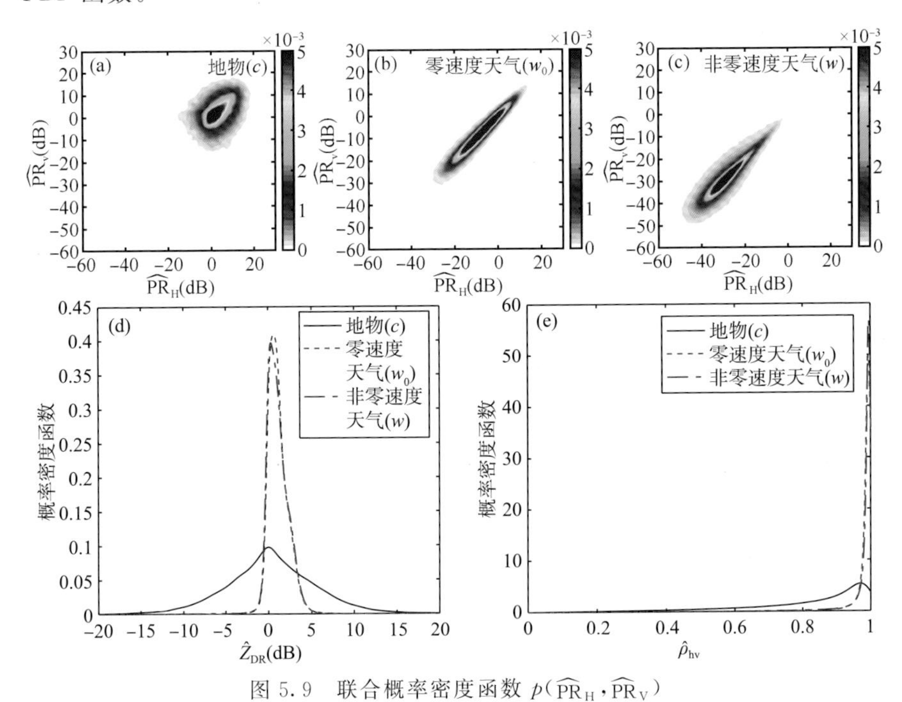

图 5.9　联合概率密度函数 $p(\widehat{PR}_H, \widehat{PR}_V)$

(a)地物杂波；(b)零速度天气回波(w_0)；(c)非零速度天气回波(w)；(d)c、w_0 和 w 三类的 $\hat{Z}_{DR}$；(e)c、w_0 和 w 三类的 $\hat{\rho}_{hv}$(引自 Li 等(2014)，IEEE)

从图 5.9a～c 可以明显地看出，对于地物杂波(图 5.9a)和非零速度天气回波(图 5.9c)$p(\widehat{PR}_H, \widehat{PR}_V)$几乎没有重叠，但是区分地物杂波和零速度天气回波 w_0 非常困难。从图 5.9d 和 5.9e 中看出，w 和 w_0 的 $\hat{Z}_{DR}$ 和 $\hat{\rho}_{hv}$ 的 PDF 几乎是一样的，且它们与地物杂波的 PDF 差异非常大。地物杂波 $\hat{Z}_{DR}$ 的变化范围要比天气回波的大很多，但它们的中值重叠。天气回波的峰值在 $\hat{\rho}_{hv}=0.995$ 处，且 $\hat{\rho}_{hv}$ 小于 0.85 时，$p(\hat{\rho}_{hv})$都等于 0。地物回波 $\hat{\rho}_{hv}$ 变化范围较大，$p(\hat{\rho}_{hv}|c)$的峰值位于 $\hat{\rho}_{hv}=0.96$ 处。因此，综合 $\widehat{PR}_H$ 和 $\widehat{PR}_V$ 以及 $\hat{Z}_{DR}$ 和 $\hat{\rho}_{hv}$ 的 PDF 能提供更多的信息，以准确区分地物与天气回波。

5.4.2.3　双扫描(dual-scan,DS)判据

考虑到水凝物回波的相关时间通常要比地物杂波的短很多,双扫描相关性可以用来区分天气回波和地物杂波(Li et al,2013a)。通常,大多数天气信号(如第4章中所讨论的)对10 cm波长雷达来说,相关时间小于10 ms($\sigma_v=1.0\ \mathrm{m\cdot s^{-1}}$时,相关时间约为8 ms),对C波段或X波段雷达甚至要更小。这些天气信号在前一个360°的方位扫描和下一个扫描并不相关。地物通常是静止的,且地物信号有更长的相关时间,时间量级为分钟。这些地物杂波信号前一扫描与后一扫描相关,这和天气信号有显著区别。

大多数业务雷达在低仰角时都有双扫描数据/模式。双扫描中,一个是反射率因子(监控)模式,另一个是同仰角的多普勒模式。这两种模式数据可以联合处理,以识别地物。WSR-88D雷达的体扫模式,在最低两个仰角(也就是0.5°和1.5°)时,每个仰角用不同脉冲重复时间连续进行2个方位扫描,以解决距离—速度模糊问题(Handbook,2006)。第一个方位扫描用长脉冲重复时间(如$T_{s1}=3.10$ ms)来观测,第二个方位扫描在同一仰角上用短脉冲重复时间(如$T_{s2}=0.973$ ms)。为了分析双扫描之间的相关性,短脉冲重复时间数据需要降分辨率重采样,和长脉冲重复时间的时间序列数据一致。

一旦两个时间序列数据在时间间隔和长度都相同时,两个扫描之间的互相关系数ρ_{12}可以由下式估计得到:

$$\hat{\rho}_{12}=\frac{\left|\frac{1}{M-l}\sum_{m=1}^{M-l}V_1^*(m+l)V_2(m)\right|+\left|\frac{1}{M-l}\sum_{m=1}^{M-l}V_1(m)V_2^*(m+l)\right|}{2\sqrt{\left|\frac{1}{M-l}\sum_{m=1}^{M-l}V_1^*(m+l)V_1(m)\right|\left|\frac{1}{M-l}\sum_{m=1}^{M-l}V_2^*(m+l)V_2(m)\right|}},\quad l=0,1 \tag{5.77}$$

式中:M是一个驻留时间的采样数,V_1是第一个扫描的电压时间序列,V_2是同一个体扫的高脉冲重复频率(PRF)观测的第二个扫描重采样的电压时间序列。

地物杂波的相关时间要比天气信号的要长很多,所以地物杂波的ρ_{12}应该比天气信号(w_0或w)要大很多。图5.10给出了地物杂波、零速度天气回波和非零速度天气信号的$\hat{\rho}_{12}$概率密度函数。正如我们所知,地物杂波总体上比天气回波的$\hat{\rho}_{12}$要大很多,PDF图上的天气和地物的重合区域也小于31%。因此,双扫相关性为从回波中识别地物提供了较为有用的信息。

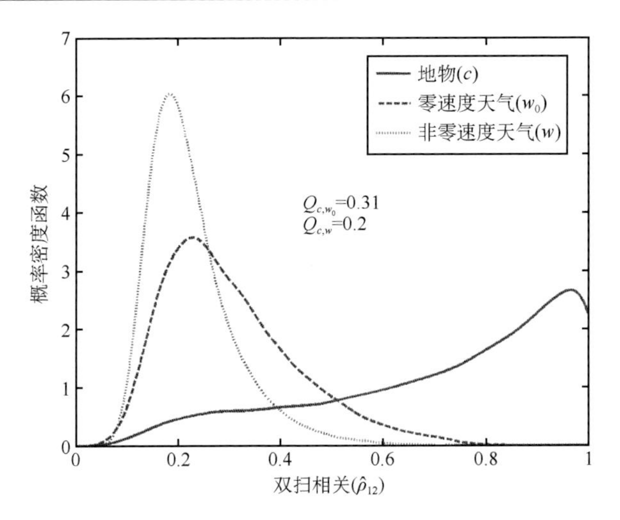

图 5.10　两个扫描之间的互相关系数 ρ_{12} 的概率密度函数，分别对地物杂波 c、零速度天气回波 w_0 和非零速度天气回波 w（引自 Li 等(2013b)，IEEE）

5.4.2.4　双偏振双扫描(DPDS)判据

正如之前所述，双扫描和双偏振都可以为地物识别提供有用信息。因此，在天气回波存在的情况下，为了能有效地识别地物杂波，把双偏振和双扫描判别结合在一起较为合理，也非常可行。

以下 10 种判别可以从第一个扫描的(V_{h1}，V_{v1})和第二个扫描的(V_{h2}，V_{v2})中估计出来：

$$\widehat{\mathrm{PR}}_{\mathrm{H1}} = 10\lg\left(\frac{\left|\frac{1}{M}\sum_{m=1}^{M} V_{\mathrm{h1}}(m)\right|^2}{\frac{1}{M}\sum_{m=1}^{M}\left|V_{\mathrm{h1}}(m)\right|^2 - \left|\frac{1}{M}\sum_{m=1}^{M} V_{\mathrm{h1}}(m)\right|^2}\right) \tag{5.78}$$

$$\widehat{\mathrm{PR}}_{\mathrm{V1}} = 10\lg\left(\frac{\left|\frac{1}{M}\sum_{m=1}^{M} V_{\mathrm{v1}}(m)\right|^2}{\frac{1}{M}\sum_{m=1}^{M}\left|V_{\mathrm{v1}}(m)\right|^2 - \left|\frac{1}{M}\sum_{m=1}^{M} V_{\mathrm{v1}}(m)\right|^2}\right) \tag{5.79}$$

$$\widehat{\mathrm{PR}}_{\mathrm{H2}} = 10\lg\left(\frac{\left|\frac{1}{M}\sum_{m=1}^{M} V_{\mathrm{h2}}(m)\right|^2}{\frac{1}{M}\sum_{m=1}^{M}\left|V_{\mathrm{h2}}(m)\right|^2 - \left|\frac{1}{M}\sum_{m=1}^{M} V_{\mathrm{h2}}(m)\right|^2}\right) \tag{5.80}$$

$$\widehat{\mathrm{PR}}_{\mathrm{V2}} = 10\ \lg\left(\frac{\left|\frac{1}{M}\sum_{m=1}^{M}V_{\mathrm{v2}}(m)\right|^{2}}{\frac{1}{M}\sum_{m=1}^{M}\left|V_{\mathrm{v2}}(m)\right|^{2}-\left|\frac{1}{M}\sum_{m=1}^{M}V_{\mathrm{v2}}(m)\right|^{2}}\right) \tag{5.81}$$

$$\hat{Z}_{\mathrm{DR1}} = 10\ \lg\left(\frac{\left|\frac{1}{M-l}\sum_{m=1}^{M-l}V_{\mathrm{h1}}^{*}(m+l)V_{\mathrm{h1}}(m)\right|}{\left|\frac{1}{M-l}\sum_{m=1}^{M-l}V_{\mathrm{v1}}^{*}(m+l)V_{\mathrm{v1}}(m)\right|}\right), l=0,1 \tag{5.82}$$

$$\hat{Z}_{\mathrm{DR2}} = 10\ \lg\left(\frac{\left|\frac{1}{M-l}\sum_{m=1}^{M-l}V_{\mathrm{h2}}^{*}(m+l)V_{\mathrm{h2}}(m)\right|}{\left|\frac{1}{M-l}\sum_{m=1}^{M-l}V_{\mathrm{v2}}^{*}(m+l)V_{\mathrm{v2}}(m)\right|}\right), l=0,1 \tag{5.83}$$

$$\hat{\rho}_{\mathrm{hv1}} = \frac{\left|\frac{1}{M-l}\sum_{m=1}^{M-l}V_{\mathrm{h1}}^{*}(m+l)V_{\mathrm{v1}}(m)\right|+\left|\frac{1}{M-l}\sum_{m=1}^{M-l}V_{\mathrm{h1}}(m)V_{\mathrm{v1}}^{*}(m+l)\right|}{2\sqrt{\left|\frac{1}{M-l}\sum_{m=1}^{M-l}V_{\mathrm{h1}}^{*}(m+l)V_{\mathrm{h1}}(m)\right|\left|\frac{1}{M-l}\sum_{m=1}^{M-l}V_{\mathrm{v1}}^{*}(m+l)V_{\mathrm{v1}}(m)\right|}},\quad l=0,1 \tag{5.84}$$

$$\hat{\rho}_{\mathrm{hv2}} = \frac{\left|\frac{1}{M-l}\sum_{m=1}^{M-l}V_{\mathrm{h2}}^{*}(m+l)V_{\mathrm{v2}}(m)\right|+\left|\frac{1}{M-l}\sum_{m=1}^{M-l}V_{\mathrm{h2}}(m)V_{\mathrm{v2}}^{*}(m+l)\right|}{2\sqrt{\left|\frac{1}{M-l}\sum_{m=1}^{M-l}V_{\mathrm{h2}}^{*}(m+l)V_{\mathrm{h2}}(m)\right|\left|\frac{1}{M-l}\sum_{m=1}^{M-l}V_{\mathrm{v2}}^{*}(m+l)V_{\mathrm{v2}}(m)\right|}},\quad l=0,1 \tag{5.85}$$

$$\hat{\rho}_{\mathrm{12h}} = \frac{\left|\frac{1}{M-l}\sum_{m=1}^{M-l}V_{\mathrm{h1}}^{*}(m+l)V_{\mathrm{h2}}(m)\right|+\left|\frac{1}{M-l}\sum_{m=1}^{M-l}V_{\mathrm{h1}}(m)V_{\mathrm{h2}}^{*}(m+l)\right|}{2\sqrt{\left|\frac{1}{M-l}\sum_{m=1}^{M-l}V_{\mathrm{h1}}^{*}(m+l)V_{\mathrm{h1}}(m)\right|\left|\frac{1}{M-l}\sum_{m=1}^{M-l}V_{\mathrm{h2}}^{*}(m+l)V_{\mathrm{h2}}(m)\right|}},\quad l=0,1 \tag{5.86}$$

$$\hat{\rho}_{\mathrm{12v}} = \frac{\left|\frac{1}{M-l}\sum_{m=1}^{M-l}V_{\mathrm{v1}}^{*}(m+l)V_{\mathrm{v2}}(m)\right|+\left|\frac{1}{M-l}\sum_{m=1}^{M-l}V_{\mathrm{v1}}(m)V_{\mathrm{v2}}^{*}(m+l)\right|}{2\sqrt{\left|\frac{1}{M-l}\sum_{m=1}^{M-l}V_{\mathrm{v1}}^{*}(m+l)V_{\mathrm{v1}}(m)\right|\left|\frac{1}{M-l}\sum_{m=1}^{M-l}V_{\mathrm{v2}}^{*}(m+l)V_{\mathrm{v2}}(m)\right|}},\quad l=0,1 \tag{5.87}$$

式(5.78)～(5.81)分别代表从第一和第二扫描得到水平和垂直偏振波的相干和非相干功率比。功率比在地物杂波区应该很大,而在大多数天气回波区比较小(窄带零速度天气信号除外)。式(5.82)和式(5.83)分别是第一和第二扫描的差分反射率。式(5.84)和式(5.85)分别是第一和第二扫描的共偏相关系数。ρ_{hv1}和ρ_{hv2}对于天气回波应该具有较大的数值(接近1)和较窄的分布,而对于地物杂波则应该具有较宽的分布。式(5.86)和式(5.87)分别是H和V通道2个扫描之间的相关系数估计。ρ_{12h}和ρ_{12v}对于地物杂波应该比天气信号要大,因为地物一般趋于静止。因此,ρ_{hv}s和ρ_{12}s的联合概率密度函数应该能很好地区分天气回波和地物杂波。这10个判别式的一些组合也可以在水凝物分类算法中应用。接下来介绍一种简单贝叶斯分类方法,用于识别双偏振雷达地物杂波。

5.4.3　简单贝叶斯双偏振地物识别算法与评估

简单贝叶斯判别方法假定在给定分类上一个判据与其他判据是相互独立的(Han et al,2011)。与之前一样,采用3种雷达回波分类:$\boldsymbol{C}=(c,w_0,w)$。把式(5.78)～(5.81)中定义的4个双偏振判据结合起来形成一个雷达观测的判别向量$\boldsymbol{y}=(\widehat{\mathrm{PR}}_{\mathrm{H}},\widehat{\mathrm{PR}}_{\mathrm{V}},\hat{Z}_{\mathrm{DR}},\hat{\rho}_{\mathrm{hv}})$。简单贝叶斯判别用以下准则判别$\boldsymbol{y}$是否属于$c$:只有在$p(c|\boldsymbol{y})>p(w_0|\boldsymbol{y})$且$p(c|\boldsymbol{y})>p(w|\boldsymbol{y})$时,$\boldsymbol{y}$属于$c$,这里的$p$是概率密度。根据贝叶斯理论(Papoulis,1991):

$$p(C_i \mid \boldsymbol{y})=\frac{p(\boldsymbol{y} \mid C_i)p(C_i)}{p(\boldsymbol{y})} \tag{5.88}$$

其中,$C_i=c,w_0$和w。

$p(\boldsymbol{y})\equiv K$是观测判别因子$\boldsymbol{y}$的概率,并且此时假定它对所有的分类的概率都是一样的。因此,$p(C_i|\boldsymbol{y})$是和$p(\boldsymbol{y}|C_i)p(C_i)$成正比的。假定概率$p(C_i)$对所有分类的概率都一样,也就是$p(c)=p(w_0)=p(w)=1/3$,则式(5.88)变成:

$$p(C_i \mid \boldsymbol{y})=\frac{1}{3K}p(\boldsymbol{y} \mid C_i) \tag{5.89}$$

这意味着观测判别式对C_i分类的后验概率是和分类C_i的条件概率成正比的,这个结论可以从训练数据集中获得。基于简单贝叶斯判别中分类之间独立的简单假设,条件概率密度函数可分解为:

$$\begin{aligned}p(\boldsymbol{y} \mid C_i)&=p(\widehat{\mathrm{PR}}_{\mathrm{H}},\widehat{\mathrm{PR}}_{\mathrm{V}},\hat{Z}_{\mathrm{DR}},\hat{\rho}_{\mathrm{hv}} \mid C_i)\\&=p(\widehat{\mathrm{PR}}_{\mathrm{H}},\widehat{\mathrm{PR}}_{\mathrm{V}} \mid C_i)p(\hat{Z}_{\mathrm{DR}} \mid C_i)p(\hat{\rho}_{\mathrm{hv}} \mid C_i)\end{aligned} \tag{5.90}$$

注意，联合概率密度函数 $p(\widehat{\mathrm{PR}}_{\mathrm{H}},\widehat{\mathrm{PR}}_{\mathrm{V}}|C_i)$ 是在双偏振功率比中用过的。此外，图5.9分别给出了 $C=C,W_0$ 和 W 的 $p(\hat{Z}_{\mathrm{DR}}|C_i)$ 和 $p(\hat{\rho}_{\mathrm{hv}}|C_i)$ 的概率密度函数。

使用式(5.89)和式(5.90)以及图5.9中给出的PDF，可以得到一个具有最大概率的分类决策，结果如后面所述。图5.11给出了三个简单贝叶斯判别双偏振(dual polarization，DP)算法的地物识别结果和与真实地物的对比图。甚至当地物和天气回波混合时，简单贝叶斯判别双偏振算法仍能很好地识别。这是因为当地物和 w_0 混合时，功率比值很大，使得识别成为可能。

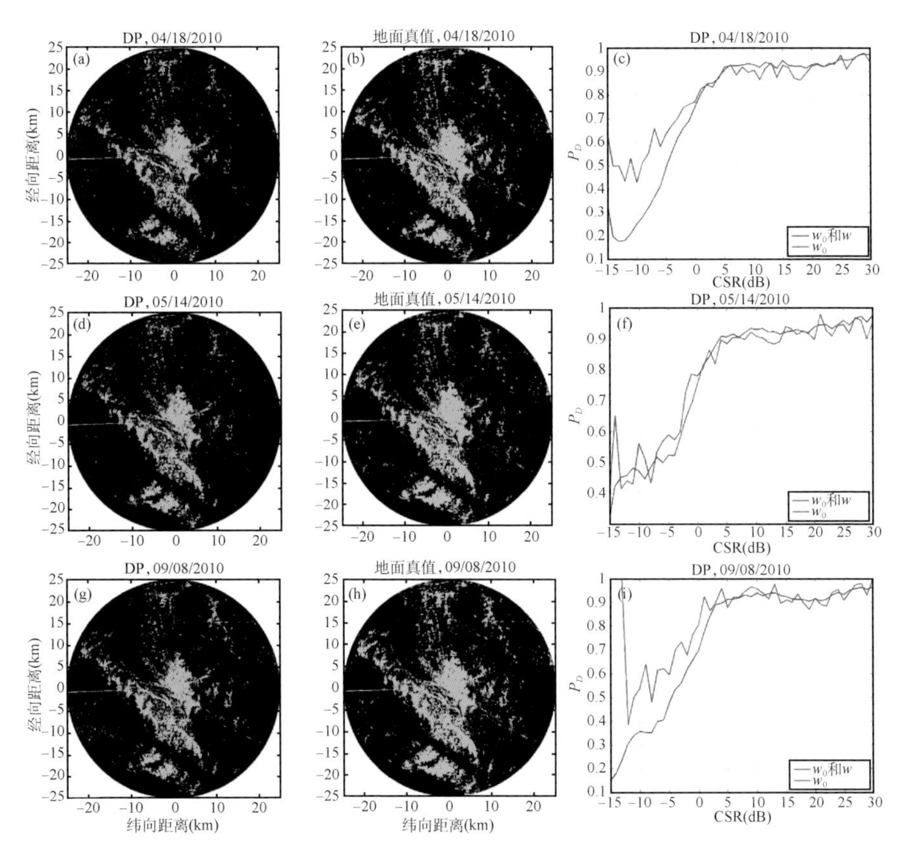

图5.11 三个测试数据的简单贝叶斯判别双偏振地物识别图(a,d,g)和实际地物图(b,e,h)对比。(c,f,i)是 P_D 随CSR(dB)的变化，蓝线表示简单贝叶斯判别双偏振在同时存在 w 和 w_0 时地物识别的效果，红线表示仅存在 w_0 时

为了定量评估简单贝叶斯判别算法性能，表5.1列出了三个测试数据

的几种情况：TP（实际有地物，识别有地物），FN（实际有地物，识别无地物），FP（实际无地物，识别有地物），TN（实际无地物，识别无地物）的数目，识别正确率 P_D，误报率 P_{FA}，以及临界成功指数 CSI。表 5.1 中的项由如下定义：

$$P_D = \frac{TP}{TP + FN} \tag{5.91}$$

$$P_{FA} = \frac{FP}{FP + TN} \tag{5.92}$$

$$CSI = \frac{TP}{TP + FN + FP} \tag{5.93}$$

由表 5.1 显而易见，在这三个检验数据集中，地物识别正确率 P_D 大于 84%，误报率 P_{FA} 小于 2%。可以预见，在窄带零速度天气回波大量存在时，简单贝叶斯判别双偏振双扫描算法能得到较高的地物识别正确率 P_D 和较低的误报率 P_{FA}。

表 5.1　三个检验数据集的 TP，FN，FP，TN，P_D，P_{FA} 以及 CSI

时间	TP	FN	FP	TN	P_D	P_{FA}	CSI
04/18/2010	33911	5399	1752	102938	86.27%	1.67%	0.83
05/14/2010	33655	5756	1162	103427	85.39%	1.11%	0.83
09/08/2010	34927	6229	666	102178	84.86%	0.65%	0.84

5.5　地物杂波抑制

一旦用上述算法识别出地物位置，则需要一些方法来减小地物杂波的影响，以改善雷达数据质量。Siggia 和 Passarelli（2004）提出了高斯自适应模型（Gaussian model adaptive processing，GMAP）来改进地物杂波抑制算法。和高斯自适应模型类似，我们讨论一个双高斯自适应模型（BGMAP），它可以对谱数据进行地物滤波。这里提供了估计模型参数的代价函数，也给出了双高斯自适应模型的拟合结果来评估它抑制地物的有效性。

5.5.1　双高斯谱模型及代价函数

时序电压 $V_x(m) = w_{x,m} + c_{x,m} + n_{x,m}$（$x = h$ 或 v；$m = 1, 2, \cdots, M$）的功率谱密度包含了以 v_{rw}（天气信号的平均多普勒速度）为中心的天气谱，以及以 v_{rc}（地物杂波的平均多普勒速度）为中心的地物谱及噪声电平。功率谱密度可以写成如下表达式：

$$S(v)=\frac{P_{\mathrm{w}}}{\sigma_{\mathrm{vw}}\sqrt{2\pi}}\exp\left[-\frac{(v-v_{\mathrm{rw}})^2}{2\sigma_{\mathrm{vw}}^2}\right]+\frac{P_{\mathrm{c}}}{\sigma_{\mathrm{vc}}\sqrt{2\pi}}\exp\left[-\frac{(v-v_{\mathrm{rc}})^2}{2\sigma_{\mathrm{vc}}^2}\right]+\frac{P_{\mathrm{n}}}{2v_{\mathrm{N}}} \tag{5.94}$$

式中：P_{w} 是天气回波功率，v_{rw} 是天气的平均多普勒速度，σ_{vw} 是天气谱宽，P_{c} 是地物回波功率，v_{rc} 是地物的平均多普勒速度，σ_{vc} 是地物谱宽。假定 $\sigma_{\mathrm{vc}}<\sigma_{\mathrm{vw}}$，$P_{\mathrm{n}}$ 是噪声功率，v_{N} 是 Nyquist 速度(最大不模糊速度)。

直观上，可以考虑使用最小二乘(LS)方法来估计式(5.94)的参数。也就是说，通过最小化代价函数(即功率谱[式(5.94)]$S_m=S(v_m)$ 和 $\hat{S}_m$ 在对数坐标估计值的差异)来得到参数：

$$J_{\mathrm{LS}}=\sum_{m=1}^{M}(\ln S_m-\ln\hat{S}_m)^2 \tag{5.95}$$

然而，式(5.95)中所有频率点是等权重的，故代价函数不一定是最优的。可以用一系列的权重(W_m)来改进参数估计。为了找到最优的参数估计，使用最大检验估计(MAP)方法来得到式(5.98)的代价函数。

正如上一章中讨论的，基于中心极限理论，总散射场是满足高斯分布的。故与散射场成正比的复信号(I/Q)同样满足高斯分布。因此，功率是指数分布的。使用式(4.23)，同时让强度 $I=\hat{S}_m$ 且 $\langle I\rangle=S_m$，我们得到了满足指数分布的各谱线的估计功率：

$$p(\hat{S}_m\mid S_m)=\frac{1}{S_m}\exp\left(-\frac{\hat{S}_m}{S_m}\right) \tag{5.96}$$

在式(5.96)中，$\hat{S}_m$ 是第 m 个谱线估计的功率，S_m 是式(5.94)给出的 $S(v_m)$ 的期望值。最优的 S_m 估计是后验概率 $p(S_m|\hat{S}_m)$ 最大化时。使用贝叶斯理论(Papoulis，1991)，我们得到：

$$p(S_m\mid\hat{S}_m)=\frac{p(\hat{S}_m\mid S_m)p(S_m)}{p(\hat{S}_m)}=\frac{p(\hat{S}_m\mid S_m)p(S_m)}{\int_{P_{\mathrm{n}}/2v_{\mathrm{N}}}^{+\infty}p(\hat{S}_m\mid S_m)p(S_m)\mathrm{d}S_m} \tag{5.97}$$

把式(5.96)代入式(5.97)中，假定功率谱分布是独立的，可以理解为，为了最大化 $p(S_1,S_2,\cdots,S_m|\hat{S}_1,\hat{S}_2,\cdots,\hat{S}_m)$，仅仅需要最小化代价函数：

$$J_{\mathrm{MAP}}=\sum_{m=1}^{M}\left(\ln S_m+\frac{\hat{S}_m}{S_m}\right) \tag{5.98}$$

下标 MAP 表示最大后验概率。因此如果噪声功率 P_n 可以估计得到，我们就可以通过最小化式(5.98)里的 J_{MAP} 来找到式(5.94)里的 6 个参数

P_w，v_{rw}，σ_{vw}，P_c，v_{rc}，和 σ_{vc}。

5.5.2 用双高斯自适应模型分离天气和地物谱的个例

基于模拟实验验证了双高斯自适应模型方法，图 5.12 给出了该方法的拟合结果。下面使用Zrnić(1997)的谱方法来模拟时间序列数据。在模拟中，假定 CSR=0 dB，SNR=30 dB，$M=33$，$P_w=P_c=40$ dB，$v_{rc}=0$，$\sigma_{vc}=0.5\ \mathrm{m\cdot s^{-1}}$，$\sigma_{vw}=2\ \mathrm{m\cdot s^{-1}}$。

在图 5.12a 中，估计的天气功率、径向速度以及谱宽分别为 41.9 dB(1.9 dB误差)，5.8 $\mathrm{m\cdot s^{-1}}$(−0.2 $\mathrm{m\cdot s^{-1}}$误差)以及 3.3 $\mathrm{m\cdot s^{-1}}$(1.3 $\mathrm{m\cdot s^{-1}}$误差)。在图 5.12b 中估计的天气量为 37.7 dB(2.3)，0.2 $\mathrm{m\cdot s^{-1}}$(0.2)和 2.2 $\mathrm{m\cdot s^{-1}}$(0.2)；在图 5.12c 中估计的天气量为 39.2 dB(−0.8)，13.5 $\mathrm{m\cdot s^{-1}}$(1.5)和 1.7 $\mathrm{m\cdot s^{-1}}$(−0.3)。图 5.12b 中，当多普勒速度为 0 时，天气功率的估计存在一个相对较大的(但可接受的)−2.3 dB 的误差。由此可知，所有的速度和谱宽估计都是比较好的。

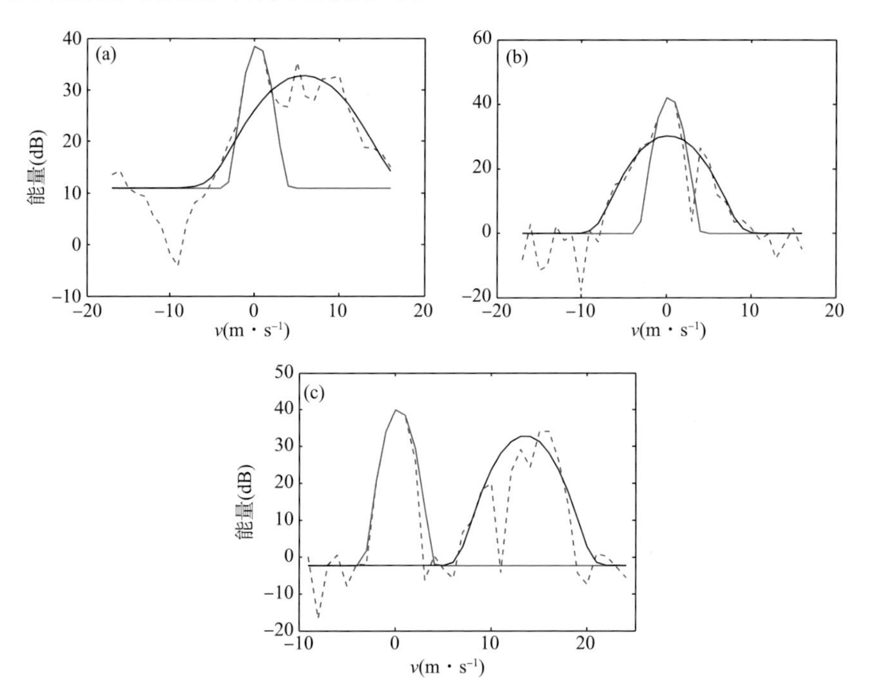

图 5.12　蓝线为模拟的观测谱，红线为拟合的地物+噪声高斯谱，黑线为拟合的天气+噪声高斯谱。v_{rw}分别为(a)6 $\mathrm{m\cdot s^{-1}}$，(b)0 $\mathrm{m\cdot s^{-1}}$，(c)15 $\mathrm{m\cdot s^{-1}}$

5.6　谱—时估计与处理

综合使用 M-lag 估计和地物识别与滤波方法可以提高双偏振天气雷达数据质量。其中,我们基于 OU-PRIME 数据设计开发了一种方法,叫作谱—时估计和处理方法(Spectrum-Time Estimation and Processing, STEP)(Cao et al,2012b)。谱—时估计和处理算法包括了 3 个步骤:①地物识别,②双高斯自适应模型地物滤波,③M-lag 相关估计。图 5.13 给出了谱—时估计和处理的实现步骤的流程图。

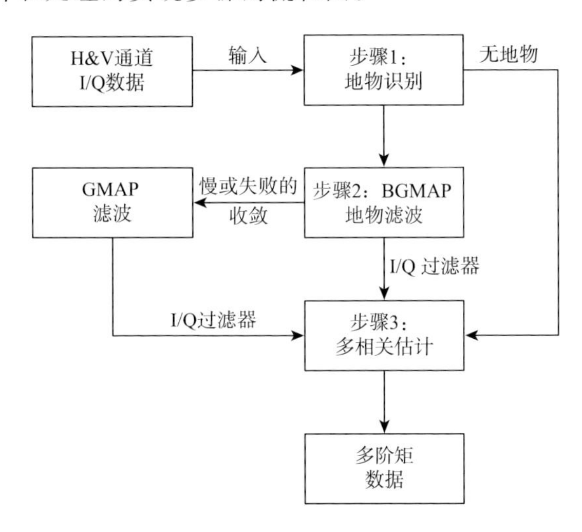

图 5.13　谱—时估计和处理算法的流程图

图 5.14 是常规信号处理(左列)和谱—时估计和处理的结果(右列)的对比。小图排列成 6 行,由上到下,依次是雷达反射率因子 Z_{H}、径向速度 v_{h}、谱宽 σ_{h}、相关系数 ρ_{hv}、差分相位 ϕ_{DP} 以及差分反射率 Z_{DR}。在原始反射率因子图中,地物杂波非常明显且 Z_{H} 值很大,谱—时估计和处理后地物杂波基本消失了。对于径向速度,在原始图中可以清楚地看到地物引起的不连续,但谱—时估计和处理后恢复正常,在地物区速度场较为平滑。对于谱宽,原始图中在低信噪比处出现了大值,在杂波处是小值。谱—时估计和处理方法处理后,低信噪比区的谱宽减小,杂波区域的值变大。改进后的谱宽更加光滑,在风暴区更为连贯一致。

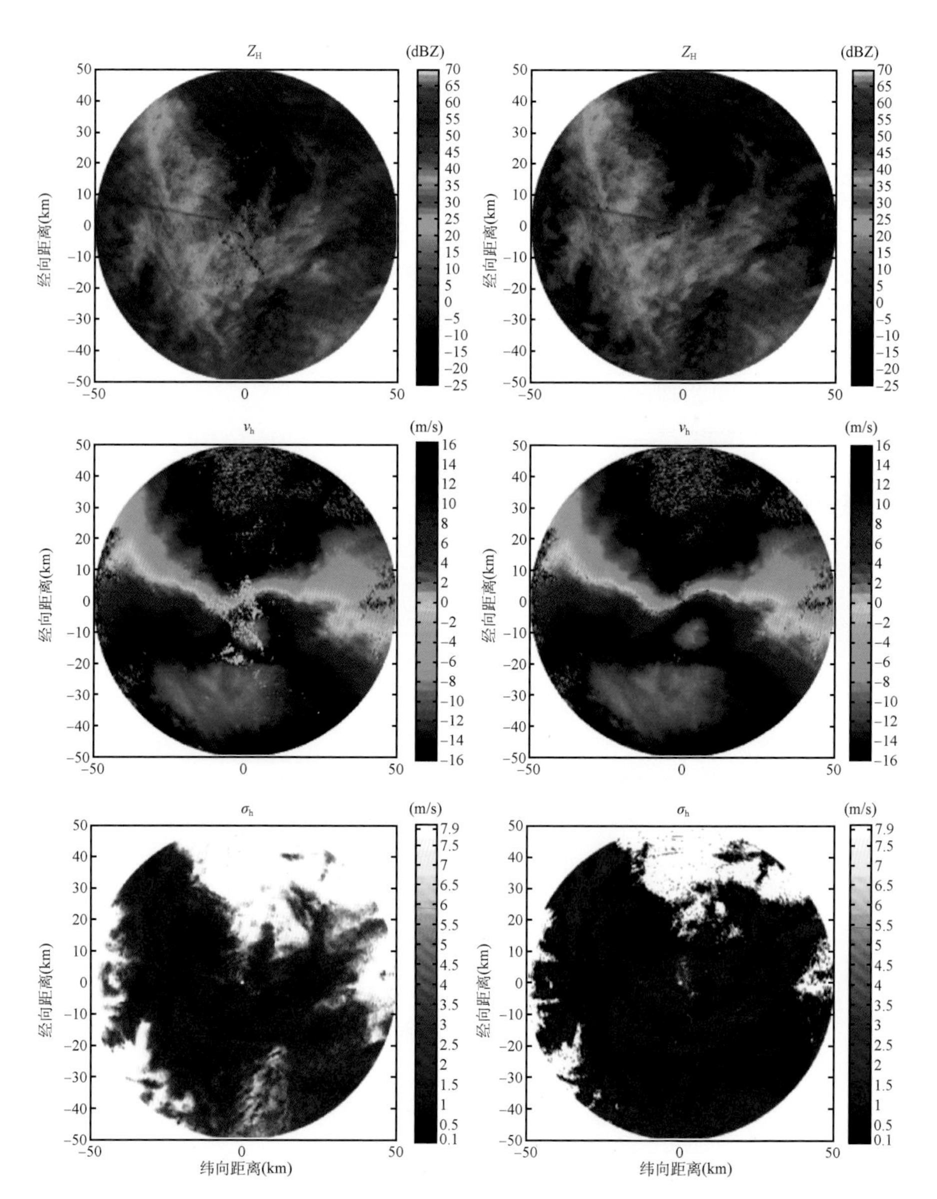

图 5.14　地物污染的偏振量常规(左列)及谱—时估计和处理(右列)估计对比。图中的 6 行分别是反射率 Z_H、径向速度 v_h、谱宽 σ_h、相关系数 ρ_{hv}、差分相位 ϕ_{DP} 以及差分反射率 Z_{DR}。数据：OU-PRIME 雷达观测。天气信号：2009-10-21 1803 UTC，3.5°仰角；地物杂波信号：2011-01-13 2319 UTC，0.05°仰角(引自(Cao et al, 2012b)，IEEE)

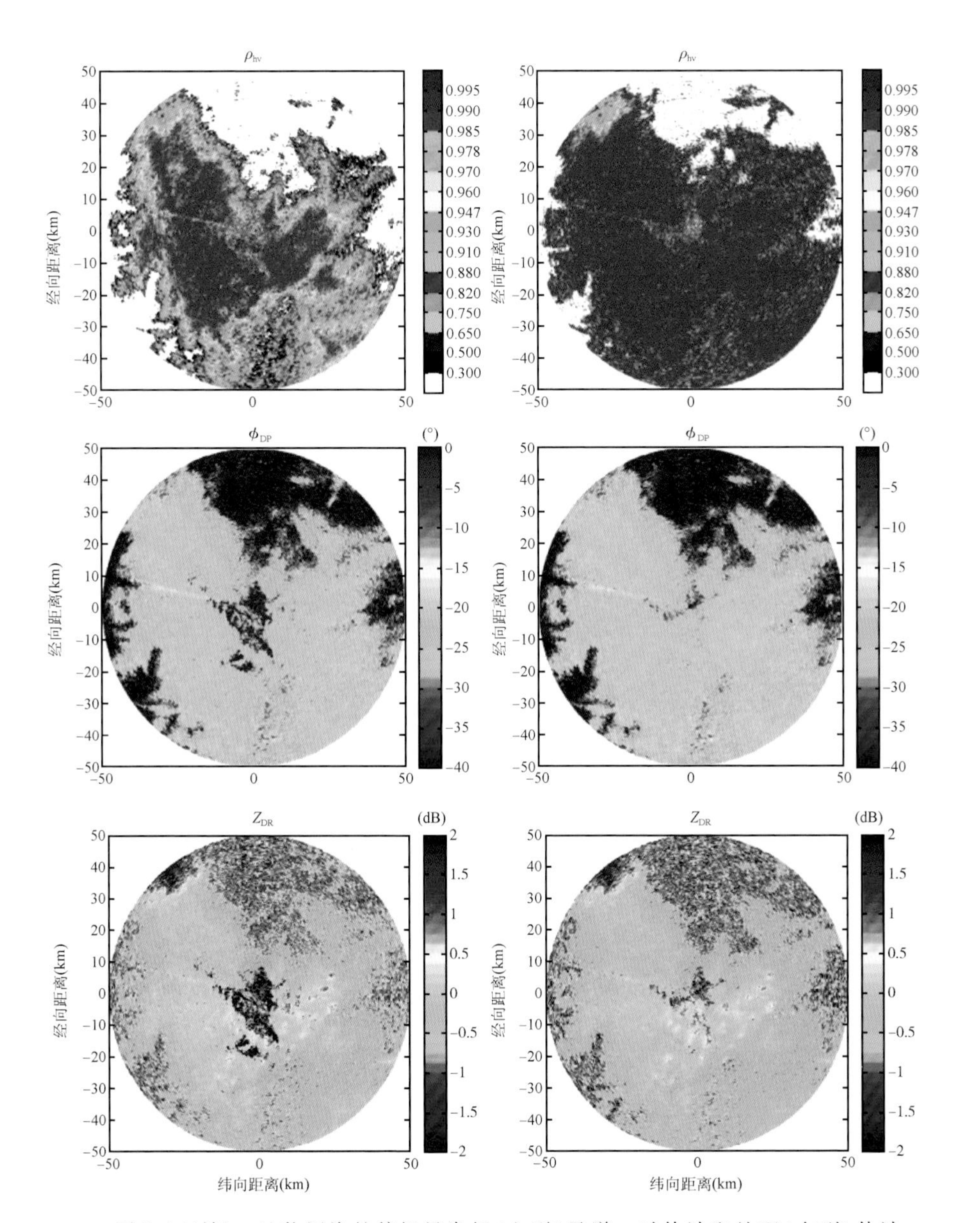

图 5.14(续)　地物污染的偏振量常规(左列)及谱—时估计和处理(右列)估计对比。图中的 6 行分别是反射率 Z_H、径向速度 v_h、谱宽 σ_h、相关系数 ρ_{hv}、差分相位 ϕ_{DP} 以及差分反射率 Z_{DR}。数据:OU-PRIME 雷达观测。天气信号:2009-10-21 1803 UTC,3.5°仰角;地物杂波信号:2011-01-13 2319 UTC,0.05°仰角(引自(Cao et al, 2012b),IEEE)

对于雷达偏振量，特别是共偏相关系数，数据质量的改进是显著的。在原始图中相关系数在地物和低信噪比区均为低值。谱—时估计和处理后这两个区域的相关系数增大，表明该区域存在降水。现在将改进的相关系数平滑后就可以轻易地把降水分辨出来。对于差分相位和差分反射率，地物杂波在原图中非常明显。谱—时估计和处理后，两个偏振量的图像变得非常清晰，处理后的地物区和非地物区的数值连续一致。因此，谱—时估计和处理算法有可能推广应用到偏振雷达系统中，以改进偏振量的估计效果。

谱—时估计和处理是一种先进的信号处理系统，它利用了最新的地物识别、滤波以及估计方法。谱—时估计和处理算法的主要特征是它综合利用了时域和频域的信号处理方法，使得可以有效地去除地物和噪声影响。需要注意的是，谱—时估计和处理算法依赖于偏振雷达系统参数及天气条件，需要采用一些自适应技术以获得高质量的偏振数据。如果要使用谱—时估计和处理数据，可以应用一些质量控制方法，如孤立点滤波、滑动平均、非气象回波识别和剔除(Lee et al，1999)。一种简单的方法是先实施中值滤波然后做滑动平均处理，就可以得到平滑的图像。

对 NEXRAD 基数据(Level Ⅱ 数据)和产品(Level Ⅲ 数据)感兴趣的读者可以阅读附录 5B，学习数据下载、转换以及读取方法的相关内容。

附录 5A：最优谱参数估计的代价函数的推导

在式(5.97)中，$p(S_m)$是 S_m 的先验概率，它是未知的。在缺少其他信息的前提下，假定 $p(S_m)$在区间$[P_n/2v_N \quad +\infty)$上是均一的。因此，式(5.97)可以重写成如下形式：

$$p(S_m \mid \hat{S}_m) = \frac{p(\hat{S}_m \mid S_m)}{\int_{P_n/2v_N}^{+\infty} p(\hat{S}_m \mid S_m)\mathrm{d}S_m} \tag{5A.1}$$

把式(5.96)代入式(5A.1)，得到：

$$p(S_m \mid \hat{S}_m) = \frac{\frac{1}{S_m}\exp\left(-\frac{\hat{S}_m}{S_m}\right)}{\int_{P_n/2v_N}^{+\infty} \frac{1}{S_m}\exp\left(-\frac{\hat{S}_m}{S_m}\right)\mathrm{d}S_m} \tag{5A.2}$$

在本书中，噪声电平 $P_n/2v_N$ 在优化使用了 Hidebradn 和 Sekhon (1974)描述的方法之前是预先确定的。因此寻找 S_m 就等价于寻找参数

$P_{\mathrm{w}}, v_{\mathrm{rw}}, \sigma_{\mathrm{vw}}, P_{\mathrm{c}}, v_{\mathrm{rc}}$和$\sigma_{\mathrm{vc}}$，它可以通过最大化$p(S_m|\hat{S}_m)$得到。式(5A.2)的分母不依赖于参数集，它在最优化过程中没有任何作用(Kay,1998)。因此，最大化$p(S_m|\hat{S}_m)$等价于最大化$\frac{1}{S_m}\exp\left(-\frac{\hat{S}_m}{S_m}\right)$。所以，式(5A.2)可以重写成：

$$p(S_m \mid \hat{S}_m) = \frac{1}{g(\hat{S}_m, P_{\mathrm{n}}/2v_{\mathrm{N}})S_m}\exp\left(-\frac{\hat{S}_m}{S_m}\right) \tag{5A.3}$$

在式(5A.3)中，g代表了$\hat{S}_m$和$P_{\mathrm{n}}/2v_{\mathrm{N}}$函数。在本书中，假定每个谱线的功率谱分布是独立的。在这种情况下，联合概率可以写成：

$$p(S_1, S_2, \cdots, S_m \mid \hat{S}_1, \hat{S}_2, \cdots, \hat{S}_m) = \prod_{m=1}^{M}\frac{1}{g(\hat{S}_m, P_{\mathrm{n}}/2v_{\mathrm{N}})S_m}\exp\left(-\frac{\hat{S}_m}{S_m}\right) \tag{5A.4}$$

如果对式(5A.4)的两边取对数，我们得到：

$$\ln p(S_1, S_2, \cdots, S_m \mid \hat{S}_1, \hat{S}_2, \cdots, \hat{S}_m) = \sum_{m=1}^{M}(-\ln g(\hat{S}_m, P_{\mathrm{n}}/2v_{\mathrm{N}})) + \sum_{m=1}^{M}\left(-\ln S_m - \frac{\hat{S}_m}{S_m}\right) \tag{5A.5}$$

因为第一项不依赖于谱参数，所以最大后验估计方法就是最大化第二项，也就是最小化如下代价函数：

$$J_{\mathrm{MAP}} = \sum_{m=1}^{M}\left(\ln S_m + \frac{\hat{S}_m}{S_m}\right) \tag{5A.6}$$

附录5B：NEXRAD雷达数据集

NEXRAD数据可以在NOAA的NCEI(以前的NCDC)网站下载，网址为：http:/www.ncdc.noaa.gov/data-acces/radar-data/nexrad-products。NCEI存档数据包括基数据(即Level Ⅱ数据)以及产品数据(即Level Ⅲ数据)。Level Ⅱ数据(假定雷达是双偏振升级之后的)包括雷达反射率因子(Z_{H})、差分反射率(Z_{DR})和共偏相关系数(ρ_{hv})，差分相位(ϕ_{DP})、径向速度(v_{r})以及谱宽(σ_{v})。从NCDC得到的Level Ⅱ雷达数据格式为msg31雷达格式。

NEXRAD的Level Ⅱ数据可以用Matlab转换成netCDF格式。另外，NCAR的RadX软件也可以在不同常用格式之间转换，包括CFRadial，DORADE，UF(通用格式)，netCDF和msg31。RadX软件可以安装在

Linux 或者 MacOSX 平台。

下面是 RadX 主要的命令行参数(可以用'RADXCOnvert-h'来显示整个列表):

[—cf_classic]输出经典 netCDF 格式文件

[—const_nages]强制让所有径向的库数一致;增加的库填充为缺测值。

[—dorade]转换成 DORADE 格式(solo3 使用的格式,solo3 是一种常用的速度退模糊软件)

[—disag]把体扫数据拆分成不同仰角的 PPI 数据(DORADE 格式始终是拆分的)

[—f?]设置文件名和路径(使用 * 来选择所有文件)

[—v]打印额外的 debug 信息

以下是用 RADX 命令行转换 NEXRAD 数据的一个例子:

从 LEVEL II/msg31 格式转换到 netCDF 格式(一个体扫一个文件)

Radxconver —cf_classic —v —const_ngates —f *

从 LEVEL II/msg31 格式转换到 netCDF 格式(一个 PPI 一个文件)

Radxconver —cf_classic —disag —v —const_ngates —f *

从 LEVEL II/msg31 格式转换到 DORADE 格式(一个 PPI 一个文件)

Radxconver —dorade —v —const_ngates —f *

从 DORADE 格式转换到 netCDF 格式(一个体扫一个文件)

Radxconver —cf_classic —ag —v —const_ngates —f *

从 DORADE 格式转换到 netCDF 格式(一个 PPI 一个文件)

Radxconver —cf_classic —v —const_ngates —f *

Matlab 本质上支持 netCDF 文件的读取。使用 ncread 可以把 netCDF 读进 Matlab。例如,REF=ncread(filename,'REF')可以将反射率因子数据读入 Matlab 中。本书在前言部分给出的网页上的代码还提供了 Matlab 绘图的例子。

习题

5.1 解释为什么提出了 M-lag 相关估计,在什么情况下的信噪比和谱宽时使用它。

5.2　给出一个个例，说明在有噪声和窄谱宽时，2-lag 估计比 1-lag 更好。

5.3　比较式(5.71)中的功率比 P_r 和式(5.72)中的地物相位排序，从信号统计和地物识别方面说明它们的异同。

5.4　WSR-88D 雷达完成一个最低仰角 PPI 扫描大约需要 30 s。与地物杂波相比，天气信号的双扫的相关系数($\hat{\rho}_{12}$)估计有多大？并解释差异的原因。

5.5　写出在天气、地物和噪声同时存在时的双高斯功率谱。并且解释为什么双高斯拟合抑制地物比凹口滤波器好。

第 6 章　天气观测与量化应用

本书第 2～4 章介绍了双偏振天气雷达的基础知识和工作原理，第 5 章讲解了偏振雷达数据的估计和数据质量的改善，下面我们开始讨论如何使用偏振雷达数据开展天气研究，包括双偏振数据在观测、分类、量化和预报中的应用。本章将详细介绍特殊天气的偏振特征、雷达回波的模糊逻辑分类、定量降水估计、雨滴谱反演、衰减订正和微物理参数化。

6.1　偏振雷达观测特征

双偏振雷达相比常规雷达能够更好地观测各种类型的云和降水。多参数的偏振雷达数据包含了丰富的云和降水的信息，且每个偏振量对不同的气象和非气象回波都具有相应的特征。我们能利用偏振回波图来加强对层状云降水、中尺度对流、飑线及其后的层状云降水、强对流风暴（如下击暴流和龙卷）的认识。

6.1.1　层状云降水

图 6.1 显示了双偏振雷达 KOUN 于 2007 年 1 月 20 日 1157 UTC 观测的冬季降水 PPI 图像。由图可见回波水平分布均一，回波强度较弱，反射率因子值低于 30 dBZ。大部分差分反射率 Z_{DR} 小于 1 dB。除了回波边缘的数据点（信噪比 SNR 较低）、西南向的融化层回波数据以及雷达附近的地物数据外，共偏相关系数较高，接近于 1。差分相位 ϕ_{DP} 变化很小，沿着径向无明显增加，这表明有降水且由非常多的小雨滴构成，对 ϕ_{DP} 影响不大。

另一个重要的层状云降水回波特征是由固态粒子融化而产生的亮带。如图 6.1e～h 所示的 3.5°仰角的 PPI 图，与反射率因子的亮带类似，Z_{DR} 也有一个增强层，但高度略低（小环）于 Z_H 的亮带。与 Z_{DR} 对应，在融化层的共偏相关系数相对较小（ρ_{hv} 低值小环），ρ_{hv} 降低的原因是由于米散射的随机散射相位差造成水平与垂直偏振回波的相关性变差。

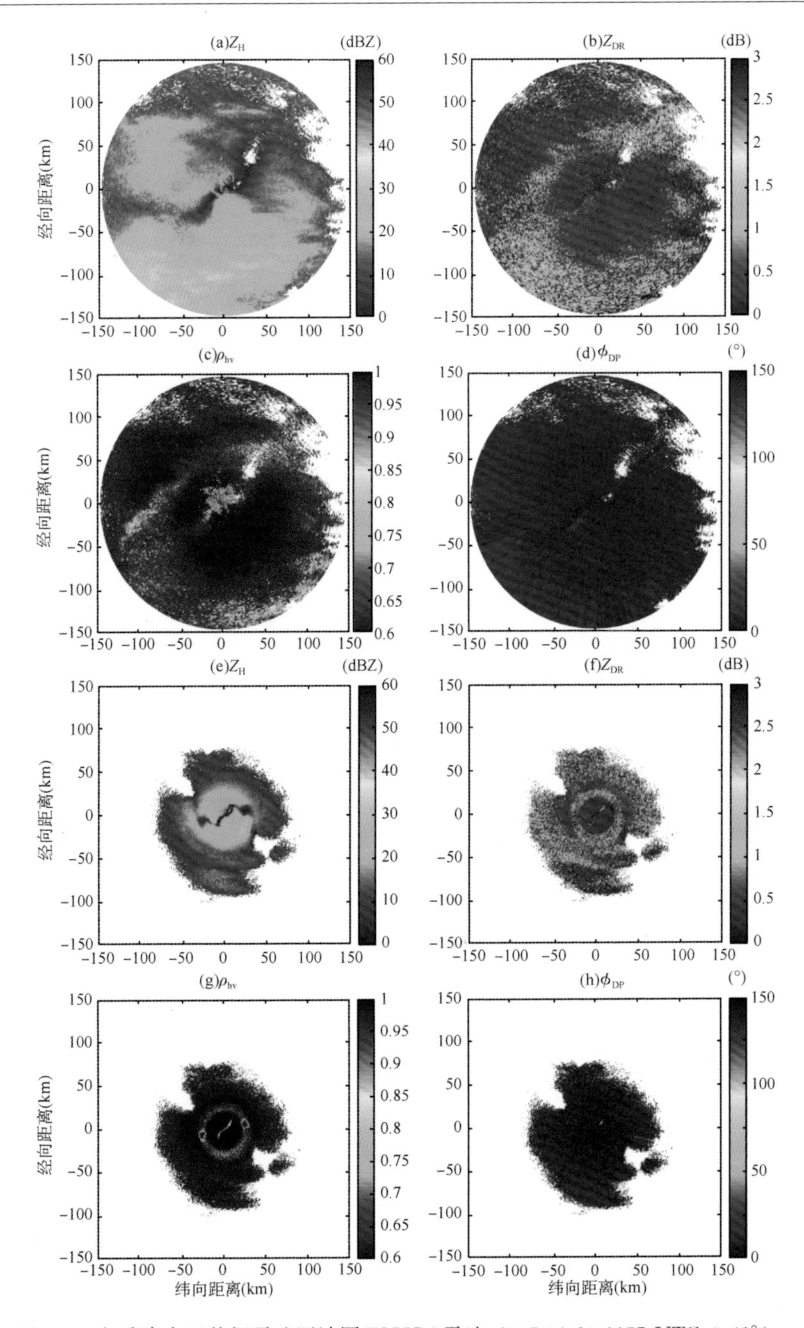

图 6.1　冬季降水双偏振雷达回波图(KOUN 雷达,2007-01-20 1157 UTC,0.41°(a～d)和 3.5°(e～h)仰角)。其中,(a,e)反射率因子;(b,f)差分反射率;(c,g)相关系数;(d,h)差分相位

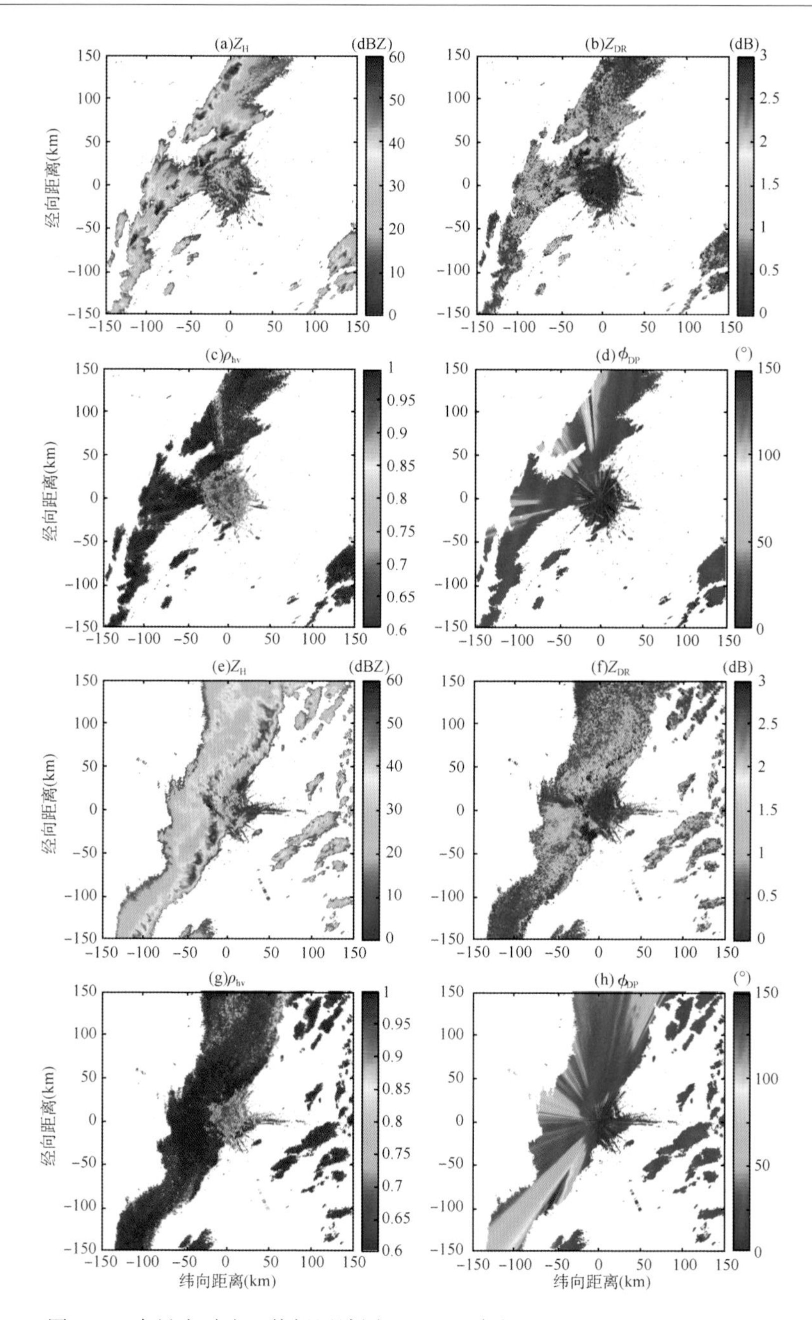

图 6.2　中尺度对流双偏振回波图(KOUN 雷达,2009-02-10 2058 UTC(a～d)和 2353 UTC(e～h))。其中,(a,e)反射率因子;(b,f)差分反射率;(c,g)相关系数;(d,h)差分相位

6.1.2　中尺度对流

图 6.2 给出了 KOUN 雷达于 2009 年 2 月 10 日观测的一次中尺度对流的双偏振雷达回波图(图 6.2a～d 的观测时间是 2058 UTC,图 6.2e～h 的观测时间是 2358 UTC)。在 2058 UTC 时,对流初生阶段是多单体。除对流核外,Z_{DR}普遍很小;雨区的 ρ_{hv}分布均匀一致;除了波束穿过对流核后,ϕ_{DP}也很小。2 h 后,系统发展成熟,开始演变成飑线。在飑线前沿 Z_{DR}明显大于 2 dB,表明此处存在大雨滴,大雨滴的形成是粒子大小筛选和长时间增长的结果。在过渡区,Z_{DR}明显小于 1 dB。此外,ρ_{hv}在雨区内基本均匀分布,但 ϕ_{DP}在雨区内沿波束方向变化较大(>100°)。

6.1.3　风暴复合体

图 6.3 给出了 KOUN 于 2007 年 8 月 18 日 2101 UTC 观测到的一次风暴复合体双偏振回波图。在大面积回波(热带风暴艾琳(Erin)的一部分)里镶嵌着若干局地对流回波,Z_{DR}和 ϕ_{DP}都非常小。这说明由于缺少冰相增长过程,热带气旋基本上由小雨滴组成,这也是热带降水的一个典型特征。

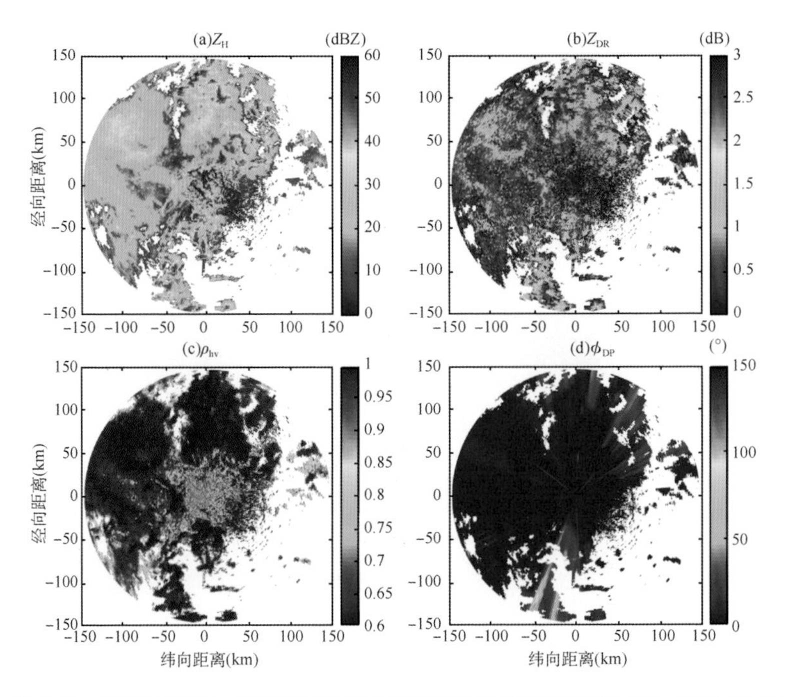

图 6.3　热带气旋 Erin 的风暴复合体双偏振雷达回波图(KOUN 雷达,2007-08-18 2109 UTC)。其中,(a,e)反射率因子;(b,f)差分反射率;(c,g)相关系数;(d,h)差分相位

6.1.4 强风暴

图 6.4 给出了美国下一代天气雷达(NEXRAD)观测到的下击暴流的双偏振雷达回波图,三个下击暴流分别发生于干、中和湿环境中。雷达观测量包括反射率因子、径向速度、Z_{DR} 和 ρ_{hv}。这三次过程发生的时间和地点分别是 2013 年 8 月 16 日科罗拉多州的丹佛、2011 年 6 月 15 日俄克拉荷马州的诺曼、2012 年 6 月 22 日马里兰州的布莱登斯堡。

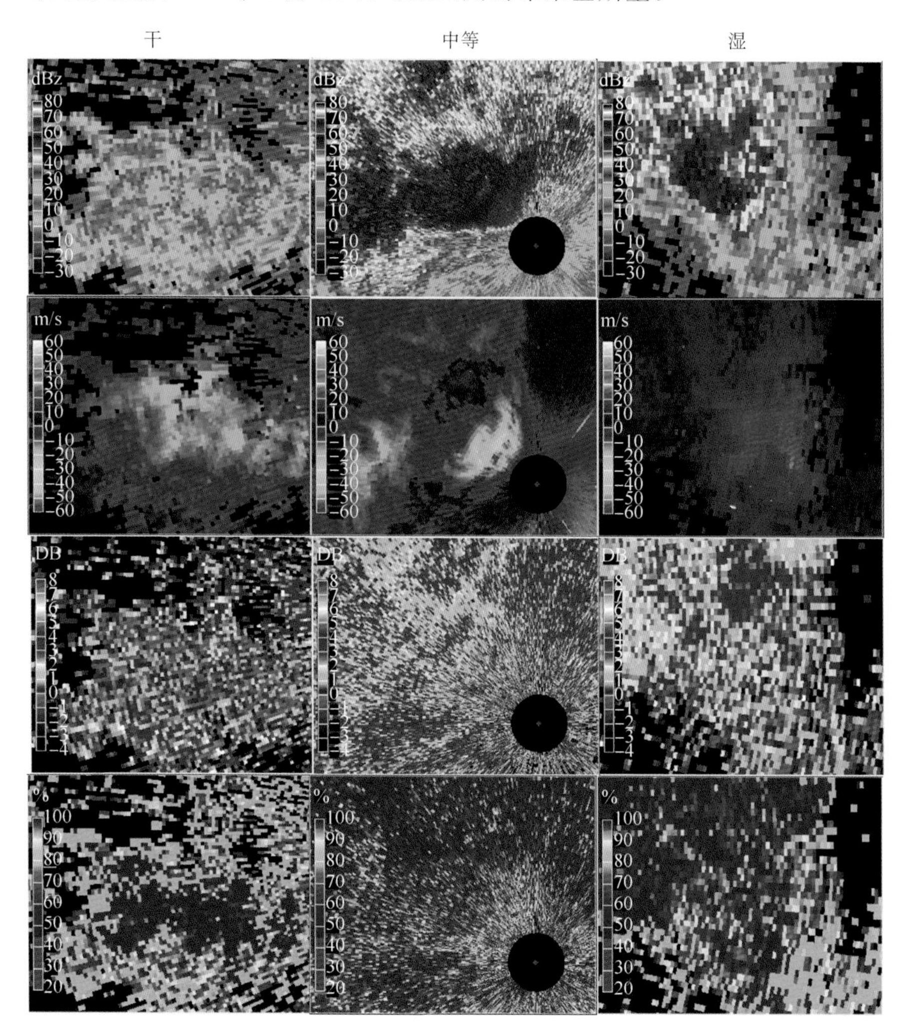

图 6.4 三个典型环境场(干、中、湿)的下击暴流过程
(图像自上而下分别是:雷达反射率因子、径向速度、Z_{DR} 和 ρ_{hv})

总的来说，中、湿环境下的 Z_{DR} 和低 ρ_{hv} 双偏振雷达回波特征相似。相比之下，雷达反射率因子在干环境下更低一些。平均而言，Z_{DR} 在干环境下也较小。ρ_{hv} 在干环境下比中、湿环境下要高一些。中等湿度环境下速度场辐散特征更明显，但可能是由于这个例子比另外两个更接近雷达站的原因。这三个下击暴流均造成了地面建筑物严重损坏，风灾报告来自于风暴预测中心(SPC)收集的公共风暴报告。

图 6.5 给出了 2010 年 5 月 10 日一次龙卷过程的双偏振雷达回波图。2101 UTC 这个龙卷同时被 KOUN S 波段雷达和 OU-PRIME C 波段雷观测到。KOUN 反射率因子几乎没有发现龙卷的特征，而 OU-PRIME 则清楚地揭示了龙卷的双偏振雷达回波特征。因为 OU-PRIME 具有更高的空间分辨率，相对于 KOUN 的 1°波束宽度，OU-PRIME 的波束宽度仅为 0.5°。另外，OU-PRIME 离龙卷更近，仅有 5 km 距离，KOUN 为 10 km。从 OU-PRIME 回波中可以清楚地看到钩状回波和被龙卷风卷起的残骸(debris)的偏振特征。

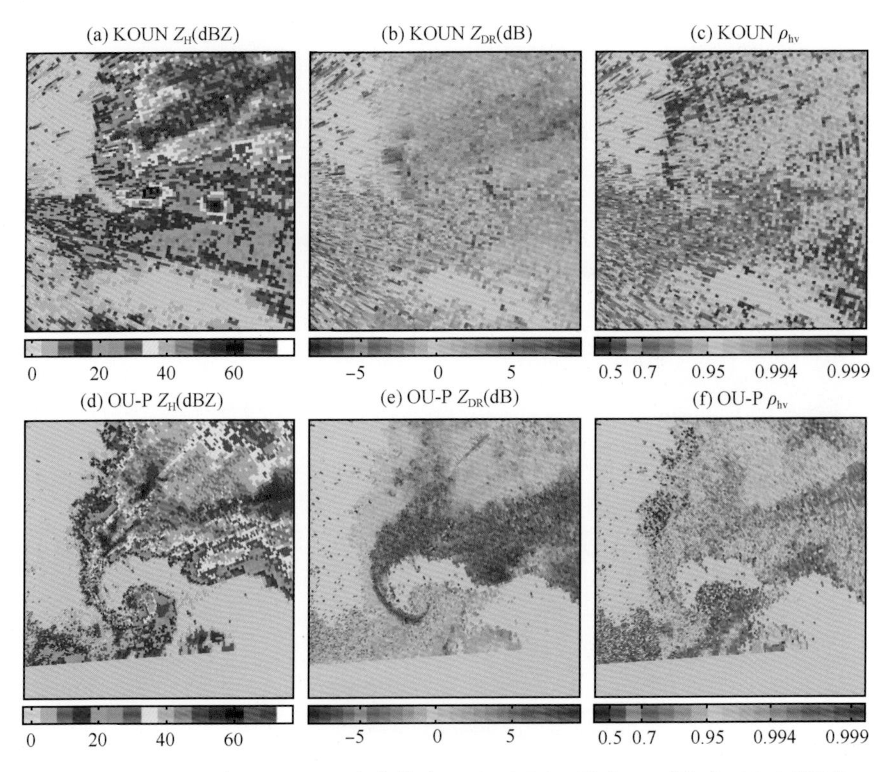

图 6.5　2010 年 5 月 10 日高分辨率 OU-PRIME 雷达(1.0°仰角，2242 UTC)和 KOUN(0.7°仰角，2245 UTC)同时观测的龙卷回波对比。(a,b,c)为 KOUN 观测到的 Z_H、Z_{DR} 和 ρ_{hv}；(d,e,f)为 OU-PRIME 观测到的 Z_H、Z_{DR} 和 ρ_{hv}

钩状回波包围的碎片区出现了较低且起伏的 Z_{DR} 和 ρ_{hv}。这与我们所知相符，因为碎片尺寸较大处于米散射区，且有随机的取向，所以引起了随机散射相位差异。在回波的前缘，大的 Z_{DR} 形成了一个弧状结构，被称作"Z_{DR} 弧"。一些负的 Z_{DR} 回波出现在风暴的后侧，这是由于 C 波段的差分衰减造成的。由于不同的雷达响应和非瑞利散射效应，C 波段 OU-PRIME 观测到的 Z_{DR}（ρ_{hv}）要比 S 波段的 KOUN 大（小）一些，说明这两组偏振数据的信息并非完全一致，各自代表了不同的内容。因为相同的目标物散射 C 波段雷达看起来其电尺寸比 S 波段大，因此 OU-PRIME 的偏振特征更明显。

Doviak 和Zrnić(1993，表 8.1）首次总结了不同水凝物偏振量的特征值，现在进一步扩展，偏振量已完全应用于水凝物分类中。这个内容将在下一节讨论。

6.2　水凝物分类

在前面的一节中，我们了解到特定类型的风暴/回波的偏振雷达特征。尽管知道这些偏振特征以及使用它们来监测灾害性天气很重要，但是系统地综合利用多个偏振量对水凝物分类会更加有用。在第五章中，我们已经讨论了用简单贝叶斯分类（SBC）对偏振雷达数据进行地物杂波检测。在这里，我们将讨论利用模糊逻辑法进行回波分类。

6.2.1　分类背景

双偏振雷达观测数据在回波识别的首次应用是使用 Z_H 与 Z_{DR} 识别冰雹（Aydin et al，1986）。先前，冰雹的识别是使用单偏振雷达的一个反射率阈值。通常，当反射率因子 $Z_H > 54$ dBZ 时，冰雹将可能出现。这个单参数阈值显然非常粗糙且不准确，因为当 Z_H 约为 40 dBZ 时，也可能会出现一些小冰雹，远小于阈值。因此，Aydin 等（1986）定义了"Z_{DR} 衍生冰雹信号"函数，同时使用反射率因子和差分反射率从降水回波中识别冰雹。

$$H_{DR} = Z_H - F(Z_{DR}) \tag{6.1}$$

$$F(Z_{DR}) = \begin{cases} 60 & Z_{DR} > 1.74 \\ 19Z_{DR} + 27 & 0 < Z_{DR} \leqslant 1.74 \\ 27 & Z_{DR} \leqslant 0 \end{cases} \tag{6.2}$$

如图 6.6 所示，将式（6.2）绘制在从雨滴谱数据模拟的 Z_H-Z_{DR} 散点图上，雨水大都在冰雹函数的左上方。与之对照，当(Z_H，Z_{DR})出现在实线($H_{DR}>0$)的右下方时，冰雹就可能出现。因此，H_{DR}函数是比$Z_H>54$ dBZ更好的冰雹判别因子。然而，如果存在两个以上的观测量，且要识别两种以上的雷达回波时，这种简单的函数不适用，需要有一些更复杂的方法。

考虑到用双偏振雷达观测数据来做回波分类：输入多个观测量，输出多个分类。进一步，每个分类的偏振量的边界模糊，类型之间有重叠，且观测存在误差。因此，建立严格的分类方法非常困难，有时严格的方法也不必要。模糊逻辑方法很适合用偏振量进行水凝物分类算法(Hydrometeor Classification Algorithm，HCA)。与第5章的地物识别的简单贝叶斯分类法相比，模糊逻辑法更容易设计、修改和实现(Han et al，2011)。

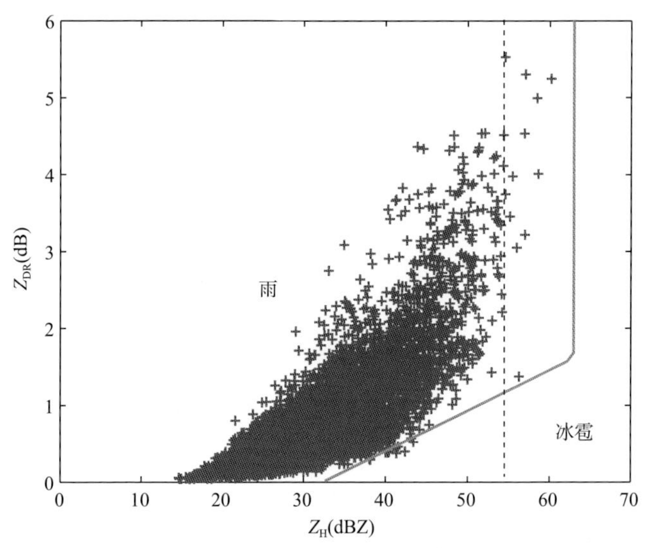

图6.6　雨滴谱数据模拟的反射率因子与差分反射率散点图(其中实线为冰雹判别函数)

模糊逻辑方法最初是由诺曼(Norman)和波德(Boulder)两地的研究人员共同引入雷达气象领域(Straka et al，2000；Vivekanandan et al，1999；Zrnić et al，2001)，并首次在美国国家大气研究中心(NCAR)的S波段双偏振雷达进行了测试。之后许多研究通过复杂成员函数和决策条件改进了模糊逻辑算法。其中，有两种典型的算法：一个是由科罗拉多州立大学(CSU)提出(Lim，2005；Liu et al，2000)，并且移植到Vaisala雷达上，与其他算法的经验成员函数不同，CSU算法的主要特点是使用神经网络模糊逻辑系统得到成员函数的；另外一个典型的HCA算法由美国国家强风暴实验室NSSL(Ryzhkov et al，2005b；Schuur et al，2003)开发。该算法主要为双偏振 WSR-88D 的业务应用而设计。Park 等(2009)详细描述了该算法最终应用在 WSR-88D 上的改进版本。这个升级版算法考虑了测量误差、波束展宽影响、融化层影响和降水类型的差异(对流降水和层状云降水)。

模糊逻辑 HCA 已经成为一种比较成熟的技术,已经被应用于天气雷达研究和应用。最近 HCA 有了一些发展:包括在衰减存在时的回波分类方法(针对 C 波段和 X 波段雷达)(Snyder et al,2010)、三体散射回波识别与分类、雷达资料的质量改善(Mahale et al,2014)。

6.2.2　模糊逻辑方法

如图 6.7 所示,模糊逻辑方法有三个步骤:模糊化、聚合、去模糊。在第一步中,基于经验和观测统计为每个分类建立成员函数。在每个分类里,每一个雷达观测量都有一定的范围。如图 6.7 所示,雨水和冰雹的成员函数由梯形函数表示。每个雷达观测量的变化范围,如 Z_H、Z_{DR}、ρ_{hv} 等,对于雨水和冰雹不同。但这两个类型的成员函数有个重叠区域,这意味着使用单一的观测量在此区域很难区分这两种水凝物。

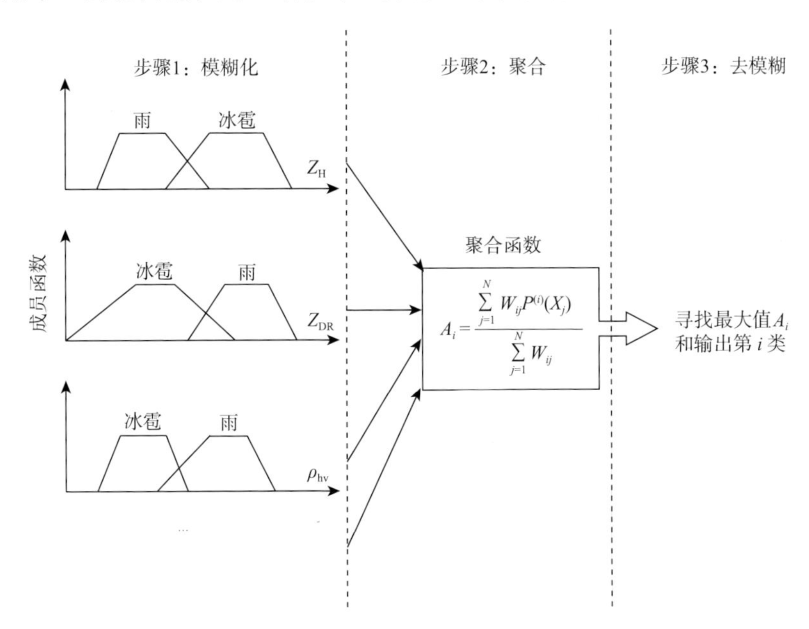

图 6.7　模糊逻辑方法示意图(以两个分类为例)

成员函数是一个偏振量在 $X_1 \sim X_4$ 区间针对某种类型的贡献(价值),如图 6.8 所示。如果观测超出这个范围,此观测量对此类的贡献为零。否则,价值在 0～1 之间变化,取决于观测值的落区。控制变量($X_1 \sim X_4$)是由每一个类型的经验模型或观测数据统计得到的。从观测数据统计来看，X_1 选择在 0.5%的位置，X_2 在 20%的位置，X_3 在 80%的位置，X_4 在 99.5%的位置。

第二步，根据观测值确定每一个成员函数值之后，将每一个成员函数值累加并得到聚合值。这个值代表了所有观测量的贡献，它决定了输出哪一个分类。聚合值按照如下方法建立：

$$A_i = \frac{\sum_{j=1}^{N} W_{ij} P^{(i)}(X_j)}{\sum_{j=1}^{N} W_{ij}} \tag{6.3}$$

式中：$P^{(i)}(X_j)$是一个成员函数，它表示第 j 个雷达变量 X_j 对第 i 个分类的贡献，W 是权重代表不同雷达变量对不同分类的重要性。

第三步，每个分类的聚合值相互比较，最大聚合值的分类就是输入数据的分类结果。

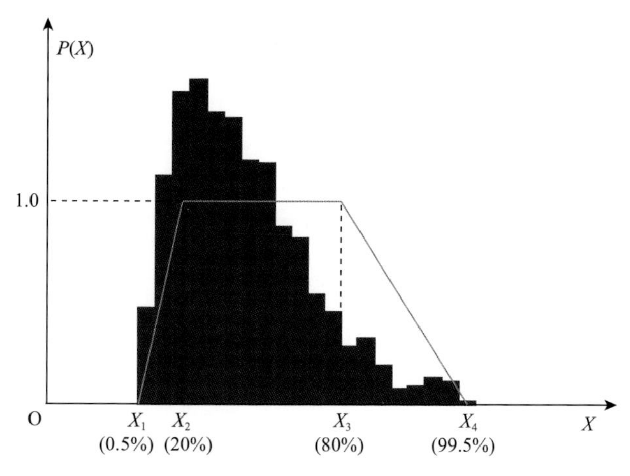

图 6.8 梯形成员函数（X 为任意一个偏振量）

6.2.3 分类结果

Park 等（2009）使用了 6 个雷达观测量作为输入，包括 Z_H、Z_{DR}、ρ_{hv}、K_{DP}、SD(Z_H)和 SD(ϕ_{DP})，输出 10 个分类：①地物或超折射地物（GC/AP）；②生物（BS）；③干雪（DS）；④湿雪（WS）；⑤冰晶（CR）；⑥霰（GR）；⑦大滴（BD）；⑧小雨和中雨（RA）；⑨大雨（HR）；⑩雨雹混合（RH）。$SD(Z_H)$是 Z_H 在径向上 4 个点的标准差，代表了 Z_H 的纹理信息。SD(ϕ_{DP})是 ϕ_{DP} 的纹理参数，由 8 个点计算得到。成员函数的参数见表 6.1。

表 6.1　10 个分类的成员函数的参数

	GC/AP	BS	DS	WS	CR	GR	BD	RA	HR	RH
					$P[Z_H(\text{dBZ})]$					
x_1	15	5	5	25	0	25	20	5	40	45
x_2	20	10	10	30	5	35	25	10	45	50
x_3	70	20	35	40	20	50	45	45	55	75
x_4	80	30	40	50	25	55	50	50	60	80
					$P[Z_{DR}(\text{dB})]$					
x_1	−4	0	−0.3	0.5	0.1	−0.3	$f_2-0.3$	$f_1-0.3$	$f_1-0.3$	−0.3
x_2	−2	2	0.0	1.0	0.4	0.0	f_2	f_1	f_1	0.0
x_3	1	10	0.3	2.0	3.0	f_1	f_3	f_2	f_2	f_1
x_4	2	12	0.6	3.0	3.3	$f_1+0.3$	$f_3+1.0$	$f_2+0.5$	$f_2+0.5$	$f_1+0.5$
					$P[\rho_{hv}]$					
x_1	0.5	0.3	0.95	0.88	0.95	0.90	0.92	0.95	0.92	0.85
x_2	0.6	0.5	0.98	0.92	0.98	0.97	0.95	0.97	0.95	0.9
x_3	0.9	0.8	1.00	0.95	1.00	1.00	1.00	1.00	1.00	1.00
x_4	0.95	0.83	1.01	0.985	1.01	1.01	1.01	1.01	1.01	1.01
					$P[LK_{DP}]$					
x_1	−30	−30	−30	−30	−5	−30	g_1-1	g_1-1	g_1-1	−10
x_2	−25	−25	−25	−25	0	−25	g_1	g_1	g_1	−4
x_3	10	10	10	10	10	10	g_2	g_2	g_2	g_1
x_4	20	10	20	20	15	20	g_2+1	g_2+1	g_2+1	g_1+1
					$P[SD(Z_H)(\text{dB})]$					
x_1	2	1	0	0	0	0	0	0	0	0
x_2	4	2	0.5	0.5	0.5	0.5	0.5	0.5	0.5	0.5
x_3	10	4	3	3	3	3	3	3	3	3
x_4	15	7	6	6	6	6	6	6	6	6
					$P[SD(\phi_{DP})(°)]$					
x_1	30	8	0	0	0	0	0	0	0	0
x_2	40	10	1	1	1	1	1	1	1	1
x_3	50	40	15	15	15	15	15	15	15	15
x_4	60	60	30	30	30	30	30	30	30	30

Z_{DR} 函数的参数如下(Park et al,2009)：

$$f_1(Z_H) = -0.50 + 2.50 \times 10^{-3} Z_H + 7.50 \times 10^{-4} Z_H^2 \tag{6.4}$$

$$f_2(Z_H) = 0.68 - 4.81 \times 10^{-2} Z_H + 2.92 \times 10^{-3} Z_H^2 \tag{6.5}$$

$$f_1(Z_H) = 1.42 + 6.67 \times 10^{-2} Z_H + 4.85 \times 10^{-4} Z_H^2 \tag{6.6}$$

且

$$g_1(Z_H) = -44.0 + 0.8Z_H \tag{6.7}$$

$$g_2(Z_H) = -22.0 + 0.5Z_H \tag{6.8}$$

成员函数权重 W 由表 6.2 给出。对于不同的分类，每个输入量的贡献明显不同，具体细节可参考 Park 等(2009)。

值得注意的是，水凝物分类结果有一些限制，它某种程度上依赖融化层识别的准确性。例如，在融化层以下分类结果不应该有雪、冰晶、霰；在融化层上不应该有雨、地物、生物分类。

表 6.2　10 个分类的成员函数权重

分类	Z_H	Z_{DR}	ρ_{hv}	LK_{DP}	SD(Z_H)	SD(ϕ_{DP})
GC/AP	0.2	0.4	1.0	0.0	0.6	0.8
BS	0.4	0.6	1.0	0.0	0.8	0.8
DS	1.0	0.8	0.6	0.0	0.2	0.2
WS	0.6	0.8	1.0	0.0	0.2	0.2
CR	1.0	0.6	0.4	0.5	0.2	0.2
GR	0.8	1.0	0.4	0.0	0.2	0.2
BD	0.8	1.0	0.6	0.0	0.2	0.2
RA	1.0	0.8	0.6	0.0	0.2	0.2
HR	1.0	0.8	0.6	1.0	0.2	0.2
RH	1.0	0.8	0.6	1.0	0.2	0.2

为了方便，将 HCA 简化为只包括 Z_H，Z_{DR} 和 ρ_{hv}(Cao et al,2012a)三个输入量。将这个简化算法应用在 2005 年 5 月 13 日一次对流过程(在本书第 2 章图 2.4 中的雨滴谱资料提及过)。这是一次飑线过程，后部为大片的层状云降水。图 6.9a～c 是 KOUN 雷达 0811 UTC 观测到的 Z_H，Z_{DR} 和 ρ_{hv} 回波图。此次飑线从西北向东南方向移动。明显地，有若干反射率因子值很大的对流中心，沿北到西南向排列。飑线前沿存在一个阵风锋回波。飑线后部是大片层状云降水，其 ρ_{hv} 接近于 1。融化层的高度在 2.6～3.1 km，考虑到 KOUN 雷达的 1°波束宽度和 0.5°观测仰角，在图 6.9 中，大于 100 km 的数据可能是融化层和融化层上的粒子。

图 6.9d 给出了雷达回波的分类结果。如图所示，雷达附近有许多地物回波。在飑线的前部可能有昆虫或鸟类等生物回波。大雨出现在对流中心以及它们附近区域。大雨滴出现在对流前缘。湿雪和雨雹混合物出现在北侧和西侧的大于 100 km 的融化层内。在 150 km 以外，雷达观测到了融化层之上的干雪。虽然这是简化算法，但大多数的分类看上去合理。加上其他控制变量后能更进一步提高模糊逻辑分类方法的性能。本章后

面的问题 6.2 提供了一个理解偏振雷达 HCA 分类的实践机会，供读者积累经验。

HCA 方法已经成熟，可以利用它提高双偏振雷达观测数据质量(Mahale et al,2014)。图 6.10 展示了偏振雷达观测和识别三体散射回波(TBSS)的例子(多次散射现象示意图见图 4.1d)。上面两张图是偏振雷达观测的反射率因子 Z_H 和共偏相关系数 ρ_{hv}，这两个量在 TBSS 处都是低值。经过水凝物分类算法，TBSS 被正确识别(右下：HCA 结果)和去除，同时去除了生物散射回波 BS，获得了质量控制后的反射率因子图(左下)。

大多数水凝物分类使用模糊逻辑法，但也有其他方法可以使用。对简单贝叶斯分类方法有兴趣的读者可以参考我们近期的区分对流和层状云降水的工作(Bukovcic et al,2015)。

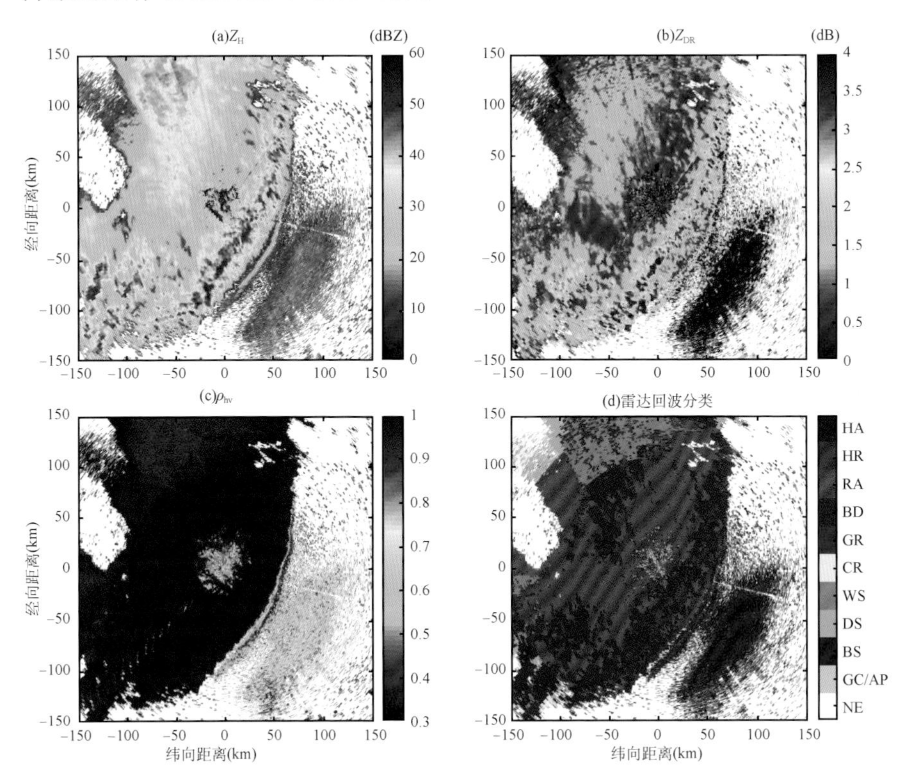

图 6.9　2005-05-13 0811 UTC S 波段 KOUN 雷达观测回波及 HCA 分类结果

(a)Z_H；(b)Z_{DR}；(c)ρ_{hv}；(d)雷达回波分类

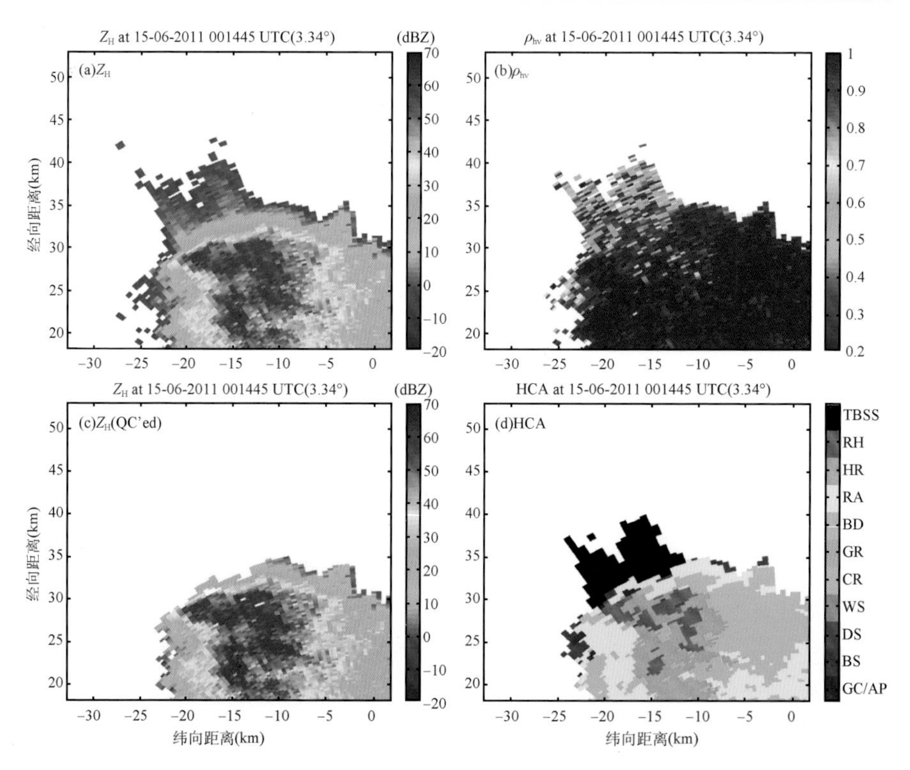

图 6.10　偏振雷达的三体散射回波 TBSS 和基于 HCA 分类的质量控制结果

(a)原始的反射率因子;(b)原始共偏相关系数;(c)经 HCA 质控制后的反射率因子;(d)HCA分类结果

6.3　定量降水估计(QPE)

到目前为止,我们已经从回波信号和回波分类讨论了双偏振数据的定性应用。现在来讨论双偏振数据的定量应用。这一节,我们将学习其中双偏振雷达的定量降水估计。通常有三种方法可获得雷达降水估计方程:①雷达—雨量计统计对比;②建立雨滴谱模型和参数模拟;③雨滴谱仪测量的反射率因子和雨强计算。一旦有了上述数据,则可运用最小二乘法找到雨强和雷达观测数据的关系。这里,我们主要使用二维滴谱仪(2DVD)的实测数据和模拟的雷达数据来建立雷达降水估计方程。

6.3.1 雷达降水估计算子

在讨论偏振数据定量降水估计之前，先介绍一下单偏振雷达估测降水的一些背景知识。一个单偏振多普勒天气雷达能够提供三种观测数据：雷达反射率(Z)、多普勒径向速度(v_r)和速度谱宽(σ_v)。其中，只有反射率因子(Z)包含了雨强(R)的信息。因此，雷达降水估测目的就是找到并应用幂函数关系($Z=\alpha R^{\beta}$)从反射率因子中获取雨强。由于 Z 和 R 非线性相关，且雨滴谱变化，所以这个幂函数关系中系数(α)和指数(β)也会根据不同的降水类型、季节和气候区域而变化(Doviak et al，1993)。表 6.3 给出了 5 个单偏振雷达 NEXRAD 中 Z-R 的关系(详见 http://www.roc.noaa.gov/ops-/z2r_osf5.asp)。

表 6.3　单偏振雷达 NEXRAD 的 Z-R 关系

关系式	名称	主要应用于	也可应用于
$Z=300R^{1.4}$	Convective	夏季深对流降水	其他非热带对流降水
$Z=200R^{1.6}$	Marshall-Palmer	普通的层状云降水	
$Z=250R^{1.2}$	Tropical	热带对流降水	
$Z=130R^{2.0}$	East-Cool Strat.	美国东部冬季层状云降水	美国东部地形云降水
$Z=75R^{2.0}$	West-Cool Strat.	美国西部冬季层状云降水	美国西部地形云降水

迄今为止，已经有了 200 个以上的 Z-R 关系被提出或应用(Rosenfeld et al，2003)。可是，如此多的 Z-R 关系就意味着基本上没有任何关系，因为你无法知道哪一个可以用。造成这种 Z-R 关系多样的原因有很多，包括数据的选择、采样体的差异、观测的误差、拟合方法以及降水的微物理结构不同。Rosenfeld 和 Ulbrich(2003)给出了一个完整的 Z-R 关系的综述，并总结了可能造成 Z-R 关系变化的微物理过程。这一现象的原因是 Z-R 关系会随雨滴谱的变化而变化，一般来说需要两个及两个以上的参数(自由度)才能描述。然而，单一的 Z-R 关系不存在，它无法表述自然雨滴谱变化。这是发展双偏振雷达的最初动机之一，除反射率因子外，还要观测差分反射率，以提升雷达定量降水估计能力(Seliga et al，1976)。

6.3.2 双偏振雷达降水估计算子

单偏振雷达仅能获得与降水有关的一个反射率因子，与之相比，偏振雷达能提供多个包含雨滴谱信息的偏振量，它们能更好地表述降水的微物理特征，以此提高降水估计能力。除了反射率因子，偏振雷达的差分反射率依赖于雨滴形状，和雨滴的尺寸有关。差分相移率与降水强度有关，它们的关系比 Z-R 关系更接近于线性。因此可以预见，定量降水估计的性能可以通过增加的偏振量而提高。

双偏振雷达定量降水估计就是雨强与偏振量之间的关系。假定这些关系也是幂函数形式，比如 $R(Z_h,Z_{dr})=aZ_h^bZ_{dr}^c$，$R(K_{DP})=aK_{DP}^b$ 和 $R(K_{DP},Z_{dr})=aK_{DP}^bZ_{dr}^c$，它们是 Z-R 关系（等价于 $Z=\alpha R^\beta \Leftrightarrow R(Z_h)=aZ_h^b$）的扩展，通过增加或改变某个偏振量计算得到。双偏振雷达定量降水估计建立在观测和模拟数据之上。雷达和雨量计观测数据具有不同的采样体积或采样时间和误差，因此通常采用模拟数据组来建立偏振雷达降水估计方程。为了分别应用式(2.4)生成雨强数据，用式(4.46)～(4.47)和式(4.73)生成 Z_H，Z_{DR} 和 K_{DP}，我们需要知道雨滴谱和散射振幅，而散射振幅需要有雨滴形状（轴比）和大小的关系式。

早期研究使用的雨滴谱数据是在特定范围内用 Gamma 分布参数（N_0，μ，Λ）随机生成（Chandrasekar et al，1988；Sachidananda et al，1987）。然而这些模拟的雨滴谱数据并不能代表自然雨滴谱。由于雨滴谱仪越来越普及，且二维滴谱仪能够使雨滴谱的观测更为精确，所以近期研究趋向是使用实测的雨滴谱数据。本节用到的雨滴谱数据由美国大气研究中心（NCAR）和俄克拉荷马大学（OU）的二维滴谱仪于 2005 年 5 月 2 日—2007 年 1 月 27 日在美国俄克拉荷马州观测得到。在 36879 min 的雨滴谱数据中，有 12756 个雨强均大于 0.1 mm · h^{-1}。通过这 12756 个雨滴谱数据计算的雨强和偏振量来建立雷达偏振降水估计方程。

轴比可以用来描述雨滴形状，它是偏振定量降水估计的另一个重要参数。一般来说，有三种雨滴轴比关系式：①平衡形状关系式（Chuang et al，1990；Green，1975；Pruppacher et al，1970）；②共振效应的雨滴形状关系式（会造成雨滴更具球形）（Beard et al，1991，1983；Pruppacher et al，1971）；③应用广泛的实测数据导出雨滴轴比关系式（Brandes et al，2002）。研究发现，用实测数据模拟的 Z_{DR} 比平衡形状关系计算出的 Z_{DR} 小 0.2 dB。

用二维滴谱仪雨滴谱数据和实测数据导出的轴比关系（式(2.16)）计算雨强和偏振量，并用回归分析得到以下降水估计关系：

$$R(Z_h) = 0.0196Z_h^{0.688} \tag{6.9}$$

$$R(Z_h,Z_{dr}) = 0.0082Z_h^{0.918}Z_{dr}^{-3.49} \tag{6.10}$$

$$R(K_{DP}) = 44.5K_{DP}^{0.788} \tag{6.11}$$

$$R(K_{DP},Z_{dr}) = 126.1K_{DP}^{0.956}Z_{dr}^{-2.04} \tag{6.12}$$

为改善拟合效果，以适当的权重在对数域上应用回归分析。对于一个单独的雷达变量，我们使 x 轴和 y 轴的误差同时最小化，之后得到 $R(Z_h)$ 和 $R(K_{DP})$。对于两种变量的情形，每个资料由 Matlab 中的"lscov"函数计算的雨强进行加权，得到 $R(Z_h, Z_{dr})$ 和 $R(K_{DP}, Z_{dr})$。运用雨强权重，估计误差的标准差可以降低 30%左右。另外，拟合关系并不能很好地反映大雨或暴雨，因为小雨样本占绝大多数，它们对拟合起着决定性的作用。这些降水估计关系的效果可以通过雷达估计和雨滴谱计算的雨强散点图来检验，见图 6.11。标准差及相关系数列于表 6.4 中。

正如我们所知，由于双参数的估计关系 $R(Z_h, Z_{dr})$ 和 $R(K_{DP}, Z_{dr})$ 比单参数有更小的误差标准差和更高的相关系数，因此效果更好。基于 K_{DP} 的估计关系要比包含 Z_h 的估计关系效果要好，这是因为 K_{DP} 和雨强的关系更接近于线性。需要注意的是，这些效果检验是基于相同的雨滴谱数据的模拟结果。如果基于雨量计数据的效果检验，结果可能会不同，主要由于采样体积和观测误差不一样。

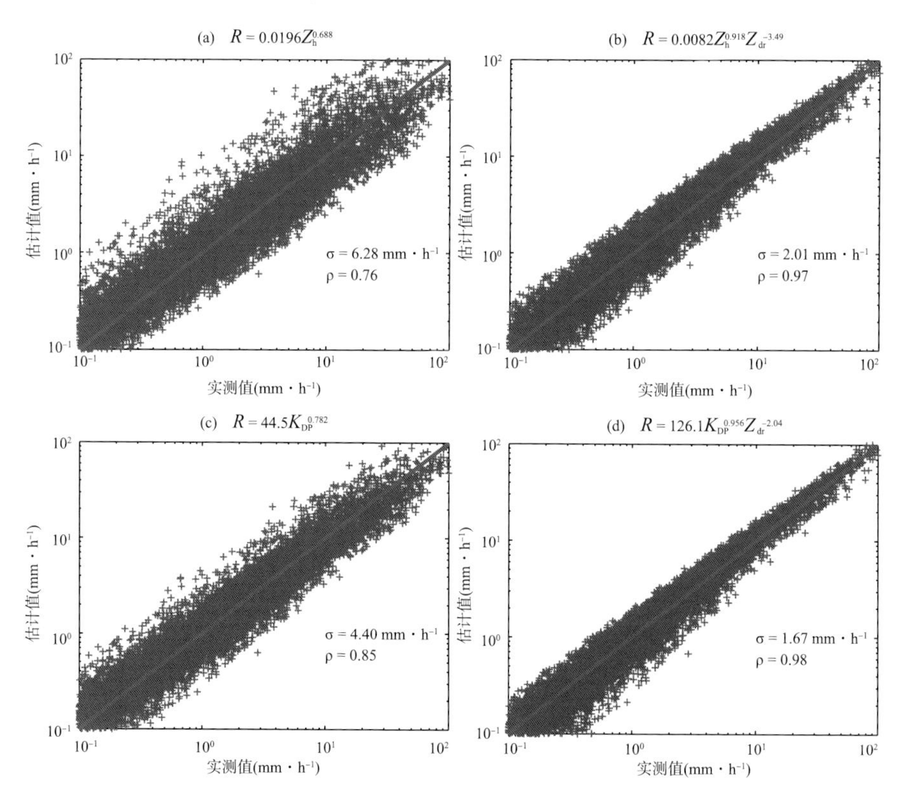

图 6.11 不同估计关系的双偏振雷达降水估计值与实测值对比

(a)$R(Z_h)$；(b)$R(Z_h, Z_{dr})$；(c)$R(K_{DP})$；(d)$R(K_{DP}, Z_{dr})$

表 6.4　双偏振雷达降水估计关系的效果检验

估计值	$(\hat{R}-R)$均方根误差($mm \cdot h^{-1}$)	相关系数
$R(Z_h)$	6.28	0.76
$R(Z_h, Z_{dr})$	2.01	0.97
$R(K_{DP})$	4.40	0.85
$R(K_{DP}, Z_{dr})$	1.67	0.98

如表 6.5 中所示，Brandes 等(2002)用 1998 年夏季的佛罗里达州亚热带降水评估了两个雷达降水估计关系。将双偏振雷达降水估计关系应用于 NCAR S 波段双偏振雷达观测的 25 个降水过程，并将两个雨量计观测网的实测观测数据与每个降水过程的雷达累积降水进行对比，以减小误差。偏差定义为雨量计与雷达估计的比值，和均方根误差(RMSE)列于表 6.5 中，此外还有相关系数。正如我们所知，均方根误差比表 6.4 中的模拟数据大，而相关系数则较低，不难理解这是由于采样体积和观测误差的不同而引起的。表 6.5 显示了与雨滴平衡形状关系式对比，由实测数据导出的轴比例关系式(式(2.16))具有更小的偏差和均方根误差。$R(Z_h, Z_{dr})$估计关系具有最小的误差和最高的相关系数，它的效果最好。

表 6.5　不同双偏振雷达降水估计关系对 1998 年佛罗里达州亚热带降水的计算结果

	平衡轴比例			
	$R(Z_h)$	$R(K_{DP})$	$R(K_{DP}, Z_{dr})$	$R(Z_h, Z_{dr})$
平均偏差因子	0.95	1.17	1.10	0.80
偏差系数范围	2.55	2.67	2.43	1.82
相关系数	0.87	0.86	0.89	0.92
均方根误差	7.8	8.2	7.4	8.8
均方根误差(去除偏差)	7.7	8.1	7.3	6.3
	经验性轴比例			
	$R(Z_h)$	$R(K_{DP})$	$R(K_{DP}, Z_{dr})$	$R(Z_h, Z_{dr})$
平均偏差因子	0.94	0.97	0.92	0.97
偏差系数范围	2.53	2.57	2.38	1.79
相关系数	0.87	0.87	0.89	0.92
均方根误差	7.9	8.0	7.4	6.4
均方根误差(去除偏差)	7.7	7.8	7.1	6.3

6.3.3　降水估计结果

用在 6.3.2 节导出的偏振雷达降水估计关系式(6.5)～(6.8)，对双偏振雷达观测的飑线个例(图 6.9)进行降水估计,图 6.12 为 4 个估计关系计算得出的结果。降水估计应用在 $\rho_{hv}>0.8$ 的区域,以去除地物和生物回波对降水估计的影响。降水估计关系 $R(Z_h)=0.0196Z_h^{0.688}$(即 $Z_h=303R^{1.45}$)与 NEXRAD 默认的中纬度降水估计关系($Z=300R^{1.4}$)比较接近(Fulton et al,1998)。其他 3 个是双偏振雷达降水估计关系。双偏振雷达降水估计关系在强对流区有明显改善。估计关系 $R(Z_h)$ 在对流核的降水估计明显过高,因为受大雨滴或融化冰雹的影响 Z_h 值明显偏高。由于雨滴变大时,Z_{dr} 会随之增加,因此 $R(Z_h,Z_{dr})$ 能有效地降低 $R(Z_h)$ 的过高估计。估计关系 $R(K_{DP})$ 对冰雹不敏感,所以在对流核区域它的估计值同样比 $R(Z_h)$ 小,且更合理。然而,相对来说 K_{DP} 的观测不确定性比 Z_h 或 Z_{dr} 都要大一些。显而易见的是,对于小雨区域,含 K_{DP} 的估计关系(图 6.12c,d)与不含 K_{DP}(图 6.12a,b)的相比降水估计效果要差一些。

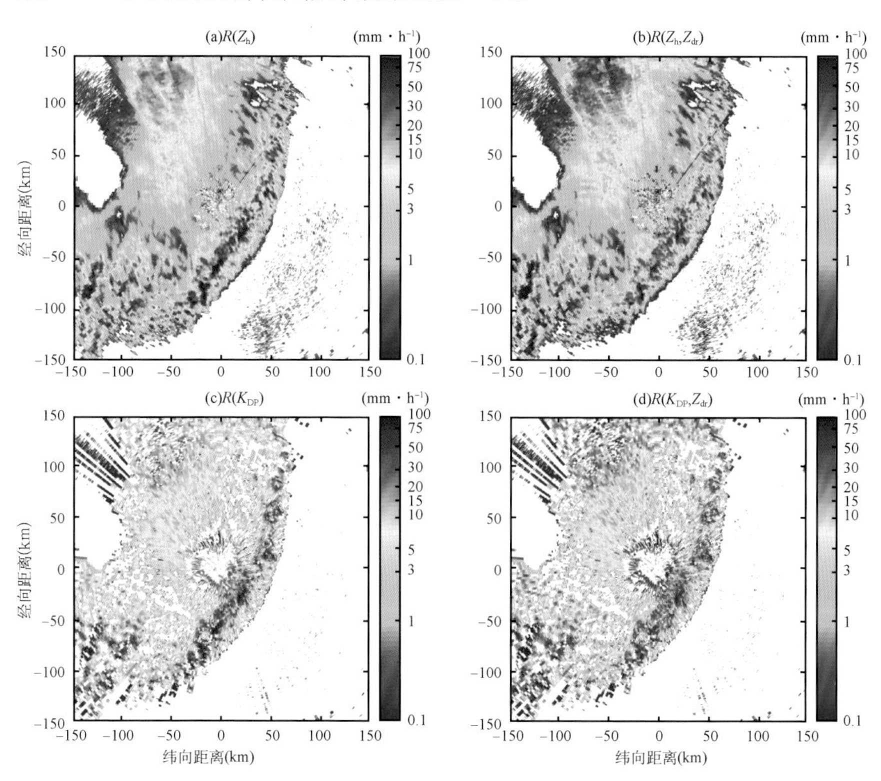

图 6.12　由四个估计关系计算得出的结果

(a)和(b)不含 K_{DP};(c)和(d)含 K_{DP} 的估计关系

6.3.4 降水估计误差及实际问题

不同的雷达降水估计关系具有不同的误差。为了便于误差分析，我们使用一般形式 $R=aZ_h^bZ_{dr}^cK_{DP}^d$。全微分后，我们可以得到：

$$\delta R=\frac{\partial R}{\partial Z_h}\delta Z_h+\frac{\partial R}{\partial Z_{dr}}\delta Z_{dr}+\frac{\partial R}{\partial K_{DP}}\delta K_{DP}$$

$$\frac{\delta R}{R}=b\frac{\delta Z_h}{Z_h}+c\frac{\delta Z_{dr}}{Z_{dr}}+d\frac{\delta K_{DP}}{K_{DP}} \tag{6.13}$$

可以认为观测误差相互独立，式(6.13)显示出降水估计的相对误差与雷达各变量的观测误差及它们的降水估计关系的指数成比例。这也就解释了为什么含K_{DP}的降水估计关系对小雨区的降水估计较差，因为K_{DP}的观测误差(约 0.2 °/km)就意味着 100%的降水相对误差。式(6.13)同样意味着当一个新的观测量引入降水估计中时，误差也会增加。因此，观测量越多，并不一定能使降水估计越精确，除非观测误差的影响能够被完全认识并考虑在估计中(Brandes et al，2004a)。

不同的双偏振降水估计关系有不同的误差，且在不同类型的降水有着不同的效果，所以最好的方式是对不同的降水使用不同的估计关系。例如，当强降水或夹杂着冰雹时，一般来说 K_{DP}对降水具有更好的探测能力。在这种情况下，$R(K_{DP})$的降水估计一般误差较小。但当弱降水时，K_{DP}的观测误差会很大，此时再用 $R(K_{DP})$便不合适。Ryzhkov 等(2005b)提出了一种综合的方法，同时使用了 $R(Z_h,Z_{dr})$，$R(K_{DP})$和 $R(K_{DP},Z_{dr})$，与传统指数形式有一个微小的不同是分别应用于 Z-R 估计的降水率的 3 个不同雨强范围。当 $R(Z_h)<6\ \mathrm{mm\cdot h^{-1}}$时，采用 $R(Z_h,Z_{dr})$；当 $R(Z_h)>50\ \mathrm{mm\cdot h^{-1}}$时，采用 $R(K_{DP})$；其他情况用 $R(K_{DP},Z_{dr})$估计。

由于不同降水类型采用不同的估计关系，结合 6.2 节中介绍的水凝物分类结果的降水估计便显得十分合理。Giangrande 和 Ryzhkov(2008)提出了一种基于水凝物分类的降水估计方法，包括如下 3 个关系式：

$$\begin{aligned}R(Z_h)&=1.70\times10^{-2}Z_h^{0.714}\\R(Z_h,Z_{dr})&=1.42\times10^{-2}Z_h^{0.77}Z_{dr}^{-1.67}\\R(K_{DP})&=44.0\,|K_{DP}|^{0.822}\mathrm{sign}(K_{DP})\end{aligned} \tag{6.14}$$

对这一系列关系式的使用如下：当类型为非气象回波时 $R=0$；当类型为降水时，包括小雨、中雨、大雨和大雨滴时，使用 $R=R(Z_h,Z_{dr})$关系；当分类为雨/雹混合时，使用 $R=R(K_{DP})$；当分类为湿雪时，使用 $R=0.6R(Z)$；当分类为干雪或冰晶时，使用 $R=2.8R(Z)$。因此，基于分类的降水估计有着很好的效果。

双偏振雷达技术提高了定量降水估计的精度，均方根误差从单偏振雷达的35%下降到10%～15%(Balakrishnan et al,1989;Brandes et al,2002;Matrosov et al,2002;Ryzhkov et al,1995,2005a)。这是因为双偏振量包含了雨滴谱信息，它们具有更好的数据质量和更少的杂波污染，能区分不同的降水类型，以实现多种的估计关系综合应用。因此，可以减小近距离(<100 km)的降水估计误差。然而，远距离(>150 km)的降水估计，由于雷达探测原理的内在问题，比如非均匀波束填充和波束探测高度过高，误差的减小便不那么明显。

尽管双偏振量改善了定量降水估计，但这一经验性方法仍有一些局限性。首先，为了估计降水，需要导出一系列的降水估计关系式，但这一过程仅使用了雨强一个参数，并没有使用我们更关心的其他降水的滴谱参数(如数密度)；再者，那些关系式有时与雷达频率有关。因为雨滴谱是提高定量降水估计的主要因素，所以直接从双偏振量反演雨滴谱，之后应用于定量降水估计和降水微物理研究更为合理。这一方法可以灵活地应用于不同的雷达平台。我们接下来将讨论雨滴谱反演。

6.4 雨滴谱反演

正如前面提到的，定量降水估计取决于降水微物理雨滴谱，而双偏振量正包含着这些雨滴谱的信息。直接通过双偏振量反演雨滴谱进行降水估计，显得更为自然、理论更为清晰，且更为精确。反演的雨滴谱资料可以用于计算降水物理结构和物理过程参数，包括雨强、数密度、平均直径、含水量、蒸发率、碰并率等。因此，雨滴谱的反演能够比单纯的定量降水估计提供更多、更详细的微观信息。

6.4.1 偏振测量和雨滴谱模型的选取

双偏振雷达提供了雷达反射率因子(Z_H)、差分反射率(Z_{DR})、差分相移率(K_{DP})以及共偏相关系数(ρ_{hv})等观测量。它们是雨滴谱的加权积分，包含了雨滴谱信息，但独立可用的观测量个数有限(不超过4个)。例如，ρ_{hv}对于所有降水来说接近于1，特别是在S波段。虽然ρ_{hv}在水凝物分类等定性应用中是很有用的参数，但在雨滴谱反演等定量应用中用处却不大，尤其在S波段降水区ρ_{hv}几乎是恒定值。K_{DP}有较大的相对误差，特别是在小雨时。此外，K_{DP}是由连续10个以上的差分相位(ϕ_{DP})在径向上拟合得到，它与观测量Z_H和Z_{DR}的分辨率并不相同。这使得K_{DP}在雨滴谱反演中的应用变得比较困难，有时负面影响(引起的误差)要大于正面影响(除非误差协方差在反演中被准确计算，比如运用到第7章的变分方法)。

排除ρ_{hv}和K_{DP}后，还剩Z_H和Z_{DR}可用于雨滴谱反演。这也意味需要一个双参数雨滴谱模型，用两个观测量Z_H和Z_{DR}来反演雨滴谱的两个参量，尽管一个实测的雨滴谱资料有41个通道数据。最常用的双参数雨滴谱模型是指数分布模型，它已经被广泛地运用。然而近期的雨滴谱观测发现，自然降水的雨滴谱并不符合指数分布。也就是说，雨滴谱在半对数坐标中并不是一条直线。如图2.4所示，实测雨滴谱存在着凸凹的形状。这一结论促进了其他更具代表性的双参数雨滴谱模型的研究工作。

在分析佛罗里达州PRECIP-98项目的雨滴谱数据时，Zhang等(2001)发现在形状因子(μ)和斜度(Λ)两个参量间有很强的相关性，他们提出了一种约束Gamma(C-G)雨滴谱模型。将这种模型用于双偏振雷达雨滴谱参数反演，得到了可靠的结果。此后，用俄克拉荷马州雨滴谱观测，将C-G模型进一步细化，如下式：

$$\mu = -0.0201\Lambda^2 + 0.902\Lambda - 1.718 \tag{6.15}$$

式中的μ-Λ关系是二维滴谱仪数据经过双参数排序和平均方法(sorting and averaging method based on two parameters, SATP)(Cao et al, 2008)处理后，用截矩拟合(truncating moment fitting, TMF)方法得到。SATP能够减少抽样误差，减轻小雨样本过多引入的问题。这使得该C-G模型的μ-Λ约束关系更具代表性。

图6.13a给出了μ-Λ关系的散点图，图6.13b则给出σ_m-D_m关系的散点图。可以看出，经SATP处理后，俄克拉荷马州雨滴谱数据的μ-Λ关系比佛罗里达州的具有更低的斜率。值得注意的是，观测误差可以在拟合的雨滴谱参数中产生相关性(Zhang et al, 2003)。为验证改进的μ-Λ关系，我们检验了质量加权平均直径(D_m)和它的标准差(σ_m)，因为二者均能够由滴谱观测量直接计算得到，不受排序和拟合过程的影响。若式(6.15)中的关系式能代表真实的降水物理结构，则由观测量导出的σ_m-D_m关系与由式(6.15)导出的σ_m-D_m关系应具有一致性。图6.12b显示了这些计算的结果，十字符号表示1 min观测雨滴谱计算的D_m和σ_m，实线代表式(6.15)计算的结果。实线位于数据散点的中间，与观测量计算得到的D_m和σ_m非常一致。这说明了μ-Λ关系和σ_m-D_m关系的等价性，它们都能够充当雨滴谱模型的约束条件，以使三参数Gamma模型减少为两参数的C-G模式

(Zhang,2015)。等价性见附录6B。

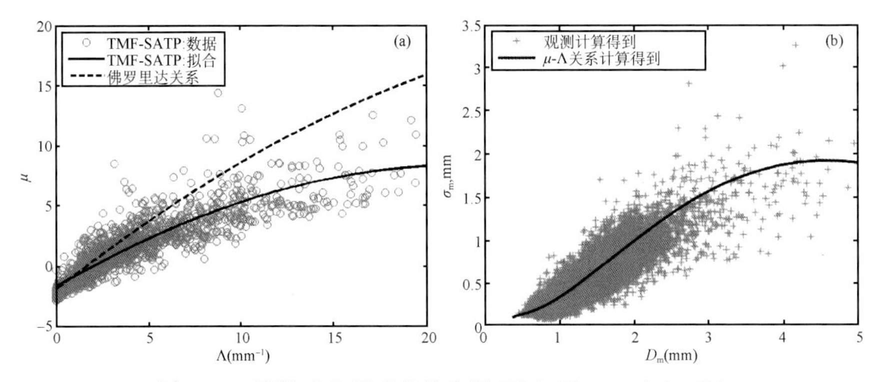

图6.13 设计C-G模型的散点图(引自(Cao et al,2008))

(a)μ-Λ关系:圆圈表示SATP(建立在双参数上的排序和平均法)截矩拟合出的雨滴谱资料。实线为二阶多项式拟合圆点的曲线。虚线为佛罗里达州的关系式(Zhang et al,2001);(b)σ_m-D_m关系:圆圈代表观测的14200 min雨滴谱资料计算的D_m和σ_m,实线表示由式(6.15)的μ-Λ关系约束的Gamma模型计算的D_m和σ_m

双参数C-G雨滴谱模型可以表示为:

$$N(D) = N_0 D^{\mu} \exp(-\Lambda D) \tag{6.16}$$

以及

$$\mu = a\Lambda^2 + b\Lambda + c \tag{6.17}$$

当$\mu=0$时,其退化为指数(EXP)模型。一旦选择了双参数雨滴谱模型,雨滴谱的直接反演就是用雷达观测量的Z_H和Z_{DR}找到两个雨滴谱参数(N_0,Λ)。

6.4.2 反演过程

如果忽略模型和观测误差,则找到两个雨滴谱模型参数十分简单。忽略雨滴的倾斜,用式(6.16)和式(6.17)对偏振量Z_{DR}和Z_H重新定义,得到:

$$Z_{dr} = \frac{Z_{hh}}{Z_{vv}} = \frac{\int |s_a(\pi,D)|^2 D^{\mu(\Lambda)} \exp(-\Lambda D)\mathrm{d}D}{\int |s_b(\pi,D)|^2 D^{\mu(\Lambda)} \exp(-\Lambda D)\mathrm{d}D} = g_1(\Lambda) \tag{6.18}$$

且

$$\frac{N_0}{Z_{hh}} = \frac{\pi^4 |K_w|^2}{4\lambda^4} \frac{1}{\int |s_a(\pi,D)|^2 D^{\mu(\Lambda)} \exp(-\Lambda D)\mathrm{d}D} = g_2(\Lambda) \tag{6.19}$$

基于式(2.16)的经验雨滴形状公式,运用T矩阵,同时计算式(6.18)和式(6.19),之后以dB为单位绘制于图6.14上。计算时分别使用指数

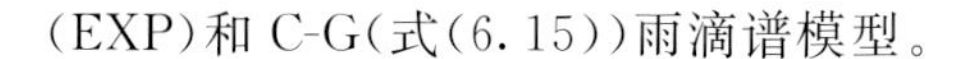
(EXP)和 C-G(式(6.15))雨滴谱模型。

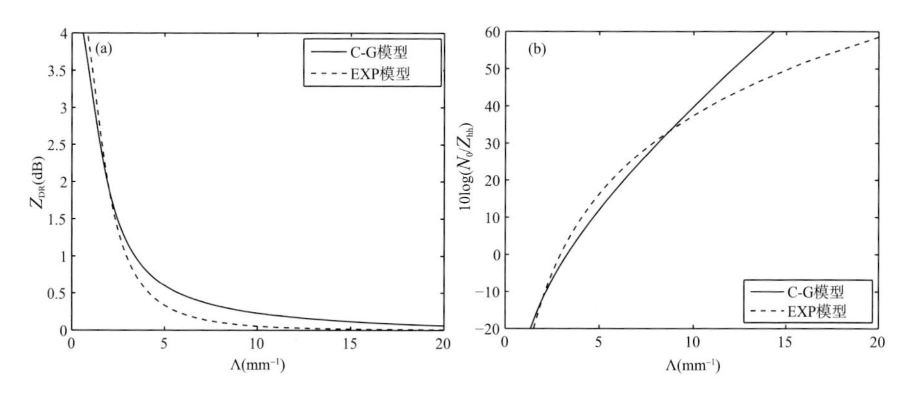

图 6.14　C-G 模型与指数(EXP)模型计算的偏振量对比
(a)差分反射率;(b)N_0 和反射率因子的比值

于是,反演 C-G 雨滴谱参数的过程如下:

(1)由观测到的 Z_{DR},得到 Λ,如图 6.13a 所示,然后通过 μ-Λ 关系,计算得到 μ;

(2)用 μ 和 Λ,以及图 6.13b 中 N_0/Z_{hh}得到 N_0。

(注:如果 $Z_{DR}<0.3$,使用式(6.27)和式(6.28)来反演。)

为了方便地进行 C-G(式(6.15))雨滴谱反演,雨滴谱参数用 Z_{DR}和 Z_{hh}来表示 Λ 和 N_0,如下:

$$\Lambda = 0.0125Z_{DR}^{-3} - 0.3068Z_{DR}^{-2} + 3.3830Z_{DR}^{-1} + 0.1790 \tag{6.20}$$

以及

$$N_0 = Z_{hh} \times 10^{0.00285\Lambda^3 - 0.0926\Lambda^2 + 1.409\Lambda - 3.764} \tag{6.21}$$

相同的过程可用于 $\mu=0$ 的指数(EXP)雨滴谱模型。

为了检验 C-G 雨滴谱反演的性能,我们首先用实测的雨滴谱数据计算雷达变量 Z_H 和 Z_{DR},然后用计算所得的 Z_H 和 Z_{DR}按上述过程反演雨滴谱参数。结果见图 6.15。

这种雨滴谱反演本质上是用两个雷达观测量 Z_H 和 Z_{DR}拟合 C-G 和 EXP 指数模型的雨滴谱资料,这也与第 2 章描述的雨滴谱资料的分布模型拟合相近。因为 Z_h 是接近雨滴谱的 6 阶矩,Z_{dr}则大约与 6 和 5.4 阶矩的比值成比例(Zhang et al,2001)。由于雷达观测量都与高阶矩成比例,高阶矩受大雨滴影响大,且小雨滴对其影响很小,所以需要一个更精确的雨滴谱模型来提供雨滴谱反演的精度。显而易见,从雨滴谱数据拟合的 C-G 模型比 EXP 指数模型要好很多。此外,μ-Λ 关系能够根据需要调整。

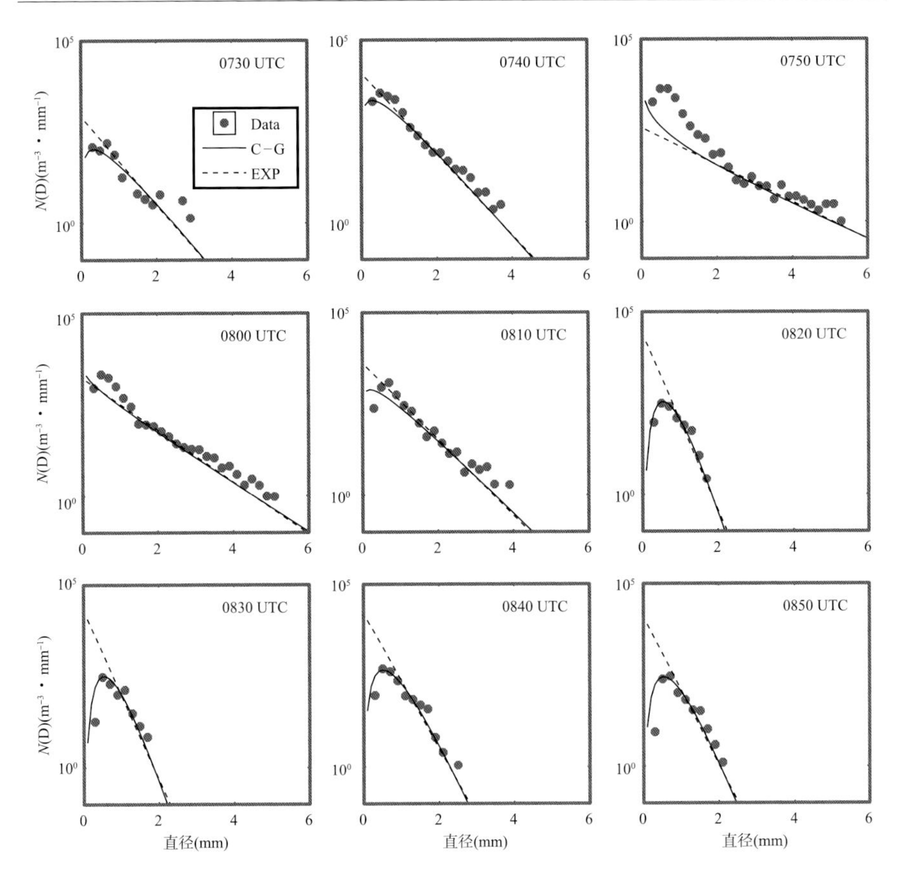

图 6.15　用二维滴谱仪实测数据(2005 年 5 月 13 日,俄克拉荷马州)计算的偏振量反演雨滴谱个例

用实测偏振量进行雨滴谱,反演结果见图 6.16。如图所示,C-G 和 EXP 指数模型的雨强与图 6.12b 中的 $R(Z_h,Z_{dr})$关系估计的雨强相近。不难理解这是因为无论是雨滴谱反演还是降水估计关系都使用了相同的 Z_H 和 Z_{DR}观测量。然而,雨滴谱反演还提供了其他的微物理参数,包括质量加权直径(D_m)和雨滴数密度(N_t),如图 6.16 所示,经验降水估计关系不能提供这些参数。

为验证反演算法,对比了不同雨滴谱模式反演的降水微物理参数。雨滴谱实测数据直接计算的参数见图 6.17,以供参考。由雨滴谱数据计算的和 KOUN 雷达观测的雷达变量(Z_H,Z_{DR})在图左侧,微物理参数在右侧。C-G 和 EXP 指数模型反演的含水量、质量加权直径和数密度与二维滴谱仪观测的比较一致,C-G 模型反演比 EXP 指数模型更好,与观测更接近。基

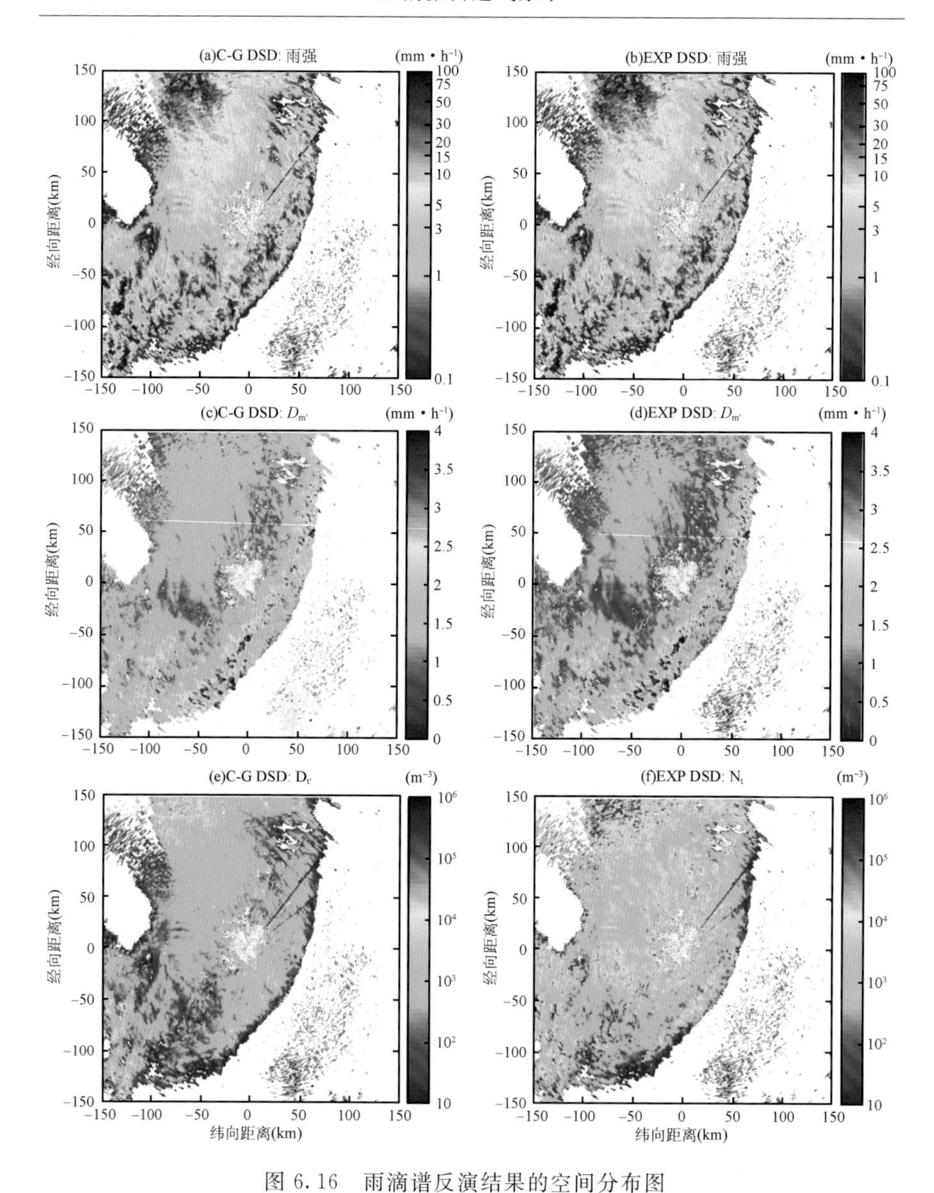

图 6.16　雨滴谱反演结果的空间分布图

(a)和(b)为雨强(R);(c)和(d)为质量加权直径(D_m);(e)和(f)是 C-G 模式(左列)和 EXP 指数模式(右列)的数密度(N_t)

于雷达反射率因子的 M-P 模型反演表现最差,它的问题在于:①动态范围很小,除较大的强对流降水外,它对 N_t 估计过高;②对层状云降水(在 0830 UTC 之后)的 W 估计过高;③对层状云降水的 D_m 估计过低。很显然,基于偏振量的 C-G 和 EXP 指数模型比基于反射率因子 M-P 模型更精确,能

更好地描述降水微物理参数。

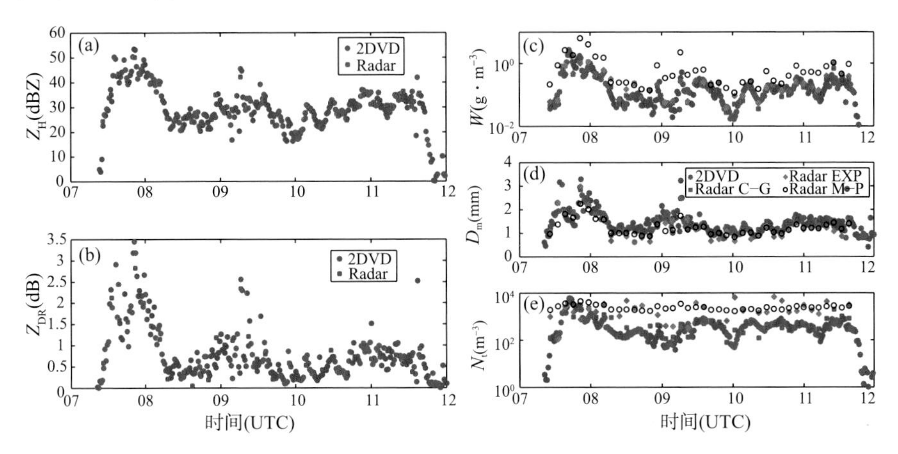

图 6.17 二维滴谱仪观测和偏振量反演的降水微物理参数对比

(a)反射率因子(Z_H,dBZ);(b)差分反射率(Z_{DR},dBZ);(c)含水量(w,g · m^{-3});(d)质量加权直径(D_m,mm);(e)数密度(N_t,m^{-3})

6.4.3 雨滴谱反演在降水微物理参数化中的应用

以式(6.15)的 μ-Λ 关系为约束的 C-G 模型,能从雷达反射率因子(Z_H)和差分反射率(Z_{DR})反演雨强和数密度等状态参数。此外,降水的微物理过程参数,如蒸发率(R_e)、碰并率(R_c)和质量加权末速度(V_t)也能被确定出来(Zhang et al,2006)。这体现了在数值天气预报(NWP)的微物理参数化中使用雷达偏振量的重要性和可能性。因为 C-G 模型是双参数,它与双参数微物理参数化(Milbrandt et al,2006)一致,比单参数参数化(Lin et al,1983)要精确得多。根据 Kessler(1969)的参数化过程,微物理过程参数由 Gamma 模型的积分计算(见 Zhang 等(2006)的附录)。假设蒸发系数 $E_e=1$,碰并系数 $E_c=1$,我们可以由附录 6A.3 得到单位水汽饱和差($m_e=1$ g · m^{-3})的 R_e(g · m^{-3} · s^{-1}),由附录 6A.6 得到单位云水含量($m_c=1$ g · m^{-3})的R_a(g · m^{-3} · s^{-1}),由式(A7)得到 V_{tm}(m · s^{-1}),同时得到含水量的 W(g · m^{-3}),公式如下:

$$W=\frac{\rho_w\times10^{-3}\pi}{6}N_0\int_{D_{min}}^{D_{max}}D^{\mu+3}\exp(-\Lambda D)\mathrm{d}D$$

$$=\frac{\rho_w\times10^{-3}\pi}{6}N_0\Lambda^{-(\mu+4)}[\gamma(\Lambda D_{max},\mu+4)-\gamma(\Lambda D_{min},\mu+4)] \tag{6.22}$$

$$R_e = 6.78 \times 10^{-4} W \Lambda^{7/5} \frac{[\gamma(\Lambda D_{\max}, \mu + 13/5) - \gamma(\Lambda D_{\min}, \mu + 13/5)]}{[\gamma(\Lambda D_{\max}, \mu + 4) - \gamma(\Lambda D_{\min}, \mu + 4)]} \tag{6.23}$$

$$R_a = \frac{3 \times 10^{-3} W}{2} \sum_{l=0}^{4} c_l \Lambda^{-l+1} \frac{[\lambda(\Lambda D_{\max}, \mu + l + 3) - \gamma(\Lambda D_{\min}, \mu + l + 3)]}{[\gamma(\Lambda D_{\max}, \mu + 4) - \gamma(\Lambda D_{\min}, \mu + 4)]} \tag{6.24}$$

$$V_{tm} = \sum_{l=0}^{4} c_l \Lambda^{-l} \frac{[\gamma(\Lambda D_{\max}, \mu + l + 4) - \gamma(\Lambda D_{\min}, \mu + l + 4)]}{[\gamma(\Lambda D_{\max}, \mu + 4) - \gamma(\Lambda D_{\min}, \mu + 4)]} \tag{6.25}$$

式中：γ 为不完全的 Gamma 函数；$D_{\min}$ 和 $D_{\max}$ 为雨滴最小和最大直径，$D_{\min}$ 设定为 0.1 mm，$D_{\max}$ 设为最大雨滴的直径。这些参数能从雷达反射率因子或差分反射率估计出来(Brandes et al,2003)。

上述公式可以用于对流云降水、层状云降水及其演变的微物理过程的研究(Brandes et al,2004b)。图 6.18 对比了 C-G 和 EXP 模型与 M-P 模型反演的微物理过程参数，同时将雨滴谱仪的观测数据计算值作为参照。

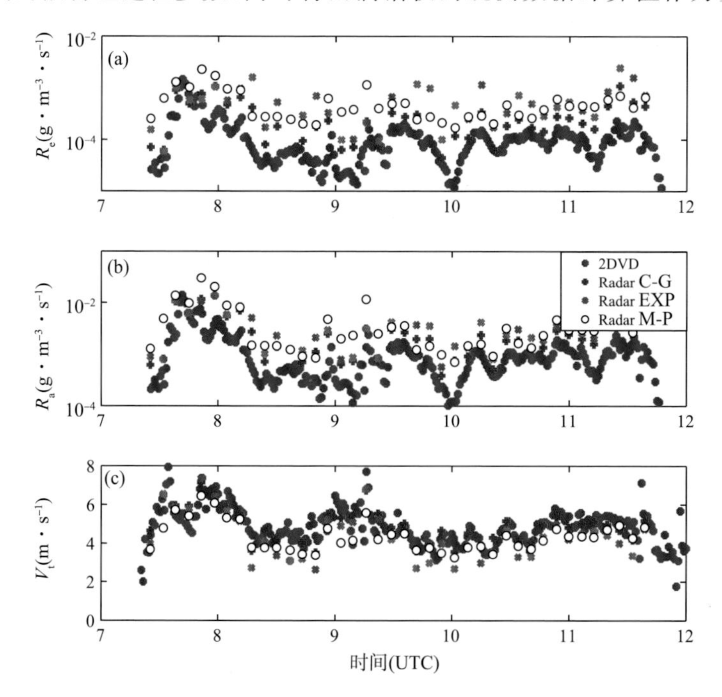

图 6.18 不同雨滴谱模型从雷达观测量反演的降水物理过程参数对比

(a)蒸发率(R_e)；(b)碰并率(R_a)；(c)质量加权平均末速度(V_t)

如果将雨滴谱仪的结果作为真值，那么M-P模型则高估了层状云降水的蒸发和碰并近10倍，且低估了强对流降水的蒸发与碰并。这可能是用单参数方案改善天气预报模式时，参数化系数通常小到一半（或者更多）的原因所致（Miller et al，1974；Sun et al，1997）。M-P模型由于低估了层状云降水的雨滴尺寸，所以同样低估了质量加权末速度。M-P模型对所有微物理过程参数而言动态范围都很小，这可能是云模式难以得到小尺度风暴特性的原因（网格分辨率除外）。显而易见，与M-P模型相比，C-G模型给出了一个更为精确的降水微物理过程参数。这是因为在C-G模型的反演中使用了反射率因子和差分反射率（即双参数），与单参数的M-P模型相比，它更能代表自然的（雨滴仪观测）雨滴谱。因此，C-G参数化方案（式(6.23)～(6.25)）能用于改善双参数预报模式，即预报两个微物理参数（如W和D_m）的模式。

为使计算方便，雨强（R，mm · h^{-1}）、含水量（W，g · m^{-3}）和D_m（mm）用观测量Z_H和Z_{DR}来表示如下：

$$R = 0.0113Z_h \times 10^{(-0.0553Z_{DR}^3+0.382Z_{DR}^2-1.175Z_{DR})} \tag{6.26}$$

$$W = 1.023 \times 10^{-3} Z_h \times 10^{(-0.0742Z_{DR}^3+0.511Z_{DR}^2-1.511Z_{DR})} \tag{6.27}$$

$$D_m = 0.0657Z_{DR}^3 - 0.332Z_{DR}^2 + 1.090Z_{DR} + 0.689 \tag{6.28}$$

式中：Z_h单位为mm^6 · m^{-3}，Z_{DR}单位为dB。与式(6.26)～(6.28)相似的关系式已经用佛罗里达州的热带降水（Brandes et al，2003，2004a，2004b）和俄克拉荷马州的南部大平原的降水（Cao et al，2008）进行了验证。

由于W和D_m可以从诸如混合比和数密度等数值预报模式的状态变量中得到，用W和D_m两个变量表达微物理过程参数也十分方便，正如：

$$R_e = 4.142 \times 10^{-3} W \times 10^{(-0.0421D_m^3+0.315D_m^2-0.958D_m)} \tag{6.29}$$

$$R_a = 7.036 \times 10^{-3} W \times 10^{(0.000445D_m^3+0.00132D_m^2\ 0.0744D_m)} \tag{6.30}$$

$$V_{tm} = 0.139D_m^3 - 1.343D_m^2 + 5.245D_m - 0.176 \tag{6.31}$$

式(6.29)～(6.31)是式(6.23)～(6.25)的另一种形式，它们是$\lg(R_e/W)$、$\lg(R_a/W)$和V_{tm}拟合得到的D_m多项式函数（图6.19）。散点是由μ-Λ关系（式(6.11)）约束的C-G模型计算得到。拟合曲线之间差异很小，这表明式(6.26)～(6.31)准确地描述了双参数的C-G模型以及其他微物理参数。浓度参数比（R/Z_h，W/Z_h，R_e/W和R_a/W）随着Z_{DR}或D_m的增加而减小。这是因为分母与高阶矩的滴谱成正比，主要受大雨滴影响。在W相同的情况下，由大雨滴为主的雨滴谱总表面积和截面（与蒸发和碰并有关）比由小雨滴为主的雨滴谱更小。显而易见，C-G模型计算的微物理过程参数依赖于含水量及雨滴大小，这两个参数都可以由双偏振雷达观测得到。

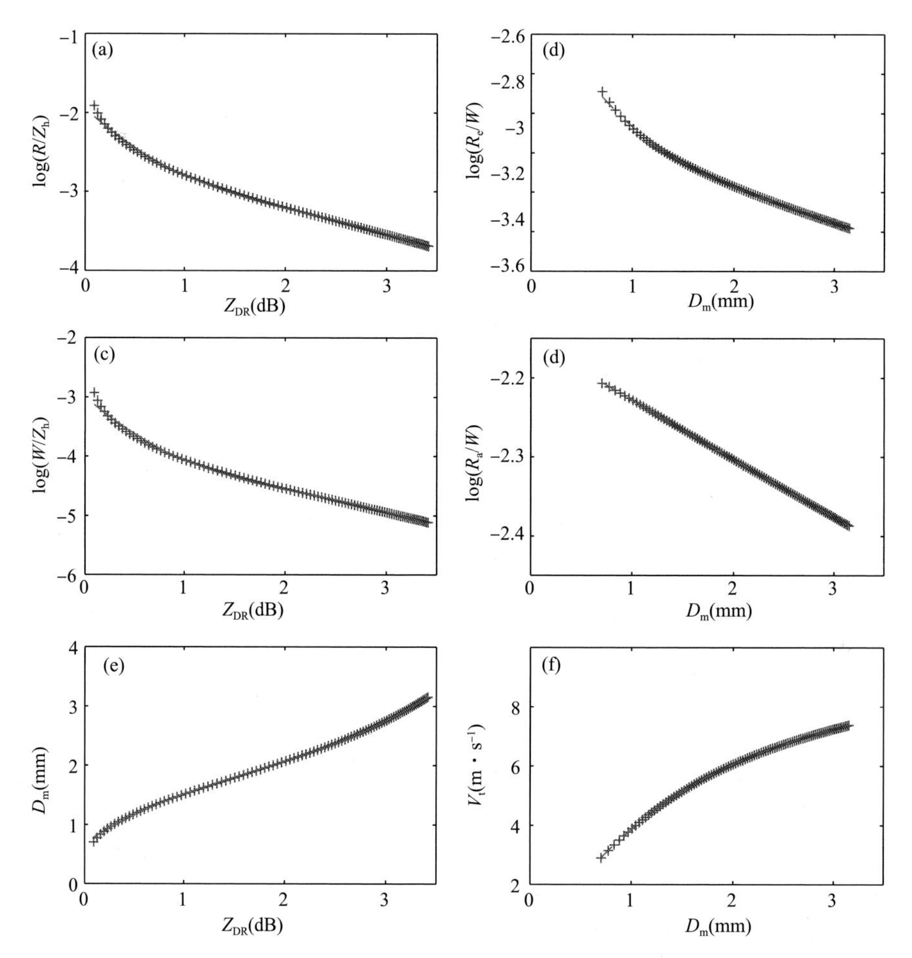

图 6.19 双参数 C-G 模型的降水微物理状态和过程参数化

(a)R/Z_h；(b)R_e/W；(c)W/Z_h；(d)R_a/W；(e)质量加权平均直径(D_m，mm)；(f)质量加权平均末速度(V_t，m · s^{-1})

6.5 衰减订正

衰减是通信和遥感遇到的一个基本问题(Crane，1996)。晴空大气和降水均会导致微波衰减，大雨会比晴空或小雨引起更大的衰减。衰减对于天气雷达的影响不可忽略，尤其是高频雷达(如 C 波段或 X 波段)。图

6.20 给出了一个例子，图 6.20a，c 是 S 波段的雷达反射率因子，图 6.20b，d 是 X 波段的雷达反射率因子。我们可以清楚地看到在风暴的远端，衰减使得 X 波段的雷达回波强度减弱（图 6.20b），甚至有些回波完全消失（回波功率低于噪声功率，见图 6.20d）。除了影响雷达反射率之外，衰减同样对双偏振雷达的观测有严重的负面影响，其中包括由于差分衰减导致的 Z_{DR} 偏差以及由于信噪比的降低而引起的偏振量误差增大。为了能够正确地使用有衰减的偏振量，要么将衰减作用考虑到反演算法中，要么在气象应用之前进行衰减订正。在这一部分，我们主要探讨直接高效的衰减订正。

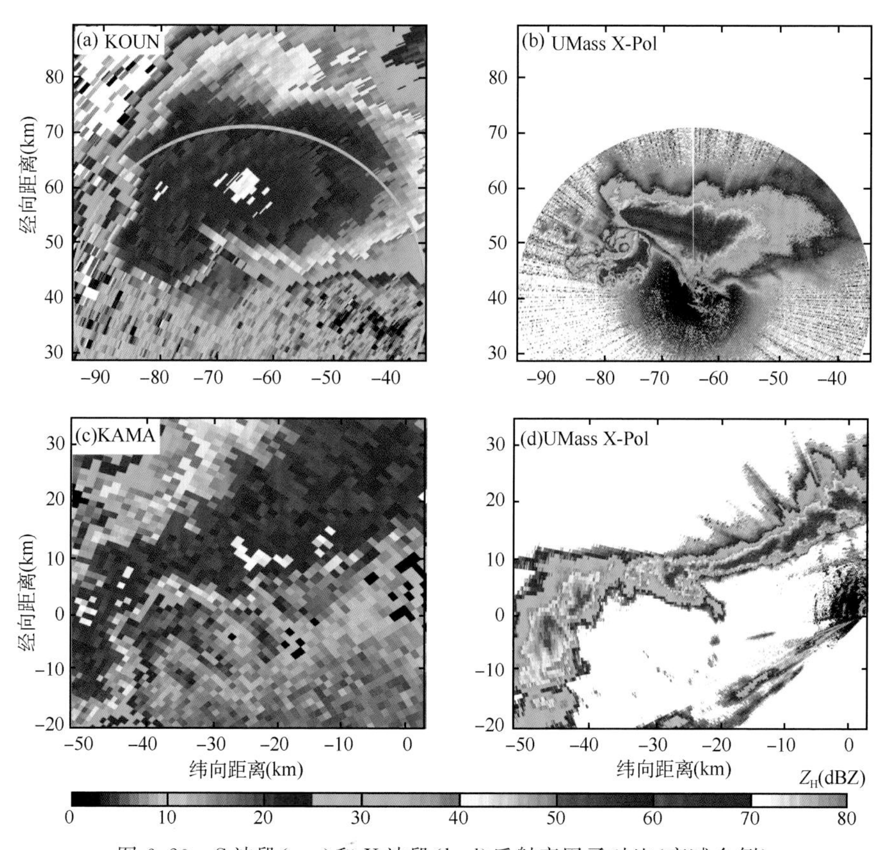

图 6.20　S 波段（a，c）和 X 波段（b，d）反射率因子对比（衰减个例）

6.5.1　订正方法

如 4.4.2 节所述，衰减的雷达变量等于未衰减的雷达变量减去往返路径积分衰减 PIA，如式（4.97a）和式（4.98）所示。衰减订正就是找到 PIA_H 及 PIA_{DP}，并将它们加到雷达观测的 Z'_H 和 Z'_{DR}，从而得到经过订正后的 Z_H

和 Z_{DR}。则式(4.97a)和(4.98)改写为：

$$Z_H = Z'_H + 2\int_0^r A_H(\ell)\mathrm{d}\ell \equiv Z'_H + PIA_H \tag{6.32}$$

$$Z_{DR} = Z'_{DR} + 2\int_0^r A_{DP}(\ell)\mathrm{d}\ell \equiv Z'_{DR} + PIA_{DP} \tag{6.33}$$

有很多不同的方法可以找到 PIA_H 和 PIA_{DP}，以进行衰减订正。

6.5.1.1 差分相位(DP)方法

简单的差分相位(DP)衰减订正相当直接，被称作差分相位(DP)方法。差分相位(DP)方法基于如下的事实，即衰减和传播相位是前向散射的积分效应。因此，衰减率(A_H)和差分衰减率(A_{DP})与差分相移率(K_{DP})有关。依据对二维滴谱仪雨滴谱的模拟计算，图 6.21 给出了 A_H 和 A_{DP} 与 K_{DP} 之间的关系。最上面的两张图是 2.8 GHz 的 S 波段雷达，中间的两张图是 5.5 GHz 的 C 波段雷达，最下面的两张图是 3 GHz 的 X 波段雷达。从图中可以发现 S 波段的衰减和差分衰减都很小，除了雷达主波束平行穿过飑线强对流区时，其他情况下 A_H 和 A_{DP} 均可忽略。但 C 波段和 X 波段的衰减就不能忽略了。从离散点资料可以给出如下的线性拟合关系：

$$A_H = cK_{DP} \tag{6.34}$$

$$A_{DP} = dK_{DP} \tag{6.35}$$

在这里我们只讨论衰减订正，将微物理反演和衰减订正同步进行的内容留到第 7 章介绍。图 6.21 给出了线性拟合的关系式和相关系数。

将式(6.34)，(6.35)代入式(6.32)，(6.33)，并运用差分相位关系 $\phi_{DP} = 2\int_0^r K_{DP}(\ell)\mathrm{d}\ell$，可以得到简单的 DP 订正的关系式：

$$Z_H(r) = Z'_H(r) + c\phi_{DP}(r) \tag{6.36}$$

$$Z_{DR}(r) = Z'_{DR}(r) + d\phi_{DP}(r) \tag{6.37}$$

由式(6.36)和(6.37)可知，将每个距离库上观测值 $Z'_H(r)$ 和 $Z'_{DR}(r)$ 加上 PIA 的估计值 $PIA_H(r)=c\phi_{DP}(r)$ 和 $PIA_{DP}(r)=d\phi_{DP}(r)$，便可以得到经过衰减订正的 $Z_H(r)$ 和 $Z_{DR}(r)$。需要注意的是，差分相位的初始值 $\phi_{DP}(0)$ 与方位角有关，$[0,r]$ 范围内的差分相位需要减去 $\phi_{DP}(0)$ 才能得到 $\phi_{DP}(r)$。差分相位(DP)衰减订正方法的关键是要确定系数 c 和 d，因为系数会随着降水类型和降水微物理结构的不同而变化。实际上，从图 6.21 给出的数据可以知道 A_{DP} 能变化 0.5～2.0 倍。

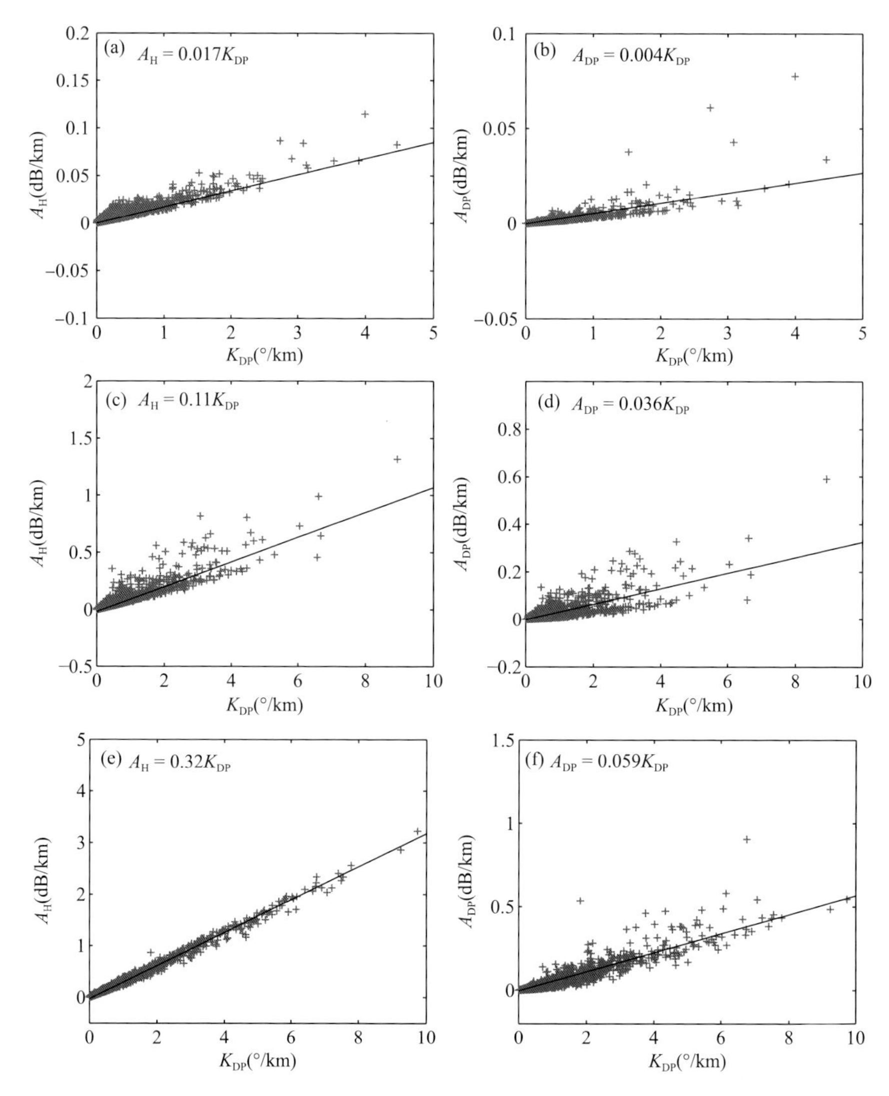

图 6.21　衰减(A_H:左)和差分衰减(A_{DP}:右)与差分相移率的关系
(a,b)S 波段;(c,d)C 波段;(e,f)X 波段

6.5.1.2　反射率—相位(Z-PHI)法

反射率—相位(Z-PHI)法在 DP 方法的基础上进行了一些改进。在 DP 方法中每个距离库的 PIA_H 和 PIA_{DP} 都要进行计算,然后将其与相应距离库上的雷达观测值相加。但是在 Z-PHI 方法中,只计算最后一个库的 PIA(实际上是用最后几个库的平均值计算 PIA),即 $PIA_H(r_N)$ 和 $PIA_{DP}(r_N)$。

之后，总的衰减按反射率因子观测值分配到每个距离库上。因为总的衰减大小由 $\phi_{DP}(r_N)$ 计算，每个库的衰减按反射率因子 Z_H 来分配，所以称之为 Z-PHI 方法。最初 Z-PHI 方法由 Hitschfled 和 Bordan 提出，用单参量反射率因子进行衰减订正，叫作 H-B 方法。单参量反射率因子是从 TRMM (Tropical Rainfall Measuring Mission)测雨雷达或者地面单偏振天气雷达获得。H-B 算法采用的衰减与反射率因子的关系式如下：

$$A = aZ_h^b \tag{6.38}$$

将式(4.97a)改写成线性形式：

$$Z'_h(r) = Z_h(r)\exp\left[-0.46\int_0^r A(\ell)d\ell\right] \equiv Z_h(r)g^{1/b}(r) \tag{6.39}$$

其中，

$$g(r) = \exp\left[-0.46b\int_0^r A(\ell)d\ell\right] \tag{6.40}$$

将式(6.40)微分后结合式(6.38)和式(6.39)，得到：

$$\begin{aligned}\frac{dg(r)}{dr} &= -0.46bg(r)A(r)\\ &= -0.46bg(r)aZ_h^b(r)\\ &= -0.46baZ_h'^b(r)\end{aligned}$$

即：

$$dg(r) = -0.46baZ_h'^b(r)dr$$

对上式积分得到：

$$g(r) - g(0) = -0.46ba\int_0^r Z_h'^b(\ell)d\ell$$

$$g(r) = 1 - 0.46ba\int_0^r Z_h'^b(\ell)d\ell \tag{6.41}$$

将式(6.41)代入式(6.39)，求得衰减订正后的反射率因子 $Z_h(r)$ 为：

$$Z_h(r) = \frac{Z'_h(r)}{g^{1/b}} = \frac{Z'_h(r)}{\left[1-0.46ba\int_0^r Z_h'^b(\ell)d\ell\right]^{1/b}} \tag{6.42}$$

由于 A-Z 关系式存在模型误差且反射率因子有观测误差，所以式(6.42)的衰减订正不稳定。当这些误差不断累加，会导致订正误差无限增长。为了能够获得一个收敛的、稳定的结果，需要运用式(6.41)由总衰减路径 $PIA_H(r_N)$ 计算系数 a，而不用之前的定值 a，具体如下：

$$g(r_N) = \exp[0.23bPIA_H(r_N)] = 1 - 0.46ba\int_0^{r_N} Z_h'^b(\ell)d\ell$$

求解得到系数 a：

$$a = \frac{1 - \exp[0.23bPIA_{\mathrm{H}}(r_N)]}{0.46b\int_0^{r_N} Z_{\mathrm{h}}'^{b}(\ell)\mathrm{d}\ell} \tag{6.43}$$

因此，式(6.42)和式(6.43)构成了 Z-PHI 衰减订正的方程组。该方法同样可以被运用于订正差分反射率，只需将(a,b)，Z_{h} 和 Z_{dr} 相应地换成$(a_{\mathrm{d}},b_{\mathrm{d}})$，$PIA_{\mathrm{H}}$ 和 PIA_{DP}。Z-PHI 方法已经应用于 C 波段双偏振雷达的衰减订正(Testud et al，2000)。

6.5.1.3　自洽约束(SCWC)法

如之前讨论，DP 和 Z-PHI 方法进行衰减和差分衰减订正时，必须具有式(6.34)和式(6.35)中的系数(c,d)。但是，这两个系数随降水的微物理结构变化很大，从而导致了衰减订正的不准确。为了能够解决这个问题，Bringi(2001)提出了自洽约束法(self-consistent with constraint，SCWC)。该方法并不使用之前定义的系数 c 和 d，而是通过重构的 $\phi_{\mathrm{DP}}^{(\mathrm{e})}(r,c)$与观测的 $\phi_{\mathrm{DP}}^{(\mathrm{m})}(r)$之间差值的最小化来寻找系数。具体如下。

将式(6.43)中的 PIA_{H} 用 $\Delta\phi_{\mathrm{DP}}^{(\mathrm{m})}$ 代替，即：

$$a(c) = \frac{1 - \exp[0.23b \times c\Delta\phi_{\mathrm{DP}}^{(\mathrm{m})}]}{0.46b\int_0^{r_N} Z_{\mathrm{h}}'^{b}(\ell)\mathrm{d}\ell} \tag{6.44}$$

重新构造差分相位 $\phi_{\mathrm{DP}}^{(\mathrm{e})}(r,c)$：

$$\phi_{\mathrm{DP}}^{(\mathrm{e})}(r,c) = \int_0^{r} \frac{aZ_{\mathrm{h}}^{b}(\ell,c)}{c}\mathrm{d}\ell \tag{6.45}$$

然后，差值的绝对值的总和为：

$$\chi = \sum_{n=1}^{N} \left| \phi_{\mathrm{DP}}^{(\mathrm{e})}(r_n,c) - \phi_{\mathrm{DP}}^{(\mathrm{m})}(r_n) \right| \tag{6.46}$$

使 χ 最小即可得到最优的系数 c_{opt}，且不同径向的 c_{opt}不同。同样的方法也可以用于求解 d_{opt}来订正差分反射率。

也存在另一种求解 d_{opt}的方法，即使用经过衰减订正后的 Z_{H} 以及一个 Z_{H} 真值与 Z_{DR}之间的线性关系来确定 $Z_{\mathrm{DR}}(r_N)$(Park et al，2005)。然后最优的 d_{opt}可由下式计算得到：

$$d_{\mathrm{opt}} = \frac{Z_{\mathrm{DR}}(r_N) - Z'_{\mathrm{DR}}(r_N)}{\phi_{\mathrm{DP}}^{(\mathrm{m})}(r_N) - \phi_{\mathrm{DP}}^{(\mathrm{m})}(0)} \tag{6.47}$$

一旦得到最优的系数 c_{opt}和 d_{opt}，则总衰减路径 PIA_{H} 和差分衰减路径 PIA_{DP}也可以获得，同时能计算出衰减订正后的反射率因子和差分反射率。

6.5.1.4　双频(DF)法

如前面所介绍，降水对 S 波段雷达的衰减影响可以忽略。覆盖美国的

WSR-88D 雷达网都是 S 波段雷达。Tuttle 和 Rinehart(1983)提出 C 波段或 X 波段的积分衰减路径 PIA 可以由双频比(dual-frequency ratio,DFR)或双波长比(dual-wavelength ratio,DWR)计算得到,这两个参数定义为 S 波段与 C/X 波段之间水平反射率因子的差异。DF 方法也可以联合 Z-PHI 方法在每个波束的最后一个库使用 PIA_{H} 作为约束。其中 DF 方法的具体用法见 Zhang 等(2004),称为调整的 H-B 算法。DF 方法的应用受一定限制,需要以下的三个条件:①雷达数据要来自于双频雷达;②数据不受雹干扰;③假定两个波段的反射率因子真值相同,即不存在系统偏差和非瑞利散射。若不满足以上条件,就需要一个更加复杂的方法来对衰减进行订正(将在第 7 章中进行讨论)。

6.5.2 研究个例

Synder 等(2010)运用上述的方法对 X 波段雷达反射率因子进行了衰减订正,结果如图 6.22 和图 6.23 所示。此次天气过程是发生在 2004 年 5 月 30 日 005537 UTC 的一个超级单体雷暴,数据由马萨诸塞州大学(UMass)的 X 波段双偏振雷达和 KOUN S 波段双偏振雷达观测得到。图 6.22a,b 是 X 波段雷达观测的差分相位和反射率因子。其他的图分别是 DP、Z-PHI、SCWC 和 DF 方法衰减订正后的反射率因子。衰减订正后的反射率因子看上去更加合理,且随着距离的增加算法性能并没有太多衰退。

为了定量分析方法的性能,以 S 波段数据为标准参考,计算了不同反射率因子上限值的平均绝对误差(MAE)、偏差和 MAE 的订正后偏差(BC-MAE),详见 Snyder 等(2010)的表 4。从数据可知 SCWC 衰减订正后的反射率因子偏差较小,BCMAE 与其他两个方法(DP,Z-PHI)基本相同。

图 6.23 是差分反射率进行衰减订正的结果。原始的差分反射率观测 Z'_{DR} 见图 6.23a。图 6.23b～d 分别是经过 DP、Z-PHI 和 SCWC 方法订正后的 Z_{DR}。该个例中,除了 Z-PHI 方法低估了差分衰减外,其他方法订正后的 Z_{DR} 随距离没有明显的减弱趋势。

本节描述了几种基于经验关系的较为基本和简单的衰减订正方法。在纯降水区域粗略估算时,这些方法的衰减订正效果都还不错。但是当存在融化冰雹或雪时,非瑞利散射(共振效应)和后向散射相位的差异就变得比较明显,这会导致 ϕ_{DP} 的非单调增加以及由于相关系数变小而引起的较大波动误差。在之前的个例中,仍需要更进一步的研究。用 ρ_{hv} 或水凝物分类结果应该可以将冰雹或湿雪排除,然后应该用一个联合多参数最优方案

对订正的 Z_H、Z_{DR} 和 ϕ_{DP} 与观测的 Z_H、Z_{DR} 和 ϕ_{DP} 之间进行差值最小化处理，从而获得最优的衰减订正结果（将在第 7 章讨论）。

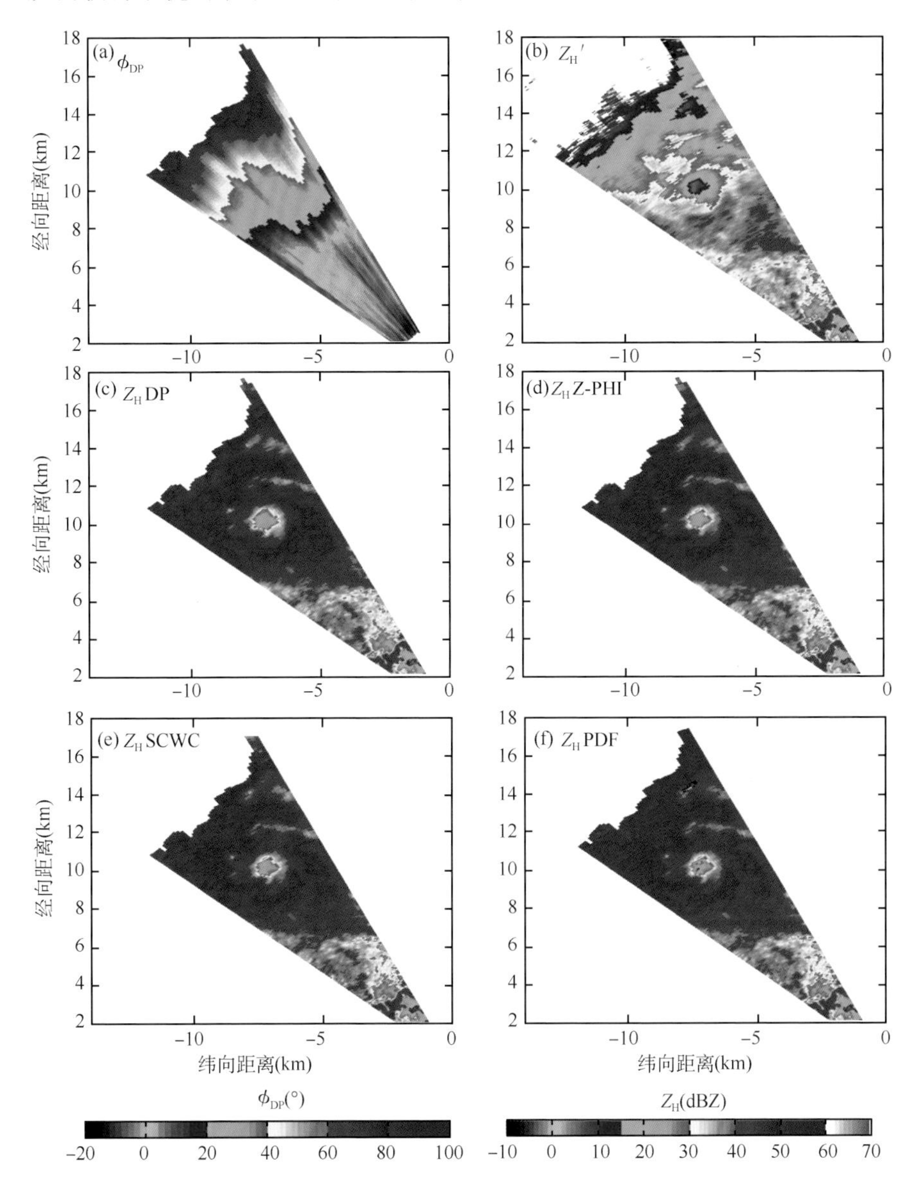

图 6.22　(a)和(b)分别是马萨诸塞州大学的 X 波段雷达观测的 ϕ_{DP} 和 Z'_H；(c)～(f)分别是 DP、Z-PHI、SCWC 和 DF 方法订正后的 Z_H（观测时间是 2004-05-30 005537 UTC）

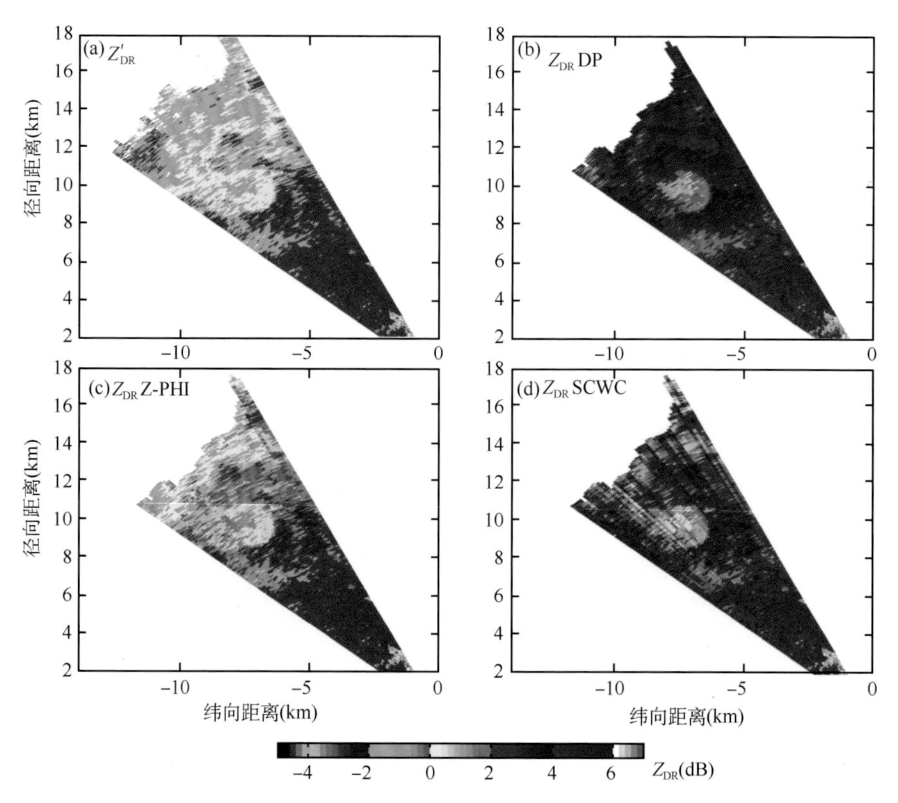

图 6.23　与图 6.22 的数据一样，对差分反射率的衰减订正

(a)观测的 Z'_{DR}；(b)DP 法订正后的 Z_{DR}；(c)Z-PHI 订正后的 Z_{DR}；(d)SCWC 法订正后的 Z_{DR}

附录 6A：基于贝叶斯理论的降水估计方法

使降水变量 x 和雷达变量 y 服从联合高斯分布，概率密度函数(PDF)为：

$$p(x,y)=\frac{1}{2\pi\cdot\sigma_x\sigma_y\sqrt{1-\rho_{xy}^2}}\exp\left(-\frac{1}{2(1-\rho^2)}\left[\frac{(x-\mu_x)^2}{\sigma_x^2}-\frac{2\rho(x-\mu_x)(y-\mu_y)}{\sigma_x\sigma_y}+\frac{(y-\mu_y)^2}{\sigma_y^2}\right]\right) \tag{6A.1}$$

式中：(μ_x,μ_y)，(σ_x,σ_y)和 ρ_{xy} 分别是它们的均值、标准差和相关系数。

从贝叶斯理论(1991年由Papoulis提出),可以得到在观测值y已知的条件下x的PDF为:

$$p(x \mid y)=\frac{p(x,y)}{p(y)}=\frac{1}{\sqrt{2\pi}\sigma_{x|y}}\exp\left(-\frac{(x-\mu_{x|y})^2}{2\sigma_{x|y}^2}\right) \tag{6A.2}$$

其中,

$$\mu_{x|y}=\mu_x+\rho_{xy}\frac{\sigma_x}{\sigma_y}(y-\mu_y) \tag{6A.3}$$

$$\sigma_{x|y}=\sigma_x(1-\rho_{xy}^2)^{1/2} \tag{6A.4}$$

式(6A.3)能够用来推导R-Z关系式。使$x=\ln R$,$y=\ln Z$,则式(6A.3)及式(6A.4)改写成:

$$\mu_{\ln R|\ln Z}=\mu_{\ln R}+\rho_{\ln R,\ln Z}\frac{\sigma_{\ln R}}{\sigma_{\ln Z}}(\ln Z-\mu_{\ln Z}) \tag{6A.5}$$

$$\sigma_{\ln R|\ln Z}=\sigma_{\ln R}(1-\rho_{\ln R,\ln Z}^2)^{1/2} \tag{6A.6}$$

在这里,我们用局地平均值作为降水估计值$\mu_{\ln R|\ln Z}=\ln\hat{R}$,从而得到:

$$\begin{aligned}\hat{R}&=\exp\left(\mu_{\ln R}+\rho_{\ln R,\ln Z}\frac{\sigma_{\ln R}}{\sigma_{\ln Z}}(\ln Z-\mu_{\ln Z})+\frac{\sigma_{\ln R}^2}{2}(1-\rho_{\ln R,\ln Z}^2)\right)\\&=\exp\left(\mu_{\ln R}-\rho_{\ln R,\ln Z}\frac{\sigma_{\ln R}}{\sigma_{\ln Z}}\mu_{\ln Z}+\frac{\sigma_{\ln R}^2}{2}(1-\rho_{\ln R,\ln Z}^2)\right)Z^{\rho_{\ln R,\ln Z}\frac{\sigma_{\ln R}}{\sigma_{\ln Z}}}\\&=aZ^b\end{aligned} \tag{6A.7}$$

其中,

$$a=\exp\left(\mu_{\ln R}-\rho_{\ln R,\ln Z}\frac{\sigma_{\ln R}}{\sigma_{\ln Z}}\mu_{\ln Z}+\frac{\sigma_{\ln R}^2}{2}(1-\rho_{\ln R,\ln Z}^2)\right) \tag{6A.8}$$

$$b=\rho_{\ln R,\ln Z}\frac{\sigma_{\ln R}}{\sigma_{\ln Z}} \tag{6A.9}$$

用同样的方法可以得到降水估计与反射率因子和差分反射率之间的关系。使$x=\ln R$,$y=\ln Z$以及$z=\ln Z_{\mathrm{dr}}$,于是可以得到如下的降水估计式:

$$\begin{aligned}\hat{R}&=\exp\left(\mu_{\ln R}+b(\ln Z-\mu_{\ln Z})+c(\ln Z_{\mathrm{dr}}-\mu_{\ln Z_{\mathrm{dr}}})+\frac{\sigma_{\ln R|\ln Z,\ln Z_{\mathrm{dr}}}^2}{2}\right)\\&=aZ^bZ_{\mathrm{dr}}^c\end{aligned} \tag{6A.10}$$

其中,

$$a=\exp\left(\mu_{\ln R}-b_Z\mu_{\ln Z}-b_D\mu_{\ln Z_{\mathrm{dr}}}+\frac{\sigma_{\ln R|\ln Z,\ln Z_{\mathrm{DR}}}^2}{2}\right) \tag{6A.11}$$

$$b=\frac{\sigma_{\ln R}}{\sigma_{\ln Z}}\frac{(\rho_{\ln R,\ln Z}-\rho_{\ln R,\ln Z_{\mathrm{dr}}}\rho_{\ln Z,\ln Z_{\mathrm{dr}}})}{(1-\rho_{\ln Z,\ln Z_{\mathrm{dr}}}^2)} \tag{6A.12}$$

$$c = \frac{\sigma_{\ln R}}{\sigma_{\ln Z_{dr}}} \frac{(\rho_{\ln R,\ln Z_{dr}} - \rho_{\ln R,\ln Z}\rho_{\ln Z,\ln Z_{dr}})}{(1-\rho^2_{\ln Z,\ln Z_{dr}})} \tag{6A.13}$$

以及降水估计的标准方差：

$$\sigma_{\ln R|\ln Z,\ln Z_{DR}} = \sigma_{\ln R} \left(\frac{1+2\rho_{\ln R,\ln Z}\rho_{\ln R,\ln Z_{dr}}\rho_{\ln Z,\ln Z_{dr}} - \rho^2_{\ln R,\ln Z} - \rho^2_{\ln R,\ln Z_{dr}} - \rho^2_{\ln Z,\ln Z_{dr}}}{1-\rho^2_{\ln Z,\ln Z_{dr}}}\right)^{1/2} \tag{6A.14}$$

附录6B：不同约束的 Gamma 雨滴谱模型的等效性

正如在6.3节讨论的，由于双偏振 WSR-88D 雷达网络和全球降水观测计划(global precipitation measurement，GPM)的双频测雨雷达都是提供两个独立的观测量，因此需要一个双参数雨滴谱模型来对这些观测数据进行反演。自从引入 μ-Λ 关系式把三参数 Gamma 模型简化为双参数(Zhang et al，2001)的 C-G 模型来处理雨滴谱资料，包括 Williams 在内的许多科学家已经发表了多篇论文来提出新的约束条件以及讨论 C-G 模型在遥感应用方面的有效性。但不同约束条件下的 C-G 模型在本质上等效，如下所示。

对于满足 Gamma 分布的滴谱，$N(D)=N_0D^{\mu}\exp(-\Lambda D)$，它的第 n 阶矩(为简化，忽略截矩)是 $M_n = \int_0^{\infty} D^n N(D)\mathrm{d}D = N_0\Lambda^{-(\mu+n+1)}\Gamma(\mu+n+1)$。普通的平均特征尺度可以用一个第 $n+1$ 阶矩与第 n 阶矩的比值来定义如下：

$$D_n \equiv M_{n+1}/M_n = (\mu+n+1)/\Lambda \tag{6B.1}$$

则 $p_n(D)=D^nN(D)/M_n$ 的标准差(或谱宽)是：

$$\sigma_n \equiv \left[\int_0^{\infty}(D-D_n)^2D^nN(D)\mathrm{d}D/M_n\right]^{1/2} = (\mu+n+1)^{1/2}/\Lambda \tag{6B.2}$$

如果 σ_n 和 D_n 有如下的关系：

$$\sigma_n = aD_n^b \tag{6B.3}$$

那么我们可以将式(6B.1)和式(6B.2)代入式(6B.3)，经过简化后可以得到 μ 与 Λ 的关系式：

$$\mu = a^{\frac{-2}{2b-1}}\Lambda^{\frac{2(b-1)}{2b-1}} - (n+1) \tag{6B.4}$$

这就意味着对于一个 Gamma 分布的谱宽—尺度(σ_n-D_n)关系式(6B.3)等

价于形状—斜率(μ-Λ)关系式(6B.4)。它们都可以充当 Gamma 谱分布的约束条件,使得三参数简化为双参数。

至于对降水雨滴谱资料的质量加权平均直径 D_m,我们让式(6B.1)～(6B.4)中的 $n=3$,得到 $D_m \equiv D_3 = (\mu+4)/\Lambda$ 和 $\sigma_m = (\mu+4)^{1/2}/\Lambda$。于是 σ_m-D_m 的关系式 $\sigma_m = aD_m^b$ 就变成:

$$\mu = a^{\frac{-2}{2b-1}} \Lambda^{\frac{2(b-1)}{2b-1}} - 4 \tag{6B.5}$$

这个式子与之前的 μ-Λ 二次方程相比虽然形式不同,但它本质上仍是一个 μ-Λ 关系式(Cao et al,2008;Zhang et al,2001,2003)。

习题

6.1　用 Z_H,Z_{DR} 和 ρ_{hv} 描述融化层中偏振量特征,并与干雪和雨的特征进行比较。用第 2 章节中讨论的云/雨物理特征和第 3 章节中的电磁波散射理论来解释为什么会有这些不同。

6.2　下载偏振雷达数据尝试进行回波(相态)分类。使用观测量 Z_H,Z_{DR} 和 ρ_{hv} 作为输入,然后用表 6.1 中成员函数的参数值将回波分成 10 类:GC/AP,BS,DS,WS,CR,GR,BD,RA,HR 和 RH。根据融化层的高度,在分类时增加一些限制条件。对于融化层以下的区域,可以分成 GC/AP,BS,BD,RA,HR 和 HA。对于融化层以上区域只能分成 DS,CR,GR 和 HA。而对于融化层以内的区域则可以分成 GC/AP,BS,DS,WS,GR,BD 和 HA。画出雷达图和分类的结果,并运用自己的云/降水物理知识检查和解释分类结果。

6.3　在对数域下用最小二乘法拟合问题 4.4b 中计算出的雨强(R)和反射率因子(Z_h)的幂函数关系 $R=aZ^b$ 和 $Z=cR^d$,从而估计雷达降水量。分析和讨论比较这两种方法的不同。另外,运用附录 6A 中贝叶斯理论的式(6A.7)、(6A.8)和式(6A.9)导出 $R(Z)$ 关系式,比较这种方法与最小二乘法结果。解释为什么不同方法之间会有差异,讨论如何从实测资料得到准确地降水估计关系。

6.4　运用雨滴谱反演方法,从问题 4.5(3)中 KOUN 的 Z_H 和 Z_{DR} 反演雨滴谱参数。

(1)假设雨滴谱满足 M-P 模型,从观测的 Z_H 求解参数 Λ。

(2)假设雨滴谱满足 C-G 模型,从观测的 Z_H 和 Z_{DR} 求解参数 N_0 和 Λ。

(3)用问题 2.4 提供的雨滴谱资料以及反演的雨滴谱参数来计算总的数密度(N_t)、雨强(R)和质量加权平均直径 D_m。

(4)画出 M-P 模型和 C-G 模型反演的 N_t,R 和 D_m,以及从雨滴谱实测资料中计算的 N_t,R 和 D_m,比较并讨论这些结果的异同。

(5)用问题 6.2 的资料进行雨滴谱反演,画出并分析 N_0,Λ,R 和 D_m 的结果,并且与从式(6.9)和式(6.10)中的经验关系计算得到的雨强进行比较。

6.5　用问题 6.4(5)中从 S 波段数据反演的雨滴谱参数计算 X 波段雷达的 Z_H,Z_{DR},A_H 和 A_{DP}。引入路径积分衰减以及差分路径积分衰减 PIA_H,PIA_{DP}来模拟 X 波段雷达观测的反射率因子 Z'_H和差分反射率 Z'_{DR}。画出 Z'_H和 Z'_{DR}图像,并与 S 波段的观测进行对比。

第 7 章　先进方法及优化反演

在第 6 章中，我们描述了偏振雷达数据在天气观测和定量估计方面简单的综合应用。在这些应用中，测量误差、误差结构、时空信息和数值天气模式约束都没有得到最优化使用。本章为天气测量定量化和预报介绍了优化反演云和降水微物理状态和过程的先进方法，主要介绍了同步衰减订正—滴谱反演法、雨滴谱(DSD)统计反演法、变分分析法，以及同化偏振雷达数据到数值天气预报模式中以提高天气预报的挑战和前景。

7.1　同步衰减订正及雨滴谱反演

正如 6.3 节和 6.4 节中讨论的，对于 S 波段无衰减偏振雷达数据的降水估计和雨滴谱反演很成功。然而如 6.5 节中所讨论，高频偏振雷达数据会受到严重衰减，因而在气象学者使用高频偏振雷达数据之前，需要对高频雷达数据进行衰减订正。这主要因为降水的微物理状态直接影响电磁波的衰减变化，并且雨滴谱变化也会直接影响到衰减订正算法中的参数或系数。所以，在反演雨滴谱时需要同时对电磁波做衰减订正，该方法可以订正双偏振和双频雷达测量中存在的电磁波衰减偏差。近期的技术提高迫切需要同步衰减订正和反演，例如，美国 WSR-88D 雷达网的全面升级成双偏振，以及 NASA 全球降水测量卫星(GPM)承载的双频降水雷达发射*。在该小节中，将重点阐述利用双偏振和双频观测进行衰减订正和雨滴谱反演的方法，对于双偏振和双频段采用的是相同方法。

7.1.1　双偏振及双频段雷达技术类比

图 7.1 给出了双偏振和双频段雷达测量径向图例。图 7.1a 和 7.1c 分别显示了双偏振雷达水平和垂直偏振测量到的反射率变化情况(图 7.1a)

* 详见 http://www.nasa.gov/mission_pages/GPM/main/index.html

及差分反射率(图 7.1c)。图 7.1b 和 7.1d 分别显示了双频反射率(图 7.1c)及双波长比率(DWR)(图 7.1d)。这些测量应该被理解成雷达变量估测,标有(′)符号的表示含有衰减或传播效应的测量值。

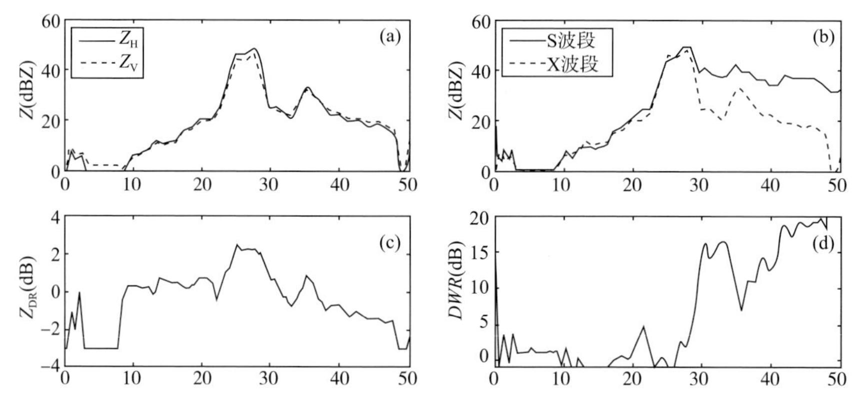

图 7.1　双偏振雷达测量射线图(a,c)和双频段雷达测量射线图(b,d)

无论是双偏振还是双频段雷达反演雨滴谱信息,这两种测量(Z_H,Z_{DR} 和 Z,DWR)的任意一种都可以用于反演出描述雨滴谱中的两个参数(N_0,Λ)。如果观测个例没有电磁波衰减,那么双偏振雨滴谱反演就非常容易通过 Z_{DR}求解雨滴大小参数(Λ),及通过 Z_H 求解约束参数(N_0)(第 6.4 节和 6.5 节)。然而,如果雷达观测量存在衰减,Z_H 衰减和 Z_{DR} 差分衰减在雨滴谱反演之前则需要被订正。这主要是因为衰减直接影响到对云或降水微物理的测量值,并且衰减估测和订正直接依赖雨滴谱信息,因而,需要进行同步衰减订正和雨滴谱反演。这种同步衰减订正和雨滴谱反演已经应用到了双偏振和双频的很多方法中(Meneghini et al,2007)。

7.1.2　公式建立:积分方程法

假设式(6.16)和式(6.17)中的 Γ 约束模型可以准确描述雨滴谱分布,并且该方程中只有两个自由雨滴谱分布参数:N_0 和 Λ。使用 C-G 模型描述受衰减影响的反射率,我们从方程(6.39)开始:

$$Z'_{\mathrm{h,v}}(r) = Z_{\mathrm{h,v}}(r)e^{-0.46\int_{r_1}^{r} A\mathrm{H,V}(\ell)\mathrm{d}\ell}$$

$$= \frac{4\lambda^4}{\pi^4 \mid K_{\mathrm{w}} \mid^2}\int \mid s_{\mathrm{hh}}(\pi,D)\mid^2 N_0 D^{\mu}$$

$$\exp(-\Lambda D)\mathrm{d}De^{-0.46\int_{r_1}^{r}\left\{8.686\lambda\int \mathrm{Im}[s_{\mathrm{hh,vv}}(0,D)]N_0 D^{\mu}\exp(-\Lambda D)\mathrm{d}D\right\}\mathrm{d}\ell}$$

$$
\begin{aligned}
&= \frac{4\lambda^4}{\pi^4 \mid K_w \mid^2} N_0(r) \int \mid s_{hh}(\pi, D) \mid^2 D^\mu \\
&\exp(-\Lambda D) \mathrm{d}D e^{-0.46\int_{r_1}^{r} N_0(\ell)\left\{8.686\lambda\int \mathrm{Im}[s_{hh,vv}(0,D)] D^\mu \exp(-\Lambda D)\mathrm{d}D\right\}\mathrm{d}\ell} \\
&= C_Z N_0(r) I_{Z_h,Z_v}(\Lambda) \mathrm{e}^{-0.46\int_{r_1}^{r} N_0(\ell) I_{A_H,A_V}(\ell)\mathrm{d}\ell}
\end{aligned}
\tag{7.1}
$$

$$C_Z = \frac{4\lambda^4}{\pi^4 \mid K_w \mid^2} \tag{7.2}$$

$$I_{Z_h,Z_v}(\Lambda) = \int \mid s_{hh,vv}(\pi, D) \mid^2 D^\mu \exp(-\Lambda D) \mathrm{d}D \tag{7.3}$$

$$I_{A_H,A_V}(\Lambda) = 8.686\lambda \int \mathrm{Im}[s_{hh,vv}(0,D)] D^\mu \exp(-\Lambda D) \mathrm{d}D \tag{7.4}$$

以分贝(dB)的形式来描述衰减的水平偏振反射率(式(7.1)):

$$Z'_H(r) = 10\log\{C_Z N_0(r) I_{Z_h}[\Lambda(r)]\} - 2\int_{r_1}^{r} N_0(\ell) I_{A_H}[\Lambda(\ell)]\mathrm{d}\ell \tag{7.5}$$

求解水平和垂直反射率差会得到衰减的差分反射率:

$$
\begin{aligned}
Z'_{DR}(r) = &\ 10\lg\{I_{Z_h}[\Lambda(r)]/I_{Z_v}[\Lambda(r)]\} \\
&- 2\int_{r_1}^{r} N_0(\ell)\{I_{A_H}[\Lambda(\ell)] - I_{A_H}[\Lambda(\ell)]\}\mathrm{d}\ell
\end{aligned}
\tag{7.6}
$$

所以,式(7.5)和式(7.6)构成了同时衰减订正和雨滴谱反演的积分方程。对于电磁波传播路径上的 N 个采样点或库,将有对应的 N 个(Z'_H,Z'_{DR})和 N 对雨滴谱参数(N_0,Λ),因而,$2N$ 个雨滴谱参数可以由 $2N$ 个方程基于C-G雨滴谱分布模型求解得到。式(7.5)和式(7.6)可以通过循环迭代方法进行求解,具体方案如下。

(1)正向迭代。求解从初始库 $r=r_1$ 开始,并且迭代到最后的库 $r=r_N$。具体实现步骤如下。

①在初始库 $r=r_1$ 处,可以忽略 PIA。因此,式(7.5)和式(7.6)就自动去除。$\Lambda(r_1)$就可以由 $Z'_{DR}(r_1)$通过式(7.6)根据 6.4 节中介绍的方法求解得到,与此同时,$N_0(r_1)$也可以利用同样的办法由 $Z'_H(r_1)$通过方程(7.5)求解得到。

②一旦求解得到第一个库的(N_0,Λ),第一个库的观测衰减项即可计算得到,并且列在式(7.5)和式(7.6)中根据第二个库的(Z'_H,Z'_{DR})求解第二个库的(N_0,Λ)。

③重复步骤②,直到最后一个库 $r=r_N$。

(2)逆向迭代。求解从最后一个库 $r=r_N$ 开始,并且直到计算到初始库 $r=r_1$。估算出 PIA_H 和 PIA_{DP} 并包含到式(7.5)和式(7.6)中:

$$Z'_{\mathrm{H}}(r)=10\lg\{C_Z N_0(r) I_{Z_{\mathrm{h}}}[\Lambda(r)]\}-PIA_{\mathrm{H}}+2\int_r^{r_N} N_0(\ell) I_{A_{\mathrm{H}}}[\Lambda(\ell)]\mathrm{d}\ell \tag{7.7}$$

$$\begin{aligned}Z'_{\mathrm{DR}}(r)=10\lg\{I_{Z_{\mathrm{h}}}[\Lambda(r)]/I_{Z_{\mathrm{v}}}[\Lambda(r)]\}-PIA_{\mathrm{DP}}+\\ 2\int_r^{r_N} N_0(\ell)\{I_{A_{\mathrm{H}}}[\Lambda(\ell)]-I_{A_{\mathrm{H}}}[\Lambda(\ell)]\}\mathrm{d}\ell\end{aligned} \tag{7.8}$$

①从最后一个库开始 $r=r_N$，该库的衰减（上二式中）可以忽略。$\Lambda(r_N)$ 可根据 $Z'_{\mathrm{DR}}(r_N)$ 基于式(7.8)求解得到，并且 $N_0(r_N)$ 可以由 $Z'_{\mathrm{H}}(r_N)$ 基于式(7.7)计算得到。

②根据 $N_0(r_N)$ 和 $\Lambda(r_N)$ 计算最后库的衰减项，然后再根据第 $N-1$ 库的 $Z'_{\mathrm{DR}}(r_{N-1})$ 和 $Z'_{\mathrm{H}}(r_{N-1})$ 分别求解 $N_0(r_{N-1})$ 和 $\Lambda(r_{N-1})$。

③重复步骤②直到初始库，$r=r_1$。

从原理上讲，正向迭代和逆向迭代都可以进行雨滴谱反演。然而实际中，正向迭代由于误差累积会导致不稳定。逆向迭代由于 $\mathrm{PIA_H}$ 和 $\mathrm{PIA_{DP}}$ 的约束使用而稳定。因而，逆向迭代通常会在实际中使用。

7.1.3 同时反演举例

为检验 7.1.2 节中讨论的积分方程的性能，我们模拟了 X 波段双偏振雷达对雨的测量，并且模拟数据被用来同时衰减计算，反演雨滴谱和微物理参数，详见图 7.2。

假设电磁波方向的雨滴谱参数为常数（$N_0=8000$ 个 · $\mathrm{m^{-3}}$ · $\mathrm{mm^{-1}}$，$\Lambda=2.0$ mm）。计算真实降水微物理参数和固有的雷达变量以得到 $R=34.4\ \mathrm{mm\cdot h^{-1}}$，$D_{\mathrm{m}}=2.0$ mm，$Z_{\mathrm{H}}=48.8$ dBZ 和 $Z_{\mathrm{DR}}=2.6$ dB，然后计算出 $\mathrm{PIA_H}$ 和 $\mathrm{PIA_{DP}}$，并且连同模拟的测量误差一起加到雷达变量上以得到模拟的雷达变量（见图 7.2 左图），这些雷达变量中 Z_{H} 具有 1 dB 误差，Z_{DR} 具有 0.2 dB 误差。图中曲线的递减主要是由于 Z_{H} 的衰减和 Z_{DR} 差异衰减所致，然而随机波动是由人为添加的误差所致。正向和逆向迭代循环的实验结果及真值都显示在图 7.2 右图中。很明显，逆向迭代给出了稳定的实验结果。然而，正向迭代实验结果与真值偏离较大，并且在径向距离大于 25 km 和 PIA 值大于 30 dBZ 时，无法进行切实有效的反演。

在该部分，讨论了同时衰减和雨滴谱反演方法。为了通过双偏振雷达观测反演出雨滴谱信息，该方法需要得到进一步的提高。在反演或订正过程中，当雨滴谱模型和测量误差同时存在时，通过融入雨滴谱变化信息，该算法会比单独衰减订正更准确。双频段和双偏振雷达技术可以使用相同

的方法和相似的方程。

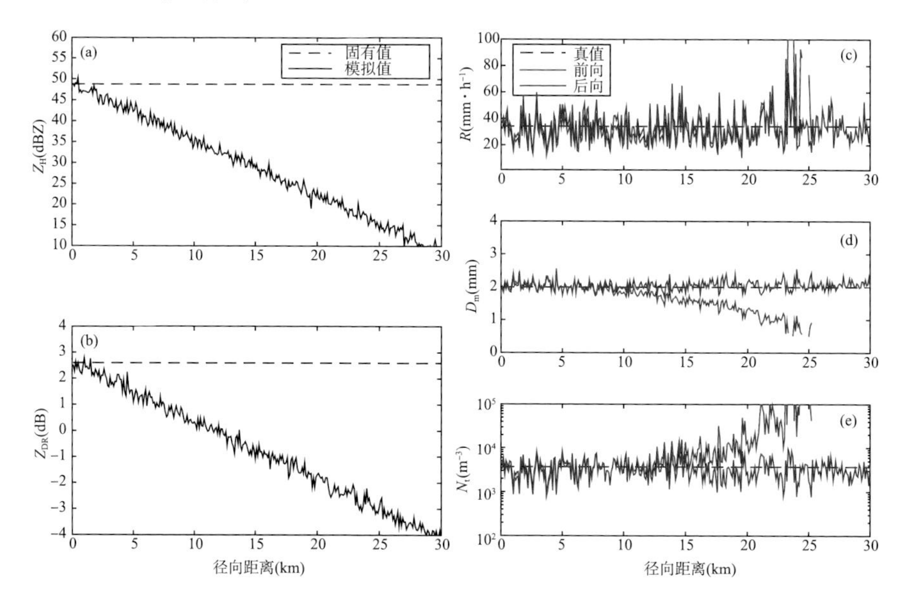

图 7.2　模拟的 X 波段双偏振雷达观测量(a,b)和反演量(c,d,e)(输入参数 $N_0=8000$ 个·m^{-3}·mm^{-1}),$\Lambda=2.0$ mm)

7.2　雨滴谱统计反演

在 6.4 节中讨论的雨滴谱反演是确定性反演,并且该反演算法具有提高雷达定量降水估计及微物理参数化方案的潜力。然而,确定性反演受到测量和模型误差的限制;除了如μ-Λ等雨滴谱模型约束外,不能使用先前的雨滴谱统计信息;并且不能定量描述反演性能。例如,如果由于测量误差使得测量的 Z_{DR}接近 0,或者为负值,那么对于方程(6.18)中Λ无解,导致的结果是无法反演出雨滴谱。图 6.14a 已经生动地的显示 Z_{DR}-Λ曲线不会穿过 X 轴。另一个确定性反演的弊端是它不能提供反演误差信息,然而这对我们分析优反演结果相当重要! 为了克服这些缺点,我们在 Cao 等(2010)中引入了基于贝叶斯定理的统计反演算法。

7.2.1　统计反演:贝叶斯法

统计反演可以视雨滴谱参数及双偏振雷达观测量为由概率分布所表示的随机变量。设置 $\boldsymbol{x}$ 为状态矢量,其代表雨滴谱参数,并且设置 $\boldsymbol{y}$ 为观

测矢量，其代表双偏振雷达观测数据。反演是为了在观测矢量 $\boldsymbol{y}$ 后验条件(posterior condition)中找到 $\boldsymbol{x}$ 的概率分布。基于贝叶斯理论，后验条件概率分布函数 $P_{\text{post}}(\boldsymbol{x}|\boldsymbol{y})$ 如下：

$$p_{\text{post}}(\boldsymbol{x}|\boldsymbol{y})=\frac{p_{\text{f}}(\boldsymbol{y}|\boldsymbol{x})\cdot p_{\text{pr}}(\boldsymbol{x})}{\int p_{\text{f}}(\boldsymbol{y}|\boldsymbol{x})\cdot p_{\text{pr}}(\boldsymbol{x})\cdot \mathrm{d}\boldsymbol{x}} \tag{7.9}$$

方程中 $p_{\text{pr}}(\boldsymbol{x})$ 是状态 x 的先验概率分布函数，并且 $p_{\text{f}}(\boldsymbol{x}|\boldsymbol{y})$ 是观测 $\boldsymbol{y}$ 的后验条件概率分布函数。只要为给定观测 $\boldsymbol{y}$ 找到状态矢量后验条件正态分布函数，那么期望值 $<x>$ 和标准偏差 σ_x 便可以通过对状态 $\boldsymbol{x}$ 进行积分计算得到。

$$\langle \boldsymbol{x}\rangle=\frac{\int \boldsymbol{x}\cdot p_{\text{f}}(\boldsymbol{y}|\boldsymbol{x})\cdot p_{\text{pr}}(\boldsymbol{x})\cdot \mathrm{d}\boldsymbol{x}}{\int p_{\text{f}}(\boldsymbol{y}|\boldsymbol{x})\cdot p_{\text{pr}}(\boldsymbol{x})\cdot \mathrm{d}\boldsymbol{x}} \tag{7.10}$$

$$\sigma_{\boldsymbol{x}}=\sqrt{\frac{\int (\boldsymbol{x}-<\boldsymbol{x}>)^2\cdot P_{\text{f}}(\boldsymbol{y}|\boldsymbol{x})\cdot P_{\text{pr}}(\boldsymbol{x})\cdot \mathrm{d}\boldsymbol{x}}{\int P_{\text{f}}(\boldsymbol{y}|\boldsymbol{x})\cdot P_{\text{pr}}(\boldsymbol{x})\cdot \mathrm{d}\boldsymbol{x}}} \tag{7.11}$$

正如确定性反演，状态变量即指雨滴谱参数，而测量值即指反射率和差异反射率。然而，我们有 $x=[N_0',\Lambda']^{\text{t}}$ 和 $y=[Z_{\text{H}},Z_{\text{DR}}]^{\text{t}}$。最后雨滴谱参数都转换成 $N_0'=\lg N_0$ 和 $\Lambda'=\Lambda^{0.25}$，这样他们就更加满足高斯正态分布。

7.2.2　雨滴谱参数先验分布

正如方程(7.9)中所示，为了得到状态参数的后验条件概率，需要给出状态矢量(雨滴谱参数)的先验概率和给定状态的观测矢量先验条件概率。雨滴谱参数的先验分布由二维滴谱仪估计的雨滴谱利用截断第二、第四和第六阶矩量拟合(Vivekanandan et al,2004)Gamma 分布模型得到。

估算的雨滴谱参数 N_0 和 Λ 的分布同物理参数斜交、非线性，并且具有很大的变化范围。为了减少它们之间的变化范围，减弱非线性影响，雨滴谱参数通过采用贝叶斯检索变换为 N_0' 和 Λ'。图 7.3 显示了 N_0' 和 Λ' 的发生频率，小雨量级的 N_0' 和 Λ' 的变化范围明显减小，因此接近高斯分布，然而 N_0 和 Λ 则不同。中雨/大雨($0<\Lambda<3$)的特征描述也比之前有明显的改善。很明显，大部分雨滴谱的 N_0' 值在 3～5(如 N_0 为 $10^3\sim10^5$ 个·m^{-3}·mm^{-1})，Λ' 在 1.1 和 1.6 之间(如 Λ 为 1.5～6)。图 7.3c 为雨滴谱估计值在 N_0' 和 Λ' 二维分布等值线，其中 N_0' 的间隔为 0.1，Λ' 的间隔为 0.05。N_0' 和 Λ' 的联合概率密度函数由发生频率的归一化得到，为了提高计算效率，在方程(7.9)～

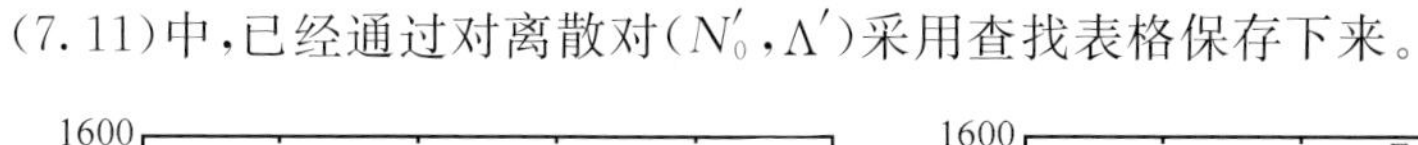

(7.11)中,已经通过对离散对(N_0',Λ')采用查找表格保存下来。

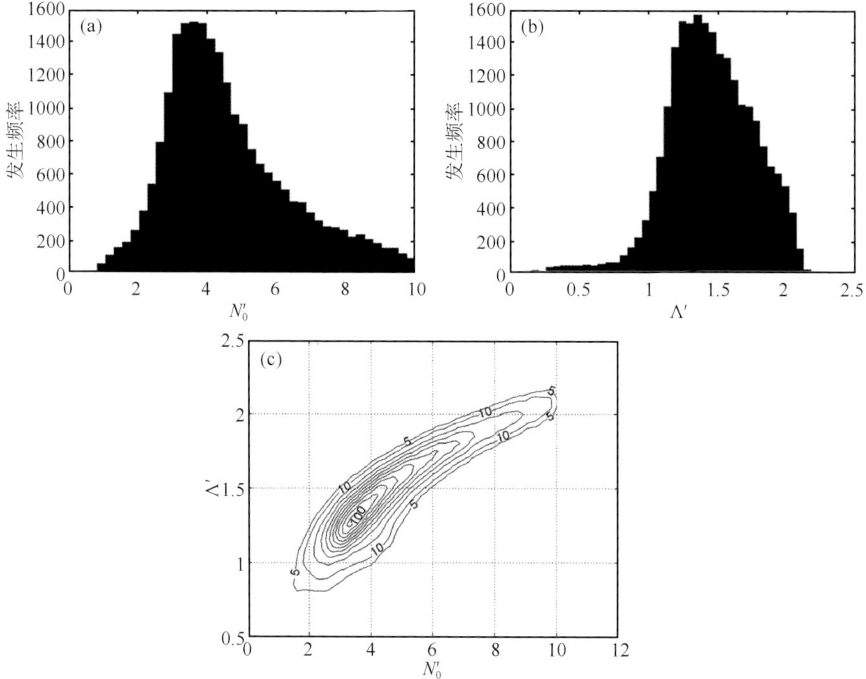

图 7.3　基于二维滴谱仪数据估测的雨滴谱参数发生频率

(a)N_0'的发生频率;(b)Λ'的发生频率;(c)测量的雨滴谱参数 N_0'和 Λ'的联合发生频率

7.2.3　后验条件分布

为了进一步改进贝叶斯反演,后验条件概率密度函数 $p_f(\boldsymbol{x}|\boldsymbol{y})$需要将状态变量和测量变量连接在一起,正如方程(7.9)～(7.11)所述。

考虑到雷达估计采样误差基本满足高斯正态分布,条件概率密度函数可以假设为二元高斯分布,具体方程如下:

$$P_f(Z_H,Z_{DR}|\Lambda',N_0')=\frac{1}{2\pi\cdot\sigma_{Z_H}\sigma_{Z_{DR}}\sqrt{1-\rho^2}}\exp\left(-\frac{1}{2(1-\rho^2)}\left[\frac{(Z_H-\langle Z_H\rangle)^2}{\sigma_{Z_H}^2}-\frac{2\rho(Z_H-\langle Z_H\rangle)(Z_{DR}-\langle Z_{DR}\rangle)}{\sigma_{Z_H}\sigma_{Z_{DR}}}+\frac{(Z_{DR}-\langle Z_{DR}\rangle)^2}{\sigma_{Z_{DR}}^2}\right]\right) \tag{7.12}$$

方程中 ρ 表示 Z_H和 Z_{DR}的相关系数。该值非常低,可以假设为 0,主要因为 Z_H和 Z_{DR}的测量误差不相关,尽管他们的模型误差可能相关,但其很难定量化。

在方程(7.12)中，Z_H 和 Z_{DR} 的期望值($\langle Z_H \rangle$，$\langle Z_{DR} \rangle$)可以由状态量(N_0'，Λ')通过方程(4.59)～(4.62)中的前向模型或算子计算得到。然而，标准差需要具体化。考虑到一般情况下 Z_H 比 Z_{DR} 更可信，并且它的测量误差一般在 1～2 dBZ。σ_{ZH} 设定为常值 2 dB，并且 $\sigma_{Z_{DR}}$ 如图 7.4 可以假定为 Z_H 和 Z_{DR} 的函数。在上下界里，Z_{DR} 的误差 $\sigma_{Z_{DR}}$ 可以假设为常数 0.3 dB，这主要来源于估测误差。如果观测的偏振雷达数据超出上下界，$\sigma_{Z_{DR}}$ 则一定被非常规雨滴所干扰，并且该误差定大于 0.3 dB，如方程(7.13)所示：

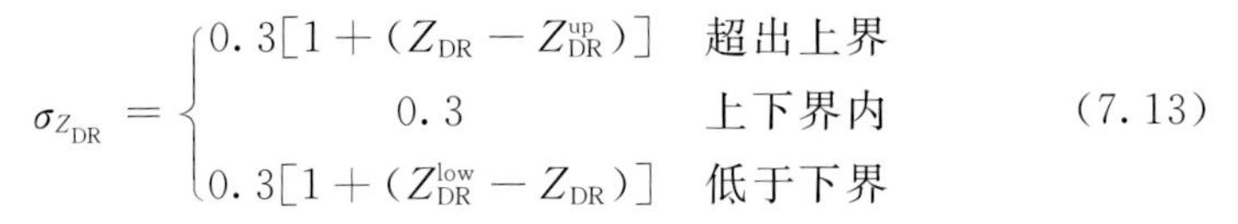

$$\sigma_{Z_{DR}} = \begin{cases} 0.3[1+(Z_{DR}-Z_{DR}^{up})] & \text{超出上界} \\ 0.3 & \text{上下界内} \\ 0.3[1+(Z_{DR}^{low}-Z_{DR})] & \text{低于下界} \end{cases} \tag{7.13}$$

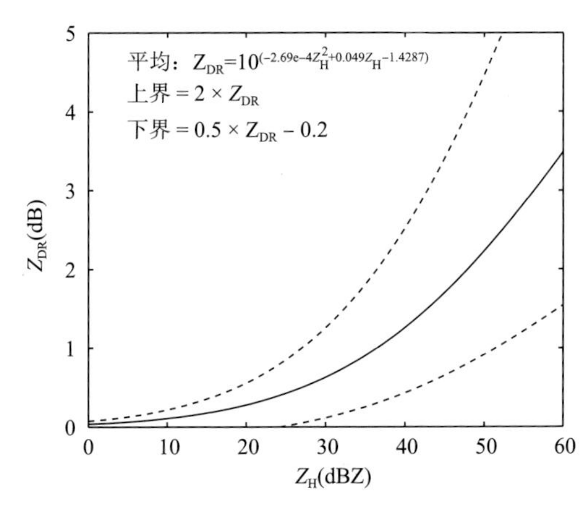

图 7.4　Z_{DR}(dB)和 Z_H(dBZ)对比示意图，观测误差由和二维滴谱仪的测量比较得到。图中上下虚线根据平均线计算得到(引自 Cao 等(2010))

7.2.4　结果和评估

根据雨滴谱数据，我们通过对雷达观测变量模拟来检验贝叶斯方法。根据测量的雨滴谱数据，Z_H 和 Z_{DR} 基于方程(4.59)和(4.62)模拟得到。模拟的 Z_H 和 Z_{DR} 通过使用方程(7.9)和(7.10)对雨滴谱参数进行反演。利用反演的平均值$\langle N_0' \rangle$和$\langle \Lambda' \rangle$，计算降水的积分变量平均值。图(7.5)显示了反演变量和观测变量的对比图。很明显，反演的降雨率 R 值非常接近观测值。而反演的D_m比反演的 R 值更离散，这主要归咎于雨滴谱模型的不够精确，因为 Gamma 雨滴谱分布模型不能更好地描述雨滴谱分布。即使 Gamma 分布可以近似地描述真实的雨滴谱分布，但这还没有被 C-G 模型在反演中准确地通过 μ-Λ 关系(方程(6.15))进行描述。基于C-G模型的贝叶斯反演性能更好,以至于使得降水估计的偏差小于8%,并且标准偏差小于18%。

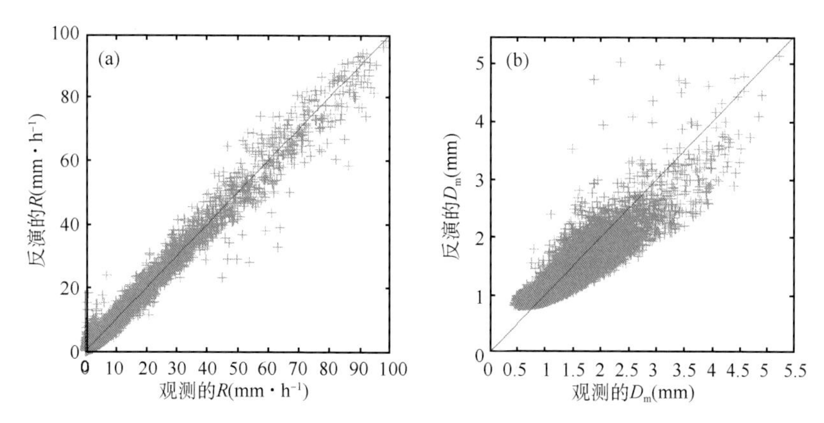

图7.5 反演和观测对比散点图(a)R(mm · h^{-1});(b)D_m(mm)(交叉符号表示实验数据点,并且实线表示两个坐标对应值相等)

将反演方法应用到真实双偏振雷达观测数据,该观测数据是由KOUN雷达采集得到,并且与6.2节和6.3节使用的数据一样(图7.6)。图7.6a显示了由贝叶斯方法反演得到的降水率R,该结果与双偏振经验性雷达定量降水估计(QPE)结果相似(未显示)。为了更好地做对比,图7.6显示了使用方程(6.6)中经验单偏振算子估算的降水率。尽管图7.6a和7.6b在层状云区显示了相似的风暴结构和降水率,但图7.6b在强对流区的降水率比图7.6a中要高。图7.6c和7.6d分别显示了贝叶斯反演估计的N_0'和Λ'的标准差。SD(N_0')和SD(Λ')具有相同的趋势,这意味着其中任何一个变量都可以被用作反演可信度指数。正如所料,大的标准偏差通常出现在地物区、雪区或冰雪融化区,或者生物干扰区,并且这就会导致降水反演存在很大的不确定性。

为了验证贝叶斯反演的结果,反演得到的降水率和1 h累积降水会与地面固定观测做对比,对比结果显示在图7.7中。为了更好地做对比,经验法得到的定量降水估计结果也显示在图7.7中。地面降水率观测包括地面雨量计观测和二维滴谱仪观测(观测地点:凯瑟勒农场实验室),图中粗灰实线显示地面观测。图中细实线表示使用贝叶斯方法得到的雷达反演降水。作为参考,虚线代表使用Ryzhkov等(2005a)的经验算子做的雷达反演降水。很明显,贝叶斯反演和经验算子都给出了合理的结果。然而在对流的核心区,贝叶斯方法比经验算子的性能要好(例如,0655 UTC在MINC;0815 UTC在

SHAW)。在该区雷达回波通常受到冰雹的干扰,并且雷达测量的 Z_H 和 Z_{DR} 会极其大(如 $Z_H>55$ dBZ 并且 $Z_{DR}>3.5$ dB)。

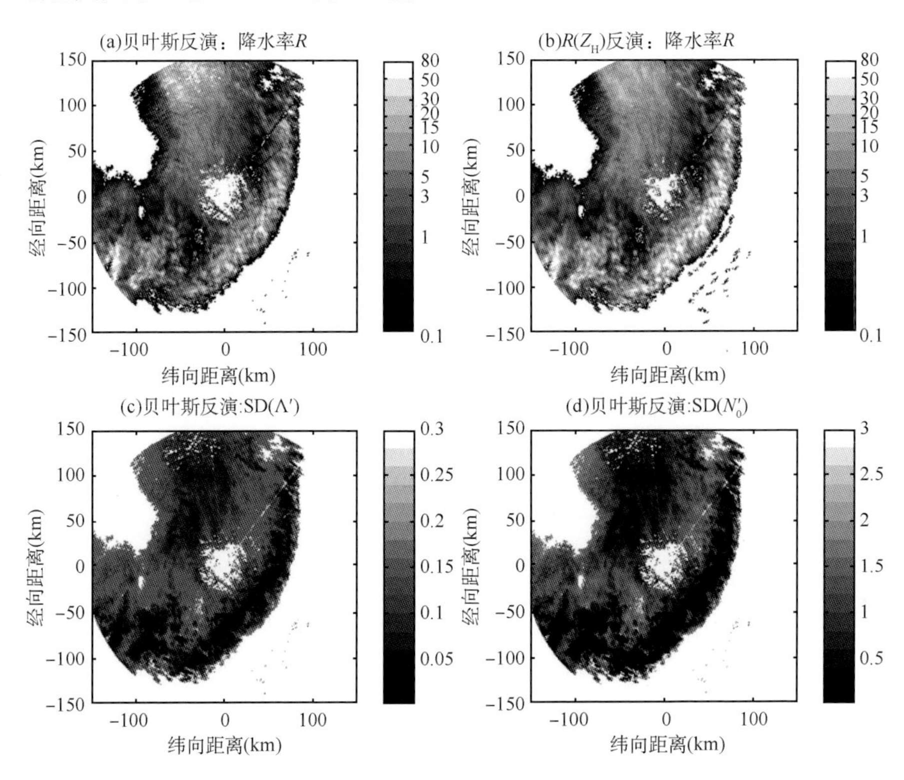

图 7.6　2005 年 5 月 13 日 0830 UTC,雷达观测反演结果(a)贝叶斯反演降水率 R(mm·h^{-1});(b)$R(Z_H)$反演降水率 R(mm·h^{-1});(c)贝叶斯反演 SD(Λ');(d)贝叶斯反演的 SD(N_0')[lg(mm$^{-1-\mu}$m^{-3})]

为了定量评估它们的性能,表 7.1 显示了反演小时降水和地面固定观测降水对比的偏差和标准差。其中,单偏振经验算子反演结果最差。通过与地面 7 个固定观测站对比,除了地面观测站 CHIC,贝叶斯反演结果比经验反演结果的两个偏差都小(接近 16%),并且均方根误差更小(接近 22%)。

总的来说,贝叶斯方法有以下几个方面的优点:①可以得到估测值和估测误差,这样就可以评估反演的可信度;②考虑了观测和模式误差,并且将它们考虑在反演中;③使用了先前的降水微物理信息;④不需要固定经验算子。

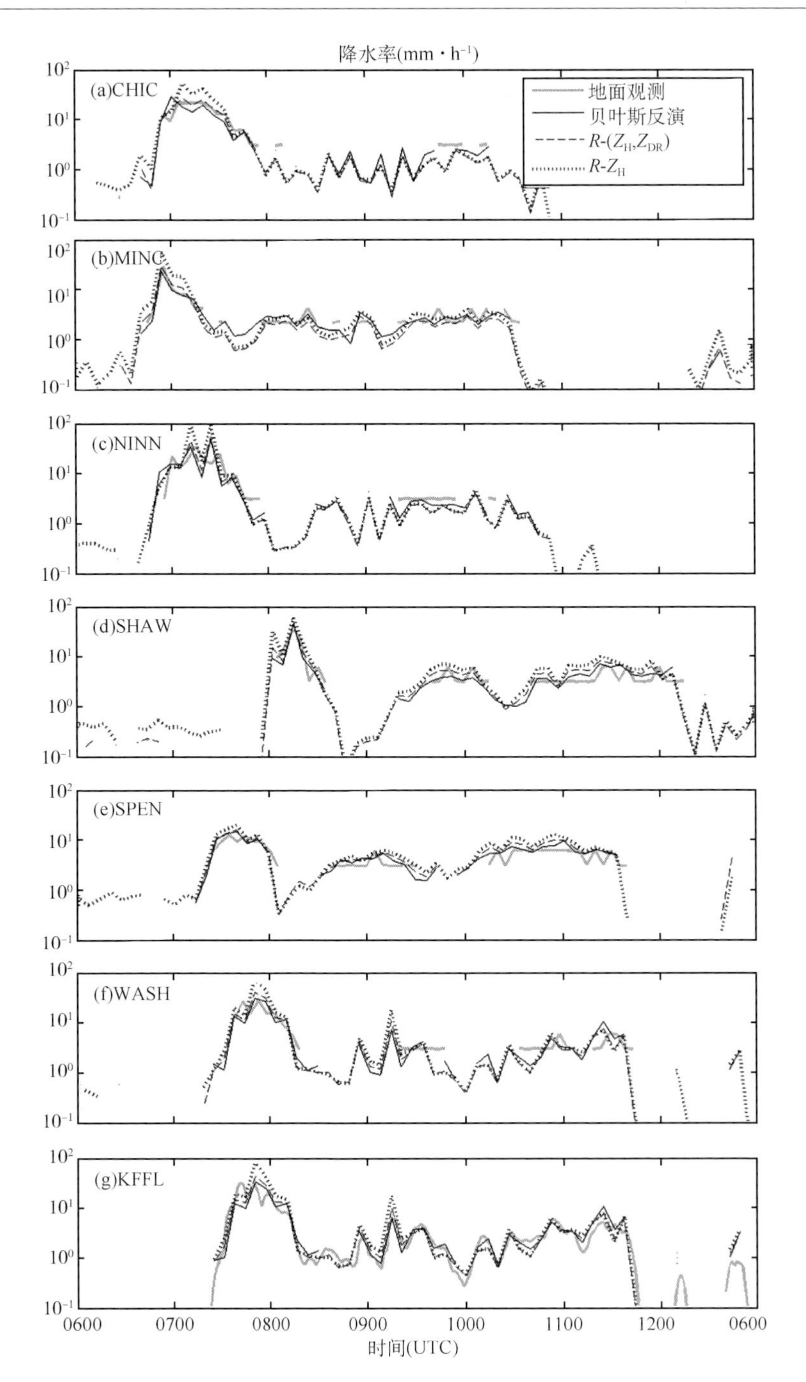

图 7.7　比较 7 个站点的观测和雷达反演降水(引自(Cao et al,2010))

(a)CHIC;(b)MINC;(c)NINN;(d)SHAW;(e)SPEN;(f)WASH;(g)KFFL

表 7.1　降水反演与地面固定站降水观测对比偏差(%)和均方根误差(%)

反演方法		CHIC	MINC	NINN	SHAW	SPEN	SASH	KFFL
贝叶斯方法	Bias	27.3	2.5	8.3	7.8	15.5	10.7	10.0
	RMSE	21.0	11.5	21.7	14.7	19.6	16.4	15.5
经验 $R(Z_H, Z_{DR})$ 法	Bias	1.1	1.6	12.3	22.4	28.0	19.8	20.2
	RMSE	17.3	26.4	33.5	29.9	33.9	34.4	33.3
经验 $R(Z_H)$ 法	Bias	35.4	48.1	48.2	49.5	44.9	48.9	50.4
	RMSE	80.4	103.5	106.8	72.3	56.0	95.3	92.5

7.3　变分反演

在 7.1 节中讨论的同时衰减订正和雨滴谱反演是确定性方法，即没有考虑到误差的影响。因而，尽管雨滴谱信息已经包括在衰减订正中，但多参数偏振雷达数据并没有得到最优使用。7.2 节讨论的雨滴谱反演的贝叶斯方法是一种统计方法，该方法考虑了误差的影响，但没有考虑衰减。贝叶斯方法和同时方法都没有考虑空间天气信息，并且它们也不可以灵活应用更多的观测信息。变分方法(将在本节讨论)结合了贝叶斯和同时方法，并且综合使用了所有的观测信息。那些只使用观测的被称为“基于观测的反演”(Cao et al，2013；Hogan，2007)，然而那些在分析中使用模式预报结果的被称为数据同化方法(Kalnay，2003；Xue et al，2009)。7.4 节将讨论数据同化。本节将阐述变分数学表达，以及将其应用到由 S，C 和 X 波段双偏振雷达数据提供的 Z_H，Z_{DR} 和 ϕ_{DP}/K_{DP} 的降水雨滴谱二维变分反演，以显示其适用性。

7.3.1　变分反演数学表达

7.3.1.1　数学表达概述

正如 7.2 节中所描述，变分反演是一种统计反演方法。再者就是该方法考虑了状态变量的空间相关和协方差。变分方法可以基于高斯分布(Kalnay，2003)的误差模型假设由贝叶斯原理(方程(7.9))导出。假设状态矢量 X 是高斯分布的协方差矩阵 $\boldsymbol{B}$，那么观测矢量 $\boldsymbol{y}$ 也满足高斯分布，并且具有误差协方差矩阵 $\boldsymbol{R}$。假设分母是常数，方程(7.9)可以写成：

$$
\begin{aligned}
-2\ln[p(\boldsymbol{x} \mid \boldsymbol{y})] = {} & [\boldsymbol{y} - \boldsymbol{H}(\boldsymbol{x})]^{t} \boldsymbol{R}^{-1} [\boldsymbol{y} - \boldsymbol{H}(\boldsymbol{x})] + \\
& [\boldsymbol{x} - \boldsymbol{x}_b]^{t} \boldsymbol{B}^{-1} [\boldsymbol{x} - \boldsymbol{x}_b] + C
\end{aligned}
\tag{7.14}
$$

式中：x_b是背景场或是状态矢量初估值，H(⋯)是观测运算符，上标表示转置矩阵。一个最优反演方法应该可以找到最大概率函数 $p(\boldsymbol{x}|\boldsymbol{y})$的状态矢量，这相当于找到状态矢量的代价函数的最小值：

$$J = [\boldsymbol{x}-\boldsymbol{x}_b]\boldsymbol{B}^{-1}[\boldsymbol{x}-\boldsymbol{x}_b]+[\boldsymbol{y}-\boldsymbol{H}(\boldsymbol{x})]^t\boldsymbol{R}^{-1}[\boldsymbol{y}-\boldsymbol{H}(\boldsymbol{x})] \quad (7.15)$$

产生：

$$\hat{\boldsymbol{x}} = \boldsymbol{x}_b+[\boldsymbol{B}^{-1}+\boldsymbol{H}'^t\boldsymbol{R}^{-1}\boldsymbol{H}']^{-1}\boldsymbol{H}'^t\boldsymbol{R}^{-1}[\boldsymbol{y}-\boldsymbol{H}(\boldsymbol{x}_b)] \quad (7.16)$$

方程(7.16)中$\boldsymbol{H}'$表示雅可比运算符，矩阵包含前向观测算子 $\boldsymbol{H}$ 及对相关状态变量的偏导数。方程(7.16)可应用到直接观测反演和模式为基础的分析中(如数据资料同化，见 7.4 节讨论部分)。X_b是资料同化中的模式背景，但是在直接观测反演中代表分析的前一步迭代，$\hat{x}$ 由迭代得到。因此，一旦定义了误差协方差和前向算子，方程(7.16)便可以用来寻找最优的状态矢量估计。

7.3.1.2　根据偏振雷达数据反演的雨滴谱公式

在双偏振雷达观测的雨滴谱反演中，应用了 6.4 节给出的 C-G 模式，并且$N_0'=\lg N_0$和 Λ 作为两个变量，如 $\boldsymbol{x}=[N_0',\Lambda]^t$，(如 7.2 节，理想情况下，应该使用$[N_0',\Lambda']$)。观测矢量为偏振雷达数据：$\boldsymbol{y}=[Z_H',Z_{DR}',K_{DP}]^{t*}$。因此，代价函数 $J(\boldsymbol{x})$定义为：

$$J(\boldsymbol{x}) = J_b(\boldsymbol{x})+J_{Z_H'}(\boldsymbol{x})+J_{Z_{DR}'}(\boldsymbol{x})+J_{K_{DP}}(\boldsymbol{x}) \quad (7.17)$$

其中，

$$J_b(\boldsymbol{x}) = \frac{1}{2}(\boldsymbol{x}-\boldsymbol{x}_b)^t\boldsymbol{B}^{-1}(\boldsymbol{x}-\boldsymbol{x}_b) \quad (7.18)$$

$$J_{Z_H'}(\boldsymbol{x}) = \frac{1}{2}[H_{Z_H'}(\boldsymbol{x})-\boldsymbol{y}_{Z_H'}]^t\boldsymbol{R}_{Z_H'}^{-1}[H_{Z_H'}(\boldsymbol{x})-\boldsymbol{y}_{Z_H'}] \quad (7.19)$$

$$J_{Z_{DR}'}(\boldsymbol{x}) = \frac{1}{2}[H_{Z_{DR}'}(\boldsymbol{x})-\boldsymbol{y}_{Z_{DR}'}]^t\boldsymbol{R}_{Z_{DR}'}^{-1}[H_{Z_{DR}'}(\boldsymbol{x})-\boldsymbol{y}_{Z_{DR}'}] \quad (7.20)$$

$$J_{K_{DP}}(\boldsymbol{x}) = \frac{1}{2}[H_{K_{DP}}(\boldsymbol{x})-\boldsymbol{y}_{K_{DP}}]^t\boldsymbol{R}_{K_{DP}}^{-1}[H_{K_{DP}}(\boldsymbol{x})-\boldsymbol{y}_{K_{DP}}] \quad (7.21)$$

式中：J_b代表背景场的贡献，$J_{Z_H'}$，$J_{Z_{DR}'}$和J_{KDP}分别代表观测的Z'_H，Z'_{DR}，K_{DP}，下标Z'_H，Z'_{DR}，K_{DP}分别代表雷达观测的响应项。

背景场误差协方差矩阵 $\boldsymbol{B}$ 为 $m\times m$ 的矩阵，其中 m 为状态矢量 $\boldsymbol{x}$ 的个数，等于格点数量乘以状态参数的个数(二维诊断区域)。为了避免类似 $\boldsymbol{B}$ 这样大矩阵的逆变化，引入一个新的状态变量 $\boldsymbol{v}$，形式为：

$$\boldsymbol{v} = \boldsymbol{D}^{-1}\Delta\boldsymbol{x} \quad (7.22)$$

式中：$\Delta\boldsymbol{x}=\boldsymbol{x}-\boldsymbol{x}_b$，$\boldsymbol{D}\boldsymbol{D}^T=\boldsymbol{B}$(Gao et al，2004；Parrish et al，1992)。Δ 表示

增量，$\boldsymbol{D}$ 为 $\boldsymbol{B}$ 矩阵的方根。代价函数可重新定义为：

$$J(\boldsymbol{v}) = \frac{1}{2}\boldsymbol{v}^{\mathrm{t}}\boldsymbol{v} + \frac{1}{2}[H_{Z'_{\mathrm{H}}}(\boldsymbol{x}_{\mathrm{b}} + \boldsymbol{D}\boldsymbol{v}) - \boldsymbol{y}_{Z'_{\mathrm{H}}}]^{\mathrm{t}}\boldsymbol{R}_{Z'_{\mathrm{H}}}^{-1}[H_{Z'_{\mathrm{H}}}(\boldsymbol{x}_{\mathrm{b}} + \boldsymbol{D}\boldsymbol{v}) - \boldsymbol{y}_{Z'_{\mathrm{H}}}]$$
$$+ \frac{1}{2}[H_{Z'_{\mathrm{DR}}}(\boldsymbol{x}_{\mathrm{b}} + \boldsymbol{D}\boldsymbol{v}) - \boldsymbol{y}_{Z'_{\mathrm{DR}}}]^{\mathrm{t}}\boldsymbol{R}_{Z'_{\mathrm{DR}}}^{-1}[H_{Z'_{\mathrm{DR}}}(\boldsymbol{x}_{\mathrm{b}} + \boldsymbol{D}\boldsymbol{v}) - \boldsymbol{y}_{Z'_{\mathrm{DR}}}]$$
$$+ \frac{1}{2}[H_{K_{\mathrm{DP}}}(\boldsymbol{x}_{\mathrm{b}} + \boldsymbol{D}\boldsymbol{v}) - \boldsymbol{y}_{K_{\mathrm{DP}}}]^{\mathrm{t}}\boldsymbol{R}_{K_{\mathrm{DP}}}^{-1}[H_{K_{\mathrm{DP}}}(\boldsymbol{x}_{\mathrm{b}} + \boldsymbol{D}\boldsymbol{v}) - \boldsymbol{y}_{K_{\mathrm{DP}}}] \tag{7.23}$$

通过这种方式，代价函数 J 的最小化由代价函数梯度 $\nabla_v J$ 得到，其中公式为：

$$\nabla_v J = \boldsymbol{v} + \boldsymbol{D}^{\mathrm{t}}\boldsymbol{H}_{Z'_{\mathrm{H}}}^{\mathrm{t}}\boldsymbol{R}_{Z'_{\mathrm{H}}}^{-1}(\boldsymbol{H}_{Z'_{\mathrm{H}}}\boldsymbol{D}\boldsymbol{v} - \boldsymbol{d}_{Z'_{\mathrm{H}}}) + \boldsymbol{D}^{\mathrm{t}}\boldsymbol{H}_{Z'_{\mathrm{DR}}}^{\mathrm{t}}\boldsymbol{R}_{Z'_{\mathrm{DR}}}^{-1}(\boldsymbol{H}_{Z'_{\mathrm{DR}}}\boldsymbol{D}\boldsymbol{v} - \boldsymbol{d}_{Z'_{\mathrm{DR}}})$$
$$+ \boldsymbol{D}^{\mathrm{t}}\boldsymbol{H}_{K_{\mathrm{DP}}}^{\mathrm{t}}\boldsymbol{R}_{K_{\mathrm{DP}}}^{-1}(\boldsymbol{H}_{K_{\mathrm{DP}}}\boldsymbol{D}\boldsymbol{v} - \boldsymbol{d}_{K_{\mathrm{DP}}}) \tag{7.24}$$

这里，$\boldsymbol{d}$ 为代价函数的新矢量(Gao et al,2004)，$\boldsymbol{d} = \boldsymbol{y} - \boldsymbol{H}(\boldsymbol{x}_{\mathrm{b}})$。

观测的空间影响可由背景场协方差矩阵 $\boldsymbol{B}$ 来确定。Huang(2000)提出 $\boldsymbol{B}$ 矩阵中的b_{ij}可由高斯关系的方程模拟得到：

$$b_{ij} = \sigma_{\mathrm{b}}^2\exp\left[-\frac{1}{2}\left(\frac{r_{ij}}{r_{\mathrm{L}}}\right)^2\right] \tag{7.25}$$

式中：i，j 代表诊断空间的格点，σ_b^2 为背景场误差协方差，r_{ij} 为第 i 和 j 格点间的距离，r_{L} 为背景场误差的空间相关长度，在风暴尺度雷达数据诊断中假设为常数(2～4 km)(Gao et al,2004)。

7.3.2 前向观测算子和迭代程序

在每个格点上给定两个雨滴谱参数 $x = [N'_0, \Lambda]^t$ 的前提下，雨滴谱参数即可确定，雷达变量 Z_{H}、Z_{DR}、K_{DP} 由 T 矩阵方法计算的散射振幅及水平双偏振的特定衰减(A_{H})和特定衰减偏差(A_{DP})得到，见 4.3 节部分公式。

每个径向库上的前向算子Z'_H，Z'_{DR}由

$$Z'_{\mathrm{H}}(n) = Z_{\mathrm{H}}(n) - 2\sum_{i=1}^{n-1}A_{\mathrm{H}}(i)\Delta r \tag{7.26}$$

和

$$Z'_{\mathrm{DR}}(n) = Z_{\mathrm{DR}}(n) - 2\sum_{i=1}^{n-1}A_{\mathrm{DP}}(i)\Delta r \tag{7.27}$$

得到。其中 i 和 n 代表雷达位置上第 i 个和第 j 个径向库，Δr 为径向分辨率。

然后，计算每个双偏振观测变量（Z'_H，Z'_{DR}，K_{DP}）的偏导数及相关的状态变量（N'_0，Λ），存储10个查找表格导数（$\frac{\partial Z_{\mathrm{H}}}{\partial \Lambda}$，$\frac{\partial Z_{\mathrm{DR}}}{\partial \Lambda}$，$\frac{\partial K_{\mathrm{DP}}}{\partial \Lambda}$，$\frac{\partial A_{\mathrm{H}}}{\partial \Lambda}$，$\frac{\partial A_{\mathrm{DP}}}{\partial \Lambda}$，$\frac{\partial Z_{\mathrm{H}}}{\partial N'_0}$，$\frac{\partial Z_{\mathrm{DR}}}{\partial N'_0}$，$\frac{\partial K_{\mathrm{DP}}}{\partial N'_0}$，$\frac{\partial A_{\mathrm{H}}}{\partial N'_0}$，$\frac{\partial A_{\mathrm{DP}}}{\partial N'_0}$）。

在每个查找表格，参数Λ（变化范围0～50）和N'_0（变化范围0～15）的导数是事先计算的。为保证精确度，每个参数的范围间隔0.02。所以，每个查找表格有2501×751个元素。通过这种方式，算子H的偏导数值可通过给定N'_0和Λ查表得到。为进一步提高精确度，可在查找表格的N'_0和Λ之间的值进行插值。

得到最小化代价函数J的迭代步骤如下。

（1）输入Z'_{H}、Z'_{DR}、K_{DP}的雷达数据，查找表格及背景场参数。为保证数据质量，只有当分析区域的雷达观测信噪比$SNR>1$ dB才使用。

（2）变量反演的初始状态矢量等于背景场状态矢量（如$\boldsymbol{x}=\boldsymbol{x}_{\mathrm{b}}$），迭代由$\boldsymbol{v}=0$开始。雷达变量$Z_{\mathrm{H}}$，$Z_{\mathrm{DR}}$，$K_{\mathrm{DP}}$，$A_{\mathrm{H}}$，$A_{\mathrm{DP}}$在每个格点上由前向算子和散射振幅查找表格计算，这些雷达变量插值在观测格点，并且引入衰减订正以产生Z'_{H}，Z'_{DR}，K_{DP}和代价函数（方程(7.18)～(7.21)）。

（3）基于观测矢量调整状态矢量，然后为下一步迭代重复计算雷达变量。在查找最小代价函数的梯度时，状态矢量持续更新调整。迭代收敛时，更新调整终止。

（4）最小化收敛之后，便得到分析场的雨滴谱反演参数。这里要注意的是，通过第一次收敛得到的分析结果有可能并不准确。为了提高迭代，第一次收敛得到的分析结果可作为新的背景场重复分析（迭代）。这种将前一次分析结果作为新的背景场的方法，称为"外循环"迭代。通常，几种独立的外循环可以得到满意的代价函数相对较小的分析结果。

7.3.3 偏振雷达数据应用

上面讨论的变分反演方法现在可以用来利用双偏振雷达数据反演降水微物理过程。首先我们利用模拟的雷达数据进行测试和评估，然后再使用真实的雷达数据。

在模拟数据个例中，协同自适应大气遥感（collaborative adaptive sensing of the atmosphere，CASA）的X波段双偏振雷达观测是由俄克拉荷马州诺曼市（Norman）S波段双偏振雷达观测真实数据模拟得到。假设S波段测量变量Z_{H}和Z_{DR}没有降水衰减，将这两个变量通过7.2节中讨论的方法反演雨滴谱信息。反演得到的雨滴谱信息用来计算 X 波段雷达变量,并且用来作为真值。受衰减影响的 X 波段 Z'_{H} 和 Z'_{DR} 然后由方程(7.26)和(7.27)计算得到。最后,将偏差和随机误差加到衰减的 Z'_{H} 和 Z'_{DR} 上来模拟 X 波段雷达观测,以便用来测试变分反演算法。差异偏差和均方根误差用来引导反演实验去评估算法的性能。实验结果总结在表 7.2 中。噪音和偏差配置在不同的实验中配置不同。

表 7.2 不同组试验变量反演偏差和均方根误差

序号	反演偏差/模拟偏差			反演均方根误差/模拟均方根误差		
	Z_{H}(dBZ)	Z_{DR}(dB)	K_{DP}(°/km)	Z_{H}(dBZ)	Z_{DR}(dB)	K_{DP}(°/km)
1	0.091/0	0.027/0	0.004/0	0.393/0.5	0.107/0.1	0.084/0.1
2	0.083/0	0.009/0	0.006/0	0.409/1.0	0.108/0.2	0.083/0.2
3	0.178/0	0.023/0	0.012/0	0.476/1.5	0.110/0.3	0.088/0.3
4	0.267/0	0.036/0	0.019/0	0.537/2.0	0.120/0.4	0.093/0.4
5	0.440/0.125	0.115/0.025	0.020/0.025	0.597/0.5	0.159/0.1	0.084/0.1
6	0.841/0.25	0.219/0.05	0.037/0.05	0.952/0.5	0.253/0.1	0.092/0.1
7	1.575/0.5	0.411/0.1	0.067/0.1	1.687/0.5	0.445/0.1	0.114/0.1
8	2.879/1.0	0.755/0.2	0.118/0.2	3.037/0.5	0.807/0.1	0.160/0.1
9	0.448/0.125	0.113/0.025	0.022/0.025	0.606/0.75	0.157/0.15	0.085/0.15
10	0.862/0.25	0.216/0.05	0.040/00.05	0.979/1.0	0.250/0.2	0.095/0.2
11	1.604/0.5	0.408/0.1	0.071/0.1	1.724/1.25	0.443/0.25	0.117/0.25
12	2.940/1.0	0.747/0.2	0.122/0.2	3.117/1.5	0.801/0.3	0.165/0.3

X 波段雷达观测是用 2007 年 5 月 8 日(1230 UTC,0.50°仰角)S 波段双偏振雷达 KOUN 观测模拟得到,该观测捕捉到了对流和大范围层状云降水由西向东穿过俄克拉荷马州。我们总计使用了 12 个降水过程来做测试实验。所有这些测试包含雨滴谱模型误差,即模拟的真值是建立在假设雨滴谱指数分布的基础之上,然而反演是建立在假设 C-G 雨滴谱分布的基础之上。应用在这些实验中的是常数背景场($N'_0=3,\Lambda=5$)。实验 1～4 假设无偏,但用不同的随机误差模拟观测。实验 5～8 假设相同的随机误差,但用不同的偏差。实验 9～12 假设使用与实验 5～8 相同的偏差,但使用不同的随机误差。具体的模拟数据实验详细配置和反演误差统计显示在表 7.1 中。在每一个表格中,斜线符号右边是模拟观测的模拟偏差或均方根误差。斜线左边是针对模拟真值的反演偏差或均方根误差。对于一个最优的分析系统,观测误差协方差矩阵 $\boldsymbol{R}$ 应该恰当的描述观测期望误

差,包括他们的强度和空间相关。基于最优估计理论的变分方法也假设所有误差无偏(Kalnay,2003)。然而,很难去准确估计真实观测的均方根误差和偏差。因此,在我们的试验中引入了非一致误差来检测分析对这种非一致误差的敏感性。在变分方法中,Z'_H、Z'_{DR}和K_{DP}分别假设为0.5 dB、0.1 dB和0.1°/km。这就是说,观测误差仅仅和实验1中真值相一致。在其他实验中,真实误差要比变分方案中假设的误差要大。

在实验1~4中,反演均方根误差值通常比真实均方根误差值要小。这意味着该方法能够平滑观测误差,以致最终的分析中误差更小,这就跟最优估计理论一致:最终分析误差应该比所有使用的信息源误差要小(Kalnay,2003)。偏差随着均方根误差增加而增加,但是总的偏差非常小,这与观测中没有系统性偏差的事实相一致。实验5~8具有和实验1不同的偏差,但它们具有相同的随机误差,这主要通过增加常值到观测上来实现。与实验1相比,实验5~8在反演结果中显示了明显的偏差和均方根误差。除了某些K_{DP}值,实验5~8中的所有偏差或均方根误差都大于模拟测量偏差和误差。实验8显示Z'_H的测量偏差1 dB可以导致Z_H反演3 dB偏差和3 dB均方根误差。这实际上意味着,与自由误差相比,变分方法对测量偏差更加敏感。测量误差不仅在反演中引入更大的偏差,同时还增大了反演均方根误差。因而,在变分分析之前,需要尽可能地去除测量偏差(如文献Harris和Kelly(2001))。

实验9~12具有与实验5~8相同的测量偏差,但具有更大的随机误差。然而,实验12的反演偏差和均方根误差几乎与实验8相同。这再次证实变分法对测量偏差较测量误差更加敏感。值得注意的是,模拟数据反演总体显示好的结果,即使恒定的背景场在测量降水方面没有提供有用信息。这些结果都可以理解和接受,主要因为模拟数据具有好的质量,并且在分析区域提供了完整的数据覆盖。

图7.8和7.9为实际X波段数据的反演个例。图7.8为X波段KOUN雷达观测,图7.9为反演和观测转化到X波段后的对比图。反演诊断区域为40 km×40 km(401×401格点,水平分辨率100 m),并且假设观测误差相同,分别为$Z'_H=2$ dB,$Z'_{DR}=0.2$ dB及$K_{DP}=0.2$°/km。相关长度r_L假设为2 km。结果表明,X波段的反演在Z_H、Z_{DR}、K_{DP}方面捕捉了更多的风暴结构信息,与KOUN观测具有很好的一致性。因此,这个例子表明了反演算法对于实际X波段雷达数据应用的有效性。

通过衰减的偏振雷达数据,开发了另一种方法并且成功地应用到最优反演降水雨滴谱分布。它主要用于单雷达数据的Z'_H、Z'_{DR}和K_{DP},但是也可以简单地扩展到多雷达观测及进一步提高反演质量。反演验证着重于由雨滴谱分布计算得到双偏振变量的精度。敏感试验表明：在观测中算法对偏差较误差敏感。局地低质量数据反演的不确定性可以通过相同区域其他雷达提供有效降水信息来订正。

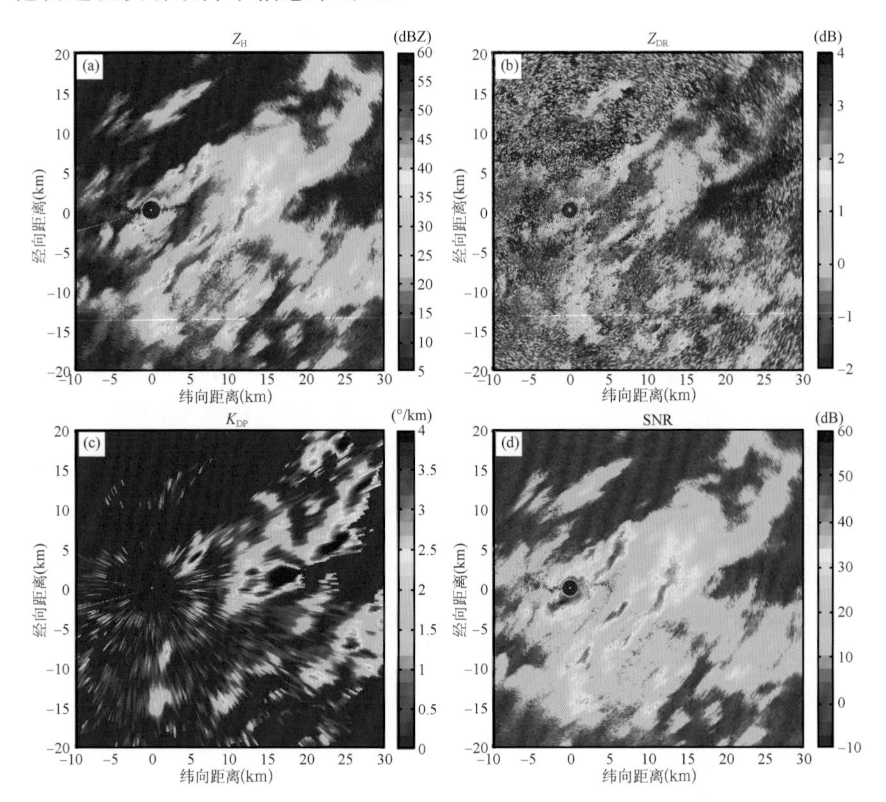

图 7.8　X 波段 CASA IP1 KSAO 雷达观测(2°仰角，2011-04-24 1950 UTC)
(a)反射率；(b)差分反射率；(c)特定的差分相位；(d)信噪比

上述变分反演只强调“雨”(如雨滴谱密度参数)方面的应用，因此实验数据设置就排除了其他降水类型。将该方法应用到不用的大气环境中，则应该考虑多种水凝物，如雨、雪、雹及融化相态。水凝物类型的增加导致了反演状态变量的增加，因此需要更多的独立信息。尽管同时使用多频率或偏振雷达数据值得继续研究，然而模式物理过程约束开辟了另外一条研究方向，将在下面进行阐述。

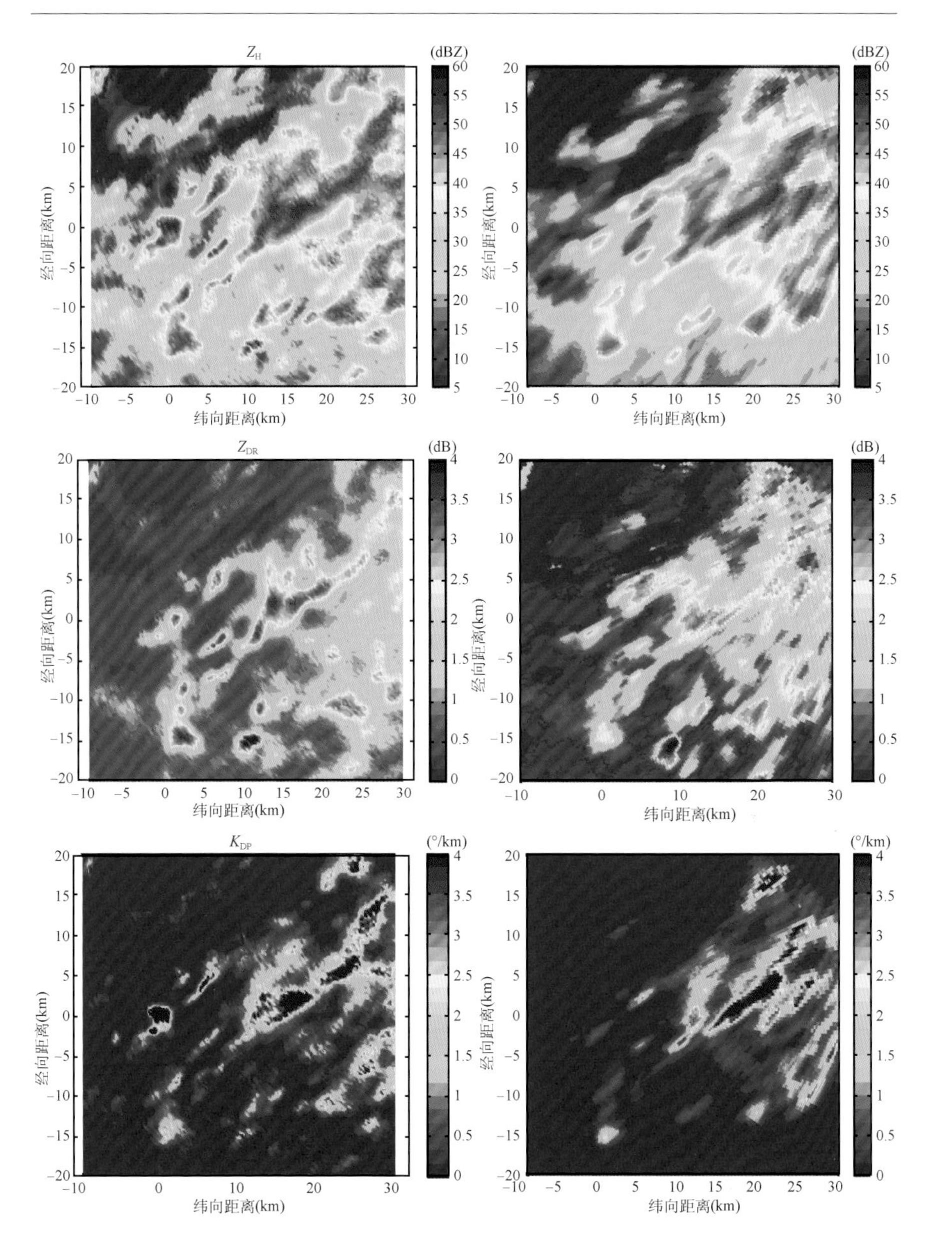

图 7.9 反演结果(左列)与 S 波段 KOUN 数据模拟结果(右列)比较(反演建立在 X 波段 KSAO 数据(图 7.8)的基础上,由上至下分别为雷达反射率、差分反射率、差分相位)

7.4 资料同化的最优反演

尽管变分方法考虑了测量误差、天气的空间相关和衰减，但只有当独立观测信息的数量大于独立状态变量的数量时才能成功。然而，当考虑了冰相、水凝物类型或者微物理多矩时，就不能真实地对云/雨水进行反演。例如，WRF 双矩六类方案（WDM6）有 12 种微物理状态变量，而 WSR-88D 双偏振雷达数据只有 4 种测量且大多数时候提供的独立变量不超过 3 个，仅从偏振雷达数据来确定 12 个状态变量不可能实现。因此，需要一些其他的限制，如 NWP 模式的物理约束，需要和偏振雷达数据联合使用。特别指出，背景场需要从 NWP 模式中输出。这些在反演/分析中包含了数值天气预报模式预报结果的方法称为资料同化方法（Kalnay，2003；Xue et al，2009）。Jung 采用资料同化的方法试图通过最优的偏振雷达数据提高天气预报水平（Jung et al，2008a，2008b），研究中发现了一些问题。这一节将讲述未来天气诊断和预报中采用偏振雷达数据面临的挑战。

7.4.1 难点问题

同单偏振反射率因子相比，偏振雷达数据包含了更加丰富的信息，可用于灾害天气的连续性观测水凝物的分布和提高定量降水估计。因为偏振雷达数据对云和微物理降水有更好的描述，并且能改善微物理的参数化，通过同化偏振雷达数据来提高数值天气预报模型的初始化和预报具有很大的可行性。因为偏振雷达数据已经涵盖整个美国，同时变分方法、集合卡尔曼滤波和混合变分方法已经日渐成熟且已经业务化使用。然而在实际中，利用变分方法应用偏振雷达数据依然存在着困难，它的发展具有一定的局限性。主要原因包括：①模式参数在天气学原理与雷达偏振学使用中存在脱节；②缺少简单有效的前向算子；③偏振雷达数据存在很大的误差；④模式微物理参数化方案存在很大的变化和误差；⑤模式状态变量和双偏变量的高度非线性。为了同化偏振雷达数据，需要微物理参数化方案与数值模式兼容、精确的快速前向因子以及精准的误差特征。

如图 7.10 所示，数值天气预报与气象雷达工程之间存在理论/模式/参数的脱节。数值天气预报和雷达偏振技术分别在大气科学和雷达工程两个领域发展起来。数值天气预报模式由一系列的动力、热力及微物理方程组成，这些方程通过大气初始状态（气压、温度、密度和云物理）数值计算预报未来的天气条件。因此，从事数值天气预报的气象学家通常习惯应用这些状态变量，而不是直接应用雷达变量；尽管有一些气象类的论文发表(Li et al，2012；Posselt，2015)，但是他们有可能并不特别熟悉双偏振雷达变量和信息，以及它们的测量误差结构。

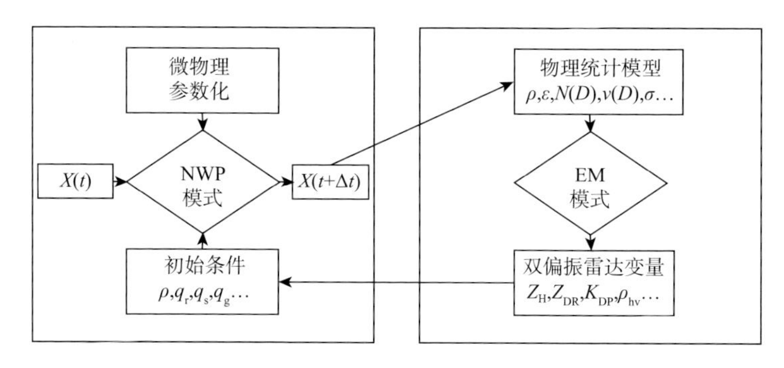

图 7.10 应用在气象和雷达工程上模式的关系

正如第4章和第5章所描述的，双偏振雷达变量由电磁波的散射/传播和波的统计特征来定义，通过雷达脉冲信号来估计。双偏振雷达变量不能通过状态变量简单的函数表示供模式开发者使用。天气雷达工程师习惯于开发算法/技术，以用于天气观测和观测反演。而气象学家对微物理研究中的雷达观测、描述和双偏振特征感兴趣。因此，迫切需要具有天气预报和雷达偏振学双重背景经验的科学家，以及建立状态和雷达变量的精确关系。

7.4.2 观测算子和误差

正如第4章所述，双偏振雷达变量由散射振幅的二阶矩来表达，这个可以通过求解水凝物散射的麦克斯韦方程得到。计算散射振幅和雷达变量需要用到微物理信息(雨滴谱/粒子谱的形状、取向和组成)，但是在数值预报模拟中并不能预报所有的微物理变量。因此，在数值模式输出中建立了很多假设(雨滴谱模型、形状大小的关系、密度及取向等)，以方便雷达变量的计算。并且，一些以混合比大的类型(如 q_r，q_s，q_g…)可能对于双偏振特征的贡献并不重要。例如，冰雹可能仅占雷达观测体内5%的水，但是却在双偏振雷达观测量中占据主导作用。并且，水—冰混合物(如融雪、融雹)对雷达回波也具有主要的贡献，但是它们并不是在常规数值模式中被预报出来。因此，需要构建新的融化种类(如融雪、融雹)，以用来精确地模拟双偏振雷达变量。

Jung 等(2008a,2010a)开发并发表了偏振雷达数据的前向算子,实现了利用数值预报模式输出模拟偏振雷达数据。双偏振模拟的代码可在俄克拉荷马大学 ARPS 网页上下载(http://arps.ou.edu/downloadpyDual-Pol.html)。为了最优使用偏振雷达数据,这个模拟器可以应用到数值天气预报模式模拟和分析中。

模拟器的开发不能解决所有问题,电磁模型误差和双偏振雷达观测误差特征还没有被完全表示和描述,以至于不能让同化专家将偏振雷达数据最优地应用到数值模式分析中。表 7.3 中显示了双偏振雷达天气观测变量和它们测量的典型误差。

表 7.3　双偏振雷达观测和误差的典型值

变量	范围	误差	相对误差(%)
Z_H(dBZ)	0～70	1.0	<10
v_r(m/s)	−25～25	1.0	<10
Z_{DR}(dB)	0～4	0.2	～100
K_{DP}(°/km)	0～3	0.2	～100
ρ_{hv}	0.9～1	0.01	～50

反射率和多普勒径向风的观测误差分别是～1 dB 和 1 m · s^{-1}。它们的相对误差小,约为 10%。再者,径向风与数值预报模式中风速存在线性关系。因此,同化 v_r 在数值预报模式中具有很大的影响。但是由于反射率 Z 与可预报水混合比的非线性关系,同化 Z 的效果就比较难以估计。然而,相对误差仍然很小。在双偏振雷达观测个例中,尽管 Z_{DR}、K_{DP} 和 ρ_{hv} 的绝对误差都小于 0.2,但它们的变化和相对误差巨大,几乎达到 100%。这是因为这些变量的数值本身对于某些云和降水的类型非常小,如小雨和干雪。对于天气雷达回波反射率,ρ_{hv} 的变化范围也非常小,主要集中在 0.8～1.0,并且对于 ρ_{hv},如果是 0.1 的变化可能会表示降水类型的变化。由于非高斯误差分布和非线性关系,这些误差最终会通过误差传播导致分析中的偏差。在偏振雷达数据同化中仍然需要细心处理这些误差。

7.4.3　模式微物理过程的不确定性

在偏振雷达数据应用中,另一个问题是在微物理参数化和数值预报中存在很大变异性和不确定性。这些模式变异性很大程度上限制了偏振雷达数据对状态参数分析和模式预报水平提高方面的贡献。由于偏振雷达数据对同化分析具有积极的作用,因而模式微物理过程和偏振雷达数据信息都非常重要。例如,大部分业务数值模式使用单参数雨滴谱模型的微物理过程,并且只预报雨水混合比。因而,所有雷达变量只和雨水混合比相关。这就意味着只有雷达反射率因子就足够确定雨水混合比。这样的单矩模式就不能利用差分反射率和其他双偏振雷达变量去提高雨水含量估计水平。

幸运的是,双矩和多矩微物理参数化最近已经得到关注和发展。发展的方面主要包括:单矩和双矩参数化方案的混合(Thompson et al,2008);多矩参数化方案(Milbrandt et al,2005a,2005b)和 WDM6 方案(Lim et al,2010)。因为雨滴凝结数和大小是相互独立的,这些双矩和多矩微物理参数化方案可以灵活地融合双偏振雷达观测信息,这就可以实现偏振雷达数据模拟。考虑到偏振雷达数据独立信息受限,目前的研究表明双矩参数化方案适合偏振雷达数据同化分析。

图 7.11 和 7.12 显示了"Milbrandt 和 Yao"方案数值模式模拟和雷达观测的超级单体风暴双偏振特征对比。图 7.11 显示低层偏振雷达数据 Z_H(左)和 Z_{DR}(右)。图 7.11a,b 显示用单矩微物理方案得到的数值模拟结果(左),图 7.11c,d 显示用双矩微物理方案得到的数值模拟结果,图 7.11e,f 显示了双偏振雷达 KOUN 在 2010 年 5 月 10 日龙卷风暴的雷达观测。风暴开始分裂成两个单体,并且在风暴的主侧,Z_{DR} 开始提高,这就是所谓的 Z_{DR} 弧。然而,单矩微物理方案没有在风暴的主侧产生 Z_{DR} 弧,但双矩微物理方案产生了和雷达观测一样的 Z_{DR} 弧。强的 Z_{DR} 弧存在风暴前沿,这主要是由于雨滴的大小重组。在这类风暴中,小的雨滴被风吹到了风暴的尾部,然而大雨滴具有大的动量并且下落更快,在底层产生大的 Z_{DR}(Kumjian 和 Ryzhkov,2008)。

图 7.12(右列)为数值模拟和雷达观测中 ρ_{hv} 在中层的环状特征。这个环状特征是由于冰雹的融化产生的,它引起了非瑞利散射在随机散射位相上的不同,从而减弱了 ρ_{hv}。正如我们看到的,ρ_{hv} 和 Z_H 与单阶微物理过程高度相关(如图 7.12a,b 所述),则无环状结构。这是因为所有的状态和观测变量是通过偏振雷达数据或者雨滴谱数据参数联系起来。然而,单阶微物理过程(图 7.12c,d)有两个自由度,可以清楚地在雷达观测(图 7.12f)上看到环状结构。这表明微物理参数化方案在数值预报中的兼容性对于真实双偏振雷达特征的产生十分重要,以便偏振雷达数据对于资料同化和数值预报产生积极作用。

上述关于双偏振量在数值模拟和雷达观测之间的比较表明,双矩(或者多矩)微物理方案应该在偏振雷达数据资料同化中使用。然而即使这样做,在模拟偏振量中,不同的双矩微物理方案依然存着很大的不同。图

7.13 显示的是 2013 年 5 月 20 日 0400 UTC，不同雷达 0.5°仰角的中尺度对流系统，观测（图 7.13a，b，c）和 4 h 预报/模拟的偏振雷达数据反射率（Z_H，图 7.13a，d，g，j，m，p）、差分反射率 Z_{DR}（图 7.13b，e，h，k，n，q）及绝对差分相位率（K_{DP}，图 7.13c，f，i，l，o，r）。WRF 模式输出中模拟的偏振雷达数据采用前向算子（Jung et al，2010a）及不用的微物理方案：Thompson，

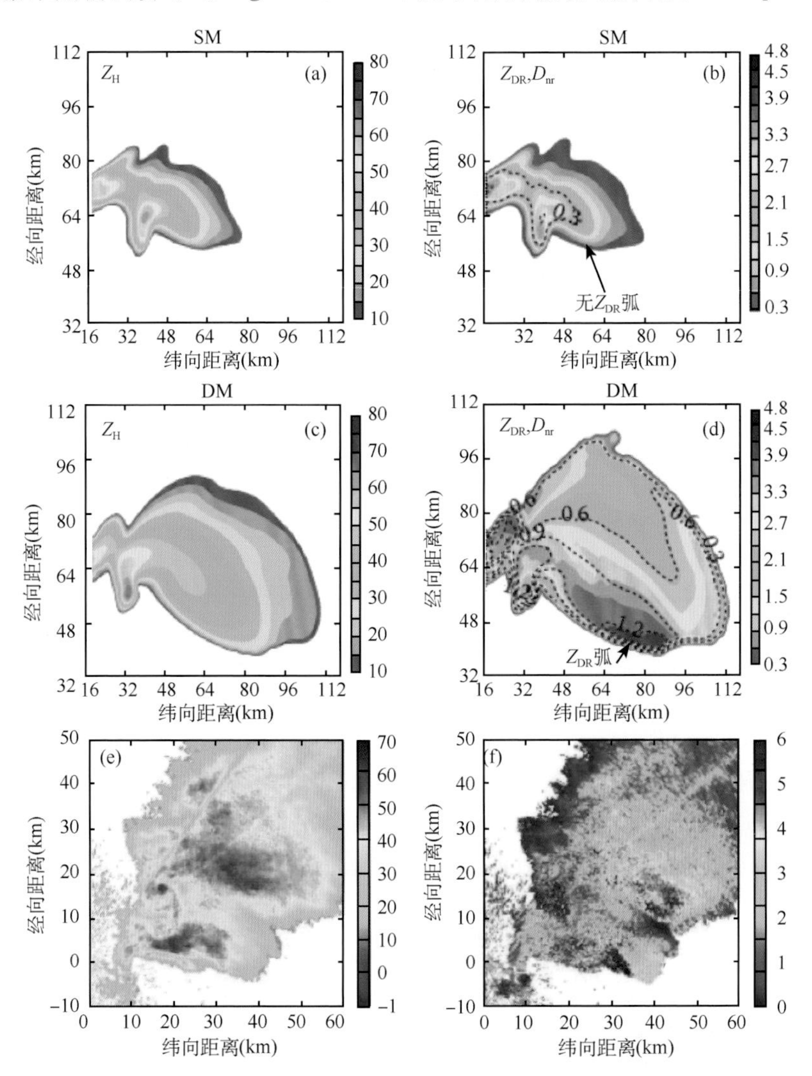

图 7.11　通过单矩（a，b）、双矩（c，d）数值模拟和雷达观测（e，f）显示了 Z_{DR} 弧低层双偏振雷达信号（左侧一列为反射率因子 Z_H，右侧一列为差分反射率 Z_{DR}；模拟结果引自 Jung 等（2010a））

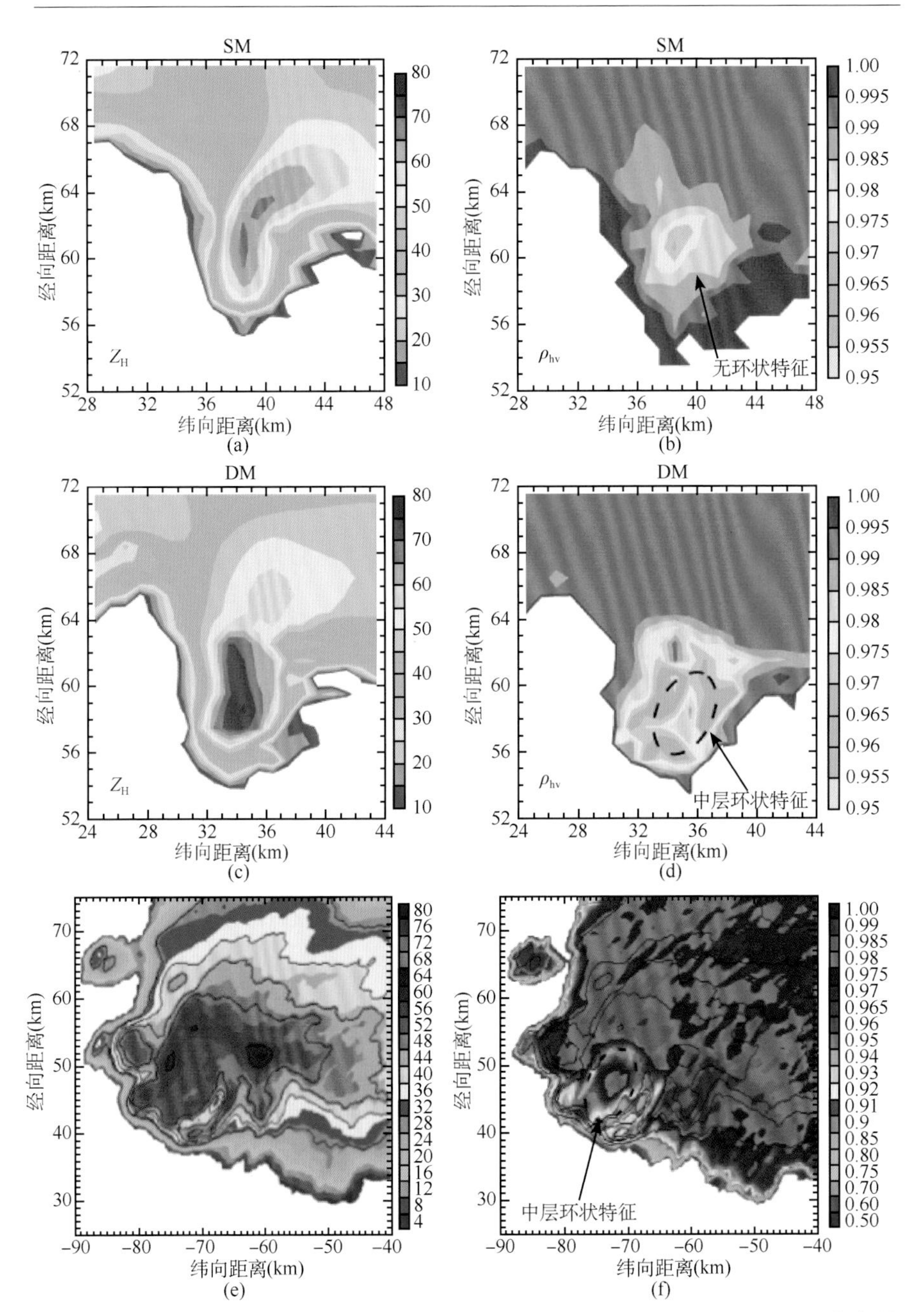

图 7.12　通过单矩(a,b)、双矩(c,d)数值模拟和雷达观测(e,f)显示了ρ_{hv}在中层双偏振雷达信号(左侧一列为反射率因子 Z_H,右侧一列为相关系数ρ_{hv};模拟结果引自 Jung 等(2010a),观测结果由 Matthew Kumjian 博士提供)

Morrison,WDM6,Milbrandt,Yau 和 WSM6(Hong et al,2006)。正如图中所示,数值模式模拟的偏振雷达数据的数值在不同的微物理方案中会有所不同。并且不同微物理方案模拟的 Z_H,Z_{DR} 和 K_{DP} 场的差异表明微物理过程中方案不确定的重要性。因此,仍有大量的工作亟待完成,去验证偏振雷达数据资料同化对数值模拟的实际影响。

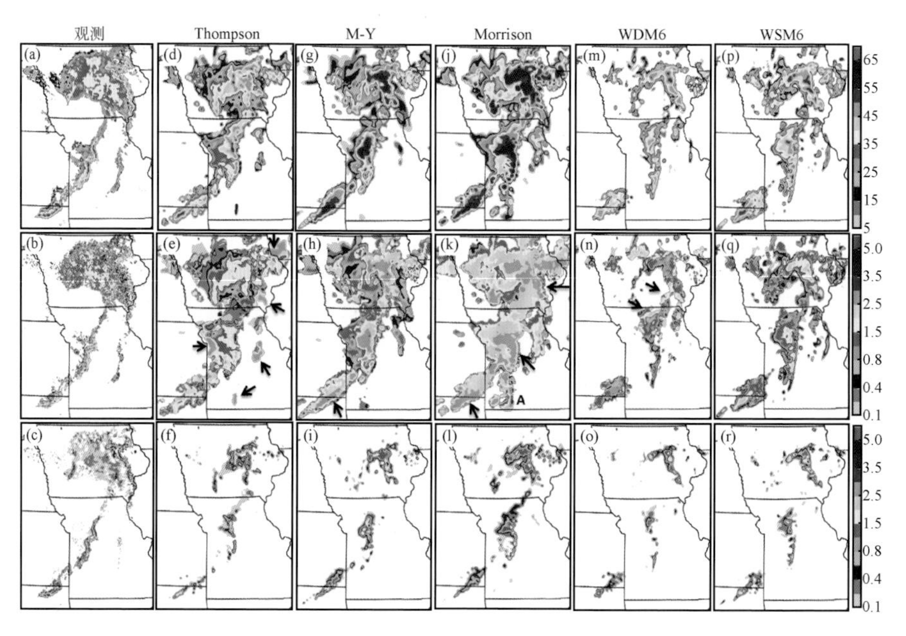

图 7.13 2013 年 5 月 20 日 0400 UTC 观测(a)反射率(dBZ),(b)差分反射率(dB)和(c)差分相位率(°/km)在 0.5°仰角的观测拼图及相同仰角位置 4 h 预报值(d~f)Thompson,(g~i)Milbrandt-Yau,(j~i)Morrison,(m~o)WDM6 和(p~r)WSM6(Putnam et al, 2013)

7.4.4 未来偏振雷达数据资料同化的期望

由于偏振雷达数据观测存在较大的相对误差,并且数值模式中的微物理状态及过程参数化存在不确定性,需要发展一种更加系统性的方法,可以优化使用偏振雷达数据用以提高定量降水估计和定量降水预报(QPF)。图 7.14 总结了优化利用偏振雷达数据的步骤以及它们之间的联系和独立性。每一个部分都值得进行深入的研究,以便更加精确地构建物理模式及约束,正确表达协方差,从而可以优化利用偏振雷达数据。

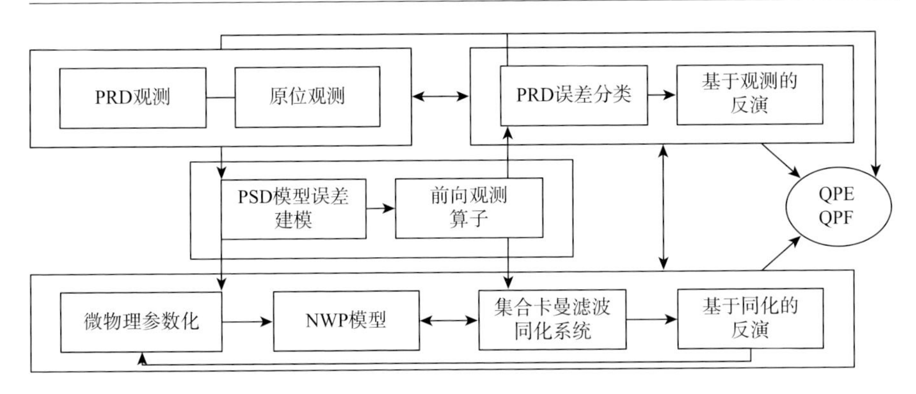

图 7.14　定量降水估计和定量降水预报中最优使用偏振雷达数据的框架图

习题

7.1　讨论 7.1 节同时衰减订正和雨滴谱反演与第 6 章分别衰减订正和雨滴谱反演的优缺点。

7.2　解释 6.4 节确定性雨滴谱反演与 7.2 节贝叶斯雨滴谱反演的相同点及差别，在什么情况下两种方法相通？什么情况下分别应用两种方法？

7.3　描述变分反演和贝叶斯理论之间的关系。

7.4　最优化利用偏振雷达数据提高天气预报的挑战是什么？哪些是主要的挑战？如果你是学生或者科学家或者管理者，你将怎样解决你所面临的问题？

第 8 章　相控阵雷达偏振技术

尽管具有多参数观测的雷达偏振技术在气象应用中日趋成熟，但是客观上对于天气观测和定量分析的快速数据更新还有着迫切的需求。新的相控阵雷达（PAR）技术最近已被用于气象研究领域，并且得到了极大的关注。本章讨论用于天气观测的相控阵雷达偏振技术以及它所面临的挑战和机会；相控阵雷达偏振理论如何建立相控阵雷达天线附近和在充满降水粒子的雷达分辨率体积中两者电场之间的关系；并且探讨订正和避免相控阵雷达偏振测量中产生的偏差和误差的方法。

8.1　背景和挑战

当前，美国的 WSR-88D 雷达大约每 5 min 完成一次体扫，如表 8.1 所示（由美国 NOAA 雷达运行中心[ROC]MrRichard Ice 提供）。有关 WSR-88D 扫描策略的最新信息，请参见 NOAA-ROC 网站（http://www.roc.noaa.gov/WSR88D/NewRadarTechnology/NewTechDefault.aspx）。5 min数据更新率对灾害性天气来说太慢，比如龙卷风和下击暴流有时只持续几分钟。因此期望可以得到更高时间分辨率（<1 min）的雷达观测数据，这样可以更好地揭示和跟踪强风暴天气形成及演变的细节。要达到该时间尺度分辨率，目前难以用传统的机械抛物面天线扫描实现，尽管几个研究型雷达[如 RaX-Pol 和 Rapid Doppler on Wheels，（Rapid DOW）]用抛物面天线能够在短时间内执行更快的机械扫描（Pazmany et al，2013；Wurman et al，2001）。针对观测数据快速更新的需求，可以通过采用先进的相控阵雷达技术来实现。相控阵雷达天线波束通过电扫描来控制，因此具有快速敏捷的扫描能力。图 8.1 为普通雷达用抛物面天线进行机械扫描和相控阵雷达固定天线阵列通过调节天线子单元相位的方式进行电扫描的示意图。

表 8.1　WSR-88D 雷达体扫描的模式(VCP)

<table>
<tr><th>扫描仰角面</th><th>扫描仰角数</th><th>体扫编号</th><th>体扫时间</th><th>用途</th><th>缺陷</th></tr>
<tr><td rowspan="2"> 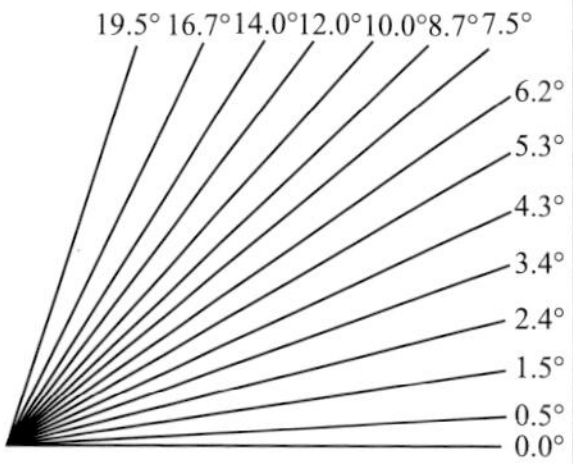19.5° 16.7° 14.0° 12.0° 10.0° 8.7° 7.5° 6.2° 5.3° 4.3° 3.4° 2.4° 1.5° 0.5° 0.0°</td><td rowspan="2">14</td><td>11</td><td>5 min</td><td>用于探测强对流或者非强对流。Local 11 体扫方式的 $R_{\max}=80$ nm，Remote 11 体扫方式的 $R_{\max}=94$ nm</td><td>低仰角扫描较少，使得这种体扫方式在探测远距离风暴特征的时候，不如 12 和 212 体扫方式有效</td></tr>
<tr><td>211</td><td>5 min</td><td>用于探测大范围降水，夹杂着强对流活动（如中尺度对流复合体，飓风）与 11 体扫方式相比，这种方式显著减少了距离模糊的 V/SW 数据</td><td>不推荐在所有波束都使用杂波抑制。脉冲重复频率 SZ-2 仰角不可编辑</td></tr>
<tr><td rowspan="2"> 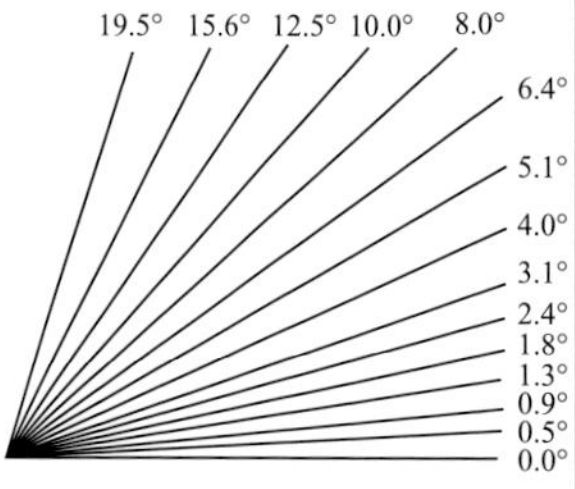19.5° 15.6° 12.5° 10.0° 8.0° 6.4° 5.1° 4.0° 3.1° 2.4° 1.8° 1.3° 0.9° 0.5° 0.0°</td><td rowspan="2">14</td><td>12</td><td>4.5 min</td><td>用于探测发展较快的强对流。这种方式在低仰角有额外的探测，因此与 11 体扫方式相比，低层的垂直分辨率提高了</td><td>天线旋转速度较快，降低了滤除地物回波的有效性，增加了偏差的可能性，稍微降低了基数据估计的准确性</td></tr>
<tr><td>212</td><td>4.5 min</td><td>用于探测发展较快的强对流（如飑线，中尺度对流复合体）。低层的垂直分辨率得到了提高</td><td>不推荐在所有波束都使用杂波抑制。脉冲重复频率 SZ-2 仰角不可编辑。天线旋转速度较快，降低了滤除地物回波的有效性，增加了偏差的可能性，稍微降低了基数据估计的准确性</td></tr>
</table>

续表

扫描仰角面	扫描仰角数	体扫编号	体扫时间	用途	缺陷
19.5° 14.6° 9.9° 6.0° 4.3° 3.4° 2.4° 1.5° 0.5° 0.0°	9	21	6 min	用于非强对流的降水探测。Local 21体扫方式的 R_{max} = 80 nm，Remote 21体扫方式的 R_{max} = 94 nm	在5°仰角附近有探测空隙
		121	6 min	用于对飓风、大范围层状云降水的探测。与21体扫方式相比，这种方式显著减少了距离模糊的V/SW数据	脉冲重复频率在任何一个仰角都不可编辑。在5°仰角附近有探测空隙
		221	6 min	用于探测大范围降水，夹杂着强对流活动（如中尺度对流复合体，飓风），与121体扫方式相比，这种方式显著减少了距离模糊的V/SW数据	不推荐在所有波束都使用杂波抑制。脉冲重复频率在利用SI编码的仰角都不可编辑。在5°仰角附近有探测空隙
4.5° 3.5° 2.5° 1.5° 0.5° 0.0°	5	31	10 min	用于探测晴空、雪和弱层状云降水。敏感度最高。可获得详细的边界层结构数据	易受速度退模糊失败的影响。覆盖不到5°仰角以上。快速发展的上空对流回波有可能会探测不到
		32	10 min	用于探测晴空、雪和弱层状云降水	覆盖不到5°仰角以上。快速发展的上空对流回波有可能会探测不到

注：SZ-2为Sachidanada和Zrnić研发的第二代版本代码 V/SW 速度或谱宽。

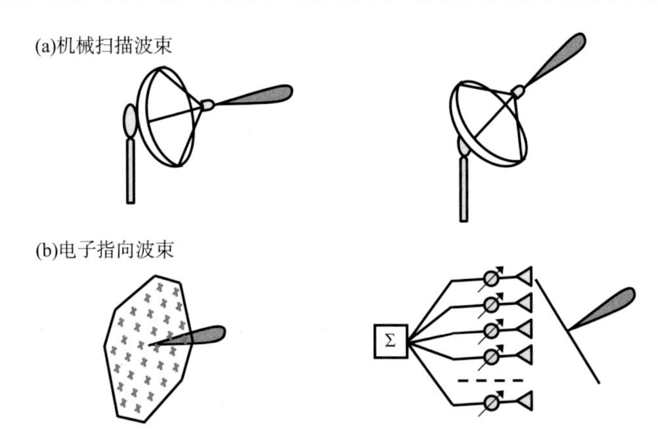

图 8.1　机械扫描波束(a)和相控阵电子指向波束(b)的概念图

相控阵雷达技术用于天气观测的另一个原动力是美国国家海洋和大气管理局(NOAA)和美国联邦航空管理局(FAA)联合提出的多功能相控阵雷达(MPAR)倡议(见 2006 年的 JAG/PARP 报告)。也就是提出在美国使用一个单一的雷达网络来代替现有的 4 个雷达网络来进行天气监测、空中交通管制、目标检测和识别。这四个网络分别是:①国家天气监测雷达(WSR-88D 或 NEXRAD)网,主要用于天气监测;②航站多普勒天气雷达(TDWR),用于探测飞机起飞及降落跑道附近的低空风切变;③机场空管雷达(ASR),用于监视和追踪机场附近的飞机起降;④航线空管雷达(ARSR),用于远程监视飞机。所有这些雷达都是使用抛物面天线进行机械扫描。每一个雷达网络均指派了特定的时间和空间分辨率来完成各自的任务。如果仅用单一雷达网络可以实现上述所有雷达网络的功能和任务,这样便可以达到节约成本和高效的目的。为了实现上述任务的要求,单一雷达网络须安装快速、灵活调整天线波束和扫描模式的多功能相控阵雷达(Weber et al,2007)。

相控阵雷达技术已经成功地用于军事五十多年了(Brookner,2008)。最近微波技术的发展使得相控阵雷达天线成本降低,使得多功能相控阵雷达网的布设更容易实现。因此,气象雷达领域花费了大量时间和精力来研究相应的相控阵技术。经过政府、大学、工业部门的联合努力,如图 8.2a 所示,美国的第一个天气相控阵雷达测试平台(NWRT)在美国俄克拉荷马州的诺曼市(Norman)正式建立(Zrnić et al,2007)。相控阵雷达是在脉冲和脉冲之间控制天线波束进行电子扫描,与机械扫描的波束控制相比,能在更短的时间内准确获得气象数据,从而促使气象观测实现快速更新(Heinselman et al,2006,2008)。图 8.2b 展示了分别由 WSR-88D 雷达(KTLX)

和相控阵雷达对一次强风暴观测的例子。很明显，WSR-88D(KTLX)雷达只能做到每 4 min 更新一次观测，而相控阵雷达可以每 36 s 更新一次观测，提供了更详尽的风暴演变信息。美国国家气象雷达实验平台/相控阵雷达也被用于分隔天线干涉法来进行横向风的测量，以及雷达波束内降雨不均匀性的探测(Zhang et al,2007,2008)。

图 8.2　(a)美国国家气象雷达实验平台(NWRT/相控阵雷达)；(b)NWRT 时间间隔为 36 s 的观测(第 2 行到第 7 行)与 WSR-88D 雷达(KTLX)时间间隔大于 4 min的观测(第一行)的对比，观测时间为 2006 年 3 月 30 日(图 8.2a 来自于 A. Zahrai，图 8.2b 来自于 Heinesleman 等(2006))

鉴于相控阵雷达技术可以提供先进观测且具有完成多项任务的潜力，并且偏振雷达有提高天气量化和预报的巨大潜力(在前面的章节已讨论)，那么未来理想的天气雷达应该是既采用偏振技术(多参数观测)，又具有相控阵雷达快速扫描采样的功能，这就是偏振相控阵雷达(PPAR)。

多种偏振相控阵雷达已经在美国国家航空航天局(NASA)和美国军方被研发且使用，但由于技术和成本等方面的因素，它们存在着扫描范围和孔径尺寸有限的问题。由美国/德国/意大利航天局联合研发的 SIR-C/X-SAR(基于 C/X 波段合成孔径雷达的星载成像雷达)就是一种偏振相控阵雷达，它是由美国国家航空航天局的喷气推进实验室(JPL)和 Ball 通信系统分部(Ball Communication Systems Division)制造(Jordan et al,1995)。美国航天局/喷气推进实验室的一个机载合成孔径雷达(AIRSAR)项目也在研究运用偏振相控阵雷达进行全天候的天气成像。此外,日本的PALSAR(L波段相控阵合成孔径雷达)也具有偏振功能。加拿大目前仍在继续运行着具有全偏振功能的RADARSAR-2。为了更好地探测目标,美国海军P-3飞机装备了全偏振功能的FOPEN雷达。另外,洛克希德马丁公司为监测空间碎片而研发的地基太空篱笆样板系统,也是一种偏振相控阵雷达(详见http://www.lockheedmartin.com/us/products/space-fence.html)。

然而,偏振相控阵雷达技术在现实中很难用于地基天气监测系统。这是因为天气的监测需要具有高精度的偏振雷达观测,而这一点被目前偏振相控阵雷达有限的技术发展所限制。存在的技术挑战包括:①二维宽角扫描(相对于军事和NASA任务中仅需一维窄角扫描);②高精度偏振雷达观测(如Z_{DR}误差<0.2 dB,且ρ_{hv}误差<0.01),这一点超过了传统航空目标的探测要求。通过几十年的研究和发展,装备抛物面天线的天气雷达已经可以达到上述测量精度,但是对于偏振相控阵雷达来说仍然很难实现。

平面偏振相控阵雷达(PPPAR)在获得精确的偏振测量方面有内在的缺陷。对于平面偏振相控阵雷达,通常使用4个平面阵来覆盖360°的方位角。因为天线阵面和它们的垂射方向的固定,天线波束和偏振特征往往随着波束方向而改变,这就导致了波束由空间几何位置变化带来的交叉偏振耦合(Doviak et al,2011;Lei et al,2013;Zhang et al,2009;Zrnić et al,2011)。对于天气观测来说,随电扫描而改变的波束特征以及在波束轴上产生的较强交叉偏振将会给雷达偏振量带来误差。

正如Zhang等(2011c)研究得出,当平面阵偏振相控阵雷达的天线波束偏离天线阵面的垂直方向时,将会存在灵敏度损失及测量偏差和误差。此外,交叉偏振耦合导致天气偏振测量的偏差。图8.3给出了由双偏振通道之间的交叉偏振耦合带来的差分反射率的最大偏差。为了得到小于0.2 dB的Z_{DR}偏差,雷达的两个偏振通道之间的隔离度要求在异发同收(ATSR)模式下要好于-20 dB,在同发同收(STSR)模式下要好于-40 dB。这个目标很难达到,特别是对于同发同收模式。Z_{DR}偏差理论上可以通过对散射矩阵或者雷达变量的校正得以订正。然而从实际操作上,对于数千个天线波束的校正极具挑战性。

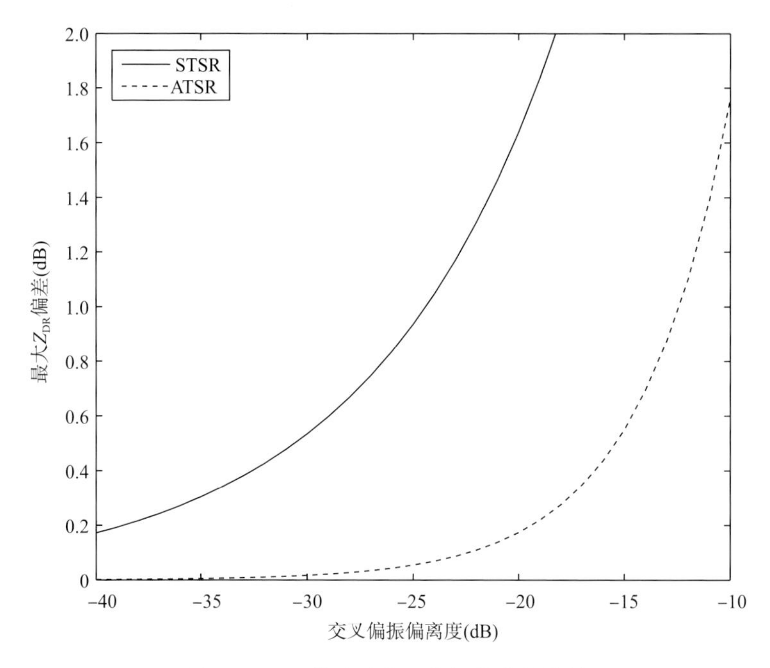

图 8.3　Z_{DR}偏差对交叉偏振耦合的依赖

为了避免偏振波束由于空间方位变化带来的交叉偏振耦合，Crain 和 Staiman(2007)提出了缝隙—偶极子阵列的概念。同样的，贴片—偶极子辐射单元的阵列也可以实现这个目的(Lei et al，2013)。如果垂直偏振使用理想化的偶极子，水平偏振使用缝隙/贴片偶极子，这样在所有方向将不存在交叉偏振耦合。理论上，缝隙偶极子和贴片偶极子阵列可以避免天线波束电扫描时由于空间几何位置变化引起的两极之间的交叉偏振耦合。尽管这种方法在理论上可行，而实际上是否有效需要进一步测试，而且测试费用很高。因此，尽管平面偏振相控阵雷达可能是一种解决方案，然而对于 360°全方位的监测，这不一定是最好的选择，需要研究其他可能的阵列设计方案。

除了平面阵，偏振相控阵雷达其他备选的天线阵构造方式包括线性阵列、圆形/圆柱阵列和球形阵列。线性阵列的偏振相控阵雷达需要有一维用机械扫描的功能来完成全方位的天气探测，就像快速 DOW(Doppler on Wheel)雷达的天线阵那样(Wurman，2003)。这一款雷达的设计是由大气适应遥感联合中心(Center for Collaborative Adaptive Sensing of the Atmosphere，CASA)提出的(Hopf et al，2009；Knapp et al，2011)。对于卫星通信的应用，球形阵列在天线孔径和对称性设计方面是灵活和最优的

(Tomasic et al,2002)。然而,对于天气监测,球形阵列不能提供精确降水估计需要的较高的交叉偏振隔离度。圆形/圆柱阵列的构建已经被用到探测方向角和通信应用中(Raffaelli et al,2003;Royer,1966)。由锡拉库扎研究中心(SRC Inc, http://srcinc.com/what-we-do/srctec_product.aspx?id=1087)研制的一个圆柱阵列相控阵雷达(LSTAR),已经被美国联邦航空管理局(FAA)和国土安全部(DHS)应用于低空盲区目标探测。然而,这类系统使用的仅是单偏振技术,且还有其他技术上的缺陷。引入圆柱偏振相控阵雷达(CPPAR)的设计是为了克服平面偏振相控阵雷达中产生的缺陷(Zhang et al,2011c)

在 8.2 节中,我们将介绍平面偏振相控阵雷达的相关理论知识,以及提供相应的标定方程。在 8.3 节中,我们将讨论圆柱偏振相控阵雷达。

8.2 平面偏振相控阵雷达

相控阵天线可以被视为一对交叉偶极子的单元组成。本节给出了偏振相控阵雷达天线阵单元以及水凝物粒子关于电场的辐射、散射和传播的理论公式。

8.2.1 偶极子辐射

图 8.4a 显示了一对赫兹偶极子位于中心/原点的辐射电场的概念图。黑线代表的是水平偶极子的电场,灰线代表的是垂直偶极子的电场,很显然,电场都是纵向的。除了在主平面上,水平偶极子产生的电场(黑线)和垂直偶极子产生的电场并不是正交的。图 8.4b 显示的是偏振相控阵雷达阵列面在 y,z 平面的一个坐标系统。

与第 3 章式(3.56)~(3.57)给出的散射波公式类似的是,$\vec{M}$ 偶极子电场辐射可以表达如下(Ishimaru,1978,1997):

$$\vec{E}_q(\vec{r}) = -\frac{k^2 e^{-jkr}}{4\pi\varepsilon r}[\hat{r} \times (\hat{r} \times \vec{M}_q)] \tag{8.1}$$

式中:$k=2\pi/\lambda$,λ 表示雷达电磁波的波长,ε 表示假定晴空大气的介电常数。偶极矩表达为公式(8.2),它由振幅 A_q、相位 ϕ_q、方向 $\hat{e}_q$ 三项组成。单位向量是沿偶极子方向的。下标 q(h 或 v)表示 q 次的偶极子。

$$\vec{M}_q \equiv A_q \exp(-j\phi_q)\hat{e}_q \tag{8.2}$$

把式(8.1)写成球形表达式如下:

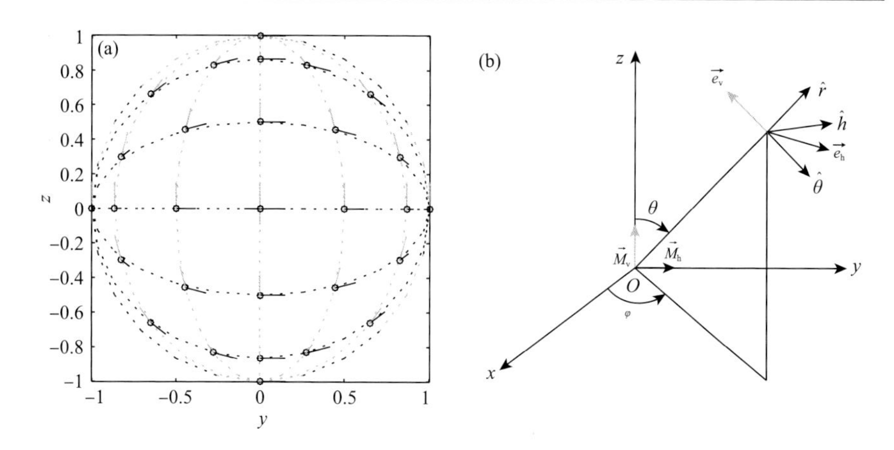

图 8.4　(a)一对偶极子的电场示意图;(b)球坐标代表来自于 $\vec{M}_h$,$\vec{M}_v$ 偶极子的电场

$$\vec{E}_q(\vec{r}) = E_{\theta q}\hat{\theta} + E_{\phi q}\hat{\phi} \tag{8.3}$$

垂直偏振波 $E_{\theta q}$ 和水平偏振波 $E_{\phi q}$ 是第 q 个偶极子辐射的球形波的 2 个分量。

水平偶极子 $\vec{M}_h = M_h\hat{y}$ 沿着 y 坐标轴,垂直偶极子沿着 z 坐标轴。运用向量叉乘公式(8.1)之后,电场在 $\vec{r}$ 沿着 $\vec{M}_h$ 和 $\vec{M}_v$ 分别表示为:

$$\begin{aligned}\vec{E}_h = E_{th}^{(p)}[y\hat{y} - (&\sin\theta\cos\phi\hat{x} + \\ &\sin\theta\sin\phi\hat{x} + \cos\theta\hat{y})\sin\theta\sin\phi] = E_{th}^{(p)}\vec{e}_h\end{aligned} \tag{8.4}$$

$$\vec{E}_v = E_{tv}[\sin^2\theta\hat{z} - (\cos\phi\hat{x} + \sin\phi\hat{y})\sin\theta\cos\theta] = E_{tv}^{(p)}\vec{e}_v \tag{8.5}$$

$$E_{tq}^{(p)} = \frac{k^2}{4\pi\varepsilon r}M_q \tag{8.6}$$

其中,式(8.6)表示沿着阵列宽边法线传输的电场大小。值得注意的是,相位项 e^{-jkr} 已经被忽略,因为其被传输矩阵 $\overline{\overline{T}}$ 所代替。该矩阵已经包含在传输散射矩阵 $\overline{\overline{S}}' = \overline{\overline{T}}\overline{\overline{S}}\overline{\overline{T}}$ 里面。向量 $\vec{e}_h$ 给出了电场 $\vec{M}_h$ 沿着(θ,ϕ)的传播方向,它的大小 $|\vec{e}_h|$ 是沿着(θ,ϕ)传播方向的电场和相应的沿着阵列宽边法线方向的电场比值。

$\vec{e}_h$,$\vec{e}_v$ 投影在水平$(\hat{h}=\hat{\phi})$和垂直方向$(\hat{v}\equiv-\hat{\theta})$分别表示如下:

$$\hat{h}\cdot\vec{e}_h = \hat{\phi}\cdot\vec{e}_h = \cos\phi \tag{8.7}$$

$$\hat{v}\cdot\vec{e}_h = -\hat{\theta}\cdot\vec{e}_h = -\cos\theta\sin\phi \tag{8.8}$$

$$\hat{h}\cdot\vec{e}_v = \hat{\phi}\cdot\vec{e}_v = 0 \tag{8.9}$$

$$\hat{v}\cdot\vec{e}_v = -\hat{\theta}\cdot\vec{e}_v = \sin\theta \tag{8.10}$$

值得注意的有两点：①水平偏振（H-pol，见式（8.7））和垂直偏振（V-pol，见式（8.8）、（8.10））波强度是天线波束方向(θ,ϕ)的函数；②如方程（8.8）所示，如果这个波束的指向偏离偶极子的赤道面，水平偶极子$\vec{M}_h$将产生垂直分量。这就是为什么偏振相控阵雷达产生交叉偏振分量，交叉偏振分量强度随着偏离阵列宽边法线方向而增大，从而产生偏振偏差。然而，天线采用机械扫描时则不会产生这样的偏振偏差。偶极子h和v产生的电磁场$\vec{E}_{th}^{(p)}$和$\vec{E}_{tv}^{(p)}$被投影到局地H和V方向上可以产生H，V电磁场如下：

$$\vec{E}_t = \begin{bmatrix} E_{th} \\ E_{tv} \end{bmatrix} = \overline{\overline{P}} \begin{bmatrix} E_{th}^{(p)} \\ E_{tv}^{(p)} \end{bmatrix} = \overline{\overline{P}}\vec{E}_t^{(p)} \tag{8.11}$$

其中，$\overline{\overline{P}}$矩阵可以表示为：

$$\overline{\overline{P}} \equiv \begin{bmatrix} \hat{h}\cdot\vec{e}_h & \hat{h}\cdot\vec{e}_v \\ \hat{v}\cdot\vec{e}_h & \hat{v}\cdot\vec{e}_v \end{bmatrix} = \begin{bmatrix} \cos\phi & 0 \\ -\cos\theta\sin\phi & \sin\theta \end{bmatrix} \tag{8.12}$$

这个矩阵把倾斜的$\vec{E}_h$和$\vec{E}_v$投影到了H和V坐标轴上。在晴空大气中偏振场之间不存在转换，因而投影矩阵可以应用到任何距离。然而，在发生降水的大气中存在这样的转换。因此，在电磁波进入降水介质前应用投影矩阵是非常重要的。正如我们后面可以看到，"局地"意味着降水的初始区域。

8.2.2 后向散射矩阵

正如公式（4.122）中给出，在后向散射方向接收到电场$\vec{E}_r$，在接收矩阵单元中（假定和传输矩阵单元一致）可以表达为：

$$\vec{E}_r \equiv \begin{bmatrix} E_{rh} \\ E_{rv} \end{bmatrix} = \frac{1}{r}\begin{bmatrix} s'_{hh}(\pi) & s'_{hv}(\pi) \\ s'_{vh}(\pi) & s'_{vv}(\pi) \end{bmatrix}\begin{bmatrix} E_{th} \\ E_{tv} \end{bmatrix} \equiv \frac{1}{r}\overline{\overline{S}}'\vec{E}_t \tag{8.13}$$

这里$\overline{\overline{S}}'$是含传播效应的水凝物粒子后向散射矩阵。

尽管式（8.13）给出了在接收矩阵单元中的水平（H）和垂直（V）偏振电场，我们需要知道与各自偶极子轴相平行的场，因为这些电场也进入了接收器的H，V通道。这些和偶极子轴相平行的场是由$\vec{E}_r$场到各自偶极子方向投影得到的，这些投影由下面给出：

$$\vec{E}_r^{(p)} \equiv \begin{bmatrix} E_{rh}^{(p)} \\ E_{rv}^{(p)} \end{bmatrix} = \begin{bmatrix} \cos\phi & -\cos\theta\sin\phi \\ 0 & \sin\theta \end{bmatrix}\begin{bmatrix} E_{rh} \\ E_{rv} \end{bmatrix} = \overline{\overline{P}}^t\vec{E}_r \tag{8.14}$$

这里$\overline{\overline{P}}^t$是$\overline{\overline{P}}$的转置矩阵。通过合并式（8.11），（8.12）和式（8.14），$\vec{E}_r^{(p)}$可以

表达为：

$$\vec{E}_r^{(p)} = \overline{\overline{P}}^t \vec{E}_r = \frac{1}{r} \overline{\overline{P}}^t \overline{\overline{S}}' \overline{\overline{P}} \vec{E}_t^{(p)} \equiv \frac{1}{r} \overline{\overline{S}}^{(p)} \vec{E}_t^{(p)} \tag{8.15}$$

这里$\overline{\overline{S}}^{(p)} = \overline{\overline{P}}^t \overline{\overline{S}}' \overline{\overline{P}}$是偏振相控阵雷达散射矩阵，包含了偏振效应：

$$\overline{\overline{S}}^{(p)} = \begin{bmatrix} s'_{hh}\cos^2\phi - (s'_{hv} + s'_{vh})\cos\theta\sin\phi\cos\phi & s'_{hv}\sin\theta\cos\phi \\ + s'_{vv}\cos^2\theta\sin^2\phi & - s'_{vv}\sin\theta\cos\theta\sin\phi \\ s'_{vh}\sin\theta\cos\phi - s'_{vv}\sin\theta\cos\theta\sin\phi & s'_{vv}\sin^2\theta \end{bmatrix} \tag{8.16}$$

这便是偏振相控阵雷达的H和V通道后向散射矩阵；$\overline{\overline{S}}^{(p)}$现在包括了传播方向和后向散射过程中的交叉偏振耦合。

进一步分析公式(8.16)表明，偏振相控阵雷达不仅仅在共偏振观测中产生偏差(对角项)，同时还产生额外的交叉偏振项(也就是非对角线项)。举一个简单的例子，考虑$s'_{hv} = s'_{vh} = 0$的情况，此时水凝物不引起沿着传播路径或者后向散射方向的交叉耦合。在交叉项$s_{hv}^{(p)} = s_{vh}^{(p)} = -s'_{vv}\sin\theta\cos\theta\sin\phi$的情况下，从水平偶极子到垂直偶极子的耦合后向散射功率大小和共偏振项的大小可以有相似的量级，特别是当波束的方向远离偶极子赤道面的交叉时(即$\theta = \pi/2, \phi = 0, \pi$)。交叉耦合的影响需要进行订正来得到精确的偏振雷达观测，正如下面所讨论，订正的过程可以在散射矩阵或者雷达变量进行。

8.2.3　散射矩阵订正

在天气雷达领域中主要使用两种偏振波发射/接收模式。第一种是异发同收模式，第二种是同发同收模式。以这两个模式为例，我们来具体展示如何对偏振相控阵雷达观测的散射矩阵来订正偏差。

8.2.3.1　交替发射

在这个模式中，$\overline{\overline{S}}^{(p)}$的4个量可以通过公式(8.16)加上发射场和接收场的观测来计算得到。对于机械扫描的天线波束，$\overline{\overline{P}}$是个单位矩阵，$\overline{\overline{S}}' = \overline{\overline{S}}^{(p)}$可以被直接获得。如果使用偏振相控阵雷达，$\overline{\overline{S}}'$仍旧可以被得到。但是在这种情况下，有必要把计算得到的$\overline{\overline{S}}^{(p)}$与投影矩阵的逆相乘。具体表达为，

$$\overline{\overline{S}}' = (\overline{\overline{P}}^t)^{-1} \overline{\overline{S}}^{(p)} \overline{\overline{P}}^{-1} \tag{8.17}$$

式(8.17)给出偏振相控阵雷达得到的$\overline{\overline{S}}'$在数学意义上和波束机械扫描等效。这个等效性允许我们使用波束机械扫描的结论来计算$\overline{\overline{S}}$，这是我们主要关心的矩阵。把式(8.17)写成：

$$\overline{\overline{S}}' = \overline{\overline{C}}^{t} \, \overline{\overline{S}}^{(p)} \, \overline{\overline{C}} \tag{8.18}$$

这里我们定义了一个订正矩阵：

$$\overline{\overline{C}} = \overline{\overline{P}}^{-1} = \begin{bmatrix} \dfrac{1}{\cos\varphi} & 0 \\ \dfrac{\cos\theta\sin\varphi}{\sin\theta\cos\varphi} & \dfrac{1}{\sin\theta} \end{bmatrix} \tag{8.19}$$

把式(8.19)代入式(8.18)得到$\overline{\overline{S}}'$，这表明偏振相控阵雷达产生的偏振偏差完全可以使用$\overline{\overline{C}}$矩阵来进行订正。因为($s_{hh}^{(p)}$，$s_{vh}^{(p)}$)和($s_{hv}^{(p)}$，$s_{vv}^{(p)}$)可能在不同的脉冲周期观测得到，因此，订正偏差时要考虑多普勒效应或者运用Zrnić等(2011)使用的协方差方法。

8.2.3.2 同步发射

因为发射场$\vec{E}_r$的两个偏振分量被同时发射时，我们同时测量接收场$\vec{E}_t$的两个偏振分量，因此在同发同收模式下我们不能直接得到$\overline{\overline{S}}^{(p)}$矩阵的4个参量。然而，如果通常发生的$H$和$V$波之间存在可以忽略的耦合，我们可以确定$\overline{\overline{S}}'$的两个主要对角成分。写成矩阵的形式，我们可以得到：

$$\begin{bmatrix} E_{rh}^{(p)} \\ E_{rv}^{(p)} \end{bmatrix} = \frac{1}{r} \begin{bmatrix} \cos\phi & -\cos\theta\sin\phi \\ 0 & \sin\theta \end{bmatrix} \begin{bmatrix} s'_{hh} & 0 \\ 0 & s'_{vv} \end{bmatrix} \begin{bmatrix} \cos\phi & 0 \\ -\cos\theta\sin\phi & \sin\theta \end{bmatrix} \begin{bmatrix} E_{th}^{(p)} \\ E_{tv}^{(p)} \end{bmatrix} \tag{8.20}$$

或

$$\begin{bmatrix} E_{rh}^{(p)} \\ E_{rv}^{(p)} \end{bmatrix} = \frac{1}{r} \begin{bmatrix} E_{th}^{(p)}(s'_{hh}\cos^2\phi + s'_{vv}\cos^2\theta\sin^2\phi) & -E_{tv}^{(p)} s'_{vv}\sin\theta\cos\theta\sin\phi \\ -E_{th}^{(p)} s'_{vv}\sin\theta\cos\theta\sin\phi & E_{tv}^{(p)} s'_{vv}\sin^2\theta \end{bmatrix} \tag{8.21}$$

因为$\vec{E}_t$和$\vec{E}_r$两者都是通过测量和订正得到的，式(8.21)中的两个等式被用来求解s'_{hh}和s'_{vv}。

前面已经给出偏振偏差可以在异发同收或者同发同收模式中改变散射矩阵来实现。尽管没有必要强迫发射相等的H和V波，但它们必须通过测量和订正来求得。也就是说，如果发射场的强度和相位已知，并且接收场在沿着波束方向可以被精确观测到，那么偏振偏差可以被相应地进行订正。

8.2.4 对偏振变量的订正

为了得到天线波束电扫描对雷达观测产生的效应定量估计，我们比较了偏振相控阵雷达观测的偏振雷达变量和使用机械扫描测量的雷达量。在下面的章节，我们假定真实散射矩阵是对角矩阵，这个假设对于大多数天气情形下都合理。注意，在8.2.2节和8.2.3节中推导的公式具有普适性。

8.2.4.1　反射率因子

按照式(4.46)的定义，偏振相控阵雷达水平偏振反射率因子为：

$$\begin{aligned} Z_h^{(p)} &= \frac{4\lambda^4}{\pi^4 \mid K_W \mid^2}\langle n \mid s_{hh}^{(p)} \mid^2 \rangle \\ &= \frac{4\lambda^4}{\pi^4 \mid K_W \mid^2}\langle n \mid s'_{hh}\cos^2\phi + s'_{vv}\cos^2\theta\sin^2\phi \mid^2 \rangle \\ &= Z'_h\cos^4\phi + Z'_v\cos^4\theta\sin^4\phi + \frac{1}{2}\sqrt{Z'_h Z'_v}\,\mathrm{Re}[\tilde{\rho}'_{hv}]\cos^2\theta\sin^2 2\phi \end{aligned} \tag{8.22}$$

垂直偏振反射率因子为：

$$Z_v^{(p)} = \frac{4\lambda^4}{\pi^4 \mid K_W \mid^2}\langle n \mid s_{vv}^{(p)} \mid^2 \rangle = \frac{4\lambda^4\sin^4\theta}{\pi^4 \mid K_W \mid^2}\langle n \mid s'_{vv} \mid^2 \rangle = Z'_v\sin^4\theta \tag{8.23}$$

很明显，相控阵雷达扫描的反射率因子相对于机械扫描的反射率因子具有较低的偏差，这是因为在不是偶极子赤道面交叉方向的散射场较弱。$Z_v^{(p)}$的偏差订正要比$Z_h^{(p)}$的偏差订正简单，$Z_h^{(p)}$的偏差订正同时取决于Z'_h，Z'_v和ρ'_{hv}。

8.2.4.2　差分反射率

机械扫描波束观测到的差分反射率为真实差分反射率减去双向的差分衰减PIA。偏振相控阵雷达测量到的差分反射率为：

$$Z_{DR}^{(p)} = 10\lg\left(\frac{\langle n \mid s_{hh}^{(p)} \mid^2 \rangle}{\langle n \mid s_{vv}^{(p)} \mid^2 \rangle}\right) \tag{8.24}$$

在异发同收(ATSR)模式下，偏振相控阵雷达测量到的差分反射率Z_{DR}(ATSR)和机械扫描测量到的差分反射率Z'_{DR}相关，即

$$Z_{DR}(\mathrm{ATSR}) = Z'_{DR} + 10\lg\frac{a^2 + b^2 Z'^{-1}_{dr} + 2abZ'^{-1/2}_{dr}\mathrm{Re}(\rho'_{hv})}{c^2} \tag{8.25}$$

$$Z_{DR}(\mathrm{ATSR}) = Z'_{DR} + Z_{DR}\mathrm{Bias}(\mathrm{STSR}) \tag{8.26}$$

式中：$a=\cos^2\varphi$，$b=\cos^2\theta\sin^2\varphi$，$c=\sin^2\theta$。因此，偏振相控阵雷达用异发同收模式观测所引起的偏差可以通过在观测到的Z_{DR}（异发同收）中减去Z_{DR}

偏差(异发同收)进行订正,从而得到传统方法观测(也就是用机械扫描波束得到)的差分反射率。然而 Z'_{DR} 和式(8.25)、(8.26)中的 ρ'_{hv} 相伴随,它们需要被同步求解。从数学表达上,这比在 8.3 节中直接订正散射矩阵要更为复杂。

图 8.5 给出了异发同收(图 8.5a)以及同发同收(图 8.5b)模式下的 Z_{DR} 偏差。图中使用 θ 作为参数,画出了随方位角变化的偏差函数。Z_{DR}(异发同收)对于 $|\phi|>0$ 递增,对于小的方位角和高度角,偏差可以为正。偏差是由于相阵单元 H,V 辐射场在波束远离赤道面时产生的变化不同所造成的。当 $\phi=0$ 以及 $\theta<90°$,由于垂直偶极子形成的场要比水平偶极子的场要弱,因此 Z_{DR} 偏差为正。另一方面,在大的方位角处(如 $\phi=45°$),水平偏振波要比垂直偏差波要弱,因此导致了较大的负偏差。

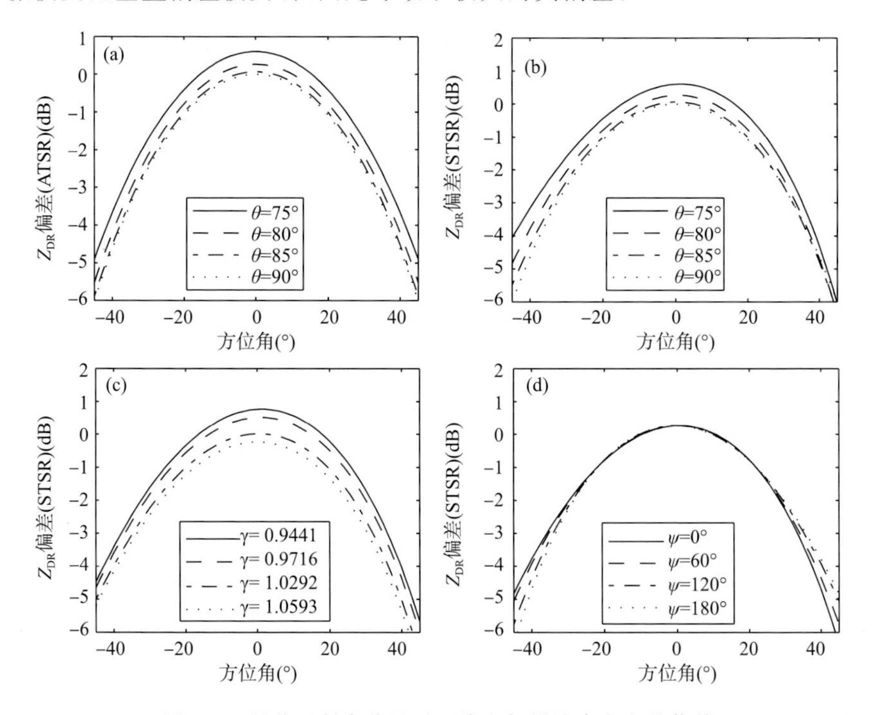

图 8.5 差分反射率偏差对天线电扫描波束方向的依赖

(a)Z_{DR} 偏差(ATSR);(b)对于不同 θ,但 $\gamma=1$,$\psi=0°$ 的 Z_{DR} 偏差(STSR);(c)对于不同 γ,但 $\theta=80°$,$\psi=0°$ 的 Z_{DR} 偏差;(d)对于不同相位差异 ψ,但 $\theta=80°$,$\gamma=1$ 的 Z_{DR} 偏差(STSR)(在所有情形下 $Z'_{dr}=1.0$,$\rho_{hv}=0.9$)

如果使用同发同收(STSR)模式,其偏差和异发同收模式不同,并且比异发同收模式更复杂。测量的差分反射率可以通过由 $E_{tv}^{(p)}=\gamma E_{th}^{(p)}e^{i\psi}$ 关联的发射场，使用式(8.21)得到，这里 r 是发射场的振幅比，ψ 是他们的相对位相。于是：

$$Z_{DR}(\mathrm{STSR}) = 10\lg\left[\frac{\langle|(s'_{hh}\cos^2\phi + s'_{vv}\cos^2\theta\sin^2\phi)E_{t1} - s'_{vv}\sin\theta\cos\theta\sin\phi E_{t2}|^2\rangle}{\langle|s'_{vv}\sin\theta\cos\theta\sin\phi E_{t1} + s'_{vv}\sin^2\theta E_{t2}|^2\rangle}\right]$$

$$= Z'_{DR} + 10\lg\frac{[a^2 + |b_s|^2 Z'^{-1}_{dr} + 2a\mathrm{Re}(b_s\rho'_{hv})Z'^{-1/2}_{dr}]}{|c_s|^2} \quad (8.27)$$

$$= Z'_{DR} + Z_{DR}\mathrm{Bias}(\mathrm{STSR}) \quad (8.28)$$

这里 $b_s = b - \gamma e^{j\psi}d$，$c_s = -d + \gamma e^{j\psi}\sin^2\theta$，$d = \sin\theta\cos\theta\sin\phi$。$Z_{DR}$ 偏差(STSR)不仅仅取决于波束方向，同时也取决于振幅比例和发射波的相对位相以及水凝物的特征。

图 8.5 b，c，d 显示了 Z_{DR} 偏差(STSR)。发射相等的 H 和 V 波振幅时(也就是 $\gamma=1$)，偏差结果显示在图 8.5b 中。显然，Z_{DR} 偏差(STSR)没有关于 x-z 平面对称，这是因为 V 偶极子对 $E^{(p)}_{rh}$ 场有贡献。当 $\pi/2<\phi<0$ 时，其贡献与 H 偶极子的贡献同相。但是，当 $0<\phi<\pi/2$ 时，正如式(8.21)和(8.27)、(8.28)所示，V 偶极子和 H 偶极子的贡献并不同相。然而，V 偶极子场在 $E^{(p)}_{rv}$ 方向上的投影在对称方位角上相等。因此，Z_{DR} 作为与 $E^{(p)}_{rh}$ 场和 $E^{(p)}_{rv}$ 场的比值呈正比的量，其在负 ϕ 角度上的值要比在对称正 ϕ 角度上的值要大。图 8.5c，d 给出了在各种振幅比和相位差的情况下，不同 H 和 V 发射波引起的 Z_{DR} 偏差。振幅比例相应于功率差异的 −0.5，−0.25，0.25 及 0.5 dB，分别为 0.9441，0.9716，1.0292 及 1.0593。功率不平衡导致的 Z_{DR} 偏差(STSR)和因仰角高度不同产生的偏差相类似，因为它们都是从发射场到局地偏振方向的投影中产生的相对差异。有趣的是，Z_{DR} 偏差(STSR)同时依赖于发射场的相对相位，当 $\psi=180°$ 时，它变成反对称，这是因为发射场偏振的改变取决于相对相位。差分反射率在 ρ'_{hv} 已知时，可以通过偏振相控阵雷达估计的 $Z^{(p)}_{DR}$ 值(通过式(8.27)、(8.28)逆向求 Z'_{DR})来订正。但是偏振信道发射功率的平衡需要精确到 0.1 dB 以内并且相对相位在几度以内，要达到如此精度具有挑战性。

8.2.4.3　相关系数

对于采用异发同收模式的偏振相控阵雷达，相关系数计算如下：

$$
\begin{aligned}
\rho_{hv}^{(p)}(\text{ATSR}) &= \frac{\left|\left\langle n s_{hh}^{*(p)} s_{vv}^{(p)} \right\rangle\right|}{\sqrt{\left\langle n \mid s_{hh}^{(p)} \mid^2 \right\rangle \left\langle n \mid s_{vv}^{(p)} \mid^2 \right\rangle}} \\
&= \frac{\left|\left\langle n(s'_{hh}\cos^2\phi + s'_{vv}\cos^2\theta\sin^2\phi)^* s'_{vv}\sin^2\theta \right\rangle\right|}{\sqrt{\left\langle n \mid s'_{hh}\cos^2\phi + s'_{vv}\cos^2\theta\sin^2\phi \mid^2 \right\rangle \left\langle n \mid s'_{vv}\sin^2\theta \mid^2 \right\rangle}} \\
&= \frac{\left| a\tilde{\rho}'_{hv} + b(Z'_{dr})^{-1/2} \right|}{\sqrt{a^2 + b^2(Z'_{dr})^{-1} + 2ab(Z'_{dr})^{-1/2}\text{Re}(\rho'_{hv})}}
\end{aligned}
\tag{8.29}
$$

这里 a 和 b 在式(8.27)、(8.28)之后的段落中给出了定义。图 8.6a 显示了 ρ_{hv}(ATSR)对电扫描波束方向的依赖性。该图表明，对于大多数降水情形，当真实 $\rho_{hv}=0.9$ 时，相关系数偏差要小于 0.02。计算过程(略)显示，真实 ρ_{hv} 越大，ρ_{hv} 偏差越小。

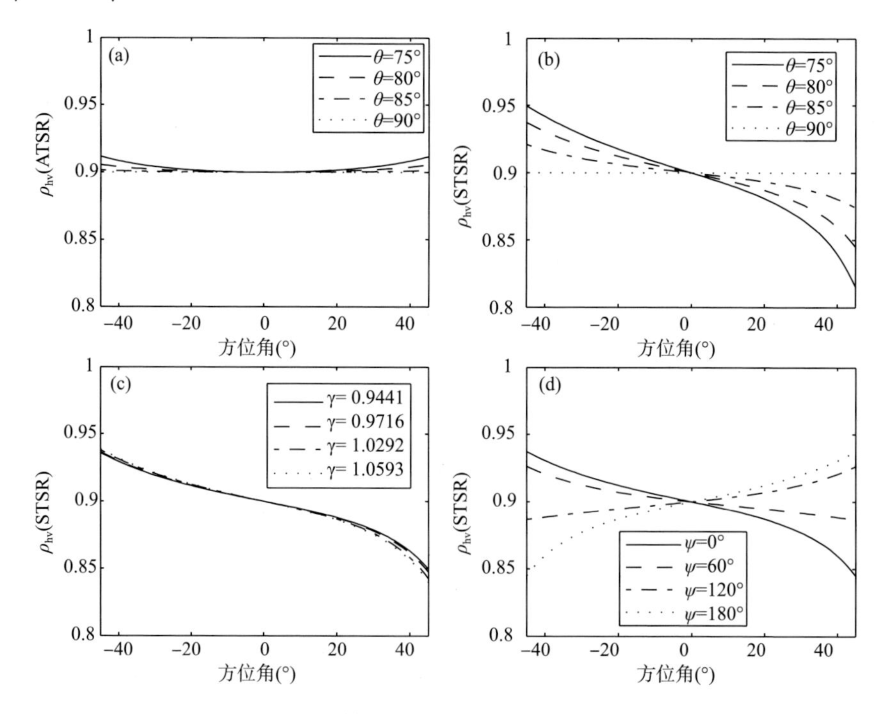

图 8.6　$\rho_{hv}^{(p)}$ 对电扫描波束方向的依赖性

(a)ρ_{hv}(ATSR)；(b)ρ_{hv}(STSR)，发射的偏振波相等(即 $\gamma=1,\Psi=0$)；(c)对于 γ 为参数的 ρ_{hv}(STSR)，但是 $\Psi=0,\theta=80°$；(d)对于 Ψ 为参数的 ρ_{hv}(STSR)，$\gamma=1.0$ 并且 $\theta=80°$(在所有例子中，$Z'_{dr}=1.0,\rho_{hv}=0.9$)

如果使用同发同收模式，相关系数为：

$$\rho_{hv}^{(p)}(\mathrm{STSR}) = \frac{\left|\langle n[as'_{hh}+b_s s'_{vv}]^*[c_s s'_{vv}]\rangle\right|}{\sqrt{\langle n\mid as'_{hh}+b_s s'_{vv}\mid^2\rangle\langle n\mid c_s s'_{vv}\mid^2\rangle}} = \frac{a\rho'_{hv}+b_s(Z'_{dr})^{-1/2}}{\sqrt{a^2+|b_s|^2(Z'_{dr})^{-1}+2a(Z'_{dr})^{-1/2}\mathrm{Re}(b_s\rho'_{hv})}} \tag{8.30}$$

这里 a, b_s, c_s 在式(8.27)、(8.28)之后给出其定义。显然，$\rho_{hv}(\mathrm{STSR})$的偏差取决于波束方向、H 和 V 发射场的相对振幅和相位以及水凝物的散射特征。

由图 8.6b,c,d 可见，$\rho_{hv}(\mathrm{STSR})$是波束方向以及振幅和位相非平衡的函数。$\rho_{hv}(\mathrm{STSR})$观测偏差可以很大，正如 $Z_{DR}(\mathrm{STSR})$一样，取决于波束位置、偏振波平衡性以及水凝物特征，偏差可以为正也可以为负。然而，偏差可以通过散射矩阵或者偏振变量进行订正。偏振变量的偏差订正通过联合求解式(8.27)、(8.28)和(8.30)来分别得到 Z'_{dr}和 ρ'_{hv}。

8.2.4.4　线性退偏比

当雷达运行在同发同收模式时，LDR 不能被直接测量。如果用异发同收模式得到观测，我们可以得到 LDR，并且可以把它应用到后向散射矩阵 $s_{hv}^{(b)}, s_{vh}^{(b)}$ 元素中。通过假定 $s_{hv}^{(b)}=s_{vh}^{(b)}=0$，测量的 LDR 严格上讲就是偏振相控阵雷达的 LDR 偏差。因此可见，偏差(LDR)为：

$$\mathrm{Bias}(LDR)_h \equiv 10\lg\left(\frac{\langle n|s_{vh}^{(p)}|^2\rangle}{\langle n|s_{hh}^{(p)}|^2\rangle}\right) = 10\lg\left(\frac{\langle n|s'_{vv}\sin\theta\cos\theta\sin\phi|^2\rangle}{\langle n|s'_{hh}\cos^2\phi+s'_{vv}\cos^2\theta\sin^2\phi|^2\rangle}\right) = 10\lg\left(\frac{d^2}{a^2Z'_{dr}+b^2+2ab\sqrt{Z'_{dr}}\mathrm{Re}(\tilde{\rho}'_{hv})}\right) \tag{8.31}$$

$$\mathrm{Bias}(LDR)_v \equiv 10\lg\left(\frac{\langle n\mid s_{hv}^{(p)}\mid^2\rangle}{\langle n\mid s_{vv}^{(p)}\mid^2\rangle}\right) = 10\lg\left(\frac{\langle n\mid s'_{vv}\sin\theta\cos\theta\sin\phi\mid^2\rangle}{\langle n\mid s'_{vv}\sin^2\theta\mid^2\rangle}\right) = 10\lg\left(\frac{d^2}{c^2}\right) \tag{8.32}$$

在图 8.7 中，偏差$(LDR)_{h,v}$随着天线波束偏离天线阵宽面法线方向而

增加。偏差$(LDR)_h$比偏差$(LDR)_v$要大几个分贝，这是因为对于大$|\phi|$的方向，水平偏振的共偏振功率$(Z_h^{(p)})$要比垂直偏振的低。对于天气观测而言，LDR的系统偏差在25°高度角和45°方位角可以达到$-15\sim-10$ dB。这对于有意义的天气观测值来说太大了(也就是说，典型的水凝物$LDR<-20$ dB)。有幸的是，这一点可以通过订正散射矩阵来改进。

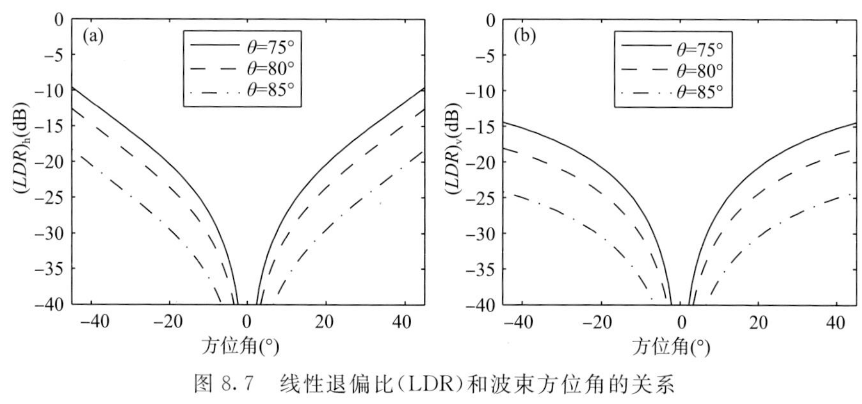

图 8.7　线性退偏比(LDR)和波束方位角的关系

(a)$(LDR)_h$；(b)$(LDR)_v$(在所有例子中，$Z'_{dr}=1.0$，$\rho_{hv}=0.9$)

正如Z_{DR}，ρ_{hv}和LDR的公式所示，雷达偏振量的偏差在散射矩阵或者雷达偏振变量中都可以被订正。然而，这些订正取决于电扫描波束方向。订正数千个波束并且确保0.1 dB内的功率平衡以及几度以内的相对位相具有相当大的挑战性。对于已知的偏振相控阵雷达特征，在实际偏振相控阵雷达系统中进行偏差订正的可行性和效果仍然需要进一步的研究。

8.3　圆柱偏振相控阵雷达

意识到偏振相控阵雷达存在由天线波束几何方位的变化导致交叉偏振耦合，为避免订正数以千计的波束，针对未来观测天气及完成多任务的雷达，Zhang等(2011c)提出了圆柱偏振相控阵雷达(CPPAR)。下面我们将讨论它的概念及阵列模式的特征。

8.3.1　圆柱偏振相控阵雷达的概念和公式

图8.8为圆柱偏振相控阵雷达的概念图。如图所示，在圆柱体表面排列着M个方位N个轴向的天线阵列，共计$M\times N$个双偏振天线单元。圆柱表面每个特定扇区内的天线单元形成一个波束，波束的宽边方向垂直于

扇区中分线上的辐射单元，整个圆柱天线阵可以同时形成多个天线波束。因为扇区内天线单元对于波束的轴是对称分布的，因此辐射偏振波对于所有方向都保持了极化正交性。正如图8.8b所示，平分线两侧天线单元辐射的交叉偏振分量相互抵消，因此整个扇区能够产生正交的双偏振辐射。如图8.8c所示，对于平面阵偏振相控阵雷达的波束远离其主平面时，不存在这样的对称和正交。

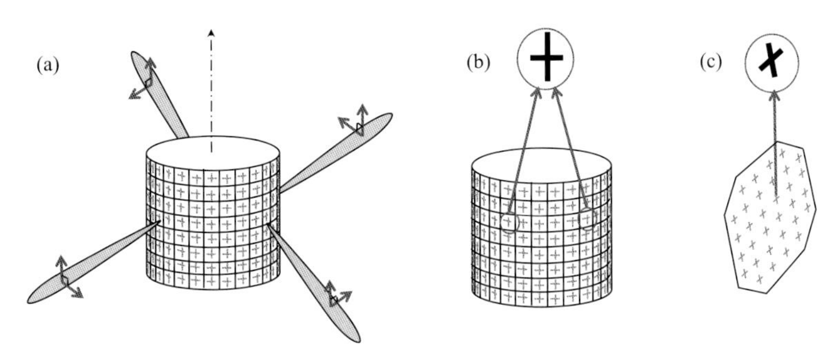

图8.8 双偏振辐射单元的圆柱偏振相控阵雷达示意图
(a)圆柱偏振相控阵雷达概念图;(b)圆柱偏振相控阵雷达的对称性保持双偏振的正交性;(c)在平面阵偏振相控阵雷达中交叉偏振耦合

为了研究圆柱偏振相控阵雷达的辐射特征，我们选择了沿着圆柱轴 z 方向的坐标系(图8.9)。每个阵列单元(mn:第 m 行，n 列)由交叉的 h 和 v 偶极子组成，其位于圆柱表面的方位角为 ϕ_n，z_m，距离为 $\vec{r}_{mn}=R\cos\phi_n\hat{x}+$

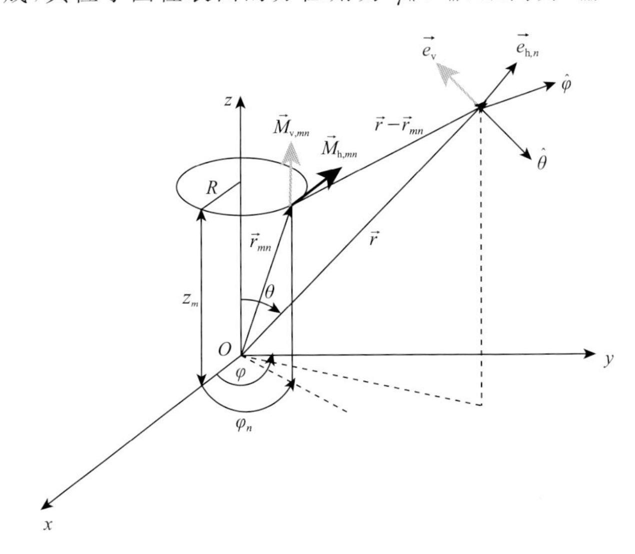

图8.9 圆柱偏振相控阵雷达天线单元辐射的坐标系

$R\sin\phi_n\hat{y}+z_m\hat{z}$。这里 R 是圆柱的半径，高度 z_m 从 $-D/2$ 到 $+D/2$ 变化（这里 D 是圆柱轴的轴长度，等于 WSR-88D 天线的直径 D）。方位角 ϕ_n 相对于 x 轴测量，并且 $\phi_n=n\Delta\phi, n=1,2,3,\cdots$，与公式(8.1)相似，第 mn 个 $q(q=h$ 或 $v)$ 偶极子发射的波在距离 $\vec{r}=r\sin\theta\cos\phi\hat{x}+r\sin\theta\sin\phi\hat{y}+r\cos\theta\hat{z}$ 处的电场为：

$$\vec{E}_{q,mn}(\vec{r})=-\frac{k^2\mathrm{e}^{-jk|\vec{r}-\vec{r}_{mn}|}}{4\pi\varepsilon|\vec{r}-\vec{r}_{mn}|}[\hat{r}\times(\hat{r}\times\vec{M}_{q,mn})] \tag{8.33}$$

这里 $\vec{M}_{q,mn}$ 是在 mn 位置的偶极子 q 的偶极矩，$\hat{r}$ 是沿着 $\vec{r}$ 的单位向量。使用远场近似方法，在位置 mn 处的 q 偶极子发射的波在距离 r 处的电场为：

$$\vec{E}_{\mathrm{th},mn}=E_{\mathrm{th},mn}^{(\mathrm{p})}\vec{e}_{\mathrm{h},n}\ \text{和}\ \vec{E}_{\mathrm{tv},mn}=E_{\mathrm{tv},mn}^{(\mathrm{p})}\vec{e}_{\mathrm{v},n} \tag{8.34}$$

这里 $E_{\mathrm{th},mn}^{(\mathrm{p})}$ 和 $E_{\mathrm{tv},mn}^{(\mathrm{p})}$ 是在 ϕ_n, z_m 处，h 和 v 偶极子分别沿着偶极子平面的法线方向发射的场（即交叉偶极子的垂射方向），表达为：

$$\begin{bmatrix}E_{\mathrm{th},mn}^{(\mathrm{p})}\\E_{\mathrm{tv},mn}^{(\mathrm{p})}\end{bmatrix}\approx\frac{k^2}{4\pi\varepsilon r}e^{jk[z_m\cos\theta+R\sin\theta\cos(\phi-\phi_n)]}\begin{bmatrix}M_{\mathrm{h},mn}\\M_{\mathrm{v},mn}\end{bmatrix} \tag{8.35}$$

$$\vec{e}_{\mathrm{h},n}=\hat{y}'-[\hat{x}'\sin\theta\cos(\phi-\phi_n)+\hat{y}'\sin\theta\sin(\phi-\phi_n)+\hat{z}\cos\theta]\sin\theta\sin(\phi-\phi_n) \tag{8.36}$$

式(8.24b)代表了第 mn 个天线单元发射的波以 z 轴为轴转动角度后到达 (x',y') 处的偏振波振幅。$\vec{e}_{\mathrm{v},n}$ 的值和 Zhang 等(2009)中公式(5b)给出的值大小相等。

为了形成指向 (θ_0,ϕ_0) 方向的波束，相位偏移：

$$\psi_{mn}=-k[z_m\cos\theta_0+R\sin\theta_0\cos(\phi_0-\phi_n)] \tag{8.37}$$

需要被应用到形成波束的第 mn 个天线辐射单元中。式(8.34)～(8.37)给出的相位偏移产生了在 (θ_0,ϕ_0) 方向的波束。

在偏振平面发射的水平波场以及所谓垂直波场 $E_{\mathrm{th},mn}$ 和 $E_{\mathrm{tv},mn}$ 由下式给出：

$$\begin{bmatrix}E_{\mathrm{th}mn}\\E_{\mathrm{tv}mn}\end{bmatrix}=\frac{k^2}{4\pi\varepsilon r}\overline{\overline{P}}_{mn}\begin{bmatrix}M_{\mathrm{h},mn}\\M_{\mathrm{v},mn}\end{bmatrix}\exp(j\psi_{mn}^{(0)}) \tag{8.38}$$

这里，

$$\psi_{mn}^{(0)}=k\{z_m[\cos\theta-\cos\theta_0]+R[\sin\theta\cos(\phi-\phi_n)-\sin\theta_0\cos(\phi_0-\phi_n)]\}$$

和

$$\overline{\overline{P}}_{mn}=\begin{vmatrix}\cos(\phi-\phi_n) & 0\\-\cos\theta\sin(\phi-\phi_n) & \sin\theta\end{vmatrix} \tag{8.39}$$

是将宽边辐射电场投影到位于 $\hat{r}$ 处偏振平面的投影矩阵，其中包含了 h 偶极子在 ϕ_n 方位的影响。

通过在每个相阵单元上使用合适的加权 $(w_{\mathrm{mn}}^{(\mathrm{q})})$ 可以使天线波束获得具有特

定旁瓣大小和波束宽度的辐射方向。因此，在 $\hat{r}$ 处的总辐射场是来自所有被用来形成(θ_0，ϕ_0)处波束而激活的天线单元的加权贡献。可以由下式表达：

$$\begin{bmatrix} E_{\mathrm{th}} \\ E_{\mathrm{tv}} \end{bmatrix} = \frac{k^2}{4\pi\varepsilon r}\sum_{m,n}\overline{\overline{P}}_{mn}\,\overline{\overline{W}}_{mn}\exp(j\psi_{mn}^{(0)}) \tag{8.40}$$

这里权重矩阵作用于每个天线单元。第 mn 个 H 和 V 偶极矩产生的侧宽场和角度的依赖关系也被包括到$\overline{\overline{W}}_{mn}$中，则：

$$W_{mn} = \begin{bmatrix} \dfrac{1}{\cos(\phi_0 - \phi_n)} & 0 \\ 0 & \dfrac{1}{\sin\theta_0} \end{bmatrix} w_{mn}^{(\mathrm{i})} \tag{8.41}$$

这里矩阵中的$\dfrac{1}{\cos(\phi_0-\phi_n)}$补偿了 H 偶极子辐射场沿着波束基准线方向传播时在水平偏振方向上的投影损失。对于为形成特定方位角的波束所激活的天线扇区，其波束的基准线始终位于扇区方位角平分线的平面上。实际上，圆柱偏振相控阵雷达波束的基准线始终是天线阵列宽边的法线方向。换一种表达方式：

$$\phi_n = n\Delta\phi = \phi_0 \pm n'\Delta\phi = (n_0 \pm n')\Delta\phi \qquad n' = 0,1,2,\cdots,N_a \tag{8.42}$$

此便是在天线扇区内所激活偶极子的方位，也就是天线扇区以 ϕ_0 位中心，在方位角$[n_0 - N_a, n_0 + N_a]$的跨度内包含$(2N_a+1)$个激活的天线阵列单元(例如，三波束的圆柱偏振相控阵雷达每个波束运用 120°的天线扇区)。类似地，式(8.41)右下角矩阵元素$\dfrac{1}{\sin\theta_0}$补偿了 V 偶极子辐射场在垂直偏振方向上的投影损失。因为天气观测的仰角通常较小，这个订正项通常近似于 1。交叉偏振耦合可以通过在左下角项中包含一个$\dfrac{\cos\theta_0\sin(\phi_0-\phi_n)}{\sin\theta_0\cos(\phi_0-\phi_n)}$项来进行订正，正如式(8.19)中所示。

标量权重 $w_{mn}^{(\mathrm{i})}$适用于各向同性的辐射体，这些权重被用来控制旁瓣水平。WSR-88D 天线的辐射方向可以通过选择以下权重来模拟：

$$w_{mn}^{(\mathrm{i})} = \left\{\frac{\{1-4[R^2\sin^2(\phi_0-\phi_n)+z_m^2]/D^2\}+b}{1+b}\right\}\cos(\phi_0-\phi_n) \tag{8.43}$$

在大括号里面的项和 WSR-88D 天线波束的包络等价，但是被应用到了第 mn 个偶极子上。这些偶极子在平分圆柱体垂直平面上的投影面积为 $\pi D^2/4$(这里 D 是 WSR-88D 抛物面天线直径，在圆形区域以外但是在形成波束的角扇区内偶极子被赋予 0 权重)。$\cos(\phi-\phi_0)$项反映了投影到垂直平面阵列单元的密度变化，$b=0.16$ 考虑了 WSR-88D 抛物面天线的边缘照射效应(Doviak et al,1998)。尽管 $w_{mn}^{(i)}$ 模拟了 WSR-88D 天线基准线方向的波束包络,与 WSR-88D 天线波束的这种类似性在偏离基准线方向的方位角上不存在,这是因为在圆柱阵列上被激活的天线单元从分布密度上看缺乏抛物面天线的对称性。

在波束基准线(即 $\theta=\theta_0, \phi=\phi_0$)方向上,来自所有单元的辐射场都是同相位的,因此式(8.40)中的相位项可以忽略。因为激活的单元和权重因子 $w_{mn}^{(i)}$ 关于方位 ϕ_0 和 $z_m=0$ 对称,因此在轴上不存在交叉偏振辐射。也就是说,在 $\phi_0-n'\Delta\phi$ 方位角的水平偶极子和在 $\phi_0+n'\Delta\phi$ 方位角的水平偶极子产生的垂直偏振波相互抵消。交叉偏振在轴上为零的特性对于偏振雷达天气观测的精确性非常重要(Wang et al,2006;Zrnić et al,2010a),这也是选择圆柱偏振相控阵雷达进行电扫描的一个主要原因。扫描波束水平方位角的改变可以通过激活对应扇区的天线单元并且保持它们的权重相对波束中心对称来实现。用这种方式,圆柱偏振相控阵雷达的波束特征不随扫描变化而变化,这一点和平面阵偏振相控阵雷达不一样。

对于接收到的波,用适当的权重和相位偏移将散射场投影到相应的偶极子方向。此时,总接收波可以表达为:

$$\vec{E}_r^{(p)} = \frac{k^2}{4\pi\varepsilon r^2}\sum_{m,n}\overline{\overline{W}}_{mn}^t\,\overline{\overline{P}}_{mn}^t\,\overline{\overline{S}}'\,\overline{\overline{P}}_{mn}\,\overline{\overline{W}}_{mn}\,\vec{M} \tag{8.44}$$

8.3.2 圆柱偏振相控阵雷达辐射方向图示例

WSR-88D 雷达对于气象观测具有较高的性能:它具有一个几何直径为 8.54 m、波束宽度约为 1°以及第一旁瓣值低于 −26 dB 的抛物面天线。多功能偏振相控阵/圆柱偏振相控阵雷达的天线阵最好可以具有相似或更高的性能。考虑到最优化等效孔径和最优化波束数量之间的相互制约,对圆柱偏振相控阵雷达来说同时使用 4 个波束最有效(Zhang et al,2013,2015)。图 8.10 给出了它的三维仿真辐射方向图,左边一列是共偏振量,右边一列是交叉偏振量。最上面一行的图显示了波束指向天线侧面方向的情况(高度角为 0°)。如图所示,辐射的交叉偏振量至少在共偏振量峰值的 60 dB 以下,意味着圆柱偏振相控阵雷达能够很好地保持偏振量的纯度。中间一行的图给出了 20°仰角但是没有使用订正的波束。如图所示,交叉偏振量的强度增加了,但是仍然在 −20 dB 以下。在垂直平面上仍然为零(dB 无穷小)。下面一行的图显示了 20°仰角但是经过了订正后的波束,很明显它的交叉偏振量强度低于 −50 dB。

为了对比,图 8.10b 给出了平面阵偏振相控阵雷达的辐射方向图。当波束指向其宽边方位时(上面一行),交叉偏振量的强度较低(<−55 dB)。然而,当波束指向20°仰角和45°方位角的方向时,平面阵偏振相控阵雷达的交叉偏振量和共偏振量具有同轴的主瓣,交叉偏振量的主瓣峰值只比共偏振量的主瓣峰值低9.3 dB(中间行),这样高的交叉偏振强度对于天气观测不可接受。尽管交叉偏振耦合可以使用8.2节中描述的公式订正,但在实际操作中,订正数千个波束不可行,因此圆柱偏振相控阵雷达对于天气的定量偏振观测更为适用。

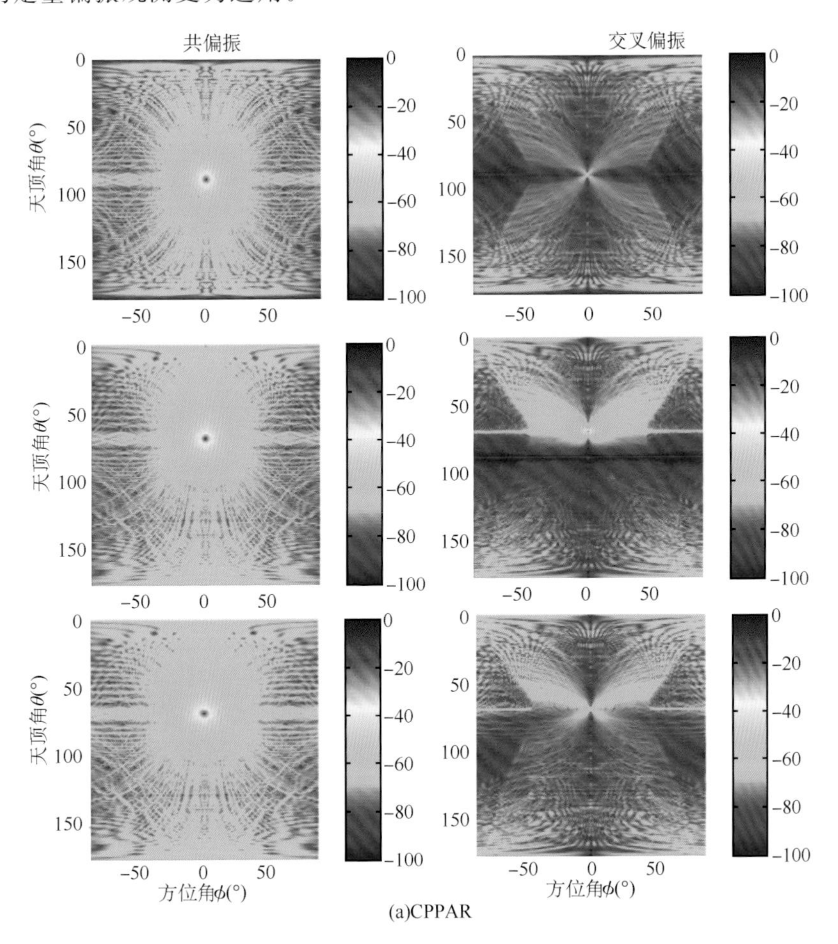

图8.10　模拟的三维辐射方向图(a)圆柱偏振相控阵雷达;共偏振量(左列);交叉偏振量(右列);0°角(第一行);无订正的20°仰角(中间行);带订正的20°仰角(下面行)。(b)平面阵偏振相控阵雷达;共偏振量(左列);交叉偏振量(右列);0°角(第一行);无订正的45°方位角(中间行);带订正的45°方位角(下面行)

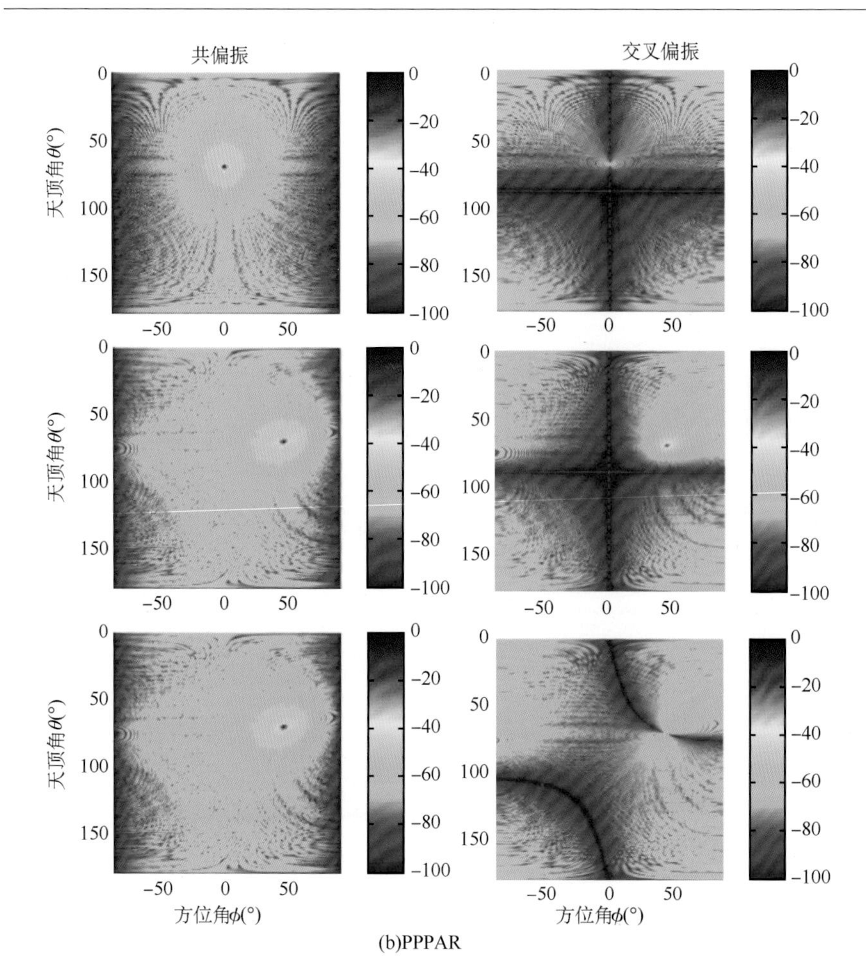

图 8.10(续) 模拟的三维辐射方向图(a)圆柱偏振相控阵雷达;共偏振量(左列);交叉偏振量(右列);0°角(第一行);无订正的 20°仰角(中间行);带订正的 20°仰角(下面行)。(b)平面阵偏振相控阵雷达;共偏振量(左列);交叉偏振量(右列);0°角(第一行);无订正的 45°方位角(中间行);带订正的 45°方位角(下面行)

8.3.3 圆柱偏振相控阵雷达的研发

为了测试圆柱偏振相控阵雷达概念,俄克拉荷马大学(OU)高级雷达研究中心(ARRC)和美国国家风暴实验室(NSSL)的工程师联合开发了一个小型的圆柱偏振相控阵雷达演示系统。图 8.11 展示了安装在拖车上的圆柱偏振相控阵雷达系统示意图。圆柱体天线阵的直径为 2 m,高度为 2 m,一共有 96 列天线单元。由于预算原因,仅仅安装了一半的阵列天线单元。另外,仅仅用单一频率扫描每列阵单元,这样在节省开支的同时天线辐射仍然保持了偏振通道间较高的隔离度、较低的交叉偏振以及辐射的低旁瓣(Karimkashi et al,2013,2015)。最下面一行图给出了每一列阵单元在水平偏振(左)和垂直偏振(右)下其独立及嵌入阵列时的辐射方向图。尽管嵌入阵列时的辐射图存在不同,由辐射图的综合分析可知,最终 H 和 V 偏振上形成的辐射方向图彼此间比较吻合。

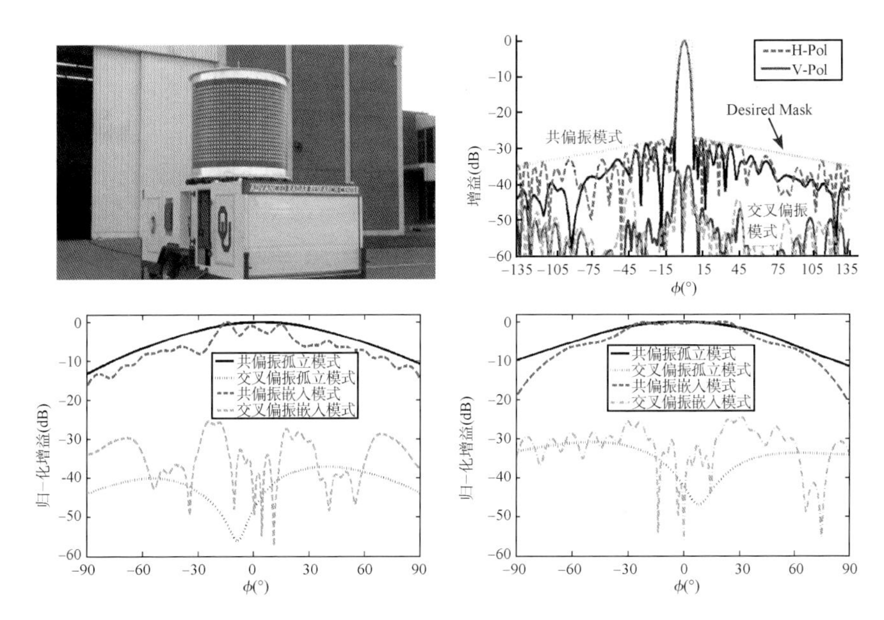

图 8.11 圆柱偏振相控阵雷达演示系统的初步结果(引自(Karimkashi et al,2015),IEEE)

通过研究运用平面阵偏振相控阵雷达和圆柱偏振相控阵雷达在今后进行天气观测,我们发现 CPPAR 有如下优点。

①在每一个仰角上,对所有方位角观测时天线波束都具有相同波束宽度和偏振特征,因此偏振雷达的观测不受扫描的影响,这也使得雷达系统的校准和数据分析更加容易。

②偏振纯度高。双偏振(H 和 V)场在所有方向都是正交的,因此能够得到高质量的偏振数据。补偿不同仰角的观测只需要分别对水平和垂直偏振分量进行订正,交叉偏振通道间仍然保持很好的隔离度。

③使用辐射能量的高效性。仅仅需要指定特定的阵列单元和应用合适的权重即可获取所需的波束。大部分在宽边的阵列单元都能够被指定且被赋予更多的权重,因此由阵列单元辐射方向性引起的扫描损失会

变小。

④天线孔径的优化有利于数据快速更新及同步多波束的多功能应用。

⑤能够灵活选择天线波束数目（如优点②，③或④），并且给波束分配不同的任务。例如，如果形成 4 个波束，2 个波束可以被用作天气观测，另外 2 个用来跟踪航空器。这种高性能会使圆柱偏振相控阵雷达成为未来 MAPR 的一个最好选择。这种波束—任务的灵活性还可以和目前平面阵偏振相控阵雷达中提出的多重频率复用相结合，也就是说，可以一个波段用于天气观测的功能，另外一个波段用于航空监测。

⑥平面阵偏振相控阵雷达需要对每个阵列面进行匹配，而圆柱偏振相控阵雷达则不需要。平面阵偏振相控阵雷达的每个阵列面实际上都是一个独立的雷达系统，天线特征也可能会有所不同，因此，需要将它们完全匹配。

尽管圆柱偏振相控阵雷达是多功能偏振相控阵雷达一个较好的选择，具有前面提及的诸多优点，但它也存在一些问题。它的问题包括系统设计和开发的复杂性、旁瓣控制的困难性以及未来为了产生多重波束而同步所有阵列单元的困难性。圆柱偏振相控阵雷达还有其他偏振相控阵雷达的通用问题，如偏振模式的选择、天线辐射单元的设计、天线阵列的优化及波形设计等。尽管这些问题具有挑战性，但是它们还是可以解决的。这些挑战对于气象雷达的研究人员来说也是很好的研究机会，能够促进他们争取为科学新发现和更好的气象服务改进雷达技术。

附录 8A：孔径和贴片天线的偏振相控阵雷达公式

本章中我们讨论了偏振相控阵雷达的偏差以及对基于偶极子辐射单元固定天线阵的订正。其他双偏振辐射元件如喇叭形孔径天线和微带贴片天线在相控阵雷达系统中也经常被使用。它们具有不同的辐射方向分布特征，因此相对于偶极子而言导致的偏差也将不同。它们的公式将在下面进行讨论。

8A.1　孔径

孔径天线是一种开放式的波导。通过场的等效性原理，真实的源可以被等效电流和磁电流源所代替。对于一个水平偏振的长方形孔径，其长边位于 z 轴(图 8.1a)。假定 TE_{10} 模式的波在波导里面传播并进入孔径。在略去因子 $\frac{jk\mathrm{e}^{-jkr}}{4r}abE_0$ 后，从水平偏振孔径天线辐射的电场如下所示(Balanis,2005;Lei et al,2013)：

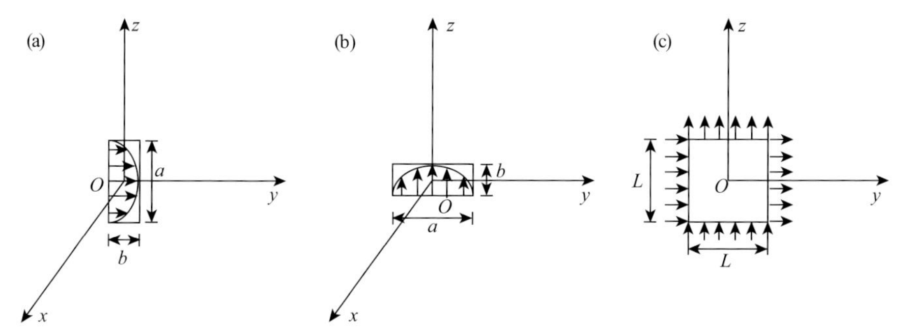

图 8A.1　孔径天线和贴片天线辐射的示意图
(a)水平偏振孔径天线；(b)垂直偏振孔径天线；(c)双偏振贴片天线

$$E_\phi^{(\mathrm{h})} = \sin\theta \cdot f^{(\mathrm{h})}(\theta,\phi) \tag{8A.1}$$

$$E_\theta^{(\mathrm{h})} = 0 \tag{8A.2}$$

这里，

$$f^{(\mathrm{h})}(\theta,\phi) = \frac{\left(\frac{\pi}{2}\right)^2 \cos\left(\frac{k_0 a}{2}\cos\theta\right)}{\left(\frac{\pi}{2}\right)^2 - \left(\frac{k_0 a}{2}\cos\theta\right)^2} \times \frac{\sin\left(\frac{k_0 b}{2}\sin\theta\sin\phi\right)}{\frac{k_0 b}{2}\sin\theta\sin\phi} \tag{8A.3}$$

式中：上标 h 代表了水平偏振的孔径天线所辐射的场，$k_0 = 2\pi/\lambda_0$ 是电磁波自由空间的波数。

类似地，对于垂直偏振孔径天线，其长边位于 y 轴(图 8A.1b)。同样地，假定 TE_{10} 模式的波以及无限大地平面，其辐射场如下：

$$E_\phi^{(\mathrm{v})} = \cos\theta\sin\phi \cdot f^{(\mathrm{v})}(\theta,\phi) \tag{8A.4}$$

$$E_\theta^{(\mathrm{v})} = -\cos\phi \cdot f^{(\mathrm{v})}(\theta,\phi) \tag{8A.5}$$

这里，

$$f^{(\mathrm{v})}(\theta,\phi) = \frac{\left(\frac{\pi}{2}\right)^2 \cos\left(\frac{k_0 a}{2}\sin\theta\sin\phi\right)}{\left(\frac{\pi}{2}\right)^2 - \left(\frac{k_0 a}{2}\sin\theta\sin\phi\right)^2} \cdot \frac{\sin\left(\frac{k_0 b}{2}\cos\theta\right)}{\frac{k_0 b}{2}\cos\theta} \tag{8A.6}$$

根据 8.2.1 节推导式(8.6)的步骤，我们得到了如下的孔径天线的投影矩阵：

$$\overline{\overline{P}}=\begin{bmatrix}\sin\theta\cdot f^{(\mathrm{h})}(\theta,\phi) & \cos\theta\sin\phi\cdot f^{(\mathrm{v})}(\theta,\phi)\\ 0 & \cos\phi\cdot f^{(\mathrm{v})}(\theta,\phi)\end{bmatrix}\tag{8A.7}$$

以上矩阵中，公式(8A.3)和(8A.6)给出的$f^{(\mathrm{h})}(\theta,\phi)$和$f^{(\mathrm{v})}(\theta,\phi)$项是由孔径的有限尺寸造成的。含有$f^{(\mathrm{h})}(\theta,\phi)$和$f^{(\mathrm{v})}(\theta,\phi)$的项与偶极子的 **P** 矩阵具有相似的形式(Zhang et al,2009)。表达式的微小差异是由偶极子的互补特性(Balanis,2005,第 9.2 节)以及无限地平面上长方形孔径天线造成的。不同于垂直放置的电偶极子能够形成在 x-y 平面各向同性的场(即偶极子的 H 平面,),一个垂直放置具有水平偏振场的狭槽,能很好地被垂直放置的磁电偶极子形成的磁场来表征,该磁场在 E 平面和 X-Y 平面都是各向同性的。也就是说,垂直放置的电偶极子的 H 平面以及垂直放置的狭槽的 E 平面同时处在水平平面 $z=0$ 上。

8A.2　贴片

一个微带贴片天线包含了一个导电的接地板、一个不导电的基底、一个在基底顶部的导电贴片,共同形成了一个末端开放的空腔。如果基底的厚度比自由空间波长要薄很多,并且贴片和接地板都是理想导电体,这个末端开放空腔的四个边可以被模型化为理想的磁场墙。贴片天线的辐射场可以通过假定贴片下方的空间是一个谐振腔来计算得到。这个谐振腔两面的墙(也就是贴片和接地板)是理想电导体,谐振腔的其他四个面是理想的磁导体。

对于正方形的贴片,TM_{010}模式和 TM_{100}模式的波(例如,TM_{010}是水平偏振波,TM_{100}是垂直偏振波)具有相同的谐振频率。两个模式的波在贴片天线里都可以被激励,并且能够独立共同存在。对于基底厚度较小的情况,水平偏振的方形贴片天线辐射的电场由 Banlani(2005)中的公式 14-44 给出。为了直接导出投影矩阵,辅助因子 $j\dfrac{2V_0\mathrm{e}^{-jk_0r}}{\pi r}\cdot\dfrac{k_0L}{2}$被删掉,这样其归一化的共偏振电场为:

$$E_{\phi}^{(h)}\approx\sin\theta\cdot g^{(\mathrm{h})}(\theta,\phi)\tag{8A.8}$$

交叉偏振电场为:

$$E_{\theta}^{(h)}\approx 0\tag{8A.9}$$

这里,

$$g^{(\mathrm{h})}(\theta,\phi)=\frac{\sin\left(\dfrac{k_0L}{2}\cos\theta\right)}{\dfrac{k_0L}{2}\cos\theta}\cos\left(\frac{k_0L_{\mathrm{e}}}{2}\sin\theta\sin\phi\right)\tag{8A.10}$$

辅助因子中，V_0 是贴片开放边缘上存在的电压。边缘区域的场造成绝大多数的向外辐射。

类似，垂直偏振贴片天线的归一化电场为：

$$E_{\phi}^{(v)} \approx \cos\theta\sin\phi \cdot g^{(v)}(\theta,\phi) \tag{8A. 11}$$

$$E_{\theta}^{(v)} \approx -\cos\phi \cdot g^{(v)}(\theta,\phi) \tag{8A. 12}$$

这里，

$$g^{(v)}(\theta,\phi) = \frac{\sin\left(\frac{k_0 L}{2}\sin\theta\sin\phi\right)}{\frac{k_0 L}{2}\sin\theta\sin\phi}\cos\left(\frac{k_0 L_e}{2}\cos\theta\right) \tag{8A. 13}$$

式中：L 是方形贴片天线的物理长度，由空腔材质的介电常数决定（通常 $\lambda_0/3 < L < \lambda_0/2$）。对于空气基底，$L$ 为 $\lambda_0/2$。对于高介电常数基底，L 接近 $\lambda_0/3$。共偏振和交叉偏振的辐射方向性不是简单地随着贴片天线的激励旋转 90°而旋转 90°。这是因为定义共偏振和交叉偏振场的坐标系没有旋转（见 Ludwing(1973)图 1 的定义 2）。

类似地，贴片天线的投影矩阵为：

$$\overline{\overline{P}} = \begin{bmatrix} \sin\theta \cdot g^{(h)}(\theta,\varphi) & \cos\theta\sin\varphi \cdot g^{(v)}(\theta,\varphi) \\ 0 & \cos\varphi \cdot g^{(v)}(\theta,\varphi) \end{bmatrix} \tag{8A. 14}$$

这里，式(8A. 10)和式(8A. 13)给出 $g^{(h)}$ 和 $g^{(v)}$ 中的正弦函数是由天线的有限尺寸带来的，余弦函数是由贴片相对两个面上的辐射槽组成的阵因子。通过比较孔径天线和贴片天线的 $\boldsymbol{P}$ 矩阵以及公式(8. 9)中交叉偶极子单元的 $\boldsymbol{P}$ 矩阵并且假定公式(8A. 7)和(8A. 14)中的 f 和 g 等于 1，这些 $\boldsymbol{P}$ 矩阵具有以下的关系式：

$$(P_{\text{dipole}}^{t})^{-1} \propto P_{\text{aperture}}, (\boldsymbol{P}_{\text{dipole}}^{t})^{-1} \propto \boldsymbol{P}_{\text{patch}}, (\boldsymbol{P}_{\text{aperture}}^{t})^{-1} \propto \boldsymbol{P}_{\text{dipole}} \text{和} (\boldsymbol{P}_{\text{patch}}^{t})^{-1} \propto \boldsymbol{P}_{\text{dipole}} \tag{8A. 15}$$

这些关系揭示了孔径天线阵和贴片天线阵的辐射方向性与偶极子的辐射方向性形成互补。

习题

8.1　对于天气观测，发展偏振相控阵雷达的挑战有哪些？

8.2　描述和比较对于多职能系统，平面阵偏振相控阵雷达和圆柱偏振相控阵雷达的优缺点。讨论为什么像圆顶之类的球形阵列不被推荐在多功能偏振相控阵雷达系统中使用?

8.3 分别讨论由成对的偶极子和孔径—偶极子或者由双偏振孔径单元和双偏振贴片单元组成的平面天线阵之间由于波束几何方位变化导致的交叉偏振耦合有什么不同?

8.4 波束几何方位变化导致的交叉偏振耦合可以被校正或订正吗?发展平面阵偏振相控阵雷达的挑战是什么?

8.5 你认为未来气象雷达的发展前景如何?有哪些重要功能你想加到目前的 WSR-88DP 雷达中?

参考文献

Andrić J,Kumjian M R,Zrnić D S,et al,2013. Polarimetric signatures above the melting layer in winter storms:An observational and modeling study[J]. Journal of Applied Meteorology and Climatology,**52**:682-700.

Andsager K,Beard K V,and Laird N F,1999. Laboratory measurements of axis ratios for large raindrops[J]. Journal of the Atmospheric Sciences,**56**:2673-2683.

Atlas D,1964. Advances in radar meteorology[M]. Academic Press,317-478 pp.

Atlas D,1990. Radar in Meteorology[M]. American Meteorological Society,Vol. 806.

Atlas D,Srivastava R C,and Sekhon R S,1973. Doppler radar characteristics of precipitation at vertical incidence[J]. Reviews of Geophysics,**11**:1-35.

Atlas D, Ulbrich C W, 1977. Path-and area-integrated rainfall measurement by microwave attenuation in the 1—3 cm band[J]. Journal of Applied Meteorology,**16**:1322-1331.

Aydin K,Seliga T,and Balaji V,1986. Remote sensing of hail with a dual linear polarization radar[J]. Journal of Climate and Applied Meteorology,**25**:1475-1484.

Balakrishnan N,and Zrnić D S,1990. Estimation of rain and hail rates in Mixed-Phase precipitation[J]. Journal of the Atmospheric Sciences,**47**:565-583.

Balakrishnan N, Zrnić D S,Goldhirsh J,et al,1989. Comparison of simulated rain rates from disdrometer data employing polarimetric radar algorithms[J]. Journal of Atmospheric and Oceanic Technology,**6**:476-486.

Balanis C A,2005. Antenna theory:analysis and design[M]. Vol. 1,John Wiley & Sons.

Barber P,and Yeh C,1975. Scattering of electromagnetic waves by arbitrarily shaped dielectric bodies[J]. Applied Optics,**14**:2864-2872.

Battaglia A,Tanelli S,Heymsfield G M,et al,2014. The dual wavelength ratio knee:A signature of multiple scattering in Airborne Ku-Ka observations[J]. Journal of Applied Meteorology and Climatology,**53**:1790-1808.

Battan L,1959. Radar Meteorology[M]. Chicago:Univ. of Chicago Press,161 pp.

Battan L,1973. Radar Observation of the Atmosphere[M]. Chicago:University of Chicago Press,323 pp.

Battan L J,1953. Observation on the formation of precipitation in convective clouds[J]. Journal of Meteorology,**10**:311-324.

Beard K V,and Chuang C,1987. A new model for the equilibrium shape of raindrops[J]. Journal of the Atmospheric sciences,**44**:1509-1524.

Beard K V,and Jameson A R,1983. Raindrop canting[J]. Journal of the Atmospheric Sciences,**40**:448-454.

Beard K V, and Kubesh R J, 1991. Laboratory measurements of small raindrop distortion. Part 2: Oscillation frequencies and modes[J]. Journal of the atmospheric sciences, **48**: 2245-2264.

Beard K V, and Tokay A, 1991. A field study of small raindrop oscillations[J]. Geophysical research letters, **18**: 2257-2260.

Beard K V, Johnson D B, and Jameson A R, 1983. Collisional forcing of raindrop oscillations[J]. Journal of the Atmospheric Sciences, **40**: 455-462.

Bent A E, Massachusetts Institute of Technology, and Radiation L, 1943. Radar echoes from atmospheric phenomena[R]. Radiation Laboratory, Massachusetts Institute of Technology.

Bohren C F, and Huffman D R, 1983. Absorption and scattering of light by small particles[M]. John Wiley & Sons, 530 pp.

Borgeaud M, Shin R T, and Kong J A, 1987. Theoretical models for polarimetric radar clutter[J]. Journal of Electromagnetic Waves and Applications, **1**: 73-89.

Born M, and Wolf E, 1999. Principles of optics: electromagnetic theory of propagation, interference and diffraction of light[J]. Cambridge: Cambridge University Press.

Brandes E A, and Ikeda K, 2004. Freezing-Level estimation with polarimetric radar[J]. Journal of Applied Meteorology, **43**: 1541-1553.

Brandes E A, Ikeda K, Zhang G, et al, 2007. A statistical and physical description of hydrometeor distributions in Colorado snowstorms using a video disdrometer[J]. Journal of Applied Meteorology and Climatology, **46**: 634-650.

Brandes E A, Zhang G, and Vivekanandan J, 2002. Experiments in rainfall estimation with a polarimetric radar in a subtropical environment[J]. Journal of Applied Meteorology, **41**: 674-685.

Brandes E A, Zhang G, and Vivekanandan J, 2003. An evaluation of a drop distribution-based polarimetric radar rainfall estimator[J]. Journal of Applied Meteorology, **42**: 652-660.

Brandes E A, Zhang G, and Vivekanandan J, 2004a. Comparison of polarimetric radar drop size distribution retrieval algorithms[J]. Journal of Atmospheric and Oceanic Technology, **21**: 584-598.

Brandes E A, Zhang G, and Vivekanandan J, 2004b. Drop Size distribution retrieval with polarimetric radar: Model and application[J]. Journal of Applied Meteorology, **43**: 461-475.

Bringi V, and Chandrasekar V, 2001. Polarimetric Doppler weather radar: principles and applications[M]. Cambridge: Cambridge University Press.

Bringi V N, and Hendry A, 1990. Technology of Polarization Diversity Radars for Meteorology. In Radar in Meteorology[M], D. Atlas, Ed, American Meteorological Society,153-190.

Bringi V N,Chandrasekar V,and Xiao R,1998. Raindrop axis ratios and size distributions in Florida rainshafts:An assessment of multiparameter radar algorithms[J]. Geoscience and Remote Sensing,IEEE Transactions on,**36**:703-715.

Bringi V N,Chandrasekar V,Balakrishnan N,et al,1990. An examination of propagation effects in rainfall on radar measurements at microwave frequencies[J]. Journal of Atmospheric and Oceanic Technology,**7**:829-840.

Bringi V N,Huang G J,Chandrasekar V,et al,2002. A methodology for estimating the parameters of a gamma raindrop size distribution model from polarimetric radar data:Application to a squall-line event from the TRMM/Brazil campaign[J]. Journal of Atmospheric and Oceanic Technology,**19**:633-645.

Bringi V N,Keenan T,and Chandrasekar V,2001. Correcting C-band radar reflectivity and differential reflectivity data for rain attenuation:A self-consistent method with constraints[J]. Geoscience and Remote Sensing, IEEE Transactions on, **39**: 1906-1915.

Bringi V N,Rasmussen R M,and Vivekanandan J,1986a. Multiparameter radar measurements in Colorado convective storms. Part I:graupel melting studies[J]. Journal of the Atmospheric Sciences,**43**:2545-2563.

Bringi V N,Seliga T A,and Aydin K,1984. Hail detection with a differential reflectivity radar[J]. Science,**225**:1145-1147.

Bringi V N,Seliga T A,and Cherry S M,1983. Statistical properties of the dual-polarization differential reflectivity(ZDR)radar signal[J]. Geoscience and Remote Sensing, IEEE Transactions on,GE-21:215-220.

Bringi V N,Vivekanandan J,and Tuttle J D,1986b. Multiparameter radar measurements in Colorado convective storms. Part II:hail detection studies[J]. Journal of the Atmospheric Sciences,**43**:2564-2577.

Brookner E,2008. Now:Phased-array radars:Past,astounding breakthroughs and future trends(January 2008)[J]. Microwave J,**51**:31-38.

Bukovčić P,Zrnić D,and Zhang G,2015. Convective-stratiform separation using video disdrometer observations in central Oklahoma-the Bayesian approach[J]. Atmospheric Research,**155**:176-191.

Cao Q,and Zhang G,2009. Errors in estimating raindrop size distribution parameters employing disdrometer and simulated raindrop spectra[J]. Journal of Applied Meteorology and Climatology,**48**:406-425.

Cao Q,Yeary M B,and Zhang G,2012a. Efficient ways to learn weather radar polarimetry[J]. Education,IEEE Transactions on,**55**:58-68.

Cao Q,Zhang G,and Xue M,2013. A variational approach for retrieving raindrop size distribution from polarimetric radar measurements in the presence of attenuation [J]. Journal of Applied Meteorology and Climatology, **52**: 169-185.

Cao Q, Zhang G, Brandes E, et al, 2008. Analysis of video disdrometer and polarimetric radar data to characterize rain microphysics in Oklahoma[J]. Journal of Applied Meteorology and Climatology, **47**: 2238-2255.

Cao Q, Zhang G, Brandes E A, et al, 2010. Polarimetric radar rain estimation through retrieval of drop size distribution using a Bayesian approach[J]. Journal of Applied Meteorology and Climatology, **49**: 973-990.

Cao Q, Zhang G, Palmer R D, et al, 2012b. Spectrum-Time Estimation and Processing (STEP) for improving weather radar data quality[J]. Geoscience and Remote Sensing, IEEE Transactions on, **50**: 4670-4683.

Chandrasekar V, and Bringi V N, 1988. Error structure of multiparameter radar and surface measurements of rainfall, Part I: Differential reflectivity[J]. Journal of Atmospheric and Oceanic Technology, **5**: 783-795.

Chandrasekar V, Cooper W A, and Bringi V N, 1988. Axis ratios and oscillations of raindrops[J]. Journal of the atmospheric sciences, **45**: 1323-1333.

Cheng L, and English M, 1983. A relationship between hailstone concentration and size [J]. Journal of the Atmospheric Sciences, **40**: 204-213.

Cheong B, Kurdzo J, Zhang G, et al, 2013. The impacts of multi-lag moment processor on a solid-state polarimetric weather radar[C]. AMS 36th Conference on Radar Meteorology.

Chuang C C, and Beard K V, 1990. A numerical model for the equilibrium shape of electrified raindrops[J]. Journal of the Atmospheric Sciences, **47**: 1374-1389.

Cole K S, and Cole R H, 1941. Dispersion and absorption in dielectrics I. Alternating current characteristics[J]. The Journal of Chemical Physics, **9**: 341-351.

Crain G, and Staiman D, 2007. Polarization selection for phased array weather radar[C]. Proc. AMS Annu. Meeting: 23rd Conf. IIPS, San Antonio, TX.

Crane R K, 1996. Electromagnetic wave propagation through rain[M]. Wiley-Interscience.

Debye P J W, 1929. Polar molecules[M]. Chemical Catalog Company, Incorporated.

Doviak R, Zrnić D, Carter J, et al, 1998. Polarimetric upgrades to improve rainfall measurements[R]. NSSL report, April, 110.

Doviak R J, and Sirmans D, 1973. Doppler radar with polarization diversity[J]. Journal of the Atmospheric Sciences, **30**: 737-738.

Doviak R J, and Zrnić D S, 2006. Doppler Radar and Weather Observations[M]. Academic Press, 562 pp.

Doviak R J, Bringi V, Ryzhkov A, et al, 2000. Considerations for polarimetric upgrades to operational WSR-88D radars[J]. Journal of Atmospheric and Oceanic Technology, **17**:257-278.

Doviak R J, Lei L, Zhang G, et al, 2011. Comparing theory and measurements of cross-polar fields of a phased-array weather radar[J]. Geoscience and Remote Sensing Letters, IEEE, **8**:1002-1006.

Fabry F, and Szyrmer W, 1999. Modeling of the melting layer. Part II: Electromagnetic [J]. Journal of the atmospheric sciences, **56**:3593-3600.

Fradin A Z, 1961. Microwave antennas[M]. Pergamon Press.

Fulton R A, Breidenbach J P, Seo D J, et al, 1998. The WSR-88D rainfall algorithm[J]. Weather and Forecasting, **13**:377-395.

Furnival G M, 1961. An index for comparing equations used in constructing volume tables[J]. Forest Science, **7**:337-341.

Gans R, 1912. Über die form ultramikroskopischer goldteilchen[J]. Annalen der Physik, **342**:881-900.

Gao J, Xue M, Brewster K, et al, 2004. A three-dimensional variational data analysis method with recursive filter for doppler radars[J]. Journal of Atmospheric and Oceanic Technology, **21**:457-469.

Giangrande S E, and Ryzhkov A V, 2008. Estimation of rainfall based on the results of polarimetric echo classification[J]. Journal of Applied Meteorology and Climatology, **47**:2445-2462.

Goodman J, Draine B T, and Flatau P J, 1991. Application of fast-Fourier-transform techniques to the discrete-dipole approximation[J]. Opt. Lett, **16**:1198-1200.

Gossard E, Wolfe D, Moran K, et al, 1998. Measurement of clear-air gradients and turbulence properties with radar wind profilers[J]. Journal of Atmospheric and Oceanic Technology, **15**:321-342.

Gradshteyn I, and Ryzhik I, 1994. Table of Integrals, Series and Products(5th ed)[M]. Academic Press, 1-204 pp.

Green A W, 1975. An approximation for the shapes of large raindrops[J]. Journal of Applied Meteorology, **14**:1578-1583.

Groginsky H L, Glover K M, 1980. Weather radar canceller design[C]. 19th Conference on Radar Meteorology, 192-198.

Gunn R, and Kinzer G D, 1949. The terminal velocity of fall for water droplets in stagnant air[J]. Journal of Meteorology, **6**:243-248.

Hall M, Cherry S, Goddard J, et al, 1980. Rain drop sizes and rainfall rate measured by dual-polarization radar[J]. Nature, **285**:195-198.

Handbook F, 2006. Federal Meteorological Handbook No. 11[R]. Doppler Radar Meteorological Observations, Part C, 390 pp.

Han J, Kamber M, and Pei J, 2011. Data mining: concepts and techniques (3rd ed) [M]. Morgan Kaufmann, 744 pp.

Harrington R F, 1968. Field computation by moment methods [M]. Macmillan Publishing Company.

Harris B, and Kelly G, 2001. A satellite radiance-bias correction scheme for data assimilation [J]. Quarterly Journal of the Royal Meteorological Society, **127**: 1453-1468.

Heinselman P, Priegnitz D, Manross K, et al, 2006. Comparison of Storm Evolution Characteristics: The NWRT and WSR-88D [C]. 23rd Conference on Severe Local Storms, Amer. Meteor. Soc.

Heinselman P L, Priegnitz D L, Manross K L, et al, 2008. Rapid sampling of severe storms by the national weather radar testbed phased array radar [J]. Weather and Forecasting, **23**: 808-824.

Hildebrand P H, and Sekhon R, 1974. Objective determination of the noise level in Doppler spectra [J]. Journal of Applied Meteorology, **13**: 808-811.

Hitschfeld W, and Bordan J, 1954. Errors inherent in the radar measurement of rainfall at attenuating wavelengths [J]. Journal of Meteorology, **11**: 58-67.

Hogan R J, 2007. A variational scheme for retrieving rainfall rate and hail reflectivity fraction from polarization radar [J]. Journal of Applied Meteorology and Climatology, **46**: 1544-1564.

Holroyd E W, 1972. The Meso-and Microscale Structure of Great Lakes Snowstorm Bands: A Synthesis of Ground Measurements, Radar Data, and Satellite Observations [D]. State University of New York at Albany.

Hong S Y, and Lim J O J, 2006. The WRF single-moment 6-class microphysics scheme (WSM6) [J]. Asia-Pacific Journal of Atmospheric Sciences, **42**: 129-151.

Hopf A P, Salazar J L, Medina R, et al, 2009. CASA phased array radar system description, simulation and products [C]. 2009 IEEE International Geoscience and Remote Sensing Symposium.

Huang X Y, 2000. Variational analysis using spatial filters [J]. Monthly weather review, **128**: 2588-2600.

Hubbert J, Dixon M, and Ellis S, 2009b. Weather radar ground clutter. Part II: Real-time identification and filtering [J]. Journal of Atmospheric and Oceanic Technology, **26**: 1181-1197.

Hubbert J, Dixon M, Ellis S, et al, 2009a. Weather radar ground clutter. Part I: Identification, modeling, and simulation [J]. Journal of Atmospheric and Oceanic Technology, **26**: 1165-1180.

Hubbert J C, Bringi V N, and Brunkow D, 2003. Studies of the polarimetric covariance matrix. Part I: Calibration methodology [J]. Journal of Atmospheric and Oceanic

Technology,**20**:696-706.

Hubbert J C,Ellis S M,Dixon M,et al,2010a. Modeling,error analysis,and evaluation of dual-polarization variables obtained from simultaneous horizontal and vertical polarization transmit radar. Part I: Modeling and antenna errors[J]. Journal of Atmospheric and Oceanic Technology,**27**:1583-1598.

Hubbert J C,Ellis S M,Dixon M,et al,2010b. Modeling,Error analysis,and evaluation of dual-polarization variables obtained from simultaneous horizontal and vertical polarization transmit radar. Part II:Experimental data[J]. Journal of Atmospheric and Oceanic Technology,**27**:1599-1607.

Ice R L,and Coauthors,2009. Automatic clutter mitigation in the WSR-88D,design,evaluation,and implementation[C]. 34th Conf. Radar Meteorology,Williamsburg,VA.

Ishimaru A,1991. Electromagnetic wave propagation,radiation,and scattering[M]. Vol. 1,Prentice Hall Englewood Cliffs,NJ.

Ishimaru A,1997. Wave propagation and scattering in random media[M]. Vol. 2,Academic press New York.

Jameson A,1985. Deducing the microphysical character of precipitation from multiple-parameter radar polarization measurements[J]. Journal of climate and applied meteorology,**24**:1037-1047.

Jameson A,and Kostinski A,2010. Partially coherent backscatter in radar observations of precipitation[J]. Journal of the Atmospheric Sciences,**67**:1928-1946.

Janssen L H,and Van Der Spek G,1985. The shape of Doppler spectra from precipitation [J]. Aerospace and Electronic Systems,IEEE Transactions on,208-219.

Jones D M A,1959. The Shape Of Raindrops[J]. Journal of Meteorology,**16**:504-510.

Jordan R L,Huneycutt B L,and Werner M,1995. The SIR-C/X-SAR synthetic aperture radar system[J]. Geoscience and Remote Sensing, IEEE Transactions on, **33**: 829-839.

Joss J,and Waldvogel A,1969. Raindrop size distribution and sampling size errors[J]. Journal of the Atmospheric Sciences,**26**:566-569.

Jung Y,Xue M,and Zhang G,2010a. Simulations of Polarimetric radar signatures of a supercell storm using a two-moment bulk microphysics scheme[J]. Journal of Applied Meteorology and Climatology,**49**:146-163.

Jung Y,Xue M,and Zhang G,2010b. Simultaneous estimation of microphysical parameters and the atmospheric state using simulated polarimetric radar data and an ensemble Kalman filter in the presence of an observation operator error[J]. Monthly Weather Review,**138**:539-562.

Jung Y,Zhang G,and Xue M,2008. Assimilation of simulated polarimetric radar data for a convective storm using the ensemble Kalman filter. Part I:Observation operators for reflectivity and polarimetric variables[J]. Monthly Weather Review, **136**: 2228-2245.

Kalnay E,2003. Atmospheric modeling,data assimilation,and predictability[M]. Cambridge:Cambridge University Press.

Karimkashi S,and Zhang G,2013. A dual-polarized series-fed microstrip antenna array with very high polarization purity for weather measurements[J]. Antennas and Propagation,IEEE Transactions on,**61**:5315-5319.

Karimkashi S,and Zhang G,2015. Optimizing radiation patterns of a cylindrical polarimetric phased-array radar for multimissions[J]. Geoscience and Remote Sensing, IEEE Transactions on,**53**:2810-2818.

Kay S M,1998. Fundamentals of statistical signal processing:Detection theory,vol. 2 [M]. Prentice Hall Upper Saddle River,NJ,USA.

Kerker M,1969. The scattering of light[M]. New York:Academic Press.

Kessinger C,Ellis S,and Van Andel J,2003. The radar echo classifier:A fuzzy logic algorithm for the WSR-88D[C]. Preprints-CD,3rd Conference on Artificial Applications to the Environmental Science.

Kessler E,1969. On the distribution and continuity of water substance in atmospheric circulation[R]. Meteorological Monograph No. 32,American Meteorological Society,84p.

Kliche D V,Smith P L,and Johnson R W,2008. L-moment estimators as applied to gamma drop size distributions[J]. Journal of Applied Meteorology and Climatology,**47**: 3117-3130.

Knapp E J,Salazar J,Medina R H,et al,2011. Phase-tilt radar antenna array[C]. Microwave Conference(EuMC),2011 41st European,IEEE,1055-1058.

Knight N C,1986. Hailstone shape factor and its relation to radar interpretation of hail [J]. Journal of climate and applied meteorology,**25**:1956-1958.

Kruger A,and Krajewski W F,2002. Two-dimensional video disdrometer:A description [J]. Journal of Atmospheric and Oceanic Technology,**19**:602-617.

Kumjian M R,and Ryzhkov A V,2008. Polarimetric signatures in supercell thunderstorms[J]. Journal of Applied Meteorology and Climatology,**47**:1940-1961.

Lamb D,and Verlinde J,2011. Physics and chemistry of clouds[M]. Cambridge:Cambridge University Press.

Lee J S,Grunes M R,and De Grandi G,1999. Polarimetric SAR speckle filtering and its implication for classification[J]. Geoscience and Remote Sensing,IEEE Transactions on,**37**:2363-2373.

Lee R,1978. Performance of the poly-pulse-pair Doppler estimator[J]. Lassen Research Memo,78-03.

Lee R, Della Bruna G, and Joss J, 1995. Intensity of ground clutter and of echoes of anomalous propagation and its elimination[C]. Conference on Radar Meteorology, 27 th, Vail, CO, 1995.

Lei L, 2009. Simulations and Processing of Polarimetric Radar Signals Based on Numerical Weather Prediction Model Output[D]. University of Oklahoma.

Lei L, and Coauthors, 2012. Multilag correlation estimators for polarimetric radar measurements in the presence of noise[J]. Journal of Atmospheric and Oceanic Technology, **29**: 772-795.

Lei L, Zhang G, and Doviak R J, 2013, Bias Correction for polarimetric phased-array radar with idealized aperture and patch antenna elements[J]. Geoscience and Remote Sensing, IEEE Transactions on, **51**: 473-486.

Lei L, Zhang G, Cheong B L, et al, 2009a. Simulations of Polarimetric Radar Signals Based on Numerical Weather Prediction Model Output[C]. 25th Conference on International Interactive Information and Processing Systems (IIPS) for Meteorology, Oceanography, and Hydrology.

Lei L, Zhang G, Palmer R D, et al, 2009b. A multi-lag correlation estimator for polarimetric radar variables in the presence of noise[C]. Proc. 34th Conf. Radar Meteorol, 5-9.

Löffler-Mang M, Joss J, 2000. An optical disdrometer for measuring size and velocity of hydrometeors[J]. Journal of Atmospheric and Oceanic Technology, **17**: 130-139.

Lim J S, 2005. Reservoir properties determination using fuzzy logic and neural networks from well data in offshore Korea[J]. Journal of Petroleum Science and Engineering, **49**: 182-192.

Lim K S S, and Hong S Y, 2010. Development of an effective double-moment cloud microphysics scheme with prognostic Cloud Condensation Nuclei (CCN) for weather and climate models[J]. Monthly Weather Review, **138**: 1587-1612.

Lin Y L, Farley R D, and Orville H D, 1983. Bulk parameterization of the snow field in a cloud model[J]. Journal of Climate and Applied Meteorology, **22**: 1065-1092.

Liu H, and Chandrasekar V, 2000. Classification of hydrometeors based on polarimetric radar measurements: Development of fuzzy logic and neuro-fuzzy systems, and in situ verification[J]. Journal of Atmospheric and Oceanic Technology, **17**: 140-164.

Li X, and Mecikalski J R, 2012. Impact of the dual-polarization Doppler radar data on two convective storms with a warm-rain radar forward operator[J]. Monthly Weather Review, **140**: 2147-2167.

Li Y, Zhang G, and Doviak R J, 2014. Ground clutter detection using the statistical properties of signals received with a polarimetric radar[J]. Signal Processing, IEEE Transactions on, **62**: 597-606.

Li Y, Zhang G, Doviak R J, et al, 2013a. Scan-to-scan correlation of weather radar signals to identify ground clutter[J]. Geoscience and Remote Sensing Letters, IEEE, **10**: 855-859.

Li Y, Zhang G, Doviak R J, et al, 2013b. A new approach to detect ground clutter mixed with weather signals[J]. Geoscience and Remote Sensing, IEEE Transactions on, **51**: 2373-2387.

Ludwig A, 1973. The definition of cross polarization[J]. IEEE Transactions on Antennas and Propagation, **21**: 116-119.

Mahale V N, Zhang G, and Xue M, 2014. Fuzzy logic classification of S-band polarimetric radar echoes to identify three-body scattering and improve data quality[J]. Journal of Applied Meteorology and Climatology, **53**: 2017-2033.

Marshall J S, and Palmer W M K, 1948. The distribution of raindrops with size[J]. Journal of Meteorology, **5**: 165-166.

Martner B E, Rauber R M, Ramamurthy M K, et al, 1992. Impacts of a destructive and well-observed cross-country winter storm[J]. Bulletin of the American Meteorological Society, **73**: 169-172.

Matrosov S Y, Clark K A, Martner B E, et al, 2002. X-band polarimetric radar measurements of rainfall[J]. Journal of Applied Meteorology, **41**: 941-952.

Matson R J, and Huggins A W, 1980. The direct measurement of the sizes, shapes and kinematics of falling hailstones [J]. Journal of the Atmospheric Sciences, **37**: 1107-1125.

Maxwell J C, 1873. A Treatise on Electricity and Magnetism[M]. Vol. 1. Clarendon Press.

May P T, and Strauch R G, 1989. An examination of wind profiler signal processing algorithms[J]. Journal of Atmospheric and Oceanic Technology, **6**: 731-735.

McCormick G, and Hendry A, 1974. Polarization properties of transmission through precipitation over a communication link[J]. J. Rech. Atmos, **8**: 175-187.

McCormick G, and Hendry A, 1976. Polarization-related parameters for rain: Measurements obtained by radar[J]. Radio Science, **11**: 731-740.

Meischner P, 2004. Weather radar: Principles and advanced applications[M]. Springer Science & Business Media.

Melnikov V, and Zrnić D, 2004. Simultaneous transmission mode for the polarimetric WSR-88D: Statistical biases and standard deviations of polarimetric variables[R]. NOAA/NSSL Rep, 1-84.

Melnikov V M, and Zrnić D, 2007. Autocorrelation and cross-correlation estimators of polarimetric variables[J]. Journal of Atmospheric and Oceanic Technology, **24**: 1337-1350.

Meneghini R, and Liao L, 2007. On the equivalence of dual-wavelength and dual-polarization equations for estimation of the raindrop size distribution[J]. Journal of Atmospheric and Oceanic Technology, **24**: 806-820.

Mie G, 1908. Beiträge zur Optik trüber Medien, speziell kolloidaler Metallösungen[J]. Annalen der Physik, **330**: 377-445.

Milbrandt J, and Yau M, 2005a. A multimoment bulk microphysics parameterization. Part I: Analysis of the role of the spectral shape parameter[J]. Journal of the atmospheric sciences, **62**: 3051-3064.

Milbrandt J, and Yau M, 2005b. A multimoment bulk microphysics parameterization. Part II: A proposed three-moment closure and scheme description[J]. Journal of the atmospheric sciences, **62**: 3065-3081.

Milbrandt J A, and Yau M K, 2006. A multimoment bulk microphysics parameterization. Part IV: Sensitivity experiments [J]. Journal of the Atmospheric Sciences, **63**: 3137-3159.

Miller M, and Pearce R, 1974. A three-dimensional primitive equation model of cumulonimbus convection[J]. Quarterly Journal of the Royal Meteorological Society, **100**: 133-154.

Mueller E, 1984. Calculation procedures for differential propagation phase shift[C]. Conference on Radar Meteorology, 22nd, Zurich, Switzerland, Amer. Meteor. Soc, 397-399.

Newell R E, and Geotis S G, 1955. Meteorological measurements with a radar provided with variable polarization[D]. MIT Department of Meteorology.

Oguchi T, 1960. Attenuation of electromagnetic wave due to rain with distorted raindrops [J]. Journal of the Radio Research Laboratory, **7**: 467-485.

Oguchi T, 1964. Attenuation of electromagnetic wave due to rain with distorted raindrops, Part II[J]. Journal of the Radio Research Laboratory, **11**: 19-43.

Oguchi T, 1975. Rain depolarization studies at centimeter and millimeter wavelengths-theory and measurement[J]. Radio Research Laboratory, Journal, **22**: 165-211.

Oguchi T, 1983. Electromagnetic wave propagation and scattering in rain and other hydrometeors[J]. Proceedings of the IEEE, **71**: 1029-1078.

Olsen R, 1982. A review of theories of coherent radio wave propagation through precipitation media of randomly oriented scatterers, and the role of multiple scattering[J]. Radio Science, **17**: 913-928.

Pan Y, Xue M, Ge G, et al, 2015. Incorporating diagnosed intercept parameters and the graupel category within the ARPS cloud analysis system for the initialization of double-moment microphysics: Testing with a squall line over south China [J]. Monthly Weather Review, **144**: 371-392.

Papoulis A, 1991. Probability, Random Variables and Stochastic Processes [M].

McGraw-Hill Companies.

Park H S, Ryzhkov A, Zrnić D, et al, 2009. The hydrometeor classification algorithm for the polarimetric WSR-88D: Description and application to an MCS[J]. Weather and Forecasting, **24**: 730-748.

Park S G, Bringi V N, Chandrasekar V, et al, 2005. Correction of radar reflectivity and differential reflectivity for rain attenuation at X-band. Part I: Theoretical and empirical basis[J]. Journal of Atmospheric and Oceanic Technology, **22**: 1621-1632.

Parrish D F, and Derber J C, 1992. The national meteorological center's spectral statistical-interpolation analysis system[J]. Monthly Weather Review, **120**: 1747-1763.

Pazmany A L, Mead J B, Bluestein H B, et al, 2013. A mobile rapid-scanning X-band polarimetric (RaXPol) Doppler radar system[J]. Journal of Atmospheric and Oceanic Technology, **30**: 1398-1413.

Poincaré H, 1892. Théorie mathématique de la lumiere[M]. Gauthier Villars.

Posselt D J, 2015. A Bayesian examination of deep convective squall line sensitivity to changes in cloud microphysical parameters[J]. Journal of the Atmospheric Sciences, **73**: 637-665.

Pruppacher H, and Klett J, 1996. Microphysics of Clouds and Precipitation[M]. Vol. 18, Springer Science & Business Media.

Pruppacher H R, and Beard K V, 1970. A wind tunnel investigation of the internal circulation and shape of water drops falling at terminal velocity in air[J]. Quarterly Journal of the Royal Meteorological Society, **96**: 247-256.

Pruppacher H R, and Pitter R L, 1971. A semi-empirical determination of the shape of cloud and rain drops[J]. Journal of the atmospheric sciences, **28**: 86-94.

Purcell E M, and Pennypacker C R, 1973. Scattering and absorption of light by nonspherical dielectric grains[J]. The Astrophysical Journal, **186**: 705-714.

Putnam B, Xue M, Zhang G, et al, 2013. Simulation of Polarimetric Radar Variables from the CAPS Spring Experiment Storm Scale Ensemble Forecasts[C]. 36th Conference on Radar Meteorology, Breckenridge, CO.

Raffaelli S, and Johansson M, 2003. Conformal array antenna demonstrator for WCDMA applications[J]. Proceedings of Antenn, **3**: 207-212.

Rayleigh L, 1871. On the scattering of light by small particles[N]. Philosophical Magazine, 447-454.

Ray P S, 1972. Broadband complex refractive indices of ice and water[J]. Applied Optics, **11**: 1836-1844.

Rinehart R E, 2004. Radar for meteorologists[M]. Rinehart Publications, 482 pp.

Roebber P J, Bruening S L, Schultz D M, et al, 2003. Improving snowfall forecasting by diagnosing snow density[J]. Weather and Forecasting, **18**: 264-287.

Rogers R R, and Yau M K, 1989. A short course in cloud physics. International series in natural philosophy[M]. Pergamon Press.

Rosenfeld D, and Ulbrich C W, 2003. Cloud microphysical properties, processes, and rainfall estimation opportunities. Radar and Atmospheric Science: A Collection of Essays in Honor of David Atlas[M]. Springer, 237-258.

Royer G, 1966. Directive gain and impedance of a ring array of antennas[J]. Antennas and Propagation, IEEE Transactions on, **14**: 566-573.

Ryde J, 1941. Echo intensities and attenuation due to clouds, rain, hail, sand and dust storms at centimetre wavelengths[J]. Report, **7831**: 22-24.

Ryzhkov A, and Zrnić D, 1996. Assessment of rainfall measurement that uses specific differential phase[J]. Journal of Applied Meteorology, **35**: 2080-2090.

Ryzhkov A V, and Zrnić D S, 1995. Comparison of dual-polarization radar estimators of rain[J]. Journal of Atmospheric and Oceanic Technology, **12**: 249-256.

Ryzhkov A V, and Zrnić D S, 2007. Depolarization in ice crystals and its effect on radar olarimetric measurements[J]. Journal of Atmospheric and Oceanic Technology, **24**: 1256-1267.

Ryzhkov A V, Giangrande S E, and Schuur T J, 2005a. Rainfall estimation with a polarimetric Prototype of WSR-88D[J]. Journal of Applied Meteorology, **44**: 502-515.

Ryzhkov A V, Schuur T J, Burgess D W, et al, 2005b. The joint polarization experiment: Polarimetric rainfall measurements and hydrometeor classification[J]. Bulletin of the American Meteorological Society, **86**: 809-824.

Sachidananda M, and Zrnić D S, 1985. ZDR measurement considerations for a fast scan capability radar[J]. Radio Science, **20**: 907-922.

Sachidananda M, and Zrnić D S, 1986. Differential propagation phase shift and rainfall rate estimation[J]. Radio Science, **21**: 235-247.

Sachidananda M, and Zrnić D S, 1987. Rain rate estimates from differential polarization measurements[J]. Journal of Atmospheric and Oceanic Technology, **4**: 588-598.

Sachidananda M, and Zrnić D S, 1989. Efficient processing of alternately polarized radar signals[J]. Journal of Atmospheric and Oceanic Technology, **6**: 173-181.

Schaefer J T, 1990. The critical success index as an indicator of warning skill[J]. Weather and Forecasting, **5**: 570-575.

Schönhuber M, Urban H E, Baptista J P V P, et al, 1997. Weather radar versus 2D-Video disdrometer data. Weather Radar Technology for Water Resources Management [M]. B. P. F. Braga Jr, and O. Massambani, Eds, UNESCO Press, 159-171.

Schuur T, Ryzhkov A, Heinselman P, et al, 2003. Observations and classification of echoes with the polarimetric WSR-88D radar[J]. Report of the National Severe Storms Laboratory, Norman, OK, **73069**: 46.

Seliga T, and Bringi V, 1978. Differential reflectivity and differential phase shift: Applications in radar meteorology[J]. Radio Science, **13**: 271-275.

Seliga T, and Bringi V, 1982. Implementation of a fast-switching differential reflectivity dual-polarization capability on the CHILL radar: First observations[R]. Preprints, URSI, August, 23-27.

Seliga T, Humphries R, and Metcalf J, 1990. Polarization diversity in radar meteorology: early developments. Radar in Meteorology[M]. D. Atlas, Ed, American Meteorological Society, 109-114.

Seliga T A, and Bringi V N, 1976. Potential use of radar differential reflectivity measurements at orthogonal polarizations for measuring precipitation[J]. Journal of Applied Meteorology, **15**: 69-76.

Seliga T A, Aydin K, and Direskeneli H, 1986. Disdrometer measurements during an intense rainfall event in central Illinois: Implications for differential reflectivity radar observations[J]. Journal of Climate and Applied Meteorology, **25**: 835-846.

Seliga T A, Bringi V N, Al-Khatib H H, 1979. Differential reflectivity measurements in rain: First experiments [J]. Geoscience Electronics, IEEE Transactions on, **17**: 240-244.

Shen L C, and Kong J A, 1983. Applied electromagnetism[M]. Brooks/Cole Engineering Division, 507 pp.

Siggia A, and Passarelli Jr R, 2004. Gaussian model adaptive processing (GMAP) for improved ground clutter cancellation and moment calculation [C]. Proc. ERAD, 421-424.

Smith Jr P, Myers C, and Orville H, 1975: Radar reflectivity factor calculations in numerical cloud models using bulk parameterization of precipitation[J]. Journal of Applied Meteorology, **14**: 1156-1165.

Snyder J C, Bluestein H B, Zhang G, et al, 2010. Attenuation correction and hydrometeor classification of high-resolution, X-band, dual-polarized mobile radar measurements in severe convective storms[J]. Journal of Atmospheric and Oceanic Technology, **27**: 1979-2001.

Srivastava R, Jameson A, and Hildebrand P, 1979. Time-domain computation of mean and variance of Doppler spectra[J]. Journal of Applied Meteorology, **18**: 189-194.

Steiner M, and Smith J A, 2002. Use of three-dimensional reflectivity structure for automated detection and removal of nonprecipitating echoes in radar data[J]. Journal of Atmospheric and Oceanic Technology, **19**: 673-686.

Stewart R E, Marwitz J D, Pace J C, et al, 1984. Characteristics through the melting layer of stratiform clouds[J]. Journal of the atmospheric sciences, **41**: 3227-3237.

Stokes G G, 1852a. On the composition and resolution of streams of polarized light from different sources[M]. Vol. 9, Transactions of the Cambridge Philosophical Society, 399-461 pp.

Stokes G G, 1852b. Ueber die Veränderung der Brechbarkeit des Lichts[J]. Annalen der Physik, **163**: 480-490.

Straka J M, Zrnić D S, and Ryzhkov A V, 2000. Bulk hydrometeor classification and quantification using polarimetric radar data: Synthesis of relations[J]. Journal of Applied Meteorology, **39**: 1341-1372.

Stratton J A, 1941. Electromagnetic Theory(1st ed)[M]. Mcgraw-Hill College, 615 pp.

Sun J, and Crook N A, 1997. Dynamical and microphysical retrieval from Doppler radar observations using a cloud model and its adjoint. Part I: Model development and simulated data experiments[J]. Journal of the Atmospheric Sciences, **54**: 1642-1661.

Tatarskii V I, 1971. The effects of the turbulent atmosphere on wave propagation[M]. Jerusalem: Israel Program for Scientific Translations.

Testud J, Le Bouar E, Obligis E, et al, 2000. The rain profiling algorithm applied to polarimetric weather radar[J]. Journal of Atmospheric and Oceanic Technology, **17**: 332-356.

Thompson G, Field P R, Rasmussen R M, et al, 2008. Explicit forecasts of winter precipitation using an improved bulk microphysics scheme. Part II: Implementation of a new snow parameterization[J]. Monthly Weather Review, **136**: 5095-5115.

Thurai M, and Bringi V N, 2005. Drop axis ratios from a 2D video disdrometer[J]. Journal of Atmospheric and Oceanic Technology, **22**: 966-978.

Toll J S, 1956. Causality and the dispersion relation: logical foundations[J]. Physical Review, **104**: 1760.

Tomasic B, Turtle J, and Liu S, 2002. A geodesic sphere phased array antenna for satellite control and communication[C]. International union of radio science, XXVIIth General Assembly, Maastricht.

Torres S M, and Warde D A, 2014. Ground clutter mitigation for weather radars using the autocorrelation spectral density[J]. Journal of Atmospheric and Oceanic Technology, **31**: 2049-2066.

Tsang L, Ding K H, Zhang G, et al, 1995. Backscattering enhancement and clustering effects of randomly distributed dielectric cylinders overlying a dielectric half space based on Monte-Carlo simulations[J]. Antennas and Propagation, IEEE Transactions on, **43**: 488-499.

Tsang L, Kong J A, and Ding K H, 2000. Scattering of Electromagnetic Waves, Theories and Applications[M]. Vol. 27, John Wiley & Sons.

Tsang L, Kong J A, and Shin R T, 1985. Theory of microwave remote sensing[M]. Wiley New York.

Tuttle J D, and Rinehart R E, 1983. Attenuation correction in dual-wavelength analyses [J]. Journal of climate and applied meteorology, **22**: 1914-1921.

Twersky V, 1964. On propagation in random media of discrete scatterers [J]. Proc. Symp. Appl. Math, 84-116.

Ulaby F T, Elach C, 1990. Radar polarimetry for geoscience applications [M]. Artech House, 364 pp.

Ulbrich C W, 1983. Natural variations in the analytical form of the raindrop size distribution [J]. Journal of Climate and Applied Meteorology, **22**: 1764-1775.

Van De Hulst H, 1957. Light scattering by small particles [M]. Wiley and Sons, 470 pp.

Vivekanandan J, Adams W, and Bringi V, 1991. Rigorous approach to polarimetric radar modeling of hydrometeor orientation distributions [J]. Journal of Applied Meteorology, **30**: 1053-1063.

Vivekanandan J, Ellis S M, Oye R, et al, 1999. Cloud microphysics retrieval using S-band dual-polarization radar measurements [J]. Bulletin of the American Meteorological Society, **80**: 381-388.

Vivekanandan J, Zhang G, and Brandes E, 2004. Polarimetric radar estimators based on a constrained gamma drop size distribution model [J]. Journal of Applied Meteorology, **43**: 217-230.

Wang Y, and Chandrasekar V, 2006. Polarization isolation requirements for linear dual-polarization weather radar in simultaneous transmission mode of operation [J]. Geoscience and Remote Sensing, IEEE Transactions on, **44**: 2019-2028.

Warde D, and Torres S, 2010. A novel ground-clutter-contamination mitigation solution for the NEXRAD network: The CLEAN-AP filter. Preprints [C]. 26th Int. Conf. IIPS Meteorology, Oceanography, Hydrology—Amer. Meteor. Soc, Atlanta, GA.

Waterman P, 1965. Matrix formulation of electromagnetic scattering [J]. Proceedings of the IEEE, **53**: 805-812.

Waterman P, 1969. New formulation of acoustic scattering [J]. The journal of the acoustical society of America, **45**: 1417-1429.

Weber M E, Cho J Y N, Herd J S, et al, 2007. The next-generation multimission U. S. surveillance radar network [J]. Bulletin of the American Meteorological Society, **88**: 1739-1751.

Williams C R, and Coauthors, 2014. Describing the shape of raindrop size distributions using uncorrelated raindrop mass spectrum parameters [J]. Journal of Applied Meteorology and Climatology, **53**: 1282-1296.

Wurman J, 2003. Preliminary results from the Rapid-DOW, a multi-beam inexpensive alternative to phased arrays [C]. Preprints, 31st Conf. on Radar Meteorology, Seattle, WA, Amer. Meteor. Soc. B.

Wurman J,Gill S,and Randall M,2001. An inexpensive,mobile,rapid-scan radar[C]. Preprints,30th Int. Conf. on Radar Meteorology,Munich,Germany,Amer. Meteor. Soc,CD-ROM P.

Wurman J,Heckman S,and Boccippio D,1993. A bistatic multiple-Doppler network[J]. J. Appl. Meteor,**32**:1802-1814.

Xue M, and Coauthors, 2001. The Advanced Regional Prediction System(ARPS)-A multi-scale nonhydrostatic atmospheric simulation and prediction tool. Part II:Model physics and applications[J]. Meteorology and atmospheric physics,**76**:143-165.

Xue M,Droegemeier K K,and Wong V,2000. The Advanced Regional Prediction System (ARPS)-A multi-scale nonhydrostatic atmospheric simulation and prediction model. Part I:Model dynamics and verification[J]. Meteorology and atmospheric physics,**75**:161-193.

Xue M,Jung Y,and Zhang G,2010. State estimation of convective storms with a two-moment microphysics scheme and an ensemble Kalman filter: Experiments with simulated radar data[J]. Quarterly Journal of the Royal Meteorological Society, **136**:685-700.

Xue M,Tong M,and Zhang G,2009. Simultaneous state estimation and attenuation correction for thunderstorms with radar data using an ensemble Kalman filter: Tests with simulated data[J]. Quarterly Journal of the Royal Meteorological Society,**135**: 1409-1423.

Xue Y M,Zhang G,and Straka J M,2008. Assimilation of simulated polarimetric radar data for a convective storm using the ensemble Kalman filter. Part II:Impact of polarimetric data on storm analysis[J]. Monthly Weather Review,**136**:2246-2260.

Zahrai A, and Zrnić D, 1993. The 10-cm-wavelength polarimetric weather radar at NOAA's National Severe Storms Laboratory[J]. Journal of Atmospheric and Oceanic Technology,**10**:649-662.

Zhang G,1998. Detection and imaging of targets in the presence of clutter based on angular correlation function.

Zhang G,2015. Comments on "Describing the Shape of Raindrop Size Distributions Using Uncorrelated Raindrop Mass Spectrum Parameters"[J]. Journal of Applied Meteorology and Climatology,**54**:1970-1976.

Zhang G,and Coauthors,2013. A cylindrical polarimetric phased array radar concept—A path to multi-mission capability[J]. Phased Array Systems & Technology,IEEE International Symposium on,481-484.

Zhang G, and Doviak R J, 2007. Spaced-antenna interferometry to measure crossbeam wind,shear,and turbulence:theory and formulation[J]. Journal of Atmospheric and Oceanic Technology,**24**:791-805.

Zhang G, and Doviak R J, 2008. Spaced-antenna interferometry to detect and locate sub-volume inhomogeneities of reflectivity: an analogy with monopulse radar[J]. Journal of Atmospheric and Oceanic Technology, **25**: 1921-1938.

Zhang G, Doviak R J, Vivekanandan J, et al, 2004b. Performance of correlation estimators for spaced-antenna wind measurement in the presence of noise[J]. Radio science, 39, RS3017, doi: 10. 1029/2003RS003022.

Zhang G, Doviak R J, Zrnić D S, et al, 2009. Phased array radar polarimetry for weather sensing: A theoretical formulation for bias corrections[J]. Geoscience and Remote Sensing, IEEE Transactions on, **47**: 3679-3689.

Zhang G, Doviak R J, Zrnić D S, et al, 2011c. Polarimetric phased-array radar for weather measurement: A planar or cylindrical configuration[J]. Journal of Atmospheric and Oceanic Technology, **28**: 63-73.

Zhang G, Hou J, Ito S, et al, 1990. Optical wave propagation in random media composed of both turbulence and particles: radiative transfer equation approach[J]. Journal of the Communications Research Laboratory, **37**: 43-62.

Zhang G, Luchs S, Ryzhkov A, et al, 2011b. Winter precipitation microphysics characterized by polarimetric radar and video disdrometer observations in central Oklahoma [J]. Journal of Applied Meteorology and Climatology, **50**: 1558-1570.

Zhang G, Sun J, and Brandes E A, 2006. Improving parameterization of rain microphysics with disdrometer and radar observations[J]. Journal of the Atmospheric Sciences, **63**: 1273-1290.

Zhang G, Tsang L, Chen Z, 1996. Collective scattering effects of trees generated by stochastic Lindenmayer systems[J]. Microwave and Optical Technology Letters, **11**: 107-111.

Zhang G, Vivekanandan J, and Brandes E, 2001. A method for estimating rain rate and drop size distribution from polarimetric radar measurements[J]. IEEE T Geosci Remote, **39**: 830-841.

Zhang G, Vivekanandan J, andPolitovich M K, 2004a. Radar/radiometer combination to retrieve cloud characteristics for icing detection[C]. 11th Conference on Aviation, Range, and Aerospace.

Zhang G, Vivekanandan J, Brandes E A, et al, 2003. The shape-slope relation in observed gamma raindrop size distributions: Statistical error or useful information[J]. Journal of Atmospheric and Oceanic Technology, **20**: 1106-1119.

Zhang G, Xue M, Cao Q, et al, 2008. Diagnosing the intercept parameter for exponential raindrop size distribution based on video disdrometer observations: Model development[J]. Journal of Applied Meteorology and Climatology, **47**: 2983-2992.

Zhang G, Zrnić D S, Borowska L, et al, 2015. Hybrid scan and joint signal processing for a high efficient MPAR[C]. AMS Annual Meeting 31st Conference on Environmental Information Processing Technologies, Phoenix, AZ.

Ziegler C L, Ray P S, and Knight N C, 1983. Hail growth in an Oklahoma multicell storm [J]. Journal of the Atmospheric Sciences, **40**: 1768-1791.

Zrnić D S, 1975. Simulation of weatherlike Doppler spectra and signals[J]. Journal of Applied Meteorology, **14**: 619-620.

Zrnić D S, 1977. Spectral moment estimates from correlated pulse pairs[J]. Aerospace and Electronic Systems, IEEE Transactions on, 344-354.

Zrnić D S, 1991. Complete polarimetric and doppler measurements with a single receiver radar[J]. Journal of Atmospheric and Oceanic Technology, **8**: 159-165.

Zrnić D S, and Coauthors, 2007. Agile-beam phased array radar for weather observations [J]. Bulletin of the American Meteorological Society, **88**: 1753-1766.

Zrnić D S, Doviak R, Zhang G, et al, 2010a. Bias in differential reflectivity due to cross coupling through the radiation patterns of polarimetric weather radars[J]. Journal of Atmospheric and Oceanic Technology, **27**: 1624-1637.

Zrnić D S, Melnikov V M, and Ryzhkov A V, 2006. Correlation coefficients between horizontally and vertically polarized returns from ground clutter[J]. Journal of Atmospheric and Oceanic Technology, **23**: 381-394.

Zrnić D S, Ryzhkov A, Straka J, et al, 2001. Testing a procedure for automatic classification of hydrometeor types[J]. Journal of Atmospheric and Oceanic Technology, **18**: 892-913.

Zrnić D S, Zhang G, and Doviak R J, 2011. Bias correction and doppler measurement for polarimetric phased-array radar[J]. Geoscience and Remote Sensing, IEEE Transactions on, **49**: 843-853.

Zrnić D S, Zhang G, Melnikov V, et al, 2010b. Three-body scattering and hail size[J]. Journal of Applied Meteorology and Climatology, **49**: 687-700.

致　谢

我在此向发展天气雷达偏振技术的先驱们、帮助我加深理解的同事们、激励我写这本书的学生们，以及鼓励我的朋友们和支持我的家人表达我的感谢。我尤其要感谢美国国家强风暴实验室的 Richard J. Doviak 博士、Dusan S. Zrnić 博士、Alexander Ryzhkov 博士、Jidong Gao 博士和 Terry Schuur 博士；感谢美国国家大气研究中心的 J. Vivekanandan 博士、Edward Brandes 博士和 Juanzhen Sun 博士；也要感谢俄克拉荷马大学的 Ming Xue 教授、Howard B. Bluestein 教授、Yan（Rockee）Zhang 教授、Shaya Karimkashi 博士、Boon Leng Cheong 博士，以及科罗拉多大学的 V. Bringi 教授。

我还要感谢以下（我指导或者共同指导过的）博士研究生，他们在俄克拉荷马大学已完成或正在从事雷达偏振技术的研究，他们是 Youngsun Jung（2008），Qing Cao（2009），Yinguang Li（2013），Lei Lei（2014），Bryan Putnam（2016），Petar Bukovcic（2017）和 Vivek Mahale。本书包括了他们论文的部分工作。感谢洛克希德-马丁公司的 Yasser Al-Rashid 博士，帮助我联系了出版商。感谢南京大学的 Hao Huang，在参考目录和整理图表方面提供了有益的帮助。

非常感谢来自美国国家自然科学基金委以及国家海洋和大气管理局的资助，以及感谢俄克拉荷马大学的大力支持。

张贵付

俄克拉荷马大学

作者简介

张贵付博士是美国俄克拉荷马大学气象系教授，他提出了天气雷达干涉理论和相控阵雷达偏振理论。目前，他从事的研究包括定量降水估计和预报中偏振雷达数据的优化方法应用，以及用于未来天气观测的多功能偏振相控阵雷达的研发和应用。

1982 年，张教授在中国合肥安徽大学获得物理学学士学位；1985 年，他在中国武汉大学获得无线电物理硕士学位；1998 年，他在美国西雅图华盛顿大学获得电气工程博士学位。从 1985 年到 1993 年，张教授在武汉大学空间物理系先后任职助理教授和副教授。1989 年，他曾受 Tomohiro Oguchi 博士的邀请在日本通信研究实验室做访问研究，1993 年到 1998 年，张教授师从 Leung Tsang，Yasuo Kuga 和 Akira Ishimaru 教授在华盛顿大学电气工程系学习和工作。

在 1998 年和 2005 年之间，他作为一名科学家，任职于美国国家大气研究中心（NCAR）。在 2005 年，他加入了俄克拉荷马大学气象系成为一名教授。张博士的主要工作经历有：对粗糙表面下的目标进行波散射建模和计算；利用角相关函数对杂波背景下的目标进行探测方法研究，同时，他也研究了分形树的波散射。在美国国家大气研究中心和俄克拉荷马大学，他提出了雨滴谱的反演方法。他领导研发了雷达信号的谱时估计与处理算法，并用于提高偏振天气雷达数据质量。他还开发了气象物理状态与雷达变量联系起来的偏振算子（模拟器）。他的其他研究领域包括：随机和复杂介质中的波传播和散射、遥感理论技术在地球物理中的应用、刻画物理状态和过程、云和降水微物理的算法以及模式参数化、目标检测与分类、杂波识别与滤波、雷达信号处理和最优估计等。

张教授拥有三项美国专利，10 多项知识产权。他著作中的构想、方案和理论在美国和世界各地受到广泛应用。他是一些天气和雷达组织的专家成员，包括美国气象学会和电机电子工程学会。除了在俄克拉荷马大学的研究和工作外，他还开设了多门课程，例如 METR/ECE6613—天气雷达偏振学，METR3223—物理气象学Ⅱ：云雾物理、大气电学和光学，METR523—云和降水物理学，METR6803/ECE6973—波与地球介质的相互作用。本书充分融入了张教授的研究与教学经验，非常值得研读。